KB043250

우리의 얼음이 사라지고 있다
Sikuvut Nunguliqtuq

Our Ice Is Vanishing by Shelley Wright
© McGill-Queen's University Press 2014

우리의 얼음이 사라지고 있다 Sikuvut Nunguliqtuq

이누이트의 역사, 남쪽 사람들, 그리고 기후변화

초판 1쇄 발행 2019년 6월 28일

지은이 셸리 라이트
옮긴이 이승호 · 김홍주 · 임수정

펴낸이 김선기
펴낸곳 (주)푸른길
출판등록 1996년 4월 12일 제16-1292호
주소 (08377) 서울시 구로구 디지털로 33길 48 대륭포스트타워 7차 1008호
전화 02-523-2907, 6942-9570-2
팩스 02-523-2951
이메일 purungilbook@naver.com
홈페이지 www.purungil.co.kr

ISBN 978-89-6291-806-9 93980

• 책의 한국어판 저작권은 McGill-Queen's Iniversity Press와의 독점 계약으로 (주)푸른길에 있습니다. 저작권법에 의해 한국 내에서 보호를 받는 저작물이므로 무단 전재와 무단 복제를 금합니다.
• 이 역서는 극지연구소의 지원을 받아 수행된 연구이며(PE17900), 또한 2018년 대한민국 교육부와 한국연구재단의 지원을 받아 수행되었습니다(NRF-2016S1A3A2924243).
• 이 도서의 국립중앙도서관 출판예정도서목록(CIP)은 서지정보유통지원시스템 홈페이지(http://seoji.nl. go.kr)와 국가자료공동목록시스템(http://www.nl.go.kr/kolisnet)에서 이용하실 수 있습니다.(CIP제어번호: CIP2019023298)

우리의 얼음이 사라지고 있다

이누이트의 역사, 남쪽 사람들,
그리고 기후변화

푸른길

역자 서문

창밖에선 비가 추적거린다. 빗소리를 듣고 있노라니, 장맛비처럼 추적거리던 캠브리지베이의 날씨가 떠오른다. 북극에선 그런 비를 볼 수 없을 것이라 여겼었다. 나는 북극 사람들은 모두 얼음 속에서 사는 줄 알았다. 지리학자로서 부끄러움을 느껴야 할 만큼 잘못 알고 있는 것이다. 심지어 나는 40대를 넘어설 때까지도 북극 사람들을 에스키모라고 불렀다. 그럴 수밖에 없었던 것이 북극 사람들이 아닌 '남쪽 사람들'을 통해서 '북극'이란 세상을 알아왔기 때문이다.

북극권을 몇 차례 넘어보았지만, 캠브리지베이의 경험은 많을 것을 생각하게 하였다. 무엇보다도 잘못 알아온 북극에 대한 죄의식이었다. 그러던 중 이 책을 발견하였다. 물론, 이 책의 지은이 역시 북극 사람들이 '칼루나트'라고 부르는 북극의 이웃 사람이다. 이 책에서도 백인의 눈으로 북극을 바라보고 있다. 다른 책이나 지식과 차이가 있다면, 북극의 깊은 곳을 들여다보고 얻은 것이다. 지은이는 북극을 속속들이 들여다보려 노력하였다. 북극에서 이누이트와 섞여 부딪히면서 살았고, 많은 친구를 사귀었고, 여러 마을에서 이누이트 원로를 만나 그들의 이야기에 귀를 기울였다. 칼루나트의 눈으로 보았지만, 아주 가까운 곳에서 이누이트와 북극을 바라보았다.

다양한 매체 속의 북극에서는 대부분 북극곰이 주인공이다. 이누이트는 그 뒤의 배경으로 살짝 지나친다. 북극곰이 위험에 처했다고 알리려 애를 쓴다.

북극곰이 위험하다면 우리의 이웃인 이누이트도 위험하다. 이 책에서는 이누이트가 주인공이다. 이 책의 모든 이야기는 지구상 가장 혹독한 환경에 도전하는 이누이트의 이야기이다. 이 책은 이누이트의 기원에서부터 오늘날 직면한 문제, 특히 급격한 기후변화 속에서 이누이트의 미래가 어떻게 될 것인가까지 조망하고 있다. 이누이트는 아메리카대륙에 진출한 이후 수많은 시련을 겪으면서 극한 환경을 극복하고 적응하였다. 지은이가 지적하듯, 오늘날 그들은 어쩌면 그동안 겪었던 극한 도전 중 가장 심각한 도전에 직면하고 있을지 모른다. 시간이 더 흐른 후에 판명되겠지만, 이미 북극에서 벌어지고 있는 기후변화는 이누이트의 삶을 크게 흔들고 있다. 이 책에는 그런 이야기들의 구체적 사례가 가득하다. 또한, 어떤 책보다도 많은 참고문헌과 각주가 첨부되었다. 그만큼 자신의 이야기가 아니라 들은 이야기를 많이 담고 있다. 이는 지은이가 책 속에서 꼭 지키려 했던 의도이기도 하다. 자신의 북극 생활 이야기가 아니라 그 속에서 마주친 이누이트의 생생한 증언을 담아내고 있다.

다른 언어를 자신의 언어로 바꾸는 것은 누구에게나 쉬운 일이 아니다. 지은이 역시 이누이트 말을 영어로 바꾸느라 애를 먹었다. 북극의 광대함만큼 표현도 다양하다. 지은이는 그런 다양한 표현을 살리고자 하였다. 옮긴이들도 지은이의 의도를 최대한 살리기 위하여 노력하였다.

이 책에서는 이누이트 못지않게 '칼루나트'와 '우리'라는 단어가 자주 등장한다. 이누이트는 남쪽의 사람들을 '칼루나트'라 부른다. 이 책의 등장인물은 모두 '칼루나트'아니면 '우리'이다. 특히 이누이트의 말을 인용하는 경우는 항상 우리가 등장한다. 이누이트의 입장에서 남쪽 사람들과의 관계를 가늠해보게 하는 표현이 숨은 듯하다.

우리는 선진국임을 자부한다. 그만큼 우리 앞에는 넓은 세계가 있다. 우리의 시각만이 아닌 다양한 시각으로 그 세계를 바라보아야 한다. 이누이트의 입장은 아니더라도 보다 객관적으로 그들을 바라볼 필요가 있다. 북극이라는 극한 환경 속에서 다양한 도전을 겪으면서 적응해온 이누이트, 특히 가장 심각하게 기후가 변하고 있는 북극에서 환경변화에 적응하고 있는 이누이트의 모습이 우리의 미래일 수 있다.

옮긴이들은 이 책이 북극 원주민, 이누이트의 이해에 도움이 되길 바라는 간절한 마음으로 번역에 도전하였다. 그런 옮긴이들의 마음을 헤아려준 ㈜푸른길의 김선기 사장께 깊이 감사드린다. 원고 교정에 많은 도움을 준 기후연구소의 신보미와 편집을 맡아준 ㈜푸른길의 이선주 씨에게도 감사드린다. 또한, 한국어로 번역을 허락해준 지은이 셸리 라이트(Shelley Wright)에게도 감사드린다. 이 책을 읽게 될 모든 이에게 이누이트를 새롭게 바라보는 기회일 것이라는 기대와 더불어 번역상의 오류가 많지 않을까 하는 마음이 옮긴이들의 어깨를 무겁게 한다.

2019년 6월

옮긴이들을 대신하여 이승호

일러두기

1. 지명이나 이름의 표기는 발음 나는 대로 따랐다. 지은이 역시 이누이트 발음을 영어로 표기한 것이라 실제 발음과 차이가 있을 수 있다.
2. 본문에서 인명은 ( ) 속에 로마자로 표기하였으며, 지명, 영화제목, 이누이트어 등 그 외는 위첨자로 표기하였다. 단, 처음 사용되거나 반드시 필요한 경우에만 로마자 표기를 넣었다.
3. 이누이트 만의 의미를 담은 문장이 있을 수 있다. 그런 경우 가능한 본래의 의미가 전달되게 하려고 노력하였으나 부득이 우리말로 바꾸기 어려운 경우도 있다.

용어 참고

북극 원주민들은 스스로를 사람이라는 뜻의 "이누이트"라고 부른다. "에스키모"는 캐나다에서 더 이상 사용되지 않는다. 나는 오래된 인용문이나 문맥상 적절한 곳에 "에스키모"라는 단어를 드물게 사용하였다. 인터넷에 이누크티투트를 가르치기 위한 웹사이트가 있을 뿐만 아니라 몇몇 훌륭한 이누크티투트 사전도 출간되어 있다. 참고문헌에 각각 하나씩 적어두었다. 덧붙여 존 베넷(John Bennett)과 수잔 로울리(Susan Rowley)가 편집한 「우칼루라이트: 누나부트의 구전역사*Uqalurait: An Oral History of Nunavut*」를 포함하여 북극에 관한 많은 책은 유용한 용어집을 포함하고 있다. 이누이트 구전역사와 문화에 관심이 있는 모든 사람에게 이 책을 추천한다. 이누크티투트 단어나 구절은 처음 사용될 때마다 동시에 번역문을 제시하였다. 이누크티투트는 몇 가지 사투리로도 쓰이고 있다. 그중 일부는 이 책에서 철자가 다른 단어로 반영되어 있다. (크누드 라스무센의 저술 같은) 오래된 출처에서 나온 이누크티투트는 비록 고풍스러운 것들이 많지만, 원래의 영어 철자로 재현하였다. 이누크티투트에 대한 나의 지식이 한정되어 있어서, 수잔 에누아라크, 존 휴스턴, 산드라 이누티크, 피타 이르니크, 엘리사피 카레타크, 알렉시나 쿠블루, 믹 말론(Mick Mallon), 아주 피터, 폴 콰사(Paul Quassa), 루시앙 우칼리안누크를 비롯하여 여러 해 동안 나를 도와준 유창한 연사 및 작가들과 함께한 것은 행운이었다. 어떤 오류가 있다면(그리고 분명히 있을 것이다) 그것은 전적으로 내 책임이다.

• 차 례 •

얼음이 북극을 지배한다. 이누이트에게 얼음은 삶의 터전이다. 그러나 얼음이 녹고 위험해지고 있다. 얼음이 늦게 언다는 것은 12월, 심지어는 1월까지도 얼음 위에서의 이동이 안전하지 않다는 것을 뜻한다. 이누이트 사냥꾼들은 매년 얇은 얼음 때문에 빠져 죽는다. 2009년 코펜하겐 기후변화회의를 앞두고 캐나다 이누이트 국가대표기구의 전 대표이자 캐나다 이누이트 대표단 단장이었던 메리 사이먼(Mary Simon)은 2020년까지 배출량의 42%를 감축할 필요가 있다고 말했다. 이누이트 환북극평의회 부의장 커트 에예시아크(Kirt Ejesiak)는 2011년 남아프리카공화국 더반 기후변화회의에서 금세기에 지구 기온이 2℃ 이상 상승하게 해서는 안 된다고 말했다. 우리가 시간에 맞추어 변화할 수 있을까?

이누이트는 기후변화의 목격자이자 전달자*silaup aalaruqpalianigata tusaqtittijiit*이다.

제1장.. 우리의 얼음: Sikuvut

그들은 일단 얼음 위로 올라서면, 아무도 옷을 꿰매려 하지 않았다. 그것은 금기이다. 얼음 위에서 바느질을 하면, 물개를 잡지 못하거나 얼음이 깨져서 산산조각날 수 있다고 믿었다.

파아트시 카구타크(Paatsi Qaggutaq)[1]

"2012년, 북극 얼음이 최근 들어 가장 빠르고 광대하게 녹았다"라는 「토론토 스타*Toronto Star*」의 머리기사가 널리 알려졌다.[2] 2012년 대규모 해빙의 융해가 9월 중순까지 이어졌으며, 「뉴욕타임스*New York Times*」는 "이전 기록이 깨졌고, 그 지역에서 급격한 변화의 경고가 시작되었다."[3]라면서 전에 없던 일이라는 우려의 기사를 내보냈다. 지난 5년 동안 북극에서 여름철 해빙의 융해속도는 1979년 위성 관측 이래로는 물론, 더 장기간의 원주민 구전 역사에서도 전례 없는 기록이다. 이런 기록은 수천 년 기간의 지질시대에서도 찾아보기 힘들다. 과거에는 금세기 중반이나 말까지 북극해에서 여름철에 얼음이 사라지는 상황을 예측한 적이 없었다. 그러나 2010년대 말에 여름철 얼음이 사라질 수 있다는 예측이 등장하였다. 가장 혼란스러운 점은 2, 3년 전에는 극한 상황이었던 것이 지금은 새로운 현실처럼 보인다는 것이다. 북극해 해빙의 급격한 융해속도가 과학자들을 놀라게 하고 있다. 지난 1,000년 동안 전구 평균기온이 1~2℃ 정도의 변동이 있었지만, 북극의 얼음은 안정적으로 유지되어 왔다.[4] 퀘벡 라발Laval 대학의 루이스 포티에르(Louis Fortier) 교수에 따르면, "북극해에는 두껍게 떠다니는 빙모ice cap가 최소 300만 년 동안 덮여 있었고, 그 폭은 계절과 해류에 따라 변동하였다." 지금은 "전에 비하여 빙모가 조각나고 작아졌으며 얇아졌고 부분적으로 약해졌다. 북극의 빙모 면적은 2012년 여름에 최소를 기록하였으며, 이와 같은 인류 역사상 가장 큰 환경변화의 영향이 북극점으로 점차 확대될 것이다."[5]

2013년 여름에 해빙의 융해가 과거 기록을 깨지는 못했지만, 해빙 면적은 1979년의 1/3 정도로 줄었다. 유엔 산하 기후변화에 관한 정부간 협의체 IPCC가 2013년 9월 27일에 「제5차 평가보고서」를 발표하였다. 지난 몇 년 동안 기온상승에 대한 논란이 있지만, "인간활동"에 의한 온난화가 해양과 얼음에 영향을 미치고 있다는 점이 분명하다. "인류의 영향이 대기와 해양의 온난화와 전구 물 순환의 변화, 눈과 얼음의 감소, 전구 평균 해수면의 상승, 극한 기후값의 변동 등으로 나타나고 있다. 「제4차 평가보고서」 발표 이후 인류의 영향에 대한 증거가 늘었으며, 20세기 중반 이래 관측된 온난화의 주요 원인이 인간활동의 영향이라는 점이 확실(90~100%)하다."[6]

수백만 년 전에 여름철 해빙이 사라졌던 후에 해빙의 확대와 축소가 수천 년 동안 반복되었다. 오늘날에는 그런 변화가 수십 년 기간에서 급격하게 발생하고 있으며, 변화의 영향도 나타나고 있다. 2012년과 2013년 여름에 발생한 북아메리카의 고온 건조한 날씨와 유럽의 춥고 비가 많은 날씨는 북극의 기후변화로 야기된 대기와 해양 패턴의 변화가 서로 연결되어 있다는 것을 보여 주었다. 급속한 융해가 제트기류를 변형시켜 이미 발생하고 있는 폭우와 홍수, 가뭄, 폭설, 강력한 폭풍, 겨울철의 극심한 한파 등의 기상 현상이 앞으로 더 극단적이고 장기적으로 지속될 수 있다. 장기적인 관심은 과거 수억 년 동안 얼어붙었던 툰드라와 북극해 해저에 갇혀 있던 수백만 톤의 메테인이 대기로 방출된다는 것에 초점을 두고 있다. 메테인은 이산화탄소의 10~20배 온실효과가 있다. 이런 기체의 대규모 방출은 지구온난화에 큰 재앙이 될 수 있다. 비록 북극에서 녹고 있는 해빙이 해수면을 직접 상승시키지 않는다 할지라도 대규모 융해는 그린란드 주요 빙하의 융해에 영향을 미쳐 해수면을 상승시킬 것이다. 더욱이 해수 온도의 상승으로 부피가 팽창하여 지난 35년 동안 관측된 것처럼 전 세계적으로 해수면이 상승할 것이다. 남극대륙 빙상 주변에서도 비슷한 융해가 발생하고 있다.

북극과 남극의 빙하가 지구의 기후를 조절한다. 그린란드에는 파랗고 차가운 바다로 하얀 빙산을 밀어 보내는 작은 대륙 크기의 빙하 고원이 있다. 그린란드와 엘즈미어섬에는 해안 가장자리에 매달려 내륙으로 이어지는 빙하와 빙붕도 있으며, 매년 여름마다 갈라지고 부서지고 있다. 깨어진 빙붕은 대서양으로 떠내려가 해류나 바람을 타고 대규모 섬처럼 극 환류를 따라 수년 동안 시계방향으로 천천히 돌아다니다 남쪽으로 떠내려간다. 매년 만들어지는 계절빙annual ice과 여러 해의 두꺼운 다년빙multiyear ice으로 구성된 팩 아이스pack ice도 있다. 이와 같이 전 세계에서 모든 얼음이 녹고 있다. 빙하는 녹는 물뿐만 아니라 거대한 얼음 덩어리를 바다로 쏟아붓고 있으며, 북극을 돌고 있는 두꺼운 영구적 팩 아이스도 바닥에서부터 서서히 붕괴되고 있다. 우리 지구의 기후는 북극해 해빙의 융해 영향을 받고 있다.

빙하와 빙산, 빙붕, 해빙은 다른 종류의 얼음으로 만들어진다. 빙하*glacier*는 여러 해 동안 눈이 쌓이면 중력으로 단단해져서 산지나 그린란드와 남극대륙처럼 고위도에서 서서히 흐르면서 만들어진 얼음 고원이나 얼음의 흐름이다. 빙하는 기후가 한랭할 때 대륙 규모로 수 km 두께의 빙상이 만들어지면서 성장하여 확대된다. 그린란드 빙모는 한때 캐나다와 미국 북부를 덮었던 빙상이 남아 있는 대륙 빙하의 일부이다. 빙산*iceberg*은 수만 년 동안 빙하 내에서 얼어 육지에 갇혀 있던 오래된 담수로 만들어진 것이다. 빙하가 서서히 바다로 흐르면서 덩어리에서 얼음이 갈라지며, 도시 정도 크기의 매우 거대한 빙산에서부터 "바위" 크기의 작은 빙산에 이르기까지 크기가 다양하다. 빙하나 빙산은 모두 담수 얼음이다.

빙붕*shelf*은 해안선을 따라 분포한다. 이 얼음은 그린란드와 캐나다 북극해 제도 주변에서 연안을 따라 해안에 붙어 있다. 여름철에도 한랭한 상태가 유지되면, 두꺼운 얼음으로 확대되어 육지에서 바다로 이어진다. 봄철에 바다가 녹으면서 빙붕과 팩 아이스를 구별해 준다. 유빙floe 가장자리에는 물고기와 바다 포유류, 인간 등을 포함한 포식자를 위한 풍부한 해양 환경이 만들어진다. 점차 남쪽으로 가면서 여름 기온이 높아지면, 6, 7월에 유빙이 사라졌다가 다시 겨울이 다가오면서 다음 봄 사냥철까지 얼어붙는다. 이런 얼음은 위험하다. 특히 봄에 비정상적으로 기온이 상승하면 예측할 수 없을 정도로 녹는다. 2013년 6월에 사냥꾼과 관광객들이 유빙이 갈라져 야영지가 아크틱베이Arctic Bay 근처 애드미럴티인렛Admiralty Inlet으로 떠내려가던 상황을 여러 차례 겪었다. 다행스럽게도 모두 안전하게 연안으로 돌아왔다.[7] 비슷한 시기에 샘 오미크(Sam Omik)와 동생이 폰드인렛Pond Inlet 근처로 사냥을 갔을 때 일이다. 첫 아침에 눈을 뜨고 텐트 밖으로 발을 내딛는 순간, 하마터면 물에 빠질 뻔했다. 야영하던 유빙 덩어리가 깨져서 바다에 떠다니고 있었다. 그들 역시 항공기를 이용하여 무사히 돌아왔다. 샘의 부인 산드라(Sandra)는 남편이 이칼루이트Iqaluit에 돌아왔을 때, 구조 헬기가 이륙하자마자 작은딸 에브(Eve)가 그를 끌어안고 "아빠를 찾아 구조해 준 팀에게 깊이 감사한다고 했다"고 말했다.[8]

팩 아이스는 바다 자체가 얼은 것이다. 다년빙은 10년이 넘은 것일 수 있고 두께가 3m 이상일 수 있다. 봄이 되면 녹고 가을이 되면 다시 어는 계절빙은 얇고 깨지기 쉽다. 북극에서 다년빙이 줄어들고 대부분 계절빙으로 바뀌어 가고 있다. 해빙과 담수 얼음은 어는 방식이 다르다. 담수는 0℃부터 얼기 시작하고, 불안정한 표면에 얇은 얼음 막을 형성하다 점차 단단해지고 두꺼워

1.1 데이비스 해협의 빙산

진다. 해수는 염도 때문에 0℃ 이하에서 얼기 시작한다. 처음에 표면이 걸쭉해지고 화려한 색의 젤리와 같은 혼합물이 만들어진다. 이것이 파도와 해류를 따라 오르내리면서 점차 고무와 같은 회색 얼음층으로 딱딱해진다. 온도가 계속 하강하면 점차 두꺼워지고 하얗게 변하면서 안정된다. 계절빙은 봄철에 두께 2m 정도까지 이를 수 있으며, 봄이 되면 서서히 녹고 가을에 다시 얼지만, 다년빙은 여름에도 녹지 않는다. 다년빙은 10년 이상 지속될 수 있고, 6m 이상의 두께로 바닥에 해조류가 붙어서 살 수 있는 환경이 만들어지기도 한다.

남·북반구에서 극빙polar ice은 우리를 포함하여 안정적인 생명 다양성을 유지하는 데 중요하다. 대기는 태양에서 오는 에너지를 붙잡아 따뜻한 담요에 열을 가두듯 "온실효과"를 하며, 이것이 지표면을 복잡한 생명체의 진화에 적절한 상태로 유지하는 데 중요한 역할을 한다. 아주 밝은 얼음과 눈은 태양 에너지 일부를 반사하여 우주로 되돌려 보내어 지구 환경을 생명체가 살 수 있는 적정한 온도로 유지할 수 있게 한다. 이것을 "알베도효과"라고 하며 지구의 자연적 온도 조절장치의 기본이다. 극지방은 "우리가 아는 한" 생명을 만들어 내는 지구의 평균기온을 자연적으로 안정시키는 거대한 에어컨과 같은 역할을 한다. 지구를 데워 주는 대기의 담요효과와 지구를 시원하게 해 주는 얼음이나 눈과 같은 밝은 표면의 알베도효과, 한기와 냉기를 섞어 주는 바람과 물의 순환 등이 없다면, 지표면은 너무 춥거나 더워서 인간을 포함한 어떤 생명체도 존재하기 어려울 것이다. 얼음이 사라지고 눈으로 덮인 툰드라가 더 많이 노출되면서 푸른색의 깊은 바다와 갈색과 초록의 땅이 태양복사에너지를 더 많이 흡수하여 열을 더 잡아 둔다. 이런 알베도효과의 감소가 하나의 "정(+)의 피드백 순환"을 만들며, 이것이 지구온난화를 가속시킨다.

남쪽에 사는 우리는 북극을 깨끗하고 하얀 세상으로 생각하지만, 북극은 이보다 훨씬 복잡하다. 육상과 해양 생물의 풍부한 생활 환경이기도 하다. 봄과 가을에는 수백만 마리 철새가 하늘을 뒤덮으면서 매년 북극을 가로지르는 물결을 만든다. 수목한계선 북쪽의 나무는 아주 작다. 1m도 채 안 되는 고대 버드나무도 수령 수백 년이 더 될 수 있다. 해양과 땅, 공기는 흰돌고래, 일각고래, 수염고래, 고리무늬물범, 북극곤들매기, 큰넙치, 대구, 눈올빼미, 백조, 오리, 거위, 뇌조, 바다오리, 바다비둘기, 갈매기, 북극제비갈매기, 북극곰, 카리부, 사향소, 늑대, 여우, 레밍 등의 생명으로 넘친다. 북극에는 이끼와 지의류부터 여름철의 화원까지 식물도 다양하다.

이런 생명체에는 수천 년 동안 이곳에서 살아온 인류 공동체도 포함된다. 이 환경에서 사람도 중요한 구성원이다. "이누이트Inuit"는 "사람people"이란 의미이다. 그들과 그들의 조상, 선조들은 이집트나 중국, 로마제국이 존재하기도 전에 시베리아에서 그린란드까지 북극의 바다와 땅, 얼음을 이동하였고, 그들 조상의 유적이 폐허(또는 관광지)가 된 후에도 여전히 이곳에 남아 있다. 북극 사람들은 가혹한 환경에서 살아남기 위해서 정교한 기술을 발전

1.2 석등*qulliq*의 심지로 사용할 수 있는 북극목화, 이칼루이트

시켰다. 카약*qajaq*과 개 썰매*qamutik*가 대표적이다. 카리부 옷은 남쪽에서 개발된 자연적이거나 인공적인 어떤 물질보다 따뜻하다. 눈집*igluvijaq*(단순히 "집"을 의미하는 것으로 우리에게는 "이글루igloo"로 잘 알려져 있으며, 모든 물질로 만들 수 있다)의 나선형 건축은 미적으로나 실질적으로 북극의 환경과 완벽하게 조화를 이루는 독특한 건축물이다.

이누이트는 전통적인 유목민으로 땅에서 아주 먼 거리를 이동하며, 특히 해빙에 올라타서 한 장소에서 다른 장소로 마치 하이웨이를 달리듯 이동한다. 그런 것은 오랫동안 거의 연중 얼어 있는 북극해의 섬으로 가는 통로로 여겨졌으며, 주요 해상 항로가 아닌 육상으로 연장되어 심지어 거주할 수도 있고 이동할 수 있는 것으로 여겨 왔다. 이누이트는 우리 자신을 풍요롭게 하는 문화와 기술을 지닌 독특한 인류 공동체이다. 누나부트와 래브라도, 누나비크(퀘벡 북부), 노스웨스트 준주의 이누이트는 캐나다 시민으로 북쪽에서 캐나다의 주권 확립에 기여하였다. "그들" 또한 "우리"이다.

근대 문화에서 "사람들"의 생각은 어떤 환경의 "기본 구성요소"로서 거의 반 직관적이 되고 있다. 거의 배타적으로 도시에서 살고 있는 우리는 자연의 세계에 대한 실제 감각을 잃어가고 있다. 북극의 이국적인 아름다움이든 우리가 사용하고 소비하기 위해 육지와 바다에서 얻은 보다 평범한 실제의 자원이든 우리에게 "자연"은 낯설다. 일반적으로 우리는 그런 것에 관한 생각 없이 실제에서 많은 것을 본다. 고기를 깔끔하게 썰어서 비닐로 포장한다. 우리는 그런 과정에서 사체에 묻은 피의 실제를 못 본 척하려 한다. 식료품 가게에 채소와 과일이 매력적으로 쌓여 있고, 신선하고 깨끗하며 우아하다. 우리는 대부분 그것을 키우고 수확하기 위해서 해야 하는 지저분하고 땀 흘리는 힘든 일을 생각하지 않는다. 비료와 농약, 관개, 토지 정리, 생산지에서 소비지까지의 수송 등 경제적, 환경적 비용을 고려하지 않는다. 우리는 "자연"을 이익이나 오락을 위해 살해하거나, 채굴하거나, 지워버릴 수 있는 "우리 밖"

의 불활성체로 볼 수도 있고, 우리의 지구를 보호하고 지키기 위한 인간 탐욕으로 고통받는 희생의 대상으로 바라볼 수도 있다. 사실, 두 개의 관점에는 약간의 차이가 있다. 이 땅(북극)에 살지 않거나 후손과 다양한 방식으로 소통하지 않는 우리는 지구상의 생명 사슬과 불가분의 관계로 연결되어 있다는 사실을 잊어버리고, "자연"을 낭만적으로 바라볼 수 있다. 기후변화 회의론자들은 실제 인류가 지구에 미치는 영향을 무시하거나 부정한다는 점에서 이런 박탈감을 가지고 있다.

로더릭 프레지어 나시(Roderick Frazier Nash)가 그의 고전적인 저서 「황야와 미국 정신*Wilderness and the American Mind*」에서 다음과 같이 이야기하였다.

> 울타리와 댐이 우리의 통제 본능을 자랑스럽게 보여 주는 것처럼, 이제 야생 보호는 문명을 통제하려는 우리의 결단을 상징적으로 보여 준다. 개척자는 하루 종일 태양 아래서 보냈다. 선구자와 성장 지향적인 태도는 인류의 존재가 상대적으로 작고 자연이 광대하고 무한한 것처럼 보일 때 잘 작용하였다. 그러나 진화의 물결이 도래하였다. 성장은 아이러니하거나 자멸적인 결과를 가져왔다. 환경은 취약하다. 새천년이 시작되면서 우리가 진정으로 정복해야 할 것은 자연이 아니라 우리 자신이라는 것을 이해해야 하는 새로운 개척자의 시대가 되었다. 황야는 우주선으로 지구를 여행하는 인간의 필요성인 생태적 균형을 위한 지적이고 생물학적인 출발점이 될 수 있다.[9]

황야와 문명은 항상 공존한다. 나시가 지적했듯이, 둘 다 약 1만 년 전에 시작된 목축업, 농사짓기, 공동체 생활과 함께 발전된 인간의 창조물이다. 둘 다 자연계 내의 토착민(오늘날 살고 있는 사람과 우리의 조상들)의 존재를 너무 쉽게 무시하는 인위적인 개념이다. 우리는 이누이트와 다른 원주민이 기억하는 고대의 지혜인 "지구는 모든 생명의 기초가 아니라 그 자체가 살아 있다"

는 지혜를 잊고 있다. 지구는 우리처럼 진화한 모든 이들에게 생명의 원천이 될 수 있지만 파괴될 수도 있다.

문제는 지구를 "그것"으로 생각하는 것이다. 그렇게 함으로써 우리는 자신의 생존과 행복의 원천에서 자신을 쉽게 객관화시키고 거리를 둔다. 우리는 그것을 인지하든 못하든 이 삶과 죽음의 드라마 속에서 역할을 하고 있다. 이누이트처럼 대부분 원주민은 자신들의 언어로 스스로를 "사람"이라 부른다. 우리는 세계적으로 자신을 지구의 "사람"으로 정의하는 데 도움이 될 만한 적절한 단어를 만들어 내지 못했다. 우리는 대명사 "우리" 속에 사람뿐만 아니라 지구상의 모든 생명도 포함하고 있다는 사실을 잊고 있다. 우리는 우리뿐만 아니라 다른 모든 것을 언급한다. 현대화의 대가인 이 손실이 우리 실패의 원인일지도 모른다.

북극은 아름다움과 힘에서 현혹적일 수 있다. 나는 이칼루이트의 어느 길 끝에 서 있거나, 노란 프림로즈 색깔의 일몰을 바라보거나, 아니면 빛나는 오로라로 가득 찬 밤하늘을 쳐다보는 것과 같이 항상 내 주위의 끝없고 무한하게 보이는 우주의 경외감에 사로잡혔다. 하지만 이 아름다운 자연계 안에서 우리는 절대 혼자가 아니다. 땅과 바다의 생명체가 항상 우리 곁에 있다. 화창한 여름날 꽃으로 뒤덮인 툰드라 위를 돌아다닐 때, 갑자기 오리 새끼들이 있는 울창한 둥지를 내려다보고 있는 자신을 발견할 수 있다. 북극은 무한하지도 영원하지도 않다. 그 땅과 바다는 느리거나 빠르거나 대륙이동의 격변 속에서 물과 바람, 얼음 등의 이동으로 변해 왔으며 여전히 변하고 있다. 북극은 풍부한 동물과 식물의 다양성으로 채워져 있다. 심지어 고양이와 같은 무늬의 북극여우를 쫓아간 북극곰 발자국의 깊이도 다른 종 간의 삶과 공동체에 대한 이야기를 전해 준다. 동물과 사람은 수천 년 동안 이 땅과 얼음 위에서 함께 숨 쉬고, 사냥하고, 여행하고, 새끼를 기르고 죽었다.

북극의 무한한 아름다움이 기억에 남을 것이다. 하지만 삶과 죽음의 현실도 바로 앞에 놓여 있는 도전이다. 갑작스러운 비극이나 극단적인 상황을 막아 줄 수 있는 편리한 필터는 없다. 나는 누나부트의 시작부터 죽음이 바로 앞에 있다는 것을 알고 있었다. 2001년 7월 이칼루이트를 처음 방문했을 때, 한 작은 소년의 실종 소식을 들었다. 온 마을 전체가 소년을 찾았다. 모든 문과 현관 난간에 작은 노란 리본이 달렸다. 결국 소년을 찾았지만 늦었다. 마을 연못에서 익사체로 발견되었다. 내게는 익숙하지 않았지만, 북극에서는 이런 갑작스러운 죽음이 바로 앞에 있다는 것이 현실이다.

그렇지만 북극은 나에게 작지만 많은 친절과 어려운 시기에 도움을 주는 겸손, 유머 그리고 만연한 가십의 유혹 등의 미덕도 보여 주었다. 한때 나는 한계라고 생각되는 데까지 나를 밀어붙이던 시기가 있었는데, 그 경계는 예상보다 더 넓었다. 북극은 당신에게 도전하고, 당신을 밀어주며, 그리고 갑자기 예상하지 못한 사랑스러운 무언가로 매료시키기도 한다. 나와 같은 외부인은 집에만 있을 수 없다. 북극은 계속 끌어당기는 힘이 있다.

나는 모두가 얼마나 문명의 보호를 받고 있는지도 알게 되었다. 우리가 북극으로 문명을 가져왔고, 이것 없이는 "남쪽 사람들[또는 큰 눈썹이라는 뜻이 있는 칼루나트*qallunaat*(이누이트어로 외국인, 이방인을 뜻하며 특히 남쪽에서 온 백인을 의미함-역자 주)]"은 살기 어려울 것이다. 문명은 이제 지구상의 거의 모든 곳에서 우리를 보호해 주며, 지구의 삶과 죽음의 실체를 숨기고 있다. 우리는 도시에 갇혀서 인간으로서 우리가 자연의 일부로 자연의 위에 있거나 자연에서 분리될 수 없다는 사실을 잊고 있다. 심지어 우리 중 사려 깊고, 좋은 뜻으로 주위 환경과 다른 것의 권리도 소중하게 여기는 사람조차도 북아메리카와 유럽, 오스트레일리아, 아시아 등에서 편안한 도시 환경을 벗어나면, 우리를 기다리는 현실을 거의 모른다. 심지어 배낭과 하이킹 부츠, 트레일 바이크로 "황무지"를 탐험할 때조차도 그렇다. 우리는 야생상태의 황무지에서 결코 혼자가 아니다. 일상적인 안전망이 있는데, 그것이 없으면 우리는 금방 길을 잃고 위험에 처할 수 있다. 이 야생은 우리 지구의 물질적, 정신적인 힘을 다룰 줄 모르는 사람들에게 치명적일 수 있다. 우리는 자연에서 인간 참여자로서 생존할 수 있는 능력을 잃어버렸다. 이누이트조차도 이런 기술의 일부를 잃어버렸다. 50년 전에는 표류하는 얼음이나 갑작스러운 눈보라를 맞닥뜨리면 피난처를 짓고 기다려야 했다. 오늘날 이런 상황에서는 위성전화와 수색구조가 필요하다. 우리는 어머니 지구의 언어와 또 지구의 일부분이자 우리의 현실인 아름답고 무서운 마법을 잊었다. 이제 우리는 그것을 과학이라고 부르면서 자연을 통제할 수 있다고 생각한다.

우리는 곳곳에서 만들어 내는 거품 때문에 점점 뜨거워지는 공기 속으로 지구를 서서히 가두어 가고 있다. 우리는 기술 속에 질식할 위험에 처해 있다. 북극보다 더 확실한 곳이 없다. 이상하게도 이곳은 여러 면에서 안전망 없이 사는 것이 어떤 것인지를 기억하게 하는 지구상의 마지막 자유로운 장소 중 하나이기 때문이다. 정치인과 재계 지도자들이 자신의 돈과 권력에 대한 환상을 지키기 위해 과거의 방식에 집착하지만, 기후변화의 현실은 우리를 미지의 세계로 이끌고 있다. 2007년에 처음으로 북서항로에 얼음이 얼지 않았다. 2010년 7월 6일에서 7월 7일 사이에는 그린란드 서부의 야곱세븐Jacobshaven 빙하에서 거의 5km^{3}나 되는 얼음 덩어리가 사라져 내륙 빙하가 크게 후퇴했다. 몇 주 후 맨해튼 규모의 거대한 빙붕이 그린란드 북쪽 끝에서 떨어져 나왔다. 2011년 여름에는 5년 전에는 불가능했던 동서로 이어지는 북서항로 횡단이 이루어졌다. 5년 전 배핀만Baffin Bay과 랭커스터 해협Lancaster Sound에는 엘즈미어섬 북서쪽에서 부서져 나온 20km 정도 길이의 거대한 얼음 덩어리와 빙산이 많이 있었다. 그러나 2011년 여름 북서항로에는 얼음 쪼가리도 없었다.

2010년 7월 말에 미국 국립해양대기청NOAA은 모든 지표(녹고 있는 빙하와 북극의 얼음, 상승하는 육지와 해수의 온도, 습도, 적설면적)가 지구가 더

워지고 있다는 것을 보여 주는 보고서를 발표했다.[10] 오늘날 기후변화는 머리기사이다. 2011년 10월 1일 「뉴욕타임스」는 다음과 같이 1면의 머리기사를 장식했다. "중요한 수관에 대한 위협: 삼림파괴가 온실기체의 조절을 약화시킬 수 있다."[11] 이 기사는 더워지는 기후가 세계의 숲에 어떻게 큰 문제를 일으키는지에 대해서 상세히 분석하였다. 이런 영향에는 캐나다와 미국 북방지역 숲의 소나무에 딱정벌레 침입과 시베리아에서 빈번한 파괴적 산불, 지난 10년 동안 아마존과 오스트레일리아에서 토종나무를 고사시킨 가뭄 상황 등이 포함된다. 죽거나 죽어가는 나무들은 탄소를 대기로 방출하고 있다. 이것은 연쇄적으로 온실기체 증가와 기온상승으로 이어진다. 숲은 대기 중으로 방출되는 이산화탄소의 약 4분의 1을 저장하는 탄소 "흡수원"이다. 숲이 사라지면서 또 다른 "정의 피드백 순환"이 형성된다. 나무가 없는 광활한 북극 지방은 수천km나 떨어진 숲에서 일어나는 현상에 직접 영향을 받는다. 이누이트의 언어 이누크티투트Inuktitut로 "녹지 않는 땅"이라는 의미의 아우유이투크*auyuittuq*는 빙하를 의미한다. 그러나 배핀섬에 있는 아우유이투크 국립공원의 빙하는 지난 5년간 계속 사라지고 있으며, 다른 곳의 형제, 자매 빙하도 빠르게 후퇴하고 있다. 얼음이 녹으면서 수천 년 동안 북극에서의 삶의 방식도 번개처럼 빠른 속도의 변화에 적응해야 하는 상황으로 몰리고 있다.

나는 우연히 북극에서 생활하게 되었다. 1988년부터 2001년까지 오스트레일리아 시드니 대학에서, 그전에는 싱가포르와 뉴질랜드에서 법학을 가르쳤다. 남반구를 여행하면서 많은 친구를 사귀었다. 거의 20년이 지나서 캐나다로 돌아갈 준비가 되었다. 일생에 한두 번 찾아오는 좋은 기회로 긴 여행을 준비했다. 바로 오스트레일리아에서 가장 멀리 떨어진 북극으로 가는 것이었다. 나는 누나부트 이칼루이트에 설립 준비 중인 아키트시라크Akitsiraq 로스쿨에 관심을 가졌고, 북부 책임자로 와달라는 요청을 받았다. 이 학교는 원주민 학생들의 고등교육을 위한 독특한 실험으로 누나부트 지역 내 소규모 이누이트 학생을 위한 학사 프로그램을 계획하였다. 잠시 망설였지만, 바로 이것이 거절할 수 없는 제안이라는 것을 깨달았다. 첫 북부 책임자였던 안드레이스 버진스(Andrejs Berzins)와 긴 통화를 마치고 비행기표를 끊기로 결심했다.

화창한 2001년 7월 초 어느 날 이칼루이트에 도착했다. 첫 인상은 놀라움과 혼란스러움이었다. 갑자기 외계 행성에 착륙한 것 같이 아주 낯선 느낌이었다. 공항 터미널은 밝은 노란색 빌딩이었고 오고 가는 사람들로 붐볐다. 대부분 서로를 아는 것 같았지만, 나는 마치 길을 잃은 낯선 사람처럼 느껴졌다. 물론 그게 바로 내 모습이었다. 밴쿠버와 이칼루이트 사이 어딘가에서 나의 짐이 사라졌다. 퍼스트 에어First Air 사람들은 매우 친절했고 짐이 곧 "나타날" 것이라고 장담했다. 이미 누나부트 법원장 베벌리 브라운(Beverley Browne)과의 첫 만남을 놓쳤다. 나의 운명을 통제할 수 없다는 것을 깨달았

1.3 누나부트 대학 강의실에서 이눅슈크 고등학교 방향으로 보이는 고드름

고, 무슨 일이 일어나든 스스로 해결해야 했다. 하지만 곧 명랑하고 박식한 가이드임을 보여 준 로스쿨의 그웬 힐리(Gwen Healey)가 도와주었다. 우리는 여름의 태양을 즐기며 잠깐 시내를 돌아다녔다. 이누크Inuk는 아니었지만 그웬은 이칼루이트에서 자랐고, 그곳을 사랑한다고 했다. 그녀에게는 그곳이 집이었고 지구상에서 가장 좋아하는 장소였다.

이칼루이트는 나에게 처음부터 대비되는 장소로 다가왔다. 아름다움과 금방이라도 무너질 듯한 빈곤이 이웃에 나란히 자리 잡고 있었다. 북극권보다 약간 남쪽이기는 했지만, 우리가 있었던 곳은 수목한계선 북쪽이어서 진정한 나무는 눈에 보이지 않았다. 며칠 전 프로비셔만Frobisher Bay에서 떨어져 내려온 얼음이 반짝반짝 빛나는 푸른빛의 만 아래로 멀어져가는 거대한 조류 속으로 가라앉았다. 내가 막 떠나온 시드니의 차가운 겨울과 거의 같은 날씨였지만, 이누이트는 대부분 셔츠만 입고 돌아다녔다. 우리가 가는 곳마다 웃으면서 친절하게 인사를 보냈다. 산비탈과 도랑에는 아직 잘 모르는 다양한 북극의 꽃들이 빛나고 있었다. 하늘은 파랗고 중심가는 먼지투성이로 뒤덮였다. 그리고 다른 모든 길은 이름이 없는 먼지 날리는 길(당시 길은 포장되지 않았고 이름이 없었다)로 목조 가옥이 띄엄띄엄 흩어져 있는 언덕 위의 마을로 이어지다가 툰드라를 만나면서 갑자기 끊겼다. 정부 건물과 학교는 이누이트에서 영감을 받은 듯한 현대 디자인에서부터 누군가 달 정착에 적합할 거라고 상상했을 법한 모양에 이르기까지 다양했다.

이칼루이트는 이누이트 언어로 "많은 물고기"를 의미한다. 이곳은 수백 년, 어쩌면 수천 년 동안 원주민들의 정착지였다. 이칼루이트(또는 프로비셔베이Frobisher Bay로 불렸다)는 1950년대 냉전기간 동안 북극의 군기지화에 따라 대규모 공군기지와 호텔, 주택 등이 건설되면서 남쪽의 사람들을 급속히 끌어들였다. 프로비셔만은 소련의 무장 핵폭격기나 미사일이 북극으로 향하는 것을 추적하는 듀라인DEW Line(장거리경보시스템)의 일부가 되었다. 21세기 초의 이칼루이트는 외딴 작은 마을에서 "큰 도시", 그리고 새로운 누나부트 준주의 주도로, 혹은 "우리의 땅"으로 바뀌어 가고 있었다. 이 도시는 2001년 이후 많은 변화를 겪었지만, 자랑스러운 주도이자 북쪽의 외딴 지역 공동체이다.

첫 번째 방문에서 이 지역의 스타벅스 버전인 판타지 팰리스Fantasy Palace에서 약간 어울리지 않는 커피를 마시면서 미래의 법대생들을 포함한 친근하고 재미있는 사람들을 만났다. 일주일 더 머물면서 깊은 환영으로 도움을 주던 안드레이즈와 로레인 버진스(Lorraine Berzins)와 함께 이사했다. 나는 아키트시라크 시작부터 적극적으로 참여하게 되었고, 이 학교는 9월에 학생들을 받을 예정이었다. 오리엔테이션과 환영 만찬에 참석했고, 곧 팀의 일원이 된 기분이 들었다.

하지만 이 생활에 익숙해지는 데는 오랜 시간이 걸렸다. 대부분의 칼루나트*qallunaat*처럼 나 역시 북위 49도(캐나다와 미국의 국경선-역자 주) 이북의 모든 것에 대한 경험과 지식이 부족했다. 나는 알래스카와 유콘(내가 결혼한 곳으로, 다음 이야기를 위해 남겨 둠)에 잠시 방문한 적이 있었는데, 그것이 북쪽 경험의 전부이다시피 하였다. 누나부트에서 무엇을 기대해야 할지 몰랐고 여전히 많은 면에서 아는 것이 부족하였다. 내가 대단한 모험을 시작하고 있었던 것일까? 아니면 단순히 이누이트 학생들이 캐나다 법을 배우는 것을 돕기 위해 북쪽으로 간 것이었을까? 경력을 쌓기 위한 것이었을까? 아니면 그냥 오스트레일리아에서 고향인 캐나다로 돌아가려는 방법이었을까? 사실 그때 나만의 가파른 학습 곡선을 막 시작하려던 참이었다.

누나부트에서 처음 몇 주 동안 아버지에 대한 기억이 나를 따라다녔다. 아버지는 1950년대 초에 왕립 캐나다 공군 소속의 젊은 전파 장교로 북극을 잠깐 여행했었다. 그는 그린란드 툴레Thule에 있는 대형 미국 공군기지와 레절루트베이Resolute Bay에 소규모 왕립 캐나다 공군Royal Canadian Air Force

1.4 노바스코샤 그린우드Greenwood 공군기지의 조종 장교 로버트 라이트(Robert E. S. Wright)

(RCAF)기지와 북극권에 다른 기지들이 생겨났을 때, 그리고 프로비셔베이에 듀라인이 건설되었을 때도 그곳에 있었다. 요원들의 특별한 임무는 툴레 공군기지를 건설하는 동안 데이비스 해협과 배핀만을 비행하면서 빙하 상태를 확인하여 들어오는 보급선으로 정보를 제공하는 것이었다.

현재 툴레는 덴마크의 통치를 받고 있으며, 아직도 미 공군의 작은 부대가 남아 있다. 오늘날 이 거대하고 아름다운 지역은 사실상 유령도시가 되었다. 이 지역에서 살던 이누이트 혹은 이누구이트Inughuit('대단한 사람들'이라는 의미의 이누이트 원주민 일족)들은 1953년 기지 건설로 북쪽 마을 카낙Qaanaaq으로 이주해야 했다. 아버지에게 그곳에서 겪은 이야기를 들은 기억이 없지만, 북극 어디에서든 아버지의 혼과 함께했다. 첫 주 동안 나는 ATV를 타고 이칼루이트 북쪽의 어떤 곳으로 여행했는데, 오래된 군사기지의 여러 시설이 툰드라에서 녹슬어가고 있었다. 그곳은 프로비셔만과 실비아그리넬Sylvia Grinnell강의 웅장한 경치를 잘 볼 수 있는 곳이었다. 녹슬어가는 캔이나 철사처럼 낯선 이름과 그들의 침입이 아름다운 고대의 땅에서 환영받지 못하고 있었다.

캐나다는 냉전 초기에 북극의 주권을 지키기 위해 대규모의 이누이트 이주를 시작했다. 이 일은 오늘날까지 북극에 배신과 쓰라린 굶주림의 기억으로 남아 있다. 이누이트를 영구적인 정착지로 이주시키면서 캐나다 과도 정부 관리들이 행한 과거의 방식은 적극적이었고 때로 강제적이었다. 오늘날까지도 논란이 되는 상황 속에서 캐나다 왕립 기마경찰대Royal Canadian Mounted Police(RCMP)는 개들을 총살했고, 모든 어린아이는 집에서 수천km 이상 떨어진 기숙학교로 보내졌다. 결핵이 유행하면서 많은 이누이트 어린이와 어른들이 남쪽의 요양소와 병원으로 보내져 몇 년 동안 가족과 떨어져 지내야 했다. 그중 많은 사람이 돌아오지 못했다. 전통적으로 이누이트는 한 개의 이름을 가지고 있었다. 그들은 1960년대 후반 '성 정책Project Surname'이 시행되면서 강제적으로 두 번째 이름을 갖게 되었다. 당시 정부가 그들을 구별할 목적으로 "개 꼬리표"라는 번호를 발급했다. 1930년대와 1940년대 사이 여우덫 산업의 붕괴로 주요 수입원이 사라졌다. 임금노동이 부족했기 때문에 가족들은 자녀수당과 복지수당에 기댈 수밖에 없었다.

여전히 북극의 생활환경은 심각한 사회적, 경제적 문제로 허덕이고 있다. 빈곤 수준이 높고, 약물 남용과 자살, 사고와 질병으로 인한 조기 사망, 가정폭력, 노숙, 혼란 등의 폐해도 심각하다. 아버지와 함께 북극 임무에 참가했던 동료들은 그들 가족을 북극으로 이주시키기로 했던 정부의 결정을 희미하게 기억하지만, 그들과 아버지는 내가 누나부트에서 처음에 일상적인 문제들을 파악하지 못했던 것처럼, 이 실험이 초래한 고통에 대해 알지 못했을 것이다. 나는 아버지와 달리 거기에서 더 많이 배울 수 있는 오랜 시간을 보냈다.

아키트시라크 로스쿨에는 2001년과 2002년에 17명의 학생이 등록했다. 이는 누나부트에서 전문적으로 훈련된 이누이트 변호사 수요를 충족시키고, 1993년의 누나부트 토지권리협정*Nunavut Land Claims Agreement*에[12] 따른 이누이트 고용 요건을 충족시키기 위한 일환이었다. "아키트시라크"는 "나쁜 짓을 저지르는 곳, 즉 정의가 끝장난 곳"을 의미한다. 배핀섬 남쪽에는 특별한 곳이 있었다. 1920년대 초반까지 이누이트가 그들의 법에 따라 중요한 사건을 판결하기 위해 사용했던 원형 돌로 케이프도싯Cape Dorset 근처에 있었다. 지금은 그것이 어디에 있는지 정확하게 아는 사람이 거의 없다. 현대화 프로그램은 이칼루이트에 있는 누나부트 아크틱 대학에서 배우고 브리티시컬럼비아의 빅토리아 대학에서 4년제 법학학사를 받는 것이다. 이 과정은 같은 대학 법학부와 나의 직속 고용주였던 아키트시라크 로스쿨 협회가 공동으로 운영하였다. 거의 모든 학생이 북극의 여러 지역에서 온 이누이트였고, 그 가운데 이글루리크Iglulik에서 온 어린 학생도 있었다. 이들은 이누이트가 아니었지만 이누이트어에 능통했으며, 다른 아이들과 마찬가지로 그 지역에서 자란 학생들이었다. 대부분 20대 초반부터 40대 사이 연령대의 여성들이었고 부모님이었으며 그중 한 명은 할머니였다. 유일한 남자 졸업생은 18개월 동안 아프가니스탄 칸다하르에서 캐나다 왕립 기마경찰대의 순경으로 근무하기도 했다. 모두가 이누이트어에 능통하지 않았지만, 적어도 말하는 것은 어느 정도 알아들을 수 있었다. 몇몇은 일생을 북극 밖에서 보내고 최근에야 누나부트에 돌아온 사람도 있었다. 한 명은 그린란드 출신의 재능있는 예술가이자 물개가죽 디자이너로 이칼루이트에서 오랫동안 살아온 사람이었고, 반면에 이칼루이트에서의 삶의 경험이 거의 없거나 전혀 없이 누나비크Nunavik나 허드슨만의 서쪽 해안에 있는 키빌리크Kivilliq 지역 아르비아트Arviat에서 온 사람도 있었다.

모든 사람이 변호사가 되지 못했지만, 11명의 학생은 빅토리아 대학에서 법학학사 학위를 받고 졸업했다. 졸업식은 2005년 6월 21일(캐나다 원주민의 날)에 이칼루이트에서 있었으며 감동적이었던 것으로 기억한다. 그 자리에는 총독 아드리엔 클락슨(Adrienne Clarkson)과 그녀의 남편 존 랄스턴 사울(John Ralston Saul), 주지사 폴 오칼릭(Paul Okalik), 지역 원로인 루시앙 우칼리안누크(Lucien Ukaliannuk) 그리고 누나부트 재판소 판사 베벌리 브라운까지 모두 있었다. 아키트시라크 졸업생 릴리안 아글루칵(Lillian Aglu-kark)과 자매인 수잔(Susan)이 국가를 불렀다. 우칼리안누크 교수와 브라운 판사는 빅토리아 대학에서 명예 법학박사 학위를 받았다. 누나부트의 모든 사람이 아키트시라크 로스쿨 프로그램의 성공을 축하하기 위해 남쪽의 많은 고위 인사들과 함께 초대된 것 같았다. 우리는 CBC 뉴스 프로그램인 '더 내셔널*The National*'을 장식했고, 심지어 조지 스트롬볼로폴로스(George Stroum-boulopoulos)도 그의 토크쇼 '디 아워*The Hour*'에서 세상에는 실제로 더 많은 변호사가 필요하다며 이를 언급했다.

하지만 그런 행복한 시간에도 북극에서 삶의 어두운 면이 그리 멀지 않은 곳에 있었다. 다음 날 아침 한 졸업생의 어린 사촌이 성공회 교회에서 목을 매어 자살한 채 발견되었다. 졸업식 만찬에서 마신 술이 다른 사람들의 행복을 망쳐놓았다. 한 학생은 폭력적인 배우자가 두려워 오타와에 머물렀고, 총독 보안팀은 잠재적인 문제를 우려하여 대학의 위험 가능성에 대해 경고했다. 모든 일이 끝나고, 전직 대법원 판사인 클레어 루렉스 두베(Claire L'heureux Dube)를 공항에 데려다주고, 나와 내 친구는 주차장에서 서로 껴안았다. 우리는 학생들의 승리에 기쁨의 눈물을 흘려야 할지, 아니면 며칠 전 무의미하게 잃어버린 젊은 삶에 대해 슬픔의 눈물을 흘려야 할지 알 수 없었다.

이누이트는 19세기 이후 남쪽에서 오는 새로운 사람들, 즉 우리와 함께 따라오는 변화에 적응해야 했다. 문화, 환경, 정치, 경제, 사회, 영적, 그리고 사생활에 이르기까지 그들의 삶의 모든 측면에서 변화가 있었다. 이것은 특히 제2차 세계대전 이후 3대에 걸쳐서 살아온 사람들에게 더욱 심하다. 기온상승과 해빙의 융해가 이런 일련의 변화 중 가장 최근의 일이다. 하지만 기후변화가 가장 큰 도전이 될 수 있다. 이누이트는 북극 식민지화의 영향에 적응해야 할 뿐만 아니라, 이제 그들 삶의 기반이 발밑에서 사라지고 있는 현실에도 적응해야 한다. 이누이트에게 *sikuvut nunguliqtuq*("우리의 얼음이 사라지고 있다")는 주변 환경에 대한 변화를 의미할 뿐만 아니라, 남쪽의 광업, 석유 및 가스 등 기타 상업적 이해관계로 북극으로의 침입이 확대되는 것을 의미한다. 그것은 이누이트가 통치권에 항상 포함되는 것이 아니라 논의의 화두가 되었다는 것을 의미한다. 이것은 이누이트가 받아들여야 하는 거의 어쩔 수 없는 북극의 새로운 군대화를 의미한다. 북극은 자연과 인간의 모든 복잡성으로 우리가 예측할 수 없는 방식으로 이누이트와 우리 모두에게 영향을 미칠 다른 무언가(돌연변이)로 변하고 있다. 모든 기준에서 *sikuvut nunguliqtuq*는 심각한 변화의 메시지이다. 과거에 그랬던 것처럼 이누이트가 적응하고 살아남을 것이라는 점에 의심의 여지가 없다. 하지만 2012년에 래브라도 누나치아부트Nunatsiavut의 젊은 이누이트 연구원이 다음과 같이 증언하였다. "이누이트처럼 우리의 삶은 자연과 연결되어 있고, 그 때문에 우리는 대자연의 장엄함을 매우 존경한다. 땅과 바다, 기후는 우리를 하나의 문화로 정의하며 오늘날 우리가 겪고 있는 변화 때문에 우리의 문화는 영원히 바뀔 것이다."[13]

많은 책과 논문에서 기후변화와 북극의 역사, 통치권, 북서항로, 유럽인의 탐험, 이누이트 등을 다루고 있다. 이누이트도 그들을 이야기한다. 이런 다양한 책과 영화, 웹사이트 등이 참고문헌에 실려 있다. 이 책은 글과 사진으로 이와 같은 실의 일부 특히 누나부트와 그린란드를 북극의 인류 역사로 묶기 위한 시도이다. 나의 목적은 기후변화와 북극 통치권, 그리고 경제발전에 대한 질문을 북쪽의 역사와 이누이트 삶의 더 깊은 맥락 속으로 넣는 것이다.

나는 이 책에서 전통과 과학, 법, 정치, 역사(구전과 기록 모두), 영화, 시각, 영적 그리고 개인적인 다양한 출처를 활용하였다. 책의 이야기와 관련된 곳이라면 어디든지 찾아가서 직접 북극에 거주하는 이누이트와 비이누이트 사람들 모두에게 이야기와 일화, 정보 등을 얻었다. 아주 적은 양의 기록용 사진과 가끔 나오는 지도나 표뿐만 아니라 북극에서 지내며 직접 촬영한 사진도 첨부하였다. 내가 경험한 것을 독자들에게 시각적으로 보여 주기 위한 것이다. 또한 북극 역사에서 중요한 역할을 했던 사람들에 관한 이야기도 포함하였다. 이 이야기 중 일부는 아직 살아있는 사람들에 관한 것이고, 일부는 고인에 대한 것이고, 일부는 신화적이거나 부분적으로 신화적인 것으로 보일 수 있는 사람들의 이야기이다. 대부분 이야기가 내 것이 아니다. 단지 다른 사람들이 내게 이야기한 것, 또는 다른 곳에서 서술한 것을 전달하고 있을 뿐이다. 가능한 개인적인 이야기를 담거나 사람들의 사진을 보여 주기 위해 허가를 받으려 노력했다. 일부 기록물은 오늘날까지 생존하고 있는 후손의 선대 초상사진을 담고 있을 수 있다. 그중 몇 가지를 더 상세하게 파악하지 못한 것에 대해 양해를 구한다. 물론 내가 이누이트나 북극에서 일하고 사는 데 일생을 보내 온 칼루나트를 대변할 수 없다. 나는 그곳에서 단지 몇 년 동안 머물렀을 뿐이고 그 이후로 매년 한두 차례 방문하고 있다. 그럼에도 나는 북극과 그곳에 사는 사람들에 대한 특별한 이야기를 해야 한다고 생각한다. 어떤 면에서 이것은 몇몇 영혼을 쉬게 하려는 나의 시도이다.

이 책의 장은 가능한 연대순으로 정리하였다. 제2장에서 이누이트 기원과 역사로 시작하여 제3장과 제4장은 유럽인과 이누이트의 북극 탐험에 관한 것을 다루었다. 이어서 제5장과 제6장에서는 이누이트 간의 통치권에 대하여 기술하였으며, 북극 역사에서 가장 문제가 되는 두 가지 에피소드를 소개하였다. 그들의 고향에서 수천km 이상 떨어진 곳으로 이누이트 가족을 이주시키고 아이들을 기숙학교로 보냈던 것은 끔찍한 고통을 가져왔다. 제7장에서는 누나부트의 설립과 캐나다 북극의 현대사에 대해 살펴보았다. 제8장은 이누이트와 비이누이트의 관점에서 기후변화의 주요 주제를 살펴보았다. 제9장은 기후변화의 상징적 이미지인 나누크*nanuq*(북극곰)에 초점을 맞추어 실마리를 끌어내려고 하였다. 마지막으로 직접 경험하며 관찰한 것에 대한 마무리와 북극의 기후변화뿐만 아니라 중요성이 과소평가되고 있는 이누이트의 문화적, 경제적, 정치적 변화에 대한 생각을 서술하려 노력하였다.

우리 모두는 우주에서 평범한 하나의 별을 둘러싸고 있는 고독한 푸른 행성의 작은 점에 불과하다. 이런 사실은 북극에서 더욱 명백해진다. 북극의 땅에는 거의 천상의 아름다움이 있으며 이는 엄청나다. 투명한 공기와 여름철에 끝없이 이어지는 낮은 각도의 빛은 전혀 본적이 없는 것 같은 선명한 색과 그림자를 만들어 낸다. 겨울의 어둠 속에서 낮의 길이가 짧아질 때는 길고 느린 아침노을과 눈부시게 따사로운 저녁노을, 반투명한 땅거미의 아름다움이 있다. 여름의 툰드라는 두툼한 이끼, 헤더, 꽃들과 겨우 몇 인치밖에 안 되는 버드나무가 땅바닥에 빽빽이 들어찬, 마치 베개와 같은 녹색의 정원이다. 툰드라를 걸을 때마다 래브라도 차(북극 원주민들의 약 차–역자 주)가 강한 향기를 내뿜는다. 8월이 9월에 녹아 들어가면서 툰드라 정원은 블루베리, 크로우베리, 크랜베리, 호로딸기가 풍부한 붉은색과 금색으로 변한다. 겨울은 순백의 화려함과 강렬하고 차가운 적막의 세계를 만든다.

아마도 경외심을 자아내는 거대한 하늘 아래 짙은 청색 북극해의 여름이거나 나무 한 그루 없이 넓게 펼쳐진 순백의 겨울 모습일 것이다. 한여름 자정에 폰드인렛 해변에 앉아 수평선에 닿지 않고 천천히 나선형으로 하늘을 도는 태양을 바라보던 날을 기억한다. 또 이글루리크에서 1월의 어둠 속을 더듬어 천천히 차오르는 보름달을 보았는데, 다시는 그런 보름달을 볼 수 없었다. 때때로 마치 내가 갑자기 너무 멀리 날아갈 것 같은 느낌이 드는 무한한 공간에 있는 것 같았다. 얼음과 눈이 눈부신 파랑과 흰색으로 빛나고 공기가 너무 건조하고 깨끗해서 차가운 비단처럼 느껴지는 4월의 봄날에 산책을 나선 적이 있다. 그리고 이칼루이트에 있는 아파트에 앉아서 몰아치는 겨울 눈보라에 지붕이 날아갈까 봐 두려움에 떨었던 적도 있다. 나는 운이 좋게도 바다코끼리나 북극곰, 바다표범, 활머리고래, 북극제비갈매기, 나그네쥐를 그들의 자연에서 볼 수 있었다. 또한 운 좋게도 이누이트의 많은 것을 알게 되었고, 그들의 문화와 역사에 대해 조금 알게 되었다. 내가 배운 것은 대부분의 캐나다 시민들에게는 전혀 낯선 것들이었다. 이 책은 이누이트 삶에 대한 통찰력과 기후변화의 영향, 캐나다가 북극의 사람들과 자연에 했던 그리고 여전히 하고 있는 내용을 소개하려는 소망을 담아 북극으로 가는 문을 열기 위한 시도이다.

얼음이 녹고 있다. 수천 년 동안 지녀 온 모든 삶의 방식이 너무나 빠르게 변하고 있어서 지질시대나 인류 역사시대에 전례가 없는 수준이다. 북극의 삶은 항상 추위, 바람, 얼음, 눈, 땅과 바다의 변덕에 적응하고 그것을 존중해야 하는 것이었다. 하지만 이런 변화와 싸워야 하는 것은 이누이트뿐만이 아니다. 북극에서 일어나는 일은 우리 모두의 운명을 바꿀 것이다.

1. 빙산, 크로커만Croker Bay

2. 케이프도싯의 카우나크 믹키가크가 예식용 석등을 비추는 동안 미카 마이크(Meeka Mike)를 비추고 있다.

3. 아우유이투크Auyuittuq를 바라보고 있는 팽니텅Pangnirtung

4. 던다스하버Dundas Harbour의 경찰관 빅터 메종뇌브(Victor Maisonneuve)의 오래된 묘비

5. 던다스하버의 버려진 RCMP 초소

6. 이칼루이트 이눅슈크

7. 누나부트 폰드인렛의 자주범의귀

8. 데이비스 해협의 빙산

9. 크로커만의 어린 북극곰

10. 매슈 누킨가크(Matthew Nuqingaq)의 북춤

제2장.. 집이 있는 곳: Iglulik

우리가 살아남을 수 있었던 것은 우리 부모님들이 많은 어려움을 이겨 냈기 때문이다. 부모님은 이누이트의 법*maligait*을 따랐기에 살아남았다. … 부모님이 법을 따르지 않았다면 우리의 삶은 더 어려웠을 것이다.

마리아노 오필라류크(Mariano Aupilaarjuk)[1]

기원

나는 이칼루이트에 살았고 대부분의 시간을 거기서 보냈지만, 북쪽의 삶을 더 잘 이해하려면 보다 작은 공동체를 찾아갈 필요가 있다는 것을 일찍 깨달았다. 나는 여가시간 대부분 혼자 혹은 생각이 비슷한 사람들과 북극을 여행하였다. 2005년 8월에 이칼루이트를 떠나 브리티시컬럼비아로 이주한 후에는 이메일과 사회관계망(SNS)으로, 혹은 다시 북쪽을 방문하고 여행하면서 북극과 인연을 이어가려고 노력하였다. 2006년 1월 몇몇 여성과 함께 아주 특별한 일로 배핀섬 북서부와 본토 사이의 섬에 위치한 이글루리크의 공동체를 방문하였다. 내가 종종 함께했던 어드벤처캐나다 캐롤 헤펀스톨Carol Heppenstall of Adventure Canada이라는 회사에서 조직한 여행이었다. 보통 1월은 북극을 방문하기에 좋은 시기가 아니라고 여기지만, 나는 24시간의 암

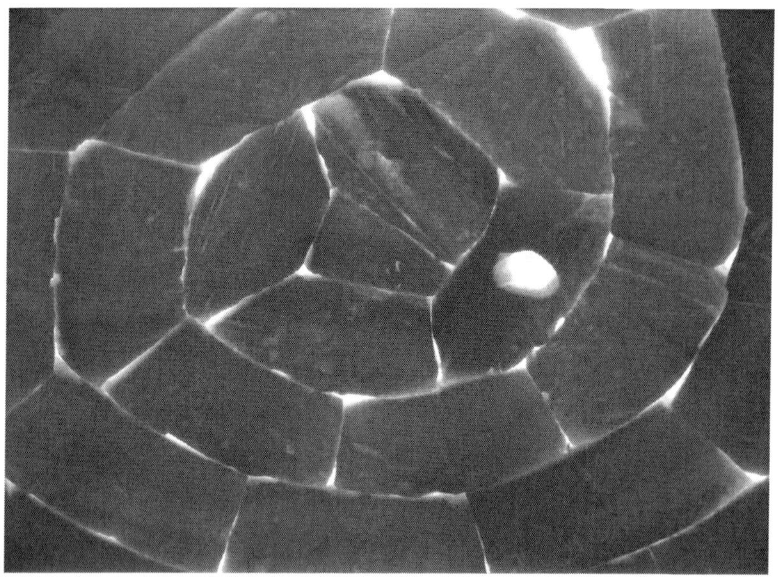

2.1 눈집 안에서 올려다본 모습, 이글루리크

흑을 경험하고 태양이 거의 2개월만에 돌아오는 것을 축하하러 갔다. 이 특별한 장소에 가본 적이 없었지만, 이 행사는 나에게 북쪽에 대한 향수를 극복하는 한 방법이었다.

이글루리크에는 대략 1,500명이 살고 있고, 북극권보다 훨씬 북쪽인 대략 북위 70°에 위치한다. 이누이트와 그들보다 먼저 온 사람들이 이 지역에서 수천 년 이상 살고 있지만, 20세기 초에 선교사들이 이 작은 마을을 처음 세웠다. 배핀 북부의 이누이트는 이 정착지와 비슷한 다른 정착지로 이주당했고 어떤 경우에는 이주하라고 위협받기도 하였다. 이글루리크는 야생에 대한 과학적 연구는 물론 이누이트 문화와 역사의 중심지로 알려져 있다. 이글루링미우트Iglulingmiut("집이 있는 곳에 사는 사람들")의 구전은 오래되었고 풍부하다. 이글루리크에 기반을 둔 이스마사의 영화로 실제 역사 사건에 근거한 이런 이누이트 이야기의 예가 국제사회에 알려졌다. 여기에는 상을 받은 3부작 「아타나주아: 패스트 러너*Atanarjuat: The Fast Runner*」, 「라스무센의 일기*The Journals of Knud Rasmussen*」, 「비포 투모로우*Before Tomorrow*」가 포함된다.[2] 이 중 두 번째 영화는 20세기 초 유명한 덴마크계 그린란드인 탐험가이면서 인류학자인 크누드 라스무센(Knud Rasmussen)과 배핀 북부의 위대한 주술사 아와(Awa)의 만남을 묘사하고 있다. 영화는 기독교가 어떻게 아와의 가족과 다른 이누이트의 삶에 영향을 미쳐 그들을 새로운 정착지로 이주하게 했는지도 보여 준다.

인간의 거주가 25,000년 전까지 거슬러 올라간다는 몇몇 증거가 시베리아와 유콘에서 발견되었지만, 대략 7,000년 전까지는 북아메리카의 북극에 인간이 거주한 증거가 거의 없다. 그 시기부터 이누이트와 알류트Aleut의 소규모 무리가 시베리아 동부에서 알래스카 서부로 이주하였다. 일부는 베링해협의 러시아 쪽으로 되돌아갔고, 거기서 오늘날 러시아 알류트로 살고 있다. 다른 무리는 알래스카 주위로 퍼져나갔다. 알류트는 태평양과 베링해를 가르는 길게 늘어선 알류샨 열도로 이주했고, 다른 무리는 북쪽으로 이주했다. 더 북쪽으로 간 무리들은 본질적으로 매우 유사한 이누이트인 유픽Yupiit과 이누피아트*Iñupiat* 두 개의 문화집단으로 나누어졌다. 그리고 대략 4,000년 전부터 이들 중 일부가 북극을 횡단하였다. 르네 포세트(Renée Fossett)에 의하면, 최초 무리는 "여러 면에서 시베리아 축치반도 사람들과 유사하다. … 그들은 기원전 1900년까지 코로네이션만Coronation Gulf과 폭스 분지Foxe Basin의 본토 연안을 따라서 북극 대부분 섬과 그린란드 북부에 정착하였다. 그들은 기원전 1600년까지 남쪽으로 나인Nain까지 래브라도 연안을 차지하였다. 고고학자들은 그 이전과 이후의 다른 민족과 그들을 구별시켜 주는 매우 정교하게 만들어진 세형돌날 기술을 보고 그들에게 '북극 소도구 전통'이라는 이름을 붙였다."[3]

약 2,700년 전부터 급격하게 생활조건을 변화시킨 북극의 상당한 냉각기가 시작되었다. 고고학에서 "도싯 문화Dorset Culture"로 알려져 있고 이누이트 사이에서는 투니이트Tuniit("최초의 민족들", "이누이트 이전 거주자들" 또는 "이누이트 이전에 여기 살았던 짐승 같은 사람들")로 알려진 또 다른 무리도 기원전 500년경부터 알래스카에서 동쪽으로 이주했다. 활이나 화살과 같은 기존의 기술과 개를 사용하던 것이 사라진 것처럼 보인다. 투니이트는 눈집이나 철과 동의 이용 등 새로운 기술을 개발하였다. 냉각기 동안 북극 동부에서 인구가 감소하였다. 대략 1,500년 후인 서기 900년경에 기후가 다시 바뀌어 따뜻해졌다. 툴레Thule 사람들(고고학자들은 현대 이누이트의 조상들을 이렇게 부름)은 시베리아 북동지역이나 알래스카 북서지역에 근거를 둔 (정확한 위치는 논란의 여지가 있음) 아주 수준 높은 해양 포유동물 사냥꾼이었다. 그들은 대략 1,000년에서 800년 전부터 시작해서 알래스카에서 그린란드로 동쪽으로 이주했고, 그러고 나서 남쪽으로 이주해 허드슨만 지역과 퀘벡 북쪽 래브라도로 갔다. 오늘날 캐나다와 그린란드에 있는 이누이트의 조상들은 개 썰매, 카약, 그리고 낚시와 고래잡이를 위한 가시가 있는 화살촉*kakivak*과 물에서 사냥과 여행을 위한 보트*umiaq*와 같은 효율적인 기술을 다시 개발하였다. 그들은 북극 전역으로 빠르게 퍼져나갔으며, 그린란드 멀리 북서쪽에서 허드슨만 주변의 남부 카리부 사냥 지역까지 퍼졌고, 지역의 변화에 적응하였다.

그들은 온난해지는 북극해에서 고래와 다른 동물들의 이동 행태의 변화를 쫓아 일부가 소규모 가족집단으로 이동했을 수 있다. 그러나 최근에는 이런 점진적 역사와 반대로, 대략 800년 전에 10년 이내의 짧은 기간에(아마도 2년이나 3년 안에) 하나 또는 그 이상의 무리가 서에서 동으로 대륙의 북단을 빠르게 휩쓸고 지나갔다는 설이 있다. 로버트 맥기(Robert McGhee)는 이누이트가 그린란드 서부에 떨어진 운석 철에 대해서 알았을 수도 있고,[4] 디스코만 지역과 그린란드 서부에서 투니이트가 화산철을 만들어 사용했다는 것을 알았을 수도 있다고 주장한다. 오늘날 이누이트는 투니이트를 잘 기억하고 있으며, 그들을 크고 느리지만 매우 빨리 달릴 수 있는 사람들로 설명한다.

툴레족도 그린란드의 노르웨이인과 교역을 통해서 투니이트에게 얻은 철도구, 특히 칼에 대해서 배웠을 수 있다. 그 노르웨이인들은 서기 1200년까지 그린란드 남부와 서부에 정착하였다. 그들은 배핀섬에 교역소를 두고 있었을 수 있다. 이 이론은 패트리샤 서덜랜드(Patricia Sutherland) 박사의 고고학 연구에서 지지를 받고 있다.

> 2012년 10월과 11월에, 뉴펀들랜드 메모리얼 대학 고고학과 겸임교수이며 스코틀랜드 애버딘 대학의 연구원인 고고학자 패트리샤 서덜랜드는 배핀섬에 바이킹의 두 번째 전초기지가 있었다는 것을 강력하게 뒷받침하는 새로운 고고학 증거를 발표했다. 서덜랜드는 1999년에 이전의 한 고고학자가 배핀섬에서 발굴하여 자신이 일하고 있던 퀘벡의 가티노Gatineau에 있는 캐나다 문명박물관에 보관된 특이한 끈 두 개를 발견하고, 노르웨이인의 주둔지

가 있었을 가능성을 확인하였다.

그 끈은 동물의 힘줄을 꼬아서 만든 것이 아니라 14세기 그린란드의 바이킹 여성들이 생산한 실과 동일한 실로 전문적으로 짜여진 것이었다.

서덜랜드는 다른 박물관들을 샅샅이 뒤져 이전에 간과했던 더 많은 바이킹의 실 조각과 무역 거래를 기록하기 위한 목재 엄대와 수십 개의 바이킹 숫돌이 포함된 작은 바이킹 장비 전시물을 하나 발견하였다.

그 표본들은 배핀섬 북부에서 래브라도 북부까지 1,500km 이상에 걸쳐 분포하는 네 개의 지역에서 가져온 것들이었다. 그 지역은 이미 멸종한 원시 에스키모인 도싯 문화에 속했었다.[5]

서덜랜드는 도싯족은 가죽으로 만든 전통 옷을 입었던 반면, 노르웨이인은 방적하여 만든 패션 소재와 물질을 알고 있었다고 한다. 서덜랜드는 북극 토끼와 여우, 개의 털로 짠 밧줄 공예품의 존재에 근거해서 투니이트가 이전에 생각했던 것보다 더 빈번하게 노르웨이에서 온 그린란드인과 접촉했을 수 있다고 주장한다. 일부 연구에서 11세기에 도싯족이 북극에서 사라졌다고 주장하지만, 서덜랜드는 밧줄의 출현은 도싯족이 더 오래, 그린란드에 노르웨이인이 도착했던 10세기 말보다 훨씬 이후까지 살아남았다는 것을 암시한다고 믿고 있다.[6]

서덜랜드의 연구는 「내셔널 지오그래픽*National Geographic*」[7]과 「맥클린 매거진*Maclean's Magazine*」[8]에서 특집으로 다루어졌고, 데이비드 스즈키(David Suzuki)의 텔레비전 프로그램인 「더 네이쳐 오브 싱스*The Nature of Things*」[9]에서 하나의 에피소드로 방송된 기록 영화 「북쪽 사람들: 북극의 미스터리*The Norse: An Arctic Mystery*」에서 다루어졌다. 그녀의 발견과 결론이 옳다면, 초기 북극 역사의 많은 부분, 특히 원주민과 유럽인의 접촉과 관련된 부분이 재고되어야 할 것이다.[10] 그러나 캐나다 역사박물관(이전 캐나다 문명박물관)이 그녀의 노력을 좌절시켰다. 그녀는 2012년 4월 아주 불명확한 이유로 박물관에서 해고되었다. 그녀의 남편이면서 세계적으로 뛰어난 고고학자 중 한 명인 로버트 맥기도 2008년 그 박물관에서 은퇴한 이후 계속 유지하고 있었던 명예직 지위를 박탈당하였다.[11] 서덜랜드 박사가 자신이 발견한 것을 접하지 못하게 하고 일도 못하게 한 것은 정치적 이유 때문일 가능성이 크다. 몇몇 정치인들은 현재 캐나다 영토인 곳에서 원주민 민족과 바이킹 사이에 장기간 접촉이 있었다는 증거가 캐나다의 주권에 위협이 될 수도 있다고 믿는지 모른다. 물론 말도 안 된다. 한 가지 사소한 예외를 제외하면 북극의 땅에 대한 캐나다 주권에 아무런 위협요소가 없다. 서덜랜드 박사에게 일어난 일은 지난 몇 년간 캐나다에서 공적 기금이 지원되는 학문에 대한 연방정부의 충격적인 행동 패턴에 들어맞는다.[12]

영화제작자인 톰 래드포드(Tom Radford)와 니오베 톰슨(Niobe Thompson)은 자신들이 만든 기록 영화 「이누이트 오디세이*Inuit Odyssey*」[13]에서 툴레 문화의 외부 확장을 설명하는 흥미로운 이론을 제안하였다. 그들은 그런 확장이 (부분적으로는 더 따뜻한 기후 때문에) 시베리아에 있는 툴레 지역에서 인구가 빠르게 증가한 것과 1215년까지 칭기즈칸과 몽골족이 중국으로 확산한 결과로 동아시아 철 무역 노선이 힘들어지면서 야기되었다고 제안한다. 이로 인해 이누이트는 새로운 사냥터와 자신들의 도구와 작살 촉, 그리고 특히 칼에 필요한 철광석을 찾아야 했다. 톰슨에 의하면, 이누이트는 지략이 뛰어나고, 아주 호전적이었던 것 같다. 톰슨은 그들이 사실상 북쪽을 가로지르면서 학살을 자행하고 투니이트와 그린란드인을 쓸어버린 전투력이 뛰어난 민족이었다고 주장한다. 그러나 캐나다 북극권 지역을 가로질러 소식을 주고받을 수 있었던 것은 이누이트가 동쪽으로 이주할 무렵 이미 이동 노선이 잘 건설되어 있었다는 점을 시사한다.

구전 역사

이누이트의 구전 역사는 땅속으로, 공중으로 그리고 바다 밑으로는 물론, 수천km에 달하는 땅과 바다를 가로지르는 여행에 대해서 이야기한다. (우리가 나중에 더 많이 듣게 될) 키비우크(Kiviuq)와 같은 위대한 주술사의 모험이 19세기 배핀 남부에서 그린란드 북서부까지 여행하였던 키트들라수아크(Qitdlarssuaq)와 거의 100여 년 전에 배핀 북부에 살았던 유명한 주술사 아와와 같은 역사적인 주술사와 지도자들의 이야기 속에 자세히 반영되어 있다. 아와의 후손들은 오늘날에도 배핀 북부에 살고 있다. 같은 이름을 가진 영화의 제목이기도 한 아타나주아(Atanarjuat)는 위험을 피해 널리 여행하면서 주술사들과 영적인 세계를 만났던 영웅적인 인물이다. 이 사람은 약 800년 전 배핀섬에 살았던 것으로 알려져 있다. 신비스러움과 사실이 교차한다. 이누이트 역사에 널리 영향을 미친 이 이야기들의 반향에 주의를 기울일 필요가 있다. 원로의 가르침, 자카리아스 쿠눅(Zacharias Kunuk), 매들린 이발루(Madeleine Ivalu) 그리고 존 휴스턴(John Houston)과 같은 영화제작자의 작업, 그리고 크누드 라스무센과 같은 여행자의 기록을 통해 이누이트의 고대 이야기가 전해지고 있다. 이런 이야기들은 복잡하고 극적이고 도전적이다.

이누이트는 북극 전역에 걸쳐 태양과 달의 창조에 대한 위대한 이야기가 있으며, 이 이야기들은 지역별로 차이가 있지만, 강력한 공통 주제와 등장인물이 있다. 북극 전역에 걸쳐 이누이트에게 태양은 여성인 시키니크Siqiniq로, 달은 그녀의 오빠인 타키크Taqqiq로 알려져 있다. 2006년 1월 나와 함께 여행하던 여성들이 (우리가 태양의 귀환을 축하하기 위해 방문하기에 적합했던) 이글루리크에서 공동체 원로인 메리 퀄리타리크(Mary Qulitalik)에게 이 이야기의 한 가지 버전을 들었다. 역시 이글루리크에 살고 있는 조지 카피아나크(George Kappianaq)가 비슷한 이야기를 했고, 존 맥도널드(John

MacDonald)의 「북극의 하늘: 이누이트의 천문, 별 구전, 그리고 전설*The Arctic Sky: Inuit Astronomy, Star Lore, and Legend*」에도 나와 있다.

당시 그들은 카기크*qaggiq*(축제와 의식을 위해 지어진 커다란 이글루)에서 정기적으로 축제를 열곤 했다. 이런 축제가 진행되는 동안, 종종 모르는 사람이 자매의 분만 장소로 들어와서 석등*qulliq*을 끄곤 했다. 이 사람은 그녀와 몸싸움을 하고 애무도 하였지만, 누구인지 전혀 몰랐다. 그녀는 다시 이런 일이 벌어질 것이라 여기고 신원을 알아내기 위한 방법을 찾았다. 그녀는 다음 축제 기간에 요리 항아리의 그을음을 코에 검게 묻히고 기다렸다.

그녀가 바느질을 하고 있을 때 갑자기 시끄러운 소리가 들리더니 등불이 꺼지면서 누군가가 애무했다. 곧 침입자가 카기크로 돌아갔고, 남자의 코에 묻은 그을음을 보았던 방향에서 웃음소리가 들렸다. 그녀는 최근에 출산해서 나가는 것이 금지되었지만, 치한이 누구인지 보기 위해 부츠를 신고 밖으로 나갔다. 혈육인 친오빠였다. 그녀는 이렇게 드러난 비밀로 충격을 받았다. 그녀는 절망하여 카기크로 돌아갔고, 자신의 파카*amautiq*의 열린 틈으로 가슴 한쪽을 잘라서 오빠에게 주고 "*Tamarmik mamaqtugalunga una niriguk*(나의 모든 것이 맛이 좋다고 생각하니 이것도 먹어)"라고 말했다.

그렇게 말한 후, 그녀는 이끼를 조금 가져와 석등 속에 담갔다가 불을 붙이고 밖으로 달려나갔다. 오빠도 같은 행동을 했고 누이동생을 따라 뛰며 카기크 주위를 돌았다. 곧 그의 이끼에 있던 불이 꺼졌지만, 누이동생의 불은 계속 밝게 탔다. 둘 다 하늘로 오르기 시작할 때까지 카기크 주위를 계속 돌았다. 거기서 그녀는 태양이 되고, 오빠는 달이 되었다. 오빠 달은 밤에 그을려서 검게 타는 것을 볼 수 있다고 한다.[14]

허드슨만 서쪽 해안의 아르비아트에서는 또 다른 형태의 이야기가 있다. 원로인 마크 칼루아크(Mark Kalluak)가 다양한 구전을 모으고 번역하여 삽화를 그린 어린이용 책에 기록하였다.

아주 오랜 옛날, 불쌍한 어린 남매가 부모에게 버림받았다. 그들은 오랫동안 걸으면서 사람들을 찾았다. 마침내 어느 날 밤, 그들은 어둠의 끝 이글루에서 나온 빛이 깜빡거리는 것을 보았다. 그들은 피곤하고 지쳤지만, 쉬지 않고 계속 나아갔다. 마침내 불빛 가까이 다다랐다. 석등들이 아주 밝게 불타고 있었고, 불빛이 아이들을 이끌었다. 마침내 남매는 이글루 입구에 도착했고 안에 있는 사람들이 자신들을 어떻게 받아들일지 알아보려고 기다렸다.

남매가 들어간 이글루에는 큰 홀qaggi이 있었고, 거기에서는 북춤과 다른 놀이가 벌어지고 있었다. 안에 있던 사람들이 남매를 보고 음식을 내왔다. 그 홀에서 젊은 남녀는 물론 나이 먹은 남녀들이 북춤을 추고 난 후 게임을 준비하고 있었다.

남녀들은 함께 키스 게임 – 사람들이 석등을 끄고 어둠 속에서 걸어 다니면서 서로 키스하는 게임 – 에 참가하였다. 어린 소녀는 자기랑 키스를 가장 많이 하는 사람이 누구인지 알아보기로 하였다. 요리 난로로 가서 불이 꺼진 숯의 검은 그을음을 코에 발랐다.

그러고 나서 그녀는 자신의 이끼maniq 등에 불을 붙이고 누가 자기에게 키스를 가장 많이 했나 알아보려고 홀에 있던 모든 사람의 얼굴을 보면서 돌아다녔다. 각각의 얼굴을 조사한 후, 그녀는 오빠의 코가 유일하게 그을음으로 검게 된 것을 알게 되었다. 게임을 하는 동안 그녀에게 키스한 유일한 사람이었다. 그녀는 너무 당황해서 사람들의 얼굴을 확인하면서 홀 주위를 급하게 돌았다. 그녀는 점차 땅에서 떠올라 하늘로 올라가기 시작하였고, 올라가는 내내 자신의 이끼 등을 손에 들고 있었다.

동생이 공중으로 떠올라가는 것을 본 오빠도 등에 불을 붙였고 똑같은 방법으로 누이를 따라 하늘로 올라갔다. 그 어린 소녀가 뒤돌아보고 오빠가 자기를 따라오는 것을 보았다. 그녀는 돌아서서 오빠의 불을 꺼버리고 부드럽게 빛나는 빨간 잉걸로 남겨두었다. 그러나 그녀의 불은 꺼지지 않고 밝게 타고 있었다.

남매는 그 후로 계속 하늘에 남아 있었다. 부드럽게 빛나는 빛을 가진 오빠는 달이 되었고 여전히 밝게 밝혀진 등을 가진 누이는 태양이 되었다. 이것이 이누이트가 달과 태양의 기원에 대해서 믿고 말하는 이야기이다.[15]

이 두 이야기는 공통적으로 근친상간에 대한 경고 또는 고아들이 직면한 위험에 대한 교훈으로 해석될 수 있다. 가족의 의무를 소홀히 하거나 규칙을 어기면, 지구와 하늘 모두 영향을 받을 수 있다. 그러나 그것은 훨씬 더 깊은 측면에서 반향을 일으키고 있다. 이야기의 비극적 형상화는 긴 겨울밤의 어둠과 연결된다. 이글루리크에서는 11월 말부터 1월 중순까지 이누이트가 "위대한 암흑*tauvikjuak*"이라고 부르는 시기이다. 더 북쪽에서는 암흑의 기간이 훨씬 더 오래 지속된다. 긴 겨울밤이 끝난 후 남쪽 지평선에서 태양이 처음 떠오를 때 평평한 해빙 위에서 새빨간 반구가 빛을 내는 것을 볼 수 있다. 그것은 마치 절단된 누이의 가슴이 멀리서 신비하게 빛을 잃고 사라질 때까지 우리 앞에 잠시 놓여 있는 것 같다. 그것은 환상 – 지구의 지평선 아래로부터 나오는 시키니크 등의 굴절 – 태양 빛의 술책이다. 곧 시키니크가 수줍은 듯 호리호리한 금빛 초승달 모양으로 나타났다가 사라진다. 그녀는 몇 주 후 완전히 지평선 위로 올라올 때까지 날마다 조금씩 자신의 모습을 보여 줄 것이다. 새벽이 오기 전 황혼 속의 해빙은 짙푸른 회색이고, 첫 그림자는 길고 흐릿하다. 태양이 돌아오기 일주일 전쯤에 정오가 되면 하늘이 짙은 코발트블루와 장밋빛 핑크 색조로 뒤덮인다. 눈에서 반사되는 잊을 수 없는 라벤더 빛으로 지평선이 빛난다. 흑백으로 된 겨울 암흑의 삭막한 세계가 자주색의 그림자로 부드러워진다. 눈은 돌아오는 빛과 함께 핑크와 연보라색 파스텔로 꽃을 피운다. 하늘은 어둠에서 오팔색의 보랏빛으로 변하기 시작한다. 한편 타키크는 슬프고 하얀 마마 자국이 있는 얼굴을 하고 붙잡을 수 없는 누이의 귀환을 보지 못하고 천천히 하늘을 떠돈다.

이글루리크 주변은 주로 평지이고 몇 개월 동안의 짧은 여름에만 해수로 녹아 들어가는 얼음으로 둘러싸인다. 전에는 11월이 되면 얼어붙은 해빙 위로 이동할 수 있을 만큼 단단해지곤 했지만, 지금은 1월이 되어도 해빙이 안전하지 않을 수 있다. 겨울 몇 개월 동안 눈으로 뒤덮인 땅과 바다가 구별할 수 없을 정도로 이어진다. 이누이트는 오랫동안 겨울과 봄에 낚시와 바다표범 사냥을 하거나 다른 해양 포유동물을 잡기 위해 얼음 위에서 살아왔다. 그들은 여름에 내륙으로 이동해서 카리부를 찾거나 카약을 타고 유빙으로 나가 바다코끼리를 사냥하는 것이 전통이었다. 영화 「비포 투모로우」는 유럽의 고래 사냥꾼들과 탐험가들이 이 지역으로 침입하기 시작했을 무렵 그런 삶이 어떠했는지를 살짝 보여 준다. 이곳은 봄, 여름, 가을에 햇볕과 갑작스러운 돌풍을 몰고 오는 폭풍우, 그리고 빠르게 익은 빨간 산딸기 열매와 황금빛으로 변하는 툰드라 꽃 정원의 짧고 장엄한 가을의 간주곡이다. 겨울 동안은 태양이 없지만, 하늘에는 여전히 달과 별 그리고 드물게 오로라 빛(이글루리크는 오로라가 가장 멋진 위도대보다 북쪽이다)이 살아 있다.

2.2 폰드인렛의 한여름 밤

이글루리크는 태양이 사라졌다 다시 돌아오는 것에 관한 많은 전통을 간직하고 있다. 태양이 실에 얽혀서 돌아오는 것이 늦어질 수도 있다고 믿어서 긴 암흑기간에는 (두 손가락으로 하는) 실뜨기 놀이와 같은 일부 게임은 하지 않는다. 1월 중순의 첫 번째 일출은 모든 공동체가 참여하여 전통의식으로 축하한다. 일출을 처음 보는 아이들은 왼쪽 얼굴에만 미소를 지어야 한다.이는 제한적인 환영을 의미한다. 비록 태양이 돌아오는 것이 긴 암흑이 끝났다는 것을 의미하지만, 겨울 추위는 수개월 동안 더 지속될 것이다. 칼리트*qulliit*라고 불리는 석등들이 꺼지고 새로운 심지와 기름에 불을 붙인다. 태양의 귀환을 환영하는 노래를 부른다.

그린란드와 알래스카 북부, 시베리아 북부는 물론 캐나다 이누이트도 많은 전통을 공유하고 있다. 여기에는 (지역별 방언이 있는) 이누이트어, 지구상 가장 혹독한 환경에서 살아남기 위해 개발한 기술, 그리고 최소 7,000년에 걸쳐 발전된 회복력과 실용적 혁신의 문화가 포함된다. 노르웨이와 아이슬란드에서 온 바이킹은 중세 초기에 북극 주변에 정착하였으나, 생존 기술을 가진 사람들은 이누이트뿐이었다. 새로운 유럽인의 물결이 뒤따랐지만, 20세기 후반이 되어서야 많은 수의 유럽인들이 정착할 수 있었다.

현대의 원로들

점차 옛 기술에 대한 지식의 보고가 사라지고 있지만, 아직도 수 세대에 걸쳐 전해져 내려온 옛 기술을 배우면서 그 땅에서 성장하는 것이 어떤 것인지를 기억하는 원로들이 남아 있다. 아키트시라크 로스쿨의 원로인 루시앙 우칼리안누크는 이글루리크 근처 타우비크유아크*tauvikjuak* 끝의 땅 – 눈집*igfluvijaq* 또는 뗏장 집*qarmaq* – 에서 태어났다. 그는 정규 교육을 받지 못했지만, 상당히 높은 수준으로 이누이트어를 말하고 쓸 수 있다. 그는 이칼루이트로 이주해서 로스쿨에 합류하기 이전에는 이글루리크 연구소에서 일했었다.

아키트시라크에서 나의 첫 번째 과제는 교육과정에 이누이트의 전통 법과 이누이트어를 적절히 포함시키는 것이었다. 학생들을 위해서 고급 언어 능력과 문화를 분명하게 포함해야 했다. 나는 이것을 도전으로 – 나의 시작의 일부로 – 받아들였고, 학생 중 아주 피터(Aaju Peter)의 도움을 받아 우칼리안누크를 이누이트어 담당으로 고용하는 데 어렵게 성공했다. 그에게 시간 여유가 있다는 것이 행운이었다. 아키트시라크는 그의 첫 출근 날부터 지식과 지혜를 위한 훌륭한 자원을 얻은 것이 분명했다. 내가 학생들에게 '우칼리안누크의 첫 수업이 어땠는지' 물었더니, 모두 "너무 좋아요!"라고 대답했다. 그러나 그와 가족을 위한 예산과 주택 문제가 과제로 남았다. 학생들이 법 과목 외에 "추가로" 이누이트어와 이누이트의 전통 법을 배울 것이라고 기대하고 있지 않았던 터라 이런 과목들을 수강과목에 넣는 것에 대한 약간의 논란도 있었다. 로스쿨에서 첫 시도였다. 나는 그렇게 뛰어난 원로 한 명을 고용하고 유지할 수 있었다는 것에 대해서 자부심을 느낀다. 결국 우칼리안누크는 우리의 전속 원로가 되었고, 당시 법무부 부장관이던 노라 샌더스(Nora Sanders)의 주도로 누나부트 정부의 법무부에서 비슷한 역할을 계속하였다.

가끔 탐험가나 선교사, 북극 "전문가"와 다른 칼루나트가 북쪽으로 와서 이누이트의 현실과 북쪽 삶에 잘 맞지 않는 행동을 요구하기 때문에 이누이트 원로와 지도자들의 역할이 훨씬 더 어려워졌다. 좋은 아이디어가 시도되었던 곳에서 북쪽 문제에 대하여 운용할 수 있는 해결책을 못 찾은 경우가 있다. 지속적인 예산 부족과 나의 경우처럼 남쪽 사람들의 일시적인 순환 근무, 그리고 남쪽 사람들의 무관심이 좋은 해결책을 못찾는 이유였다. 이누이트 자치정부와 북쪽에 기반을 둔 전략에 대한 노력에도 불구하고 식민주의적 사고가 계속되고 있다. 북극의 얼음이 녹으면서 북극해 제도 해역에 관한 국가 권리를 주장하는 캐나다의 나약한 태도가 미국과 유럽, 아시아의 해양 강국으로부터 큰 도전과 위협을 키우고 있다. 한편, 이 지역에 거주하는 이누이트는 자치구역을 지키기 위해 더 광범위한 국가 공동체 및 국제 공동체와 싸워야 한다. 2009년 4월 누나아트Nunaat로 알려진 극지 전역에 있는 이누이트가 북극에서 이누이트 자주권에 관한 성명을 채택하여 중앙정부가 지속적으로 자신들의 견해를 들어주지 않고 존중하지 않는 것에 대응하고 있다(부록 1 참조).[16] 누나부트의 이누이트는 자신의 영토에 대한 캐나다의 통치권을 받아들이기로 했지만, 중앙정부 지도자들과 동료 시민들 역시 자신들의 지식과 역사적 존재를 존중해 주기를 기대한다. 원로들의 가르침을 통해서 이런 지식을 공유할 수 있다.

누나부트에서 미래 세대를 위해 원로의 지식을 기록하고 보전하기 위한 많은 프로젝트가 진행되고 있다. 이칼루이트의 미카 마이크(Meeka Mike)가 조직한 투사크투우트 핵심 토착민 지식 사업Tusaqtuut Core Indigenous Knowledge Project이 그중 하나이다. 이 프로젝트는 배핀 남부 출신 원로들의 지식을 기록하는 것과 캘거리의 북아메리카북극연구소가 2010년에 주최한 세미나에서 했던 것처럼 여행하면서 자신들이 알고 있는 것에 대해서 비이누이트들과 이야기하고 자신들의 전통지식을 남쪽 사람들과 공유할 수 있는 기회를 갖기 위하여 노력하는 것이다.[17]

북쪽에서 수행하는 모든 프로젝트는 반드시 원로의 가르침을 포함해야 한다. 우칼리안누크는 2003년부터 2005년까지 3학기에 걸쳐서 이누이트 전통법을 가르쳤고, 고급 이누이트어 수업도 맡았다. 나도 전통 법 강의에 자주 참석하였다. 그는 전적으로 이누이트어로 가르쳤고, 우리 중 이누이트어를 이해하지 못하는 사람들을 위해 한 명 이상의 학생이 통역을 맡았다. 여기서 단어의 의미와 이누이트와 유럽의 개념과 문화의 차이에 대하여 흥미로운 많은 토론이 이어졌다. 나는 한 학생이 이누이트어에 "처벌"이라는 단어가 있는지에 대하여 우칼리안누크에게 질문했던 토론을 기억한다. 그는 그런 단어를 생각해내지 못했고, 다른 사람들도 마찬가지였다. 대신에 그는 전통적인 이누이트 사회에서 해로운 행위를 처리하는 목적은 죄를 지은 사람들이 자신의 행동에 대한 책임을 받아들이도록 돕고 그들을 공동체로 다시 통합시키는 것이라고 강조했다. 가르치고 조언하는 데 원로들이 중요한 역할을 한다. 우칼리안누크가 자신의 수업과 로스쿨에서 자신의 존재를 통해 이런 예를 보여주었다. 그는 한 학생의 친삼촌이었지만, 다른 학생들의 입양 삼촌이나 아버지처럼 보였다. 때때로 그는 학생들의 마음을 읽을 수 있는 것처럼 보였다!

원주민 교육과 비원주민 교육에서 그와 같은 원로의 도움이 더 필요하다. 우리 모두를 위한 길은 항상 과거에 뿌리를 두고 있어야 한다. 원로는 전통을 – 남쪽의 우리와는 매우 다른 세계관에 따라 성장하는 방법에 대해 – 가르치는 살아 있는 도서관이다. 하지만 원로는 이보다 훨씬 더 중요한 의미가 있다. 그들은 우칼리안누크처럼 고요함과 지혜, 존경, 관점의 중심이 될 수 있다. 그의 수업시간에 우리가 배운 많은 이누이트 법은 물질적이고 영적인 것 사이의 연결성을 강조한다. 때로는 이 법이 "중도"에 관한 부처님의 가르침을 상기시켜 준다. 우칼리안누크 자신은 완벽하지 않았다. 그도 우리 모두처럼 인간이었다. 그러나 그의 인간성은 우리에게 큰 교훈을 주었다. 학생들이 졸업 후 얼마 지나지 않아 루시앙이 세상을 떠났다. 나와 그들은 루시앙을 매우 그리워하고 있다.

언어

나는 이칼루이트에 있는 동안 조금이라도 이누이트어를 배우려고 노력했고, 그 후에 좀 더 배웠다. 누나부트 아크틱 대학에서 일하는 동안, 나의 선생님은 북쪽에서 이누이트어 교육 베테랑인 믹 맬론(Mick Mallon)이었다. 믹은 투박한 북아일랜드 억양을 가지고 있었고, 간혹 벨파스트 출신 이누크처럼 이누이트어를 말하곤 했다! 이누이트어는 유럽 언어와 매우 다르다. 이누이트어에 유창한 영화제작자 존 휴스턴은 그것을 레고와 유사한 것으로 – 언어학 이론에서 포합어polysynthetic language로 알려진 것 – 묘사했다. 나는 그 언어의 소리와 내가 인지하고 말할 수 있는 몇 개의 단어와 구절을 좋아하게 되었지만, 배우려는 노력은 헛수고였다. 나는 졸업식에서 우칼리안누크 교수를 소개하는 영예를 안았고, 조금이라도 이누이트어를 쓰려고 최선을 다했다. 나는 학생 몇 명과 청중들이 끄덕이는 것을 보았다. 그래서 사람들이 그럭저럭 내 말을 알아들었다고 생각했다.

이누이트어(이누크티투트Inuktitut와 이누인나크툰Inuinnaqtun)는 누나부트 공식 언어법에 따라 영어, 불어와 함께 누나부트의 공식 언어이다.[18] 이누크티투트는 누나부트에 사는 다수의 이누이트가 사용한다. 그러나 텔레비전과 라디오, 인터넷, 비디오 게임과 같은 막강한 영어 미디어의 영향력이 이누이트어의 생존을 위태롭게 하고 있다는 우려가 있다. 누나부트에 사는 사람의 85%가 이누이트이지만, 겨우 65%만 집에서 이누이트어를 사용한다. 이는 지난 10년 동안 12% 감소한 것이며, 25세 이하의 젊은 이누이트가 많은 것이 주 요인이다.[19] 아이들이 4학년까지는 이누이트어를 사용하면서 학교에 다닐 수 있지만, 그 이후에는 영어나 불어 교육과정으로 전환해야 한다. 이누이트어로 된 라디오와 텔레비전 프로그램이 있지만, 위성으로 들어오는 영어 미디어에 압도당하고 있다.

이누이트어의 세련미도 떨어지고 있을 수 있다. 원로들이 젊은 이누이트에게 전통문화에 더 적합한 단어를 가르치고 싶지 않을 수 있으며, 이누이트어를 사용하는 젊은이도 이전 세대보다 종종 제한적인 방법으로 사용한다. 게다가 몇몇 영어식 어구들이 생기기 시작하고 있다. 예를 들면, 이누이트는

2.3 아키트시라크 학생들과 함께한 우시앙 우칼리안누크, 오타와에서

자신의 달력이 있지만, 오늘날 우리의 달력도 사용한다. 이누이트어에서 우리가 쓰는 달(월)의 명칭은 영어에 기반을 두고 있다. jaannuari(1월), viivvuari(2월), maatsi(3월), iipuri(4월) 등이다. 이누이트는 자신들의 숫자도 갖고 있지만, 영어 숫자도 차용한다. uan(one), tuu(two), talii(three) 등이다. 원래 이누이트어로는 atausiq(one), marruuk(two), pingasut(three) 등이다. 캐나다 방송사Canadian Broadcasting Corporation를 나타내는 이누이트어는 Siipiisiikkut("CBC라는 것")이다! 그럼에도 불구하고 이누이트는 여전히 북아메리카에서 가장 강력한 토착 언어 중 하나를 가지고 있으며, 언어를 지키려는 의지가 강하다.

언어 사용으로 사고방식이 결정된다. 일단 언어가 없어지면, 그 언어를 사용하는 화자의 관점은 물론 그 언어로 표현되던 문화적 풍부함도 많이 사라진다. 사고와 지식, 지혜, 마음을 나타내는 이누이트어 단어들이 이를 반영한다. 영화와 텔레비전 회사인 이스마사의 이름은 "사고" 또는 "지혜"를 나타내는 이누이트어 isuma에서 온 것이다. 역시 믹 맬론에게서 이누이트어를 배운 휴 브로디(Hugh Brody)는 아이들은 각자의 역량에 맞춰 배우고 발전한다는 이누이트 신념의 맥락에서 이 단어의 넓은 의미를 이야기했다. 이누이트는 인간의 발전은 타고나는 것이며, 각각이 특별한 방식으로 성장하고 배우도록 타고났다고 믿고 있다. 우칼리안누크와 같은 원로들은 개인마다 받아들이고 배울 수 있는 능력을 고려하면서, 인내심을 가지고 가르친다. 이것은 칼루나트 사회에서 아이들과 어른들이 배우고 생각하도록 기대하는 억압적인 방법과 아주 다르다. 우리 로스쿨에서 우칼리안누크의 존재가 종종 비판적인 외부의 가시적인 환경에서 합법적인 교육에 대한 엄청난 요구를 누그러뜨리는데 많은 도움이 되었다.

휴 브로디가 말하길,

> 이누이트어에 인간의 잠재력은 타고난다는 믿음을 보여 주는 말이 있다. 어떤 사람이 극도의 슬픔을 경험하면, 그는 "*Isumaga asiujug*"라고 말할지도 모른다. "나의 이스마*isuma*를 잃어버렸다." "나는 제정신이 아니다." … 그리고 많은 대화에서 나는 "그것은 단지 나의 의견일 뿐이다."라는 의미를 전달하는 경고인 "이스마투인나르푼가*Isumatuinnarpunga*" "나는 방금 생각했다." 라는 말을 들었다. 어근인 *isuma*가 많이 사용된다. 그것들은 그것이 독립적으로 존재할 수 있다는 것도 보여 준다. 이누이트어에서 사고는 생각할 수 있는 능력과 긴밀히 연결되어 있다.
>
> … 심리 발전에 대해 이누이트 사고idea로 생각하는 장소와 이스마*isuma*라는 단어가 사용되는 관련된 방법들이 이누이트 사회에 대하여 많은 단서를 제공한다. 부모는 아이들을 존경받는 원로와 동일시하여, 아이들은 자신이 필요로 하는 것이 무엇인지 알고 있다고 믿고 있고, 부모는 아이들에게 어떻게 해야 하는지 또는 어떤 말을 해야 하는지를 가르치려 하지 않는다. 아이를 이렇게 대함으로써 자신감과 정신 건강을 지켜 줄 수 있다. 그리고 이누이트

의 아이 양육 방식은 대인 행동의 입장과 불가분의 관계이다. 어른들은 서로를 독립적이지만 동등한 존재로 존중한다. 이것이 협력의 근간이다 – 각 개인의 능력과 판단, 지식을 존중함으로써 경제의 힘과 사회질서가 공유된다. 이스마는 이런 이누이트 삶의 많은 특징의 기저를 이루고 통합하는 개념이다. 왜냐하면, 그것이 이스마의 발전은 중요한 방식으로 사회적 조종과 통제에서 독립되었다는 것을 말해 주기 때문이다. 이와 같이 마음을 나타내는 단어의 사용 속에 마음 자체에 대한 다양한 관점이 들어 있다.[20]

이누이트어에는 "생각", "사고", "지혜" 또는 "지식"을 나타내는 다른 단어도 있다. 어근어root word *qau*(지식)가 *qauq*(이마), *qaumajuq*("그것은 빛 또는 환히 빛난다"), *qaujijuq*("그/그녀는 알고 있다 또는 자각하고 있다"), *qaujimaji*("알고 있는 사람, 안내자, 전문가, 또는 지도자"),[21] Inuit Qaujima-jatuqangit("이누이트 원로들이 항상 알고 있었고 또 항상 알게 될 것")을 만들었다. 간단히 말해서 *qau*는 이누이트 전통지식의 근원이다. 이 중 마지막 어구는 누나부트의 철학적 기반이 – 원로들의 지식을 살아 있게 하고 그것을 다른 사람들에게 계속 전달하는 것 – 된다. 대부분 사람은 그 어구를 "IQ(이누이트 전통지식)"로 줄여 말한다.

"지혜" 또는 "마음"을 나타내는 마지막 단어는 실라*sila*이다. 이것은 "공기"나 "대기", "날씨"나 "옥외"를 의미할 수도 있다. 이누이트어에서 빛과 공기, 환경은 물론 마음과 지식, 지혜, 생각할 수 있는 능력이 모두 어근어를 통해 연결되어 있다. 이누이트 원로와 땅, 환경, 관계들은 모두 삶과 인식으로 만들어지는 복잡한 망의 일부이다. 이런 연결성은 언어 구조 자체에도 반영되어 있다.

이름

시간이 흐르면서 이누이트 언어와 문화 사이의 관계도 확대된다. 원로들은 전통적으로 존경받으며 그들의 지식이 세대를 이어가면서 전수될 뿐만 아니라 사람의 이름도 이누이트 문화의 독특한 방법으로 전수된다. 이누이트 작명은 "뼈"라는 뜻을 가진 이누이트어 사우니크*sauniq*에 의존한다. 같은 아티크*atiq*(이름)를 공유하는 사람들은 같은 "뼈"와 같은 정신을 갖는 특별한 관계를 가지고 있다. 존 베네트(John Bennett)와 수잔 롤리(Susan Rowley)가 그들의 저서 「우칼루라이트: 누나부트의 구전 역사*Uqalurait: An Oral History of Nunavut*」에서 설명한 것처럼, "이누이트 관점에서 보면 인간은 세 가지 필수적인 부분, 즉 신체와 영혼, 이름으로 구성되었다. 이름이 없는 아이는 완전한 인간이 아니다. 출생 전에든 후에든 아이에게 이름을 지어줌으로써 아이가 온전하게 성장한다. 이누이트는 성이 없었다. 대신 이름은 고인이 된 친척이나 가족, 친구와 연결시켰다."[22]

이름은 성 구별이 없다. 예를 들면, 우칼리안누크는 자기 할머니를 따라 지어진 이름이다. 이름이 한 아이에게 물려지면, 같은 이름을 갖는 사람의 정신도 함께 물려진다. 마치 환생과 같은 것이지만, 완전히 그런 것은 아니다. 사람의 영혼은 물려지지 않는다. 오히려 이름과 함께 물려지는 것은 정신과 성격이다. 아만드 타구나(Armand Tagoona)는 "이누이트는 고인의 이름을 따라 아이의 이름을 지으면, 고인이 그 이름 속에 다시 살게 되고 그 영혼이 다시 육체를 가지게 된다고 믿는다."고 하였다.[23] 일반적으로 이미 사망하였거나 곧 사망할 누군가로부터 이름을 물려받는다. 많은 사람이 이름 하나를 공유할 수 있는데, 그들은 관계도 공유한다. 이누이트는 죽을 때가 가까워지면 자신의 이름이 신생아나 태어날 아이에게 물려지기를 바라기도 한다. 이름이 반드시 친척의 것일 필요는 없으며, 친구의 이름에서 가져올 수도 있다. 이름을 계속 전수하는 것은 수백 년, 아마도 수천 년 동안 여러 세대에 걸쳐 이어져 왔을 것이다. 이름이 한 사람에게서 다음 사람에게로 물려질 때마다 그 이름 속의 정신도 함께 물려진다.

캐나다 정부는 1940년대에 관료주의적 목적으로 이누이트 이름이 지나치게 복잡하다고 판단하였다. 이누이트에게 신분 확인을 위해 인식표처럼 번호가 적힌 가죽 꼬리표가 주어졌다. 어디를 가든지 항상 꼬리표를 지참해야 했다. 일부 원로 이누이트, 특히 고기를 써는 사람은 비공식적으로 신분 확인을 위해 오늘날에도 인식표 번호를 사용하고 있다. 전통적인 작명에는 이름표가 영향을 주지 않았다. (1969년 이후) '프로젝트 서네임' 동안 이누이트가 제2의 이름이나 성을 사용하라고 강요당하면서 오랜 작명 전통이 혼란에 빠졌다. 이 시기 대부분 이누이트에게 자신의 아버지 이름이 성으로 주어져서, 오늘날 거의 모든 이누이트가 자신의 이름과 부계의 성 두 개의 이름을 가지고 있다. 이것은 자동으로 아버지나 어머니의 이름을 물려주지 않는 이누이트 문화에 완전히 반하는 것이다.

이름을 물려주는 전통은 가족 또는 공동체에서 고인과 다른 사람들 사이의 관계에까지 확대된다. 아이의 이름을 할머니의 이름을 따라 지으면, 그 아이는 어떤 점에서는 자기의 할머니가 된다. 다른 이누이트는 사망한 할머니와 자신의 관계에 따라 그 아이를 부를 것이다. (누군가의 이름을 부르는 것이 불경스러운 것으로 보일 수 있고, 심지어 금기시될 수 있으므로) 이누이트는 간혹 서로 맺어진 관계에 따라 부르기 때문에 할머니의 자녀인 모든 사람 즉, 부모나 고모(이모), 삼촌들은 사내아이를 아나아나*anaana*(어머니)라고 부를 수 있다! 알렉시나 쿠블루(Alexina Kublu)가 발레리 알리아(Valerie Alia)에게 이런 상황을 자세하게 설명했다.

나는 내 판티크 아타투쿨루*paniq's atatukulu*(딸의 계부)예요. 나의 판티크

> *paniq*는 할머니예요. … 할머니는 나의 판티크인데, 이것은 "딸"을 의미해요. 내 이름이 그녀 계부의 이름을 딴 것이어서 나는 그녀의 아타투쿨루예요. 그녀의 생물학적 아버지는 그녀가 아이였을 때 바다에서 실종되었기 때문에 그녀는 아버지에 대한 기억이 전혀 없어요. 그녀가 알고 있는 유일한 아버지는 쿠블루(Kublu)였고, 그래서 그녀에게 있어 그는 아버지나 다름없어요. 내 어린 딸은 나를 이르니크*irniq*(아들)라고 부르고, 나는 그 아이를 아타타*atatta*(아버지)라고 불러요.
>
> 일부 사람들은 나를 아파크*Apak*라고 부르고 그녀가 나의 아타타가 된 것은 아파크를 통해서예요. 그리고 내가 그녀의 아타타가 된 것도 아파크를 통해서예요. 그러나 무엇보다도 나의 아티크*atiq*(동일한 이름을 가진 사람)가 내가 태어나기 전에 죽었기 때문에 나는 쿠블루가 될 예정이었어요. … 그래서 우리 가족은 내가 누가 될지 알고 있었고, 나는 이미 쿠블루가 되려고 태어났고, 그래서 내가 태어났을 때 자연스럽게 쿠블루가 되었어요.[24]

알렉시나 남편인 믹 맬론은 "쿠블루와 나는 둘 다 노인이에요. 나는 스스로 나이가 들어서 노인이지만, 쿠블루는 그녀가 자신의 증조부 이름을 물려 받았기 때문에 노인으로서 인생을 시작했어요."라고 말한다.[25]

반대의 성을 가진 사람을 따라 이름이 지어진 아이는 한동안 반대 성처럼 여겨질 수 있다. 아키트시라크 학생 중 한 명은 여덟, 아홉 살이 될 때까지 남자아이처럼 길러졌다고 했다. 여자아이의 이름을 위대한 사냥꾼의 이름을 따서 지으면, 이것이 그녀의 아티크*atiq*(이름)의 일부이기 때문에 사냥꾼이 될 수 있다.

이름을 짓는 것은 누군가 사망했을 때 애도에 도움이 된다. 어떤 의미에서는 자신의 이름을 이어받은 아이에게 계속 살아 있다. 때때로 꿈을 통해서 이름이 주어지고, 산파가 아이의 이름을 짓곤 했다. 오늘날 이누이트가 성을 가지고 있지만, 그들의 이름은 여전히 빈번하게 전통적인 방식으로 고인의(사망한 사람의) 아티크로 전해진다. 이누이트는 여전히 자신과 이름이 같은 사람의 성격이나 정신을 지니게 된다고 믿고 있다. 한 이누이트가 매우 진지하게 자신의 이름을 되찾으러 법원에 갔다. 키비아크는 가족과 에드먼턴으로 이주한 후 피터 워드(Peter Ward)를 따라 이름을 지었다. 그는 그 이름이 적힌 출생증명서를 받았다. 2001년 앨버타주 정부에 탄원을 내서 자신의 진짜 이름을 찾았다. 그는 캐나다 최초의 이누이트 변호사였고, 골든 글러브 챔피언 복싱 선수였으며, 에드먼턴 에스키모스Eskimos 풋볼팀에서 뛴 최초의 "진짜 에스키모인"이었다![26]

오늘날 이누이트에게 이름은 살아 있는 다른 사람, 사망한 사람, 그리고 태어날 예정인 태아를 이어 준다. 오랜 세월을 거치면서 같은 이름을 가지고 있고 같은 사우니크*sauniq*인 모든 사람을 연결해 주는 관계망을 만들어 간다. 어떤 의미에서 각 개인은 자신의 이름을 가진 모든 사람이다. 약 1세기 전에 마닐라크(Maniilaq)가 크누드 라스무센에게 말했듯이, "나는 오로지 이름으로 지탱했어요. 우리가 숨을 쉬는 것은 이름 때문이고, 우리의 다리로 걸을 수 있는 것도 이름 때문이에요. … 나는 이름을 통해서 나이를 먹었어요. 나는 주술사의 공격과 나를 인간의 거주지에서 몰아냈을 수 있는 모든 위험을 견뎌 왔어요."[27]

바다의 어머니

2003년 1월에 아키트시라크 로스쿨의 북부 책임자로 일을 시작했을 때, 나는 영상 30℃인 오스트레일리아에서 영하 30℃의 한겨울로 날아왔다. 체감온도는 15°~20℃나 더 낮았다. 비행기에서 내려 터미널로 걸어가는 것이 끔찍했다. "내가 여기서 뭘 하는 거지?"라는 말이 마음 속에서 잠시 맴돌았다. 아파트에서 창문 밖으로 얼어붙은 프로비셔만 위의 지평선을 바라다보던 기억이 떠오른다. 만을 가로지르는 남쪽 언덕 뒤로 희미한 태양빛이 막 사라지고 있었다. 여전히 이른 오후였다. 몇 년 뒤 1월에 이글루리크의 해안에 서 있었을 때처럼, 나는 태양의 빨간 가슴이 얼어붙은 바다 위 안개 속으로 꽃을 피우는 것을 보았다. 땅과 얼음이 따스한 색깔을 띤 하나의 얼어붙은 세계로 합쳐졌다. 그러나 얼어붙은 고요함 아래에는 살아 있는 바다 – 그 지역의 삶과 모든 거주자에게 중심이 되는 바다 – 의 세계가 있었고 지금도 있다.

이칼루이트에 도착한 직후에 알게 된, 북극 전역에 알려진 또 하나의 위대한 이야기가 있다. 배핀 남부에서 세드나Sedna나 탈레라유Talelayu로 알려진 '바다의 이누이트 어머니'에 관한 이야기이다. 그녀는 이외에도 많은 이름을 가지고 있다. 아마도 가장 오래되고 가장 아름다운 것은 눌리아유크 Nuliajuk("그녀는 아내이다")일 것이다.[28] 그녀의 다른 이름은 실제로 진짜 이름을 부르지 못하게 사용되는 호칭들이다. 그녀의 이름을 직접 부르는 것은 불경하거나 심지어 위험한 것으로 여겨질 수 있다. 원로들은 그녀에 대한 여러 버전을 이야기한다. 일부 버전에서는 그녀가 결혼하기를 거부하는 순종적이지 않은 젊은 여성이어서 아버지가 그녀를 저주하여 인간으로 변형한 개 *qimmiq*와 결혼시킨다. 그녀는 그와 섬으로 달아났고 거기에서 여러 자식을 두었다. 개처럼 보였던 사람들은 칼루나트가 되었다. 보다 인간처럼 보였던 것들은 알라이트*allait* 또는 이크킬리이트*iqqiliit*(인디언들)가 되었다.

> 우리 조상들은 그녀가 키키크타류크Qikiqtaarjuk("큰 섬")에서 살았다고 했어요. 이것은 이글루리크에 있는 원래 섬이었던 곳에 있어요. 결국 아버지의 개가 그녀의 남편이 되었어요. 그는 밤에 인간의 형태로 나타나곤 했지만, 여전히 송곳니가 있었어요. 그는 올 때마다 새로운 하얀색 카리부 가죽을 갖고 왔어요. 그녀가 임신하고 출산했는데 일부는 개였고 일부는 인간이었어요. 인

간의 형태를 지닌 것들은 인디언들*iqqiliit*이었어요. 그들이 내륙쪽으로 걸어 갔고, 인디언의 조상이 되었어요. 그녀는 더 개처럼 생긴 것들을 오래된 카미크*kamik*(부츠) 바닥에 넣고 키웠어요. 그 카미크가 떠내려 가버렸어요. 그것이 깊은 바다에 이르자 배로 변했어요. 깊은 바다는 물이 검은색이어서 어디가 깊은지 알 수 있죠. 여러분도 선미 부분이 더 높은 배의 사진을 아시죠. 그런 종류의 배로 바뀌었어요. 그들이 더욱 멀리 가버린 후에 금속 소리가 들렸고 주위를 걸어 다니는 인간들이 있었어요. 그들이 칼루나트가 되었던 것이에요. 그들은 이글루리크를 지나 해협으로 갔어요. 이것이 내가 우이니구마수이트투크Uinigumasuittuq("남편을 원하지 않았던 사람")에 대해서 들은 이야기에요. 나는 아버지가 그전에 살았던 사람들에게 들은 이 이야기를 아버지에게서 들었어요.[29]

이누이트는 유럽인을 처음 만났을 때 놀라지 않고, 자신들의 태어난 집으로 돌아왔다고 생각했다.

다른 이야기에서는 눌리아유크가 아름다운 긴 머리를 가지고 있고, 나중에 까마귀로 밝혀지는 남자와 사랑에 빠진다. 이것은 내가 이칼루이트에서 들은 또 다른 버전의 이야기이다. 그녀는 그와 어떤 섬으로 가서 아내가 된다. 일부 버전에서 아버지가 그녀를 구하러 보트를 타고 온다. 다른 버전에서는 아버지가 그녀에게 남편과 가족을 버리라고 강요한다. 노를 저어 가는 동안 그들은 가끔 바닷새인 풀머갈매기의 공격을 받았다. 그 새가 보트를 전복시키려는 사나운 폭풍을 만들어 낸다. 다른 버전에서 그들을 쫓아가서 강력한 바람을 일으켜 그녀를 되찾아오려고 하는 것이 바로 풀머갈매기이다. 모든 이야기에서 아버지는 폭풍에 두려움을 느끼고, 자신의 딸을 배 밖으로 던져 살아남으려 한다. 그녀는 필사적으로 보트에 매달리지만, 아버지가 손가락을 칼로 잘라버린다. 그녀는 여전히 매달려 있다. 그래서 그는 손가락 두 번째 마디까지 잘라버린다. 세 번째 마디까지, 손까지. 마지막으로 그녀의 팔을, 팔꿈

치까지. 결국 그녀는 바다로 떨어진다. 거기서 그녀는 한 마리 개가 지키는 집에서 살고, 그녀의 손가락과 손, 팔은 바다의 모든 생명으로 바뀌었다. 그녀가 그 모든 생명의 어머니이고 보호자이다. 주술사 아와가 크누드 라스무센에게 말한 것처럼, "어떤 계절이든 사냥을 못해서 고기가 부족하면, 바다의 어머니를 찾아가서 보관하고 있는 일부 생명을 풀어달라고 설득하는 것이 주술사 *Angakoq*의 일이에요. … 그는 한동안 명상을 하고 나서 보조 영신을 부르죠. … 지구 아래 바다까지 내려가는 (자신의) 여행을 위해 저절로 열리는 통로를 찾기 위해."[30]

눌리아유크의 이야기는 바다 동물이 이누이트에게 얼마나 중요한지를 보여 준다. 그들은 전통적으로 해양 포유동물을 사냥하고, 주로 바다표범이나 바다코끼리와 북극곰, 일각고래, 흰고래, 거대한 북극고래에 의지하는 민족이다. 이런 해양 포유동물이 없었다면, 이누이트는 생존하지 못했을 것이다. 몇몇 이누이트, 특히 본토의 배런그라운즈Barren Grounds(캐나다 북부의 툰드라지대–역자 주)에서 사냥하는 사람은 주로 카리부에 의지한다. 그러나 바다 동물 대부분이 이누이트에게 소중한 자원이다. 이런 해양 포유동물은 바다와 얼음을 중심으로 하나의 생태계를 형성한다. 고리무늬물개는 봄에 얼음 위에서 새끼를 낳고, 북극곰과 인간들은 그곳에서 물개를 사냥한다. 바다코끼리는 북극의 얕은 바다에서 엄니를 사용하여 땅을 파서 조개를 찾고, 봄과 여름에 떠다니는 얼음 위에서 햇볕을 쬔다. 일각고래와 흰고래는 해빙이 녹을 때 유빙 가장자리로 모이고, 거대한 북극고래는 1년 내내 배핀섬 주위를 돌아다닌다. 매년 반복되는 해빙의 확대와 후퇴가 없다면, 이런 오랜 삶의 파노라마도 당연히 끝이 날 것이다.

또 다른 의미에서 눌리아유크의 이야기는 위대한 창조 신화이다. 이누이트는 북극 전역에 걸쳐 자신들의 연관성을 인정하고, 이동할 때 자신들의 창조 이야기를 함께 가지고 갔다. 한 가지 버전에 의하면, 시베리아와 알래스카에 자신들의 기원이 있다는 것을 인정하지만, 다른 한편으로 이글루리크 근처 섬에서 살았던 바다의 어머니에 대한 자신들의 고대 의무도 받아들인다. 나는 그녀를 묘사할 때 "신화"라는 단어를 사용하는 것에 신중해야 한다고 배웠다. 내가 어느 날 밤 저녁 식사 자리에서 그녀가 다른 여신들과 닮았다는 것과 북반구의 변형된 신화에 대해서 논의하고 있을 때, 이누크 친구 중 한 명이 내 말을 가로막고 "그녀는 진짜야, 내가 그녀를 봤거든!" 한 적이 있다.

겨울에 북극 세상은 여전히 지평선에서 지평선까지 단단하게 보인다. 우리들의 작은 거품 같은 집과 길, 자동차, 즉 문명이 가장자리에 매달려 있다. 그러나 겨울의 안전은 현혹적인 것이 되어 가고 있다. 얼음이 녹고 있고 우리는 위험에 처해 있다. 태양과 달의 창조 이야기는 배신과 비극, 손실, 회복에 대한 이야기를 들려준다. 어떤 원로는 지구 자체가 이동해 왔고, 이것이 바로 얼음을 녹게 하는 원인이라고 믿는다. 어떤 사람들은 시크니크(태양)가 다른 위치에서 떠오르고 있고 전보다 더 뜨겁다고 말한다. 눌리아유크는 이누이트

2.4 바다코끼리 모녀, 크로커만

종교의 위대한 여성 권력자이다. 얼음이 녹고 북극이 변하면서 그녀는 선물을 주지 않고 있다. 이누이트는 생계를 위해 그녀의 관대함에 의존하지만, 그녀에게 청원하기 위해 바다 밑까지 내려갈 수 있는 주술사는 이제 더 이상 없다. 대부분 이누이트는 기독교의 유일신을 위해 옛날 방식을 포기하였다. 그러나 이누이트는 적응하고, 옛 것과 새로운 것을 혼합하는 신비로운 능력이 있다. 눌리아유크가 되돌아오고 있고, 그녀가 표현하는 세계관은 실제로 사라진 적이 없었다. 그녀가 지구온난화에서 살아남을 수 있을까? 또는 외부인에 의한 정치적, 경제적 요구에서 살아남을 수 있을까? 그녀의 세상뿐만 아니라 우리의 세상도 이런 질문에 대한 해답에 달려 있다.

제3장.. 북서항로

아! 보퍼트해로 뻗는 프랭클린의 손을 찾기 위해
딱 한 번이라도 북서항로를 가보고 싶다.
아주 넓고 미개한 땅을 통해 하나의 따뜻한 선을 찾아가면서
그리고 바다로 가는 북서항로를 만들기 위해.

스탠 로저스(Stan Rogers)[1]

그린란드의 꿈

1970년대 초 앨버타 대학에 다니던 시절에 세상이 나에게 무엇을 주는지 혹은 내가 무엇을 원하는지에 대해서 별 생각이 없었다. 당시 대부분 북아메리카의 중산층 아이들처럼 사랑에 빠졌고, 미래 직업에 대한 생각도 없었고, (1970년대가 그랬지만) 다소 신경질적으로 시험 삼아 약물과 술, 섹스, 정치를 (반드시 이 순서대로는 아니지만) 해 보았다. 나는 한동안 실업자 행렬을 피하려는 것에 대한 깊은 관심이 없었고 언어와 문학, 역사에 대한 애정 외에는 학업에 대해서도 명확한 방향도 없었다. 나는 고대 노르웨이Old Norse 영웅 전설을 배우는 수업과 창작, 영어의 역사, (「십자가의 꿈*The Dream of the Rood*」과 「베오울프*Beowulf*」의 일부를 외우는) 앵글로 색슨 문학 과목을 들었다. 이 과목들은 당시 일부 사람의 독서 목록에 들어 있던 책인 톨킨(J. R. R. Tolkien)의 「반지의 제왕*Lord of the Rings*」으로 고무되어 있었다. 아마도 그것은 이야기의 기원에 대한 열망과 나의 조상이 여러 세대에 걸쳐 살다가 떠난 북유럽 국가에서 습득한 문화유산과 언어에 대한 열망 때문이기도 했다. 나는 더글러스 바버(Douglas Barbour)의 수업에서 시를 썼고, 나의 첫해 창작 선생님인 미첼(W.O. Mitchell)을 위해 문학 잡지를 갖고 다녔다. 미첼 선생님은 수업시간에 나의 모든 노력이 담긴 글을 큰 소리로 읽어 주셨다. (그의 목소리로 들으니 훨씬 재미있었다 – 신과 진화 그리고 수영장에 관한 이야기였다). 결코 잊을 수 없는 아주 멋진 날이었다. 훌륭한 선생님이면서 작가인 루디 위비(Rudy Wiebe)가 가르친 두 번째 창작 수업에서는 그린란드 바이킹에 대한 긴 가상의 이야기를 썼다. 그 이야기를 위해 상당히 많이 조사했던 것으로 기억한다. 마지막 부분 외에 그 이야기에 대해 그리 많은 것을 기억하지 못한다. 노르웨이인 마지막 정착민들이 굶주림과 추위로 죽어가면서 오두막에 누워 있을 때, 문 쪽을 바라보다가 다른 인간의 그림자를 – "야만인"의 뜻을 가진 노르웨이어 단어인 스크릴링*skraelling*의 둥근 얼굴과 짧은 실루엣을 - 보게 된다. 그러고 나서 그 이미지가 사라지면서 이야기가 끝을 맺는다. 의도했던 분위기는 두려움과 절망이었다. 그 노르웨이인 입장에서는 거의 야만인들*skraellings*을 본 적이 없고, 대개 피비린내 나는 만남이었다. 그러나 오두막을 들여다보고 있던 이누이트 입장에서는 그 상황이 도움이나 구조 또는 호기심의 이야기였을 수 있다. 내 상상력 속에서는 그 이야기에서 아직 이누이트를 적극적인 참여자로 여기지 않았다.

아마도 그것은 당시 내가 인간의 능력을 유럽인의 탐험이나 식민지화와 동일시하고 원주민은 "발견되는" 배경의 일부라는 사고방식에 빠져 있었기 때문일 것이다. 그러나 인간은 수만 년 동안 지구의 지형과 기후의 다양성을 탐험하고, 정착하고, 적응하고 변하여 왔다. 우리는 모두 아프리카 남부에 살던 작은 무리의 후손이다. 거기서부터 사람들은 지구를 지배하기 위해 밖으로 이동했다. 약 80,000~50,000년 전에 언어와 문화, 예술, 정교한 도구 제작, 종교, 동물의 사육 등 우리를 가장 인간답게 만들어 주는 것들이 시작되었을 뿐이며, 그때는 거대한 마지막 빙기로 가장 추울 때였고, 아프리카에서 탈출이 시작되던 시기였다. 아프리카의 가뭄과 싸우면서 살아남은 (아마도 한 어머니의 후손들인) 소수의 인간인 우리의 호모사피엔스 조상들이 지구에 살면서 직립원인(호모 에렉투스)과 네안데르탈인과 같은 이전의 인류 친척을 유라시아에서 몰아냈다.[2] 모든 만남이 파괴적이었던 것은 아니었다. 현재 중동지역에서 인간과 네안데르탈인 사이에 교배가 있었다는 증거가 있으며, 그 지역에서 두 종족이 거의 50,000년 동안 공존했을 것이다.[3] 이 혼혈종이 유럽과 아시아를 넘어 이동했다. 아프리카인을 제외한 모든 인간은 네안데르탈인에게서 약 1~4%의 유전자를 물려받았을 것이다.[4] 마지막 빙기가 시작되었을 때, 우리 인간과 지구를 공유하고 있던 인류(인류의 조상 호미니드hominid)는 적어도 직립원인, 호모 플로레시언시스*Homo floresiensis*, 그리고 우리의 가까운 사촌인 네안데르탈인 세 종족이 있었다. 빙기 끝 무렵에는 우리만 남았다.

얼음 민족

아프리카를 벗어난 인류 이주의 역사는 대부분 북아메리카와 유라시아에 덮여 있는 수km 두께의 얼음 밑에 갇혀 있었다. 인류의 북아메리카 첫 이주 시기는 60,000년에서 11,000년 전 사이라고 주장하는 사람들이 있지만, 논란도 있다. 미국의 원주민들은 먼 기원이나 이주를 모두 반박하고 있다. 최근까지 가장 널리 받아들여진 이론은 얼음이 녹으면서 대략 13,000년 전에 인류가 처음으로 시베리아와 알래스카 사이의 베링육교를 건너 남쪽으로 나아갔다는 것이었다. 첫 유물이 발견된 뉴멕시코의 도시 이름을 따 클로비스Clovis 문화로 알려진 이들은 서반구의 큰 포유동물 대부분을 빠르게 몰살시켰고, 뚜렷한 이유 없이 사라져버린, 빠르게 이동하는 도전적인 맹수 사냥꾼들이었던 것으로 여겨진다.[5]

동물 보호에 대한 엄격한 전통 규칙을 갖고 있던 이누이트와 같은 당시 사냥문화를 고려한다면, 이런 이론은 전혀 타당하지 않은 것 같다. 그렇게 "칼로 긋고 불태우는" 사상을 갖고 있었다면, 유라시아를 통해 북아메리카로 이동하는 동안 그들의 고대문화가 살아남지 못했을 것이다. 나는 그 증거를 이주가 30,000년과 20,000년 전 사이에 시작되었다는 것을 보여 주는 것으로 해석하는 것이 더 타당하다고 생각한다. 이 견해는 좀 더 최근의 언어학적 증거와 DNA 증거는 물론, 시베리아와 북아메리카에 있는 가장 오래된 고고학 유적지(약 25,000년 전까지 거슬러 올라가는 유콘과 약 14,250년 전까지 거슬러 올라가는 펜실베이니아주 메도크로프트 석굴Meadowcroft Rockshelter, 약 12,500년 전까지 거슬러 올라가는 칠레 남부의 몬테베르데Monte Verde)에 근거를 두고 있다.[6] 다른 이론들은 소수의 인류가 해로로 이동하였고, 유빙 가장자리에서 살고 있던 풍부한 포유동물에 의지하면서 아시아와 북아메리카 심지어는 유럽의 해안을 따라 이동했을 것이라고 주장한다. 사람들은 약 7,000년 전부터 확실히 이런 방법으로 북극을 횡단하고, 시베리아에서 그린란드까지 이동했다. 그러면서 바다표범, 바다코끼리, 고래와 같은 해양 포유동물을 사냥했다.

이 이주 시기에 기후가 크게 변화했고, 이로 인해 인류는 적응하거나 계속 이동해야 했다. 지난 천 년 이상 기간의 변화 중 가장 최근의 변화가 지구 대부분 지역에서 더 많은 시련을 주고 있다. 처음에 중세 온난기(서기 900~1300년)라고 불리는 온난화가 있었다[7]. 이후에 서기 1300년경에 시작되었다가 19세기 중반 경에 끝난 기온 하강이 있었으며, 소빙기로 알려져 있다. 비록 빙기만큼 혹독하지 않지만, 낮은 기온과 건조 상태가 다시 팽창하는 인류의 능력을 시험하였다. 세계의 몇몇 지역에서는 (주로 유럽과 아시아) 중세 온난기 동안에 기온이 1~2℃까지 올랐으며, 유럽과 아시아 그리고 다른 지역에서 중세 전성기에 농업과 도시, 인구 팽창 등 인류의 빠른 진보를 위한 조건이 만들어졌다. 가뭄이 미국 남서부의 아나사지Anasazi 문화와 중앙아메리카의 마야와 같은 고대문명을 파괴하면서 세계의 다른 지역에서도 수 세대 동안 지속되었다. 폭우와 장기간의 추위가 대략 1315년경에 시작되어 유럽과 북반구의 다른 지역을 휩쓸었다. 추위는 17세기 말에 더욱 극심했으며, 당시 런던 템스강이 주기적으로 얼었다. 고산 빙하가 이동했고 북극의 기후가 매우 혹독했다. 지난 1,000년 동안 온화함과 추위가 번갈아 이어지는 기후변화가 농업과 도시 생활, 예술, 과학, 탐험 등에 혁명을 가져왔다.[8]

투니이트, 툴레 그리고 에릭 더 레드

서기 1000년에서 1400년 사이 두 개의 새로운 이주 집단과 한 명의 오랜 거주자가 – 툴레 사람들(현대 이누이트 조상)과 바이킹, 투니이트 – 북극 동부에서 간헐적으로 마주쳤다. 이누이트의 구전 역사에서는 투니이트Tuniit(한때 누나부트에 거주했던 신화 속의 거인–역자 주)를 수줍음이 많고 신뢰할 수 없는 이방인으로 묘사하고 있다. 그들은 바이킹이나 툴레 민족이 이주해 오기 전에 2,000년 이상 북극에서 살고 있었다. 그 수수께끼 같은 투니이트는 서기 1200년 후반에 사라진 것으로 보인다. 새로 들어오는 이누이트에 경쟁할 수 없었거나 다른 요인을 못 견뎌냈을 것이다. 사실상 아무도 모른다. 거의 1세기 전에 이발루아듀크(Ivaluardjuk)가 크누드 라스무센에게 말했다. "투니이트는 강한 민족이었지만, 자신들의 마을에서 더 많고 강력한 조상을 둔 사람들에게 쫓겨났어요. 그러나 자신의 나라를 너무 사랑해서 그들이 우글리트Uglit(폭스 분지에 있는 섬들)를 떠날 때, 한 남자가 자신의 작살로 바위들을 쳐서 얼음조각처럼 날려버렸어요."[9] 이야기 속에서 투니이트는 "이누이트가 이주해 오기 전에 이누이트 나라에 거주했던 짐승이나 짐승과 같은 인간으로 묘사된다. 이 사람들은 걸어서 사냥감을 추적하고 동물의 목을 부러뜨려서 어깨에 메고 집으로 가는 (정말로 힘이 센) 것으로 알려졌고, 고래뼈로 만든 집에 살면서 잘 때는 발을 가볍게 하기 위해 혹은 빨리 달리기 위해 (정말로 빨리 달리는 사람들임) 자신들의 발을 공중에 매달고 자는 것으로 알려졌다."[10] 오늘날 일부 이누이트는 아주 최근까지 투니이트가 허드슨만 북부에 있는 사우샘프턴섬에서 새들러미우트Sadlermiut라고 불리는 집단으로 생존했다고 말한다. 다른 사람들은 그들이 금속을 구하기 위해 바이킹과 바다코끼리 무역을 했다고 한다. 가장 널리 받아들여지는 이야기는 그들이 당시 이주해 온 이누이트에게 몰살당했다는 것이다. 이누이트는 멀리 떨어진 이웃과 평화롭게 살았다는 점과 투니이트를 정착지에서 쫓아냈다는 점을 보면, 그들의 역사가 좀 더 복잡하게 보인다. 이누이트와 투니이트가 서로 결혼을 하거나 다른 공동체에서 아이들을 입양했을 가능성이 있다. 서기 1300년경에 기후가 추워지면서 투니이트가 이누이트에게 눈집 건축과 같은 기술을 가르쳐줬을 수 있다. 투니이트가 "사라진 것"은 단순히 이누이트 문화에 흡수된 것일 수도 있다. 식민지화의 특성에 대해 몇 가지 불편한 질문을 야기하는 것으로 툴레족이 많은 투니이트 공동체를 탈취했다는 것이 이누이트의 구전 역사에 나온다.

> 그렇지만 그들의 모든 복잡성에도 불구하고, 투니이트 이야기는 현대의 이누이트에게 가해진 식민주의적 미사여구와 모방적 전략에 대한 우려되는 그들의 유사성 때문에 현대의 청중들에게 잘 받아들여지지 않는다. 그러나 투니이트 이야기가 문제되거나 "식민주의적" 관점을 회피하는 것은 식민지 시대 이전 원주민 사회가 정치적 갈등과 복잡한 동맹의 역사가 없는 평화로운 유토피아였다는 생각으로 빠지는 것이다. 그리고 이것은 원주민의 정치를 한 번 더 말살시키는 것이라고 생각한다. 그러나 우리는 이누이트와 유럽 식민주의자 사이에 문제되지 않는, 비교하는 것에 대해서 신중해야 한다. … 이누이트는 유럽인과 달리 멀리 있는 조국의 경제를 지원하기 위해 새로운 영토에서 자원을 추출하지 않았다.[11]

바이킹이 유럽인의 질병을 유입했을 것이다. 투니이트가 노르웨이인과 무역을 했다면, 당연히 천연두, 홍역 또는 다른 병원균에 감염되었을 것이고, 그 질병은 더 멀리 떨어진 투니이트 공동체로 퍼져나갔을 것이다. 질병이 유럽인과 접촉한 다른 원주민 문화를 급속하게 쇠퇴시키는 데 기여했다면, 투니이트는 최소한 부분적으로라도 노르웨이 탐험가와 무역상들이 가져온 외래 박테리아와 바이러스에 굴복당했을 가능성이 있다. 이런 설에 대한 직접적인 증거는 없지만, 이미 밝혀진 유럽인과 원주민의 접촉 역사와 들어맞고, 19세기와 20세기 북극의 상생과 마찬가지였다고 생각한다.[12]

바이킹은 아이슬란드를 경유해서 들어왔다. 후에 에릭 더 레드Eric the Red(그린란드를 처음 발견한 노르웨이인 항해사—역자 주; "the Red"는 머리 색보다 전사 그리고 살인자로서 피비린내 나는 명성을 더 나타내는 것 같음)가 종족 간 피의 복수와 관련되어 아이슬란드에서 추방되었다. 그는 서쪽으로 항해하다 광활한 대륙 그린란드에 이르렀다. 그는 추방되었음에도 불구하고 3년 뒤 아이슬란드로 돌아가서 대규모의 노르웨이 정착민 탐험대를 조직하였고, "얼음"과 반대되는 "초록"이라는 매력적인 이름이 붙은 땅으로 그들을 이끌었다. 노르웨이와 아이슬란드에서 더 많은 노르웨이인이 들어오면서 대민관계가 중요하게 되었다. 에릭이 새로운 식민지를 설립한 982년에서 986년까지는 중세 온난기가 절정에 이르렀고, 큰 차이는 아니지만 북반구 전역에서 지금보다 기온이 높았다. 실제로 그린란드 가장자리는 일부 녹색이었고, 오늘날 점점 더 그렇게 되어 가고 있다. 양과 소를 방목하였고 농사도 지었으며, 적어도 400년 이상 살아남은 두 개의 광활한 노르웨이인 정착지를 – 에릭이 설립한 동부 정착지와 현재의 수도인 누크Nuuk 근처의 서부 정착지 – 뒷받침하기에 충분히 따뜻했다. 에릭의 아들 레이프(Leif)와 모험심이 강한 다른 남녀들은 더 나아가 배핀섬과 래브라도를 탐험하여 뉴펀들랜드 북부에 소규모의 정착지 랑즈 오 메도우즈L'Anse aux Meadows를 건설하였다.[13] 배핀섬의 킴미루트Kimmirut 근처에 무역기지가 설치되었을 가능성도 있다. 노르웨이인이 얼마나 대륙 깊이까지 들어갔는지는 불분명하지만, 무역 상품이 북극지방의 중심부는 물론 뉴잉글랜드와 미시시피까지 남쪽과 서쪽으로 멀리 이동했다.

유럽 역사에 북아메리카 원주민들이 등장하게 되는 초기의 기록 중 하나는 13세기 초에 집필된 것으로 보이는 노르웨이 역사에 대한 짧은 설명서인「히

스토리아 노르베기애*Historia Norvegiae*」이다. 현존하는 유일의 필사본이 서기 1500년경까지 거슬러 올라간다. 야만인들에 대해서 수수께끼 같은 언급이 딱 한 번 등장한다. "아이슬란드인이 발견하여 정착하고 보편적인 믿음 안에서 공식화했던 이 나라(그린란드)는 유럽의 서쪽 경계이며, 대양의 물이 범람하는 아프리카섬에 거의 닿아 있다. 사냥꾼들이 그린란드인 외에 몇몇 난쟁이를 발견하고, 야만인들이라고 불렀다. 그들이 무기로 상처를 입었는데 피가 나지 않고 하얀색으로 변하지만, 치명적이면, 그 피는 거의 멎지 않을 것이다. 그러나 그들에게는 철이 전혀 없었다. 그들은 고래 이빨(일각고래나 바다코끼리의 엄니)을 던지는 무기로 사용하고 예리한 돌로 만든 칼을 사용한다."[14]

그린란드 바이킹과 원주민의 만남에 대해 우리가 가지고 있는 최초의 문서 기록은 13세기 말의 사가 이야기(*Graenlendinga Saga*와 *Eirik's Saga*)에 들어 있다. 이 두 개의 대하소설은 노르웨이인이 처음으로 그린란드를 식민지화하고 나서 이웃 영토를 탐험하기 위해 출발했을 때 래브라도와 뉴펀들랜드에서 있었던 바이킹 정착민과 원주민 사이의 격렬했던 싸움을 기록하고 있다. 이들 이야기에서 야만인들이 어느 원주민인지 불분명하다. 툴레인들이 이런 사건이 발생한 것으로 추정되는 시기보다 200년 이상 지나서 남쪽으로 래브라도와 뉴펀들랜드까지 내려왔지만, 해안선을 따라 멀리에서 가죽 보트를 타고 도착하는 것으로 묘사된 원주민은 아마 이누이트였을 것이다. 그들이 투니이트였을까? 숲에서 나온 다른 사람들은 나중에 1500년과 1850년 사이에 이주해 온 유럽인이 몰살시킨 뉴펀들랜드에 있던 원주민 집단인 베오투크Beothuk였을 것이다. 가죽 보트를 타고 도착한 사람들이 누구였든간에 그들이 11세기 중반까지 뉴펀들랜드의 랑즈 오 메도우즈 정착지에서 바이킹을 몰아냈다. 서부 그린란드의 이누이트가 남긴 기록도 폭력과 오해에 대해 비슷한 이야기를 전하고 있지만, 우호적 관계에 대한 언급도 있다. 그린란드 누크 지역에 도착한 이누이트는 이방인에 대해 호기심이 컸다. 19세기 중반 헨리크 린크(Henrik Rink)가 기록한 옛이야기 중 가장 무서운 것은 내가 상상했던 이야기와 비슷한 점이 있다.

> 어느 날 카약을 탄 사람이 턱수염물범을 잡으러 이민구이트Iminguit의 만으로 갔다. 그곳에는 몇 명의 카브들루나이트*Kavdlunait*(그린란드의 노르웨이인)의 텐트가 있었다. 안에서 농담하면서 떠드는 소리가 들렸고, 들어가서 그들을 한번 보고 싶은 마음이 굴뚝같았다. 그래서 그는 카약에서 내려 그리로 올라갔고 텐트 옆을 두드렸다. 이것이 그들을 불안하게 하여 조용해졌다. 안에서 모두 조용할 때까지 계속할 용기를 얻었다. 그러고 나서 안을 살짝 들여다보았다. 모두 두려움으로 사색이 되어 있었다.[15]

이 감질나는 설명은 많은 것을 말하고 있지 않다. 그러나 다소 극적인 무역관계가 그린란드 북서부나 배핀섬에서 발전되지 않았더라면 이누이트와 유럽인의 만남은 대체로 평화적이지 않았을 것이 분명하다. 바다코끼리 엄니에서 나오는 상아는 유럽인과의 무역에서 그린란드 사람들의 주요 수출품이었다. (비록 *Graenlendinga Saga*가 무기 거래는 권장되지 않았다는 것을 분명히 해 주지만) 투니이트와 이누이트는 유럽인들과 거래를 통하여 철재 도구나 무기를 쉽게 얻을 수 있었다.

15세기 중반에서 말경에 노르웨이인이 그린란드에서 사라졌다. 유럽과 연락이 끊겼을 것이다. 그들에게 어떤 일이 일어났는지 기록이 없다. 그들은 기온 하강으로 더 짧아지고 더 서늘해진 여름과 더 추워진 겨울 그리고 유빙의 증가를 가져온 소빙기의 희생물이 되었을 수 있다. 노르웨이 정착민들은 기후변화에 적응하지 못했을 수 있다. 소와 양에 대한 그들의 의존도 멸종의 원인이었을 것이다. 심지어 그린란드에서는 온난기인 지금도 거의 모든 양의 사료를 수입한다.[16] 가축이 사라지면 땅과 바다에 의지해야 한다. 북극에서 여름이 짧아지고 겨울철 얼음이 확대되면서 가축을 키우는 것이 매우 어렵게 되었을 것이다. 농업 민족인 바이킹은 극한 기후에서 수렵·채집으로 생존하기 위한 지식이나 기술이 없었다. 1345년 교황청 기록에도 그린란드 사람은 가난 때문에 십일조를 면제받았다는 내용이 남아 있다. 그러나 그린란드 사람은 질병의 유입으로 멸종되었을 수도 있다. 1340년대부터 유라시아 전역에 역병이나 흑사병이 퍼졌다. 비록 이에 대한 기록이 없지만, 당연히 마지막 유럽의 배 중 하나라도 그린란드 공동체에 도착했을 것이다. 그린란드처럼 고립된 지역의 사람들은 이런 질병으로 3분의 1이 죽은 유럽의 사촌들보다 흑사병과 같은 새로운 질병에 훨씬 더 저항력이 약했을 것이다. 천연두, 독감, 발진티푸스, 그리고 심지어 성병의 원인이 되는 다른 병원균(병원체)들이 이미 취약한 사람들, 특히 어린이들과 노인들을 사망하게 했을 것이다.

바이킹이 정착민의 공격을 받았을 수도 있다. 과거에는 이누이트가 이 공격에 책임이 있다는 설이 있었지만, 주로 영국 출신 북대서양 해적들이 이 시기에 풍부한 어장을 찾아 북부로 깊숙이 침입하기 시작하였다. 그들이 1400년 이후 가장 남쪽의 동부 정착지를 침략해서 필요한 식량과 보급품을 노략질하고 사람들을 납치하거나 죽이고, 현지인들을 공포에 떨게 했을 수 있다. 더 북쪽의 서부 정착지는 1350년경에 버려진 것으로 밝혀졌으나 그 이유는 알려지지 않았다. 이누이트의 구전 역사에서는 이누이트가 소수의 노르웨이인을 받아들이고 은신처를 제공하였다고 하지만, 결혼을 통해서 노르웨이인들이 이누이트 사회로 대규모 이주했다는 것을 보여 주는 DNA 표본이나 다른 증거는 없다.

그린란드인의 존재에 대한 명확한 마지막 기록은 1410년 그린란드를 떠났다가 끔찍한 방법으로 몇몇 불쌍한 희생자들을 미치게 했다는 이유로 화형당한 마녀에 대한 소식을 갖고 유럽으로 돌아온 배에서 나온다. 다행히 결혼에 대한 소식도 있었다. 그 후에는 아무런 기록이 없다. 가장 남쪽 식민지에 있던 그린란드 사람들은 거의 한 세기 이상 이주했을 것이라는 몇 가지 고고학 증거가 있다. 크리스토퍼 콜럼버스가 아시아를 찾아 서쪽으로 항해했던 바로 그때, 마지막 그린란드 사람들이 사라졌다. 노르웨이계 덴마크인 선교사 한스 에게데(Hans Egede)가 1721년 그린란드에 도착했을 때, 유럽인 생존자가 없다는 사실에 놀랐다. 그는 그린란드 이누이트 사이에서 성공적인 선교활동을 시작하였고, 루터교회를 세우고 덴마크의 공권력을 확립하였다. 근대에 그린란드에서 덴마크인의 존재는 에게데의 도착과 현재 수도인 누크 근처에 살던 칼라알리트Kalaallit(그린란드 이누이트) 사이에 덴마크 기독교인의 공권력 확립 시기까지 거슬러 올라간다. 노르웨이가 1930년대 그린란드 동부에 대한 법적 권리를 다시 차지하려 했지만, 성공하지 못하였다.[17]

영국 탐험가 마르틴 프로비셔(Martin Frobisher)가 1576년 바위투성이 해안에 도착했을 때, 사망한 지 오래 지나지 않은 유럽인 남자 시신을 발견했다는 출처가 불분명한 이야기가 있다. 근처에 돌 오두막의 잔해가 남아 있었다. 이어지는 유럽인 탐험단 물결이 들어오고 나서 며칠 내에 또는 심지어 몇 시간 내에 마지막 그린란드인이 사망했을까? 우리는 모른다. 그들의 마지막 날은 완전히 미스터리이다.

마르틴 프로비셔

누나부트의 주도인 이칼루이트에는 적어도 800년이 넘는 많은 이누이트 공동체가 있다. 최초의 이누이트가 서기 1300년경에 시작된 기온 냉각기까지 작은 마을에 살면서 해양 포유동물을 사냥했다. 여기에는 바다표범, 바다코끼리, 고래가 포함된다. 투니이트도 그 지역에 살았을 수 있다. 그들이 훨씬 더 남쪽의 케이프도싯 근처와 이글루리크 근처 북서쪽에 살았던 것이 확실하다. 또한 만은 풍부한 어장이다. 그래서 "많은 물고기"라는 의미의 이칼루이트가 생겼다. 그러나 북극이 추워지고 팩 아이스가 증가하면서 이주경로가 바뀌기 시작하였다. 초기 이누이트는 기동성이 더 좋았다. 그들은 여름에는 쉽게 운반할 수 있는 가죽집이나 텐트에 살기 시작했고 겨울에는 더 영구적인 뗏장 집과 눈집에서 살았다. 이로써 넓은 지역을 쉽게 옮겨 다닐 수 있게 되었다. 최근 몇 년 전부터 카리부가 귀해졌지만, 프로비셔만 지역은 카리부와 새, 알, 산딸기류 열매, 이끼는 물론 해양 생명체가 풍부했고 여전히 풍부한 채로 남아 있다.

1576년 7월 중순에 이누이트와 유럽인이 다시 만났다. 배핀섬 남부의 주민들은 그린란드의 노르웨이인과 만났을 수도 있고 만나지 않았을 수도 있지만,

3.1 마르틴 프로비셔(1576~1578)와 존 데이비스(John Davis, 1585~1587)의 여행을 근거로 1613년 헤르하르뒤스 메르카토르가 제작한 유럽 최초의 북극 지도인 *Septentrionalium terrarum descriptio*. 유럽 사람들은 북극을 얼음이 없는 구역으로 이루어진 온대지역이라고 수세기 동안 믿었다 – 그래서 유럽에서 아시아로 가는 항해 가능한 북서항로에 대한 지속적인 (근거 없는) 믿음 (그리고 아마도 자기충족적인 예언)이 나왔다.

투니이트나 그린란드에 있는 그들의 사촌들과의 접촉에서 이방인의 존재와 그들이 1세기 전에 사라졌다는 것을 알았을 수 있다. 이누이트는 위대한 여행가이고 이야기꾼이다. 그들의 구전 역사는 수백 년 또는 심지어 수천 년 전까지 이어진다. 1576년 여름 마르틴 프로비셔의 도착까지 거슬러 올라가는 이누이트와 유럽인의 만남에 대한 이야기는 북극의 다른 지역에서의 첫 번째 만남과 관련된 이야기처럼, 이칼루이트의 원로들 사이에 생생하게 남아 있다.

어느 여름날, 한 척의 영국 배가 이칼루이트 근처 프로비셔만으로 들어왔다. 소수의 낯선 사람들이 배에서 작은 보트를 내리고 한 바위섬으로 노를 저어갔다. 그들은 주변을 둘러보기 위해 섬 정상으로 올랐다. 한 무리의 사냥꾼들이 이방인들이 무엇을 하는지 보려고 조심스럽게 다가갔다. 유럽인의 외모가 놀라웠다. 수염이 있고, 피부가 희고, 머리도 희고, 거의 유령처럼 날씨에 맞지 않은 옷을 입었고, 알아들을 수 없는 언어를 사용했다. 칼루나트도 위에서 사냥꾼들을 발견하였고, 이누이트에게 영국인이 충격이었던 것만큼 그들에게도 이누이트가 충격적이었다. 이방인들은 사냥꾼들이 조용히 접근하는 것을 매복이라 여겼다. 그때 소규모 카약 선단이 나타났고, 영국인들은 곧바로 위기를 느꼈다. 이와 같은 서로 간의 오해가 유럽인과 이누이트 사이의 초기 접촉의 특징이었다. 다행히 만남이 주선되었고, 약간의 선물 교환이 이루어졌다.

그러나 다음 이틀 동안 일련의 작은 사고로 다섯 명의 영국인 항해사가 실종되었고, 이누이트 한 명이 납치되었다. 8월 25일에 얼음이 밀려 들어오면서 날씨가 나빠지기 시작했다. 이 시기는 소빙기가 절정이었다. 일반적으로 겨울이 길고 추웠고, 여름은 짧고 예측할 수 없었다. 프로비셔 선장은 닻을 올리고 실종된 선원을 찾지도 않고 값진 것도 얻지 못한 채 (비록 그가 영국으로 돌아갔을 때 거기에 금이 있었다고 주장했지만) 영국으로 되돌아갔다. 대서양에서 태평양으로 가는 전설 속의 북서항로와 아시아의 부를 발견하는 데도 전혀 소득이 없었다. 그는 이누이트를 포로로 데리고 갔지만, 런던 해안에 도착한 후 바로 사망하였다. 프로비셔는 다음 해 여름에 되돌아가서 자신이 "검은 금"이라고 하는 것을 런던의 후원자들에게 가져가기 위해 프로비셔만에 있는 섬에 채굴 사업체를 설립하는 헛수고를 하였다. "검은 금"은 가치 없는 돌로 밝혀졌다. 프로비셔가 가져간 수많은 검은 돌은 영국에서 벽과 길을 만드는 데 사용되었다. 그중 일부는 아직도 볼 수 있다. 한편 마르틴 경은 1588년 스페인 무적함대와의 전투에서 세운 해군 활동을 통해 불명예스러운 탐험가에서 기사 작위를 받은 영국 자유의 투사가 되었다.

프로비셔는 그 후 400년 동안 동인도제도로 가는 항로를 찾아 적어도 고래기름과 바다표범 가죽, 여우 그리고 다른 모피와 진귀한 금속, (그 후에는) 보석의 원석, 광물, 기름과 가스에서 부를 찾겠다는 희망으로 북극해 제도까지 항해했던 많은 탐험가 중 한 명이었다. 그는 처음에 출구가 없는 만에 있다는 것을 깨닫지 못하였다. 그 후 대부분 탐험가는 그린란드와 배핀섬 사이에 있는 데이비스 해협까지 항해해 올라갔고, 바일롯섬 북쪽의 랭커스터Lancaster 해협을 통과하는 다양한 북서항로의 관문까지 도착하였다. 몇몇 탐험가는 알래스카 정상을 넘어 서에서 동으로 베링해를 통과하는 노선에 도전하곤 했다. 러시아와 시베리아를 건너는 북동항로를 찾으려는 시도도 있었다. 핵잠수함과 같은 최근의 시도는 북극해를 북극점North Pole 아래로 횡단하는 것이었고, 섬과 섬 사이의 항로를 모두 피하였다.

최초의 탐험가인 마르틴 프로비셔의 이름을 따서 지어진 만에 있는 이누이트가 이전 세대로부터 전해져 내려온 400년 이전에 칼루나트와 그들의 조상들이 만났던 이야기를 들려준다.

> 첫 만남 동안, 이누이트는 놀랐을 뿐이었다. 칼루나트들은 큰 배를 타고 왔다. 이누이트는 바다표범 가죽으로 만든 작은 보트만 가지고 있었다. … 그들

은 큰 배를 본 적이 전혀 없었다. 그들은 총성을 들어 본 적도 없었다.

곧바로 사소한 충돌이 있었다. 그들이 이누이트가 아니었기 때문이었다. 이누이트는 배를 발견하고 카약을 타고 배로 다가갔다. … 칼루나트들은 공중에 대고 두 발의 경고사격을 했다.

그래서 그들이 만났을 때 많은 것이 불확실했다. 이누이트는 두려웠다. 그들은 이들이 무엇을 하는 사람들인지 몰랐기 때문에 굴복하지 않으려 했다. 그들은 확실히 이누이트가 아니었다. 그리고 그들의 옷과 옷을 입은 모습! 이누이트는 바다표범 가죽이나 카리부 가죽으로 옷을 만들어 입었다. 칼루나트는 매우 달랐다. 다른 존재였다. 이누이트는 그런 옷을 본 적이 없었다. 결국 최초의 탐험가들이 누더기로 된 옷을 입고 있었던 것으로 판단했다. 그 옷이 추위를 막지 못할 것이라는 생각 때문이었다. … 마치 유령 같았다.[18]

브리타니아여, 통치하라

그 후 3세기 동안, 영국은 북서항로를 찾기 위한 장기적인 탐색을 시작하였다. 오랜 시간이 흐른 후에 많은 사람과 불충분한 보급품을 싣고 목재로 만든 배를 탄 항해를 고집한 오만은 자살할 생각이 아니었다면 잘못된 생각이었다는 것이 분명해졌을 때까지 문제로 남아 있었다. 또 다른 문제는 소빙기의 혹독한 기후였다. 추위가 뚫기 어려운 얼음 장벽과 폭풍, 그리고 더 많은 얼음을 만들어 냈다. 유럽인들은 자신들이 최악의 시기에 북서항로를 찾으러 나섰다는 사실을 모른 채, 19세기 후반까지 계속 사람과 배를 북극으로 보냈다. 지구 온난화로 19세기 후반이 되어서야 그런 경로의 항해가 가능해졌다.

나폴레옹의 패배로 1815년에 전쟁이 끝난 후, 영국 해군의 수천 척의 배와 장교들, 사병들은 할 일이 없게 되었다. 해군성 2등 서기관이었던 존 배로우(John Barrow)는 적어도 최상의 인력 중 몇 명이라도 계속 현역 복무를 하도록 하겠다는 야심찬 계획으로 탐험을 생각해 냈다. 배로우는 유럽(특히 대영제국)을 중국, 동남아시아, 그리고 영국의 위대한 아시아 점령지인 인도와 연결하는 북서항로를 찾고 탐험하려는 희망에 사로잡혔다. 1818년부터 1875년까지 해군성은 20개 정도의 별도 탐험대를 북극으로 보냈다. 서아프리카와 남극을 포함하는 세계의 다른 지역에도 또 다른 탐험대를 보냈고, 대서양과 태평양 사이의 항로를 찾기 위한 또 다른 나라와 개인 모험가들의 도전이 이어졌다. 고래를 잡는 사람들도 북극고래, 향유고래, 긴수염고래, 대왕고래를 찾아 이 바다를 탐험하였다. 그러나 19세기 말까지는 영국 해군이 지배하였다.

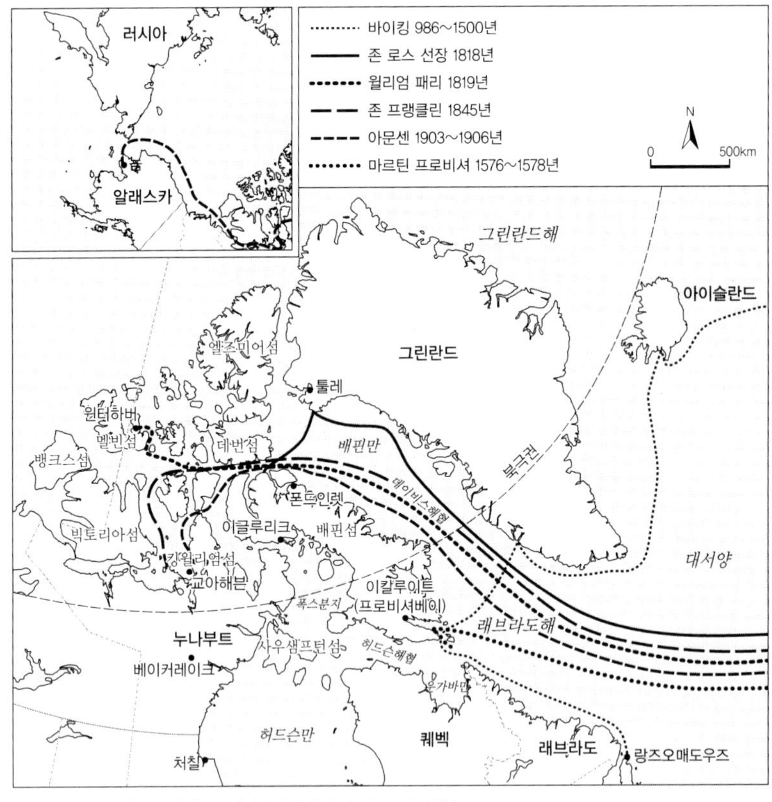

3.2 10세기부터 12세기 초까지 북극에서 유럽인의 탐험

존 로스(John Ross) 선장이 1818년에 영국인으로서는 처음으로 북서항로를 찾겠다고 나섰다. 로스는 그린란드의 먼 북서 해안까지 가는 데 성공하였다. 연안에 닻을 내린 동안 그와 그의 장교들은 적어도 그린란드의 노르웨이인이 사라진 이후 북극 에스키모Polar Eskimos 또는 이누구이트Inughuit ("위대한 사람들")를 만난 최초의 유럽인들이었다. 이누구이트는 1450년경에 더 남쪽에 살았던 이누이트에서 분리되고 그린란드와 북극해 제도에 있는 사촌들과 떨어졌다. 고립으로 카약을 사용하는 방법, 활과 화살을 쏘는 방법과 같은 이누이트의 여러 가지 기술을 잃어버렸다. 로스는 어설픈 이 사람들을 "북극의 고산인들Arctic Highlanders"이라고 불렀다. 이들의 만남은 양측 모두에게 이상한 경험이었고, 서로에 대해서 가능한 많은 것을 배우려 하였다. 이누이트는 세상에 자기들만 있는 것이 아니라는 것을 알고 놀랐고, 영국 탐험가들은 그렇게 북쪽 멀리까지 누군가 살고 있다는 사실에 놀랐다. 여러 날 동안 만남을 가지면서 선물을 교환한 후, 영국 배는 계속 나아갔지만 아주 멀리까지는 가지 못했다.

1818년 9월 1일 아침, 로스는 자신의 배 이사벨라호를 타고 랭커스터 해협으로 갔다. 그때 치명적인 실수를 했다.

> 그때 내가 본 육지는 높은 산맥이었고, 그것은 작은 만의 밑바닥을 곧장 가로질렀다. 이 띠처럼 이어진 산맥은 가운데가 높아 보였고, 북쪽으로 향하는 것은 때때로 섬의 형태였고, 아래 부분은 안개로 가려져 있었다. 이 방향의 항로는 희망이 없어 보였지만, 나는 바람이 적합한 것 같아서 완전히 탐험할 각오였다. 항해를 계속했다. 8시에 바람이 약간 잦아들었고 알렉산더호가 멀리 후진한 상태에서 수심을 재서 674패덤(물의 깊이 측정 단위로 약 2미터에 해당-역자 주)의 부드러운 진흙 바닥이 있다는 것을 확인하였다. … 이제 날씨가 변수였다. 주기적으로 구름이 끼었다 개었다 하였다. 가장 낙관적인 베벌리(Beverley) 씨가 돛대 꼭대기 망대로 올라갔다. 12시에 안개가 짙어지기

> 전에 아주 좁긴 하지만 만 맞은편의 육지를 보았다고 보고했다.
>
> 항로가 있을 것이라는 희망을 버렸고, 심지어 가장 낙천적인 사람까지도 포기했다. 게다가 안개가 계속 짙어졌다. 더 높이 올라가 보기로 하였다. … 이 시점에서 해안선을 탐험하거나 항구를 찾기 위해 사용할 요선이 필요했다. 그러나 알렉산더호의 항해는 형편없었고, 바람이 부는 쪽으로 향하는 경향이 있어서 그런 일에는 안전하게 사용할 수 없었다. … 3시에 당직 선원이 … 보고했다. … 만의 맨 아래쪽에서 좀 개이고 있다고. 나는 즉각 갑판으로 올라갔고, 잠시 후 10분 동안 날씨가 완전히 맑아졌다. 그래서 만 맨 아래 부분을 둘러싸고 남과 북으로 펼쳐져 있는 산맥이 연결된 띠를 형성하고 있는 육지를 분명히 볼 수 있었다. … 3시 15분에 안개가 다시 짙어지고 불안정해졌다. 그리고 이 방향으로는 항로가 없다는 것을 받아들이고 … 나는 13km 정도 떨어져 있는 알렉산더호로 가기 위해 배의 침로를 바꾸었다. 4시 조금 넘어 그 배에 탄 후 남동 방향으로 향했다.[19]

로스는 완전히 잘못 파악했다. 그의 부사령관 윌리엄 에드워드 패리(William Edward Parry)가 다음 해에 발견한 것처럼 랭커스터 해협은 사실상 북서항로의 입구이다. 로스와 그의 선원들이 본 것은 무엇이었을까? 그것은 아마도 인간의 오류와 파타 모르가나Fata Morgana라고 불리는 신기루와 같은 효과를 만들어 내는 빛의 굴절이 결합되었을 가능성이 크다. 로스가 본 것은 환상이었다. 그는 자신이 보았다고 생각한 것을 해군성 장관인 존 윌슨 크로커(John Wilson Croker)의 이름을 따서 크로커산맥Croker Mountains이라고 명명하였다. 패리는 후에 로스의 발견을 반박하였고, 배로우는 불명확한 항해 결과에 대해서 특히 비판적이었다. 로스는 영원히 명성을 잃었다. 다음 해 패리의 탐험에서 랭커스터 해협이 어디로 이어지던 북서항로의 관문이라는 것이 결정적으로 증명되었다. 존 로스는 그 후 몇 년 동안 프랭클린 탐험대를 찾기 위해 북극으로 되돌아갔지만, 해군성의 지원을 전혀 받지 못했다.

이와 같은 해군성 초기 탐험 항해 중 1819년 윌리엄 에드워드 패리의 도전이 가장 성공적이었다. 그는 두 척의 탐험대 군함 그리퍼*Griper*와 헤클라*Hecla*를 지휘했고, 서쪽으로 멜빌섬까지 도달하는 데 성공했다. 그 후 30년 동안 아무도 이루지 못한 공적이었다. 비록 패리가 북극 탐험가 중 가장 능력 있고 가장 착각을 하지 않는 사람이지만, 그의 성공에는 좋은 계획과 선박의 조종술뿐만 아니라 기후의 도움이 컸다. 패리가 평균적인 겨울보다 더 온화한 겨울, 얼음도 적고 항해도 더 오래 할 수 있는 시기를 택한 것이 행운이었다. 그는 자신이 평범하게 "윈터 하버"라고 명명한 곳에 있는 멜빌섬 해안에서 겨울을 보낸 후 되돌아가야 했지만, 그의 성공으로 오늘날 북극의 섬을 통과하는 여러 개의 노선 중 하나를 발견하였고, 지도로 만들기 위하여 훨씬 더 많은 노력이 이루어졌다.

패리의 성공에는 자신의 장교들과 사병들을 돌보는 것에 대해 신경을 쓴 것도 기여했다. 여기에 유흥을 허락하는 것도 포함되었다. 패리는 두 척의 배가 겨울에 얼어 움직이지 못하고 있을 때, 연극 공연, 기념행사, 심지어 자신의 부사령관인 에드워드 사빈(Edward Sabine)이 편집한 「북극의 조지아 가제트와 연대기*North Georgia Gazette and Winter Chronicle*」라고 불리는 신문 – "탐험대 신사 여러분의 원조 기부로 후원될 예정인 …. 사빈의 검열하에 많은 즐거움을 만들어 내고, 우리의 수백일간 어둠의 지루함을 덜어 줄 주간지"– 의 배부를 권장하였다.[20] 겨울이 끝나고 배가 얼음에서 벗어나 집으로 돌아갈 수 있게 되기 얼마 전에 패리 선장은 「가제트」에 "아미쿠스(Amicus)"라는 필명으로 기고하였다.

> 1년을 돌아보고 우리의 상황과 전망이 어떠했었는지 생각해 보자. 우리 중 많은 사람은 유사한 모험에서 막 돌아왔고, 직면한 난관에 짜증이 났고 몹시 굴욕감을 느꼈다. 우리의 희망과 조국의 희망이 좌절되었고, 긴 휴지기와 과

거에 대해 곰곰이 생각할 여유시간 외에는 우리 앞에 남겨진 것이 아무 것도 없어 보였다!

지금 우리 앞에 있는 전망은 정말 다르지 않은가! 이 흥미로운 업무를 위해 한 번 더 선택되고 – 귀족의 아들들이 당연히 부러워할 칭찬과 명예를 받게 되고 – 조국과 유럽의 모든 시선이 우리에게 고정되고 – 우리는 이 자랑스러운 특별함을 매우 소중하게 생각해야 한다! … 우리가 영국을 떠나기 전에 서경 111도 부근에 있는 안전한 항구에서 편하게 겨울을 보내게 될 것이라 예측이나 할 수 있었을까? … 우리는 마법을 깨트리는 데 성공했고, 이는 만을 배핀의 바다로 만들었다.[21]

신발을 먹은 남자

존 프랭클린(John Franklin) 경이 1845년에 북서항로를 정복하기 위하여 가장 야심적인 도전에 나섰다. 능력 있는 아내의 로비활동도 그 일을 맡는 데 도움이 컸다. 레이디 프랭클린(Lady Franklin; 또는 대개 그녀가 불리는 것처럼 Lady Jane)은 북극에 전혀 발을 들여놓지 않았지만, 북극의 영웅전설에 중요한 역할을 하였다. 그녀의 남편은 군함 에레보스호*Erebus*와 테러호*Terror*를 타고 영국을 출발했다. 현재의 캐나다 노스웨스트 준주를 육로로 관통하는 존 경의 이전 두 번의 임무가 대체로 형편없던 것으로 유명했지만, 빅토리아시대의 기준으로는 영웅적이었다. 그의 지휘 아래 있던 병사들은 대부분 살아남기 힘들었지만, 그것이 그와 다른 사람들의 공적에 큰 관심을 불러일으켰다. 그가 두 번째 육로 모험을 마치고 영국으로 돌아왔을 때 "자기의 신발을 먹은 남자"로 알려지면서 전국적으로 유명해졌다.

프랭클린은 오스트레일리아의 반 디멘즈 랜드Van Diemen's Land(지금의 태즈메이니아)를 통치하면서 불행한 시간을 보냈지만 자신의 나이트 작위와 명성을 유지한 채 영국으로 돌아왔다. 그러나 마지막 북극 모험 이후 늙고 무기력해졌다. 다시 한 번 북극 탐험의 열정을 키우기에는 적합하지 않았다. 자신도 이것을 알고 있었겠지만, 자신의 명성과 불굴의 아내를 이겨낼 수 없었다. 출항하기 며칠 전에 심한 감기로 병상에 누워있었다는 이야기가 있다. 그는 탐험에 가지고 갈 영국 국기를 바느질하는 레이디 제인의 옆에서 벽난로 앞에 앉아 잠이 들었다. 잠에서 깼을 때, 아내가 따뜻하게 해 주려고 자기에게 국기를 걸쳐 준 것을 보고 겁에 질렸다. 국기를 덮는 것은 죽은 해군 장교들에게 하는 행동이었다. 앞으로 다가올 일에 대한 아주 나쁜 징조였다.

그럼에도 존 경은 장교와 사병으로 구성된 133명의 파견대(그들 중 4명은 적합하지 않아서 오크니Orkney에 남겨짐)와 함께 성공에 대한 희망을 안고 영국에서 출발했다. 배는 두꺼운 얼음을 견딜 수 있도록 특별히 보강되었고 돛을 보충하기 위한 현대식 증기 엔진도 갖추어져 있었다. 가장 최신의 빅토리아시대 편의시설과 탐험 장비를 모두 갖추고 있었다. 여기에는 그들이 얼음에 갇힐 것으로 예상되는 긴 겨울에 증기열을 낼 수 있게 배 곳곳에 설치된 파이프도 있었다. 많은 양의 석탄을 포함해서 모든 것을 가져가야 했다. 육지에 의존해서 견딜 생각이 전혀 없었다. 신중하게 배급한다면 3년 이상 사용할 수 있는 통조림 식품과 다른 식량도 가져갔다. 가능한 북쪽과 서쪽으로 멀리 항해할 계획이었다. 출발 후, 프랭클린의 계획에 따라 데번섬과 서머싯섬을 지나 북극 해역의 미로를 통과하는 항로를 선택했고, 그 통로를 통해 태평양까지 쭉 항해할 계획이었다. 배핀만에 있는 고래잡이들이 배들이 밧줄로 빙산에 묶여 있는 것을 마지막으로 목격하였다. 그들은 랭커스터 해협에 들어갈 수 있을 정도로 얼음이 사라지길 기다리고 있었다. 모든 것이 행복하고 희망적으로 보였다. 1845년 7월 26일이었다. 그러나 그 후로 그 배와 살아 있는 선원들은 다시 볼 수 없었다. 적어도 유럽인의 눈에는 목격되지 않았다.

레이디 프랭클린은 존 경이 영국을 떠나고 2년이 지난 1847년 9월이 되어서야 소식이 없는 것이 걱정스러워 해군성 장관에게 남편의 최초 계획을 보고 싶다는 편지를 보냈다. 그 후 실종된 탐험대를 찾기 위해 해군과 레이디 프랭클린과 몇몇 사람들이 사비로 마련한 자금으로 북극 항해가 10년간 계속되었다. 이 대규모의 수색으로 북극 섬 사이를 빠져나가는 다양한 항로의 해역과 얼음에 대한 과학 정보를 얻어 자세한 지도를 제작할 수 있었다. 그 배들의 흔적은 전혀 찾을 수 없었지만(비록 캐나다 지리학회와 해안경비대가 킹윌리엄섬 앞바다에서 그들 중 하나라도 찾으려 계속 노력하였지만), 결국 프랭클린 탐험대의 운명에 대한 상당한 정보가 밝혀졌다. 게다가 유럽인에 의해서 북극해 제도의 지도가 작성되었고, 당시 북서항로가 상업적 항해에는 적합하지 않다는 것을 명확하게 밝혀줬다. 북극의 통치권에 대한 캐나다의 주장은 역사적으로 이런 영국의 노력에 근거한 것이다. 영국은 19세기 말이 되면서 항로 발견에 대한 흥미를 잃었고, 1880년에 자신들의 관할권을 새로운 캐나다 자치령으로 넘겨주었다.[22]

존 로스의 조카이면서 당대 최고의 북극 탐험가인 제임스 클라크 로스(James Clark Ross)가 최초의 프랭클린 구조대 중 하나를 이끌었다. 그는 10년 전 테러호와 에레보스호를 타고 훌륭한 탐험대를 이끌고 남극에 갔었다. 그는 파견단 지휘를 맡기 위해 로비를 벌였던 자신의 불운한 삼촌을 노련하게 압도했다. 조카는 1848년에 출발했지만, 건강과 날씨 때문에 서머싯섬과 프린스리젠트인렛Prince Regent Inlet 앞으로 전혀 접근하지 못했다.

1850년까지 15척의 배가 북극의 여러 해역에서 프랭클린의 흔적을 찾았다. 불행히도 그들은 엉뚱한 장소에서 찾고 있었다. 사실 프랭클린은 필 해협과 빅토리아 해협을 향해해 내려가서 킹윌리엄섬 서부까지 갔다. 1846년에 그가 처음 들어갔을 때에는 이 넓은 수역에 얼음이 없었을지 모르지만, 곧 바로 평상시 상태로 돌아갔고, 빅토리아섬을 지나 맥클린톡 수로McClintock

Channel까지 흘러 내려와서 킹윌리엄섬 쪽에 쌓였던 거대한 북극의 팩 아이스로 막혀버렸다. 이것이 일상적인 겨울에는 물론이고 여름에도 항해를 어렵게 했다. 수색대는 그가 이 방향으로 항해했을 것이라고 생각하지 않았다. 그들은 킹윌리엄섬의 동쪽 레이 해협Rae Strait으로 가끔 항해할 수 있는 항로가 있다는 것을 몰랐다.

프랭클린의 최초 흔적이 비치섬Beechey Island – 썰물 때 이용할 수 있는 자갈로 덮인 땅에 놓인 좁은 다리로 랭커스터 해협에 있는 데번섬의 남서쪽 모퉁이에 연결되는 작은 땅 – 에서 발견되었다. 이 황량한 섬의 또 다른 쪽에는 거대한 층으로 이루어진 암석투성이 탑이 있다. 거기에서 프랭클린의 부하 3명이 매장되었다. 수색대가 1850년에 그들의 겨울 막사 유적을 발견하였다. 여기에는 빈 녹슨 깡통으로 만든 거대한 이정표와 장교 중 한 명이 사용했던 장갑 하나가 있었다. 그러나 프랭클린이 4년 전에 어느 방향으로 갔는지를 보여 주는 문서 기록은 없었다. 당시는 이정표에 메모를 남기는 것이 일상적이었다. 프랭클린이 이런 관습을 지키지 않았기 때문에 생명을 구할 수 없었을 것이다. 이 관습을 지켰더라면, 훨씬 더 일찍 미스터리에 대한 해결책을 찾았을 것이고, 심지어 바른 방향으로 수색대를 파견하여 1850년까지 힘들게 살아남으려고 애쓰고 있던 일부 생존자의 생명을 구할 수 있었을 것이다. 문서 기록도 부족할 뿐만 아니라 일부 역사가들은 그 버려진 장갑이 프랭클린이 비치섬을 서둘러 떠났다는 것을 암시한다고 생각한다.

1984년에 앨버타 대학의 오웬 비티(Owen Beattie) 교수팀이 비치섬에 매장되어 있던 프랭클린 탐험대 세 명을 부검하고 상세히 조사하였다. 존 가이거(John Geiger)가 공저한 저서 「시간 속의 결빙: 프랭클린 탐험대의 운명 *Frozen in Time: The Fate of the Franklin Expedition*」에 조사 내용이 담겨 있다. 그들이 제시한 사진과 기록은 세상을 놀라게 할 만큼 충격적이었다. 오웬 팀은 한 명의 해군과 두 명의 선원이 납중독으로 고통을 겪었고, 모두가 살아남기 위해 먹었던 통조림의 납땜 문제 때문인 것 같다고 결론 내렸다. 이것이 사망 원인이 아니었을지 몰라도 프랭클린과 부하들이 마지막 여행에서 서쪽과 남쪽으로 항해하기 전에 심각한 어려움에 빠져 있었다는 것을 분명하게 보여 준다. 납중독 증상에는 우울증과 발작, 마비 등을 일으킬 수 있는 신경 활동의 지장뿐만 아니라 "거식증, 허약과 피로, 과민성, 지각마비, 피해망상, 복통과 빈혈"이 있다.[23] 여행의 위험과 고립, 겨울철 24시간의 어둠, 견디기 힘든 추위, 막 시작된 괴혈병, 그리고 점점 커지는 절망과 결합된 납중독이 킹윌리엄섬에서 발견된 증거를 설명해 준다. 탐험대원들은 굶주림과 쓸모없는 소지품 더미, 그리고 배가 침몰했거나 버려진 후에 무사히 걸어서 갈 수 있다는 잘못된 판단으로 집단 사망 이전에 이미 제정신이 아니었던 것으로 보인다. 놀랍게도 생존자들은 사냥할 수 있는 총과 탄약을 충분히 갖고 있었지만, 사냥감을 못 찾았거나 새 몇 마리 이상은 잡을 수 없을 만큼 실력이 충분하지 않았다. 또한 어떤 이누이트 공동체이든 도와줄 수 있는 남성들이 있었을 수 있지만, 생존자들은 근처에 살거나 이동하는 이누이트에게 도움을 받으려 하지 않은 것처럼 보인다.

1859년이 되어서야 킹윌리엄섬의 재난에 대한 물리적 증거가 발견되었다. 그때 레이디 프랭클린이 조직하고 프랜시스 레오폴드 엠클린톡(Francis Leopold M'Clintock) 선장이 이끌었던 수색팀 중 하나가 프랭클린 탐험대가 살아남기 위해 병사들이 비참할 만큼 애를 썼던 것을 보여 주는 중요하고 설득력 있는 유적을 발견하였다. 그 후로도 몇 년 동안 수색이 진행되었고, 마침내 미스터리가 해결되었다. 킹윌리엄섬 서쪽 해안에서 2년(1846~1848년) 동안에 대한 약간 아리송한 정보가 들어 있는 메모가 발견되었다. 프랭클린은 1847년에 사망했다. 일부 병사와 상당수의 장교도 죽었다. 아마도 이것이 마지막 며칠간 치명적이었을 수 있는 지도력 부재의 원인이었을 것이다. 그 후로 문서 기록이 없다. 일부 병사는 이전 존 로스 탐험대 중 한 팀이 남겨 놓은

3.3 비치섬에 있는 군함 에레보스호의 존 하트넬(John Hartnell)의 무덤

커다란 식품 저장소를 찾기 위해 북쪽과 동쪽으로 이동했을 수 있다. 그러나 실제로 이 장소에 도착한 흔적은 남아 있지 않았다. 생존을 위한 마지막 노력의 흔적이 북아메리카 본토를 향해 남쪽으로 썰매를 타고 갔던 사람들의 유적에서 발견되었다. 그들은 허드슨베이사가 있는 곳으로 가려 했던 것으로 추정된다. 그들은 걸어가다가 사망하였다. 몇 명은 본토에 설치된 야영지 안에서 사망하였다. 나머지 사람들은 땅이나 바다가 삼켜버린 것처럼 그냥 사라져 버렸다. 여전히 유골이 발견된다. 아주 많은 양의 쓸모없는 유물들을 가져갔고 도중에 버렸다. 그중에는 도자기, 은접시, 시계, 책, 가구 등이 포함되었다. 문서 기록이 존재했다 하더라도 오래전에 사라져 버렸다.

존 레이

어찌 되었든, 이미 5년 전에 프랭클린 탐험대의 절망적 결말에 대한 이누이트의 증언이 레이디 프랭클린과 영국에 전달되었었다. 1854년 7월 29일 영국 탐험가 존 레이(John Rae) 박사가 리펄스베이Repulse Bay에서 영국 해군성으로 서신을 보냈다. 그가 영국으로 돌아온 다음 날 「타임」지에서 그 서신을 출판하였다. 그 내용은 어느 정도 인용할 가치가 있다.

> 같은 계절에 좀 늦은 날짜이지만 얼음이 붕괴되기 전에 땅에서 약 30구의 시신과 몇 개의 무덤을 찾았고, 종일 큰 하천을 따라 북서쪽으로 가서 근처의 한 섬에서 5구의 시신을 발견하였다. 그 하천은 조지 백(George Back) 경의 포인트오글Point Ogle과 몬트리올섬 이웃에 있는 낮은 해안에 대한 설명과 정확히 일치하므로 (에스키모가 Ool-koo-ihi-ca-lik라고 명명) 바로 그레이트피쉬강일 것이다. 몇 구의 시신이 매장되어 있었다(아마도 기근 초기 희생자의 시신일 것임). 어떤 시신은 여러 텐트에 들어 있기도 하였다. 일부 시신은 보트 아래 있었다. 은신처를 만들기 위해 보트는 뒤집어져 있었고, 시신이 대략 5개의 방향으로 흩어져 있었다. 섬에서 발견된 시신 중 하나는 어깨에 망원경을 두르고 있었고 쌍연발총이 아래 놓여 있어 장교였던 것으로 추정된다.
>
> 여러 시신의 훼손된 상태와 주전자의 내용물로 미루어 보아 불쌍한 이들이 생명을 연장하려고 마지막 무서운 선택으로 식인까지 해야 했던 것이 틀림없다. 총소리가 들렸고, 신선한 오리의 뼈와 깃털이 슬픈 현장 주변에 남아 있는 것으로 보아 일부 불행한 병사들은 야생조류가 돌아올 무렵까지 (즉 5월 말까지) 살아 있던 것이 분명하다. 땅에 화약이 많이 쌓인 것으로 보아 화약은 충분했었던 것으로 보인다. 많은 양의 포탄과 산탄이 최고 만조선 아래에서 발견되는 것으로 보아 해안 가까운 얼음 위에 남겨져 있었던 것 같다. 틀림없이 많은 시계와 나침반, 망원경, 총(여러 자루의 쌍연발총) 등이 있었고, 모두 망가졌던 것으로 보인다. 에스키모들이 몇 개의 은수저와 포크와 함께 이런 다양한 물품 조각을 가지고 있었다. 나는 그것들을 구할 수 있는 한 많이 사들였다.[24]

그의 편지는 허드슨베이사를 찾아서 영국령 북아메리카의 먼 북쪽 본토를 향해 탐사하는 동안 들은 이야기와 발견한 것을 토대로 쓴 것이다. 그의 편지는 존 경을 포함해서 프랭클린 탐험대 대원들의 소유였던 것이 분명한, 이누이트에게서 얻은 유물에 대해서도 묘사했다. 자세한 목록은 레이가 런던에 있는 허드슨베이사 비서에게 제출한 보고서에 추가되었다. 목록에는 프랭클린의 것이 분명한 은 포크와 수저, 시계, 동전, 둥근 은접시 1개, 그 밖의 다른 물건들, 무엇보다 안타깝게 하는 "별로 중요하지 않은 잡다한 다른 품목들"이 포함되어 있다.[25]

레이는 가죽과 모피로 만든 옷을 입고, 식량을 사냥하고, 개 썰매나 설피로 이동하고, 임시로 만든 눈집에서 밤을 보내는 등, 규칙적으로 원주민의 생존 방식을 사용하면서 여행했다는 점에서 당시 유럽 탐험가들에게는 이상한 사람이었다. 결과적으로 그와 일행은 북극의 많은 다른 유럽 탐험가들이 날씨와 얼음으로 부서지기 쉬운 배에 갇혀 1년, 2년, 3년 또는 심지어 4년을 보낼 때 당해야 했던 괴혈병과 굶주림, 동상, 내부 불화, 정신 이상을 거의 겪지 않았다. 그는 여행하는 지역의 원주민 이야기에 귀를 기울였고, 그들의 증언과 이야기를 진지하게 받아들였다는 점도 평범하지 않았다. 당시 레이의 임무는 주로 자신의 고용주를 대신해서 조사하고 지도를 작성하는 것이었지만, 그 무렵 북극을 여행했을 다른 유럽인들처럼 그도 불운하고 설명하기 힘든 프랭클린 탐험대에 대한 흔적을 찾으려 노력하였다. 사실, 레이디 프랭클린은 탐험가로서의 레이의 능력을 특별히 신뢰하였다. 그녀는 그의 능력이 실종된 사람들의 흔적을 찾는 데 도움이 될 것이라고 믿었다. 북극에서 아무런 소득 없이 8년간 해양조사를 마친 후, 레이는 육로로 이동하면서 프랭클린의 끔찍한 운명의 증거를 발견하였다. 그는 직설적인 스코틀랜드인 방식으로 소식을 세상에 알렸고, 성자 같은 프랭클린과 그의 영웅적인 탐험대의 순교에 대하여 세상이 경악하였다. 그러나 이누이트의 증언에 따르면, 생존자들은 식인을 포함해서 살아남기 위해 절망적인 수단을 사용한 것이 분명했다.

그 소식은 영국 해군성에게 불명예스러웠다. 레이디 프랭클린은 엄청난 충격을 받았다. 그녀는 레이가 런던에서 찾아왔을 때 아주 냉대했다. "그 탐험가가 그녀를 찾았을 때 … 제인(레이디 프랭클린)은 면전에 대고 '에스키모 야만인들'의 말을 받아들이지 말았어야 한다고 했다. … 레이는 자신의 견해를 접지 않았다. 그는 에스키모의 말을 듣고 그 사실을 인정했다고 고집하였다."[26] 탐험가로서 레이의 명성은 파괴되었고, 오늘날까지 그의 이름은 파멸과 파괴의 이야기로 연상된다. 그러나 엠클린톡과 다른 수색자들의 발견에서도 이누이트에게서 레이가 들은 사실이 대부분 확인되었다. 그의 명성은 사후에 회복 중이다.

유럽인들이 자신들이 몰랐던 것을 서서히 지도로 작성하면서 북극을 돌아다니고 있는 동안 이누이트와 유럽인 사이의 만남이 양측 모두에게 오해와 불안을 가져왔다. 당시는 레이디 프랭클린의 태도처럼 "원주민들"은 신뢰할 수 없는 야만인이라는 것이 일반적이었다. 존 레이의 폭로가 세상에 알려진 후, 영국 (신문, 방송의) 많은 해설자, 특히 자신의 주간지인 「하우스홀드 워드*Household Words*」에 칭송 일색으로 탐험가에 대한 2부작 전기를 출판한 찰스 디킨스(Charles Dickens)가 격노하였다. 그는 자신의 기사에서 사실상 "에스키모"가 프랭클린의 부하들을 살해했다고 비난했다. "마침내 어떤 이유이든 프랭클린의 나머지 용감한 슬픈 희생자들이 에스키모에게 습격당하고 살해당하지 않았다고 누구도 단언할 수 없다. … 모든 야만인은 탐욕스럽고, 신뢰할 수 없고, 잔인하다고 믿는다. 그리고 우리는 백인들이 – 길을 잃고, 집도 없고, 배도 없는; 분명히 자신의 종족으로부터 잊혀진; 분명히 기근에 찌들고 약하고 얼어붙고 무력한, 그리고 죽어가는 – 에스키모의 본성에 대하여 어떻게 알고 있었는지 알지 못한다."[27] 레이가 답(이것도 디킨스가 하우스홀드 워드에서 출판함)을 써서 이누이트는 죄가 없다는 것을 밝혀 주었고, 자신과 다른 경험 있는 유럽인들, 특히 허드슨베이사와 모라비아 교회 선교사, 그린란드의 덴마크인 거주자들이 이누이트에게 보였던 깊은 존경을 입증했다.[28]

디킨스는 당시 북극의 이미지와 주제에 어느 정도 사로잡혀 있었고, 1856년 연극 「더 프로즌 딥*The Frozen Deep*」을 쓰고 제작하여 센세이션을 일으킨 작가 윌키 콜린스(Wilkie Collins)를 지원하고 있었다. 이것은 태비스톡 스퀘어Tavistock Square에 있는 디킨스의 집에서 시연되었고, 디킨스와 콜린스, 디킨스 가족들이 여러 가지 역할로 참여하였다. 그 연극(그 후 같은 이름의 윌키 콜린스의 소설)은 분명히 실종된 프랭클린 탐험대에 근거를 두고 있다. 연극은 영국과 미국에서 어느 정도 성공을 거두면서 계속 공연되었다. 모든 프랭클린 영웅전설에 디킨스가 이상하게 관여한 것은 성인으로 추앙받는 프랭클린과 그의 순교자 집단의 실종이 유럽과 미국에서 얼마나 많은 관심을 끌었는지 보여 준다. 식인에 대한 레이의 이야기는 레이디 프랭클린과 영국 대중들에게는 정말로 받아들여질 수 없었다. 더 많은 파견대가 북극으로 가서 그 탐험대의 마지막 슬픈 유물을 발견하고서야 이누이트에게 들은 레이의 이야기가 옳다고 입증되었다. 오늘날까지 식인 문제는 논란으로 남아 있고, 많은 역사가가 사실상 프랭클린이 북서항로를 발견했다고 주장한다. 최근에야 역사학자 켄 맥구간(Ken McGoogan)과 다른 사람들의 노력으로 레이의 명성이 회복되었다. 맥구간의 저서 「치명적인 항로*The Fatal Passage*」는 존 워커(John Walker)의 다큐멘터리 수상작 「항로*Passage*」[29]와 함께 레이가 죄가 없음을 밝혀주었고, 디킨스와 다른 사람들이 전파한 매우 비판적인 이야기에 대해 이누이트에게 보상하는 데 큰 도움이 되었다.

킹윌리엄섬에 있는 교아해븐의 이누이트는 조상에게 들은 탐험대의 마지막 고군분투에 대한 이야기를 여전히 기억하고 있다. 당시 테러만Terror Bay 남쪽에 있는 킹윌리엄섬 서쪽에 네다섯 개의 이글루에서 네다섯 가족이 살고 있었다. 남자들은 바다표범 사냥을 나갔고, 여자와 아이들, 그리고 젊은 남자들을 따라가기에 너무 늙은 노인은 야영지에 남아 있었다. 그때 여남은 명의 백인이 야영지로 다가왔다. …

야영지에 백인들이 나타났을 때, 모든 이누이트가 하나의 이글루에 있었다. 밖에서 사람들 소리가 들리기 시작하자 여자 중 한 명이 말했다. "사냥꾼들이 왔어요 - 벌써 돌아왔네요." 그들은 사냥꾼들이 그렇게 빨리 돌아올 것으로 기대하지 않고 있다. 한 여자가 마중하러 나갔다. 그녀는 곧바로 돌아와 매우 불안해하면서 말했다. "이누이트가 아니에요. 인간이 아니에요." 모든 사람이 너무나도 겁을 먹었고, 아무도 밖으로 나가려 하지 않았다. 한 노인이 이글루 밖에서 무슨 소리를 듣고 알아보려고 밖으로 나갔다. 밖에 있는 것을 보고, 혼자 중얼거렸다. "이런, 나는 이런 것을 본 적이 없어!"

그가 주술사를 본 적이 있지만, 주술사도 아니었다. 혼자 중얼거렸다. "나는 평생 악마나 영혼을 본 적이 없어! 이것들은 인간이 아니야! 그들이 인간이 아니면 내가 볼 수 없을 거야! 나는 평생 어떤 영혼도 본 적 없어 - 영혼이 내는 소리는 들어봤지만, 내 눈으로 본 적이 없어. 이것들은 영혼도 아니야!"

그러고 나서 노인은 한 명을 만지려고, 차가운지 따뜻한지 알아보려고 거듭 살펴보았다. 손으로 볼을 만져보았다. 시원하지만 고기처럼 차갑지 않았다! 그들도 생명체였지만 이누이트는 아니었다. 생명체이지만 어떤 생명체인지 알 수 없었다. …

생명체들은 방향 감각을 잃은 것처럼 보였다 - 이누이트에게는 별 관심이 없이, 이글루에 더 관심이 있었고 그것을 만지고 있었다. 이누이트는 그들을 안으로 초대했고, 여자들은 마실 물과 이미 요리되어 있던 바다표범 고기를 내었다. 그들은 물을 마셨다. 그러나 바다표범 고기를 한 입 물어뜯고 그들 중 몇 명만 삼켰다. 몇 명은 삼키지 않고, 뱉어 버렸다. 이누이트는 그들에게 수프를 주었다. 몇 명은 조금 마셨고 나머지는 전혀 마시지 않았다.

… (사냥꾼들이 돌아오고, 이방인들을 죽일 것인지 아니면 떠날 것인지 논

의한 후에) 이누이트들은 모든 소지품을 가지고 남서쪽을 향해 출발했다. 그들은 다시 그런 칼루나트를 보지 못했다. 그들이 서둘렀기에 소지품 일부를 챙기지 못했다. 그해 늦은 겨울, 두세 명이 두고 온 소지품을 챙기러 옛 야영지로 돌아갔다. 그 이글루에 4구의 시신이 있었다. 원래 9~10명이 있었다. 바다표범은 전혀 손도 대지 않았다. 그러나 남자들 두 명의 일부가 먹혀 있었다. 나머지 두 명이 마지막 생존자였음이 틀림없다.[30]

이누이트 방식

아문센과 (일부 그린란드 이누이트였던) 크누드 라스무센, 빌흐잘무르 스테판손(Vilhjalmur Stefansson) 그리고 다른 탐험가가 있었던 20세기에 이르러서야 유럽인들이 이누이트의 지식과 문화가 북극의 기후에 적응하는 데 유일한 성공적 방법이라는 것을 깨달았다. 뛰어난 북극 탐험가였던 노르웨이인 아문센이 1903년과 1906년 사이에 북서항로를 따라 동에서 서로 항해함으로써 북극에 대한 유럽인의 위대한 꿈이 이루어졌다. 그는 레이가 반세기 전에 했던 것처럼, 좀 더 이누이트의 이동 방법과 같은 접근방법을 택했기 때문에 성공한 측면이 있다. 게다가 기온상승으로 여름철에 어느 정도 얼음이 줄어든 기후도 도움을 주었다. 북극은 여전히 춥고 항로는 대부분 연중 얼어붙어 있지만(아문센이 보퍼트해로 가는 도중에 본토와 빅토리아섬 사이에 있는 좁은 항로를 통해 서쪽으로 계속 나아가기 전에 킹윌리엄섬에서 9개월을 보냈다), 이미 바다 여행이 더 쉬워져 있었다. 아문센이 이누이트에게 배운, 개를 사용하고 카리부 옷을 입는 것에 대한 교훈은 5년 뒤에 남극에 성공적으로 도착했을 때도 유용하였다.

캐나다 기마경찰대의 배 세인트로시호*St. Roch*가 2년에 걸쳐 북서항로를 항해했다. 1940년 6월 21일 밴쿠버를 떠나 1942년 10월 11일 핼리팩스에 도착했다. 대부분 시간을 얼음에 갇혀 보냈지만, 그 항로를 서에서 동으로 이동한 최초의 비이누이트 배였다. 그러나 1944년에는 같은 배로 86일 만에 더 북쪽에 있는 경로를 따라 동에서 서로의 항해에 성공하였다. 이 또한 길어진 항해기간과 줄어든 얼음 덕분이었다. 2000년 세인트로시II호*St. Roch II*가 첫 번째 세인트로시호의 동-서 항해를 반복했으며, 100일 정도 기간에 밴쿠버에서 핼리팩스로의 항해를 성공적으로 마쳤다. 이것 또한 개선된 기술과 줄어든 얼음, 그리고 현저하게 길어진 항해기간 덕분이었다. 소빙기가 절정이던 16세기에는 마르틴 프로비셔가 8월 말 이후 프로비셔만에 남아 있을 수 없었던 반면, 21세기에는 배핀섬 남부 주위 바다가 10월 말까지 규칙적으로 열린다.

이누이트에게 유럽인들의 이동 방법은 어리석어 보였음이 틀림없다. 유럽의 배는 일반적으로 너무 크고 너무 많은 사람을 태웠다. 그들은 종종 순조롭지 않은 바람을 잡으려고 돛을 사용하거나 석탄을 구하기 어려운 지역에서 석탄 연료 엔진을 사용했다. 해로로 이동이 불가능한 긴 겨울에 선체가 얼음의 압박을 견뎌낼 수 없다. 선원들의 무거운 모직 옷도 추위에 적합하지 않았고 여자도 없었다. 가죽과 모피를 사용하여 따뜻한 방수 옷을 바느질하고 만들 수 있는 여자의 능력은 바다표범, 카리부, 바다코끼리, 고래, 곰 그리고 다른 사냥감들을 사냥할 수 있는 남자의 능력만큼이나 중요하다. 전통적으로 남자들은 겨울 은신처로 사용할 집을 지었고, 여자들은 석등으로 집을 밝고 따뜻하게 유지하였다. 자신의 아내와 (또는 아내들과) 다른 여성 가족 구성 없이 긴 여행을, 특히 미지의 지역으로 가려고 진지하게 고려하는 이누크 남자는 없을 것이다. 지식이 풍부한 원로와 주술사도 필요한 지혜와 예지력을 주었고, 아이들은 오랜 시간의 장거리 이동과 생존에 필요한 기술을 배우기 위해 함께 갔을 것이다.

유럽인들, 특히 영국 사람들은 이런 관행의 가치를 너무 늦게 깨달았다. 그들은 "전통음식"을 아주 꺼렸다. 영국 해군은 신선한 채소, 특히 라임과 레몬 주스가 긴 항해에서 괴혈병을 막기 위해 필요하다는 것을 배웠었다. 그러나 종종 보급품이 고갈되거나 효능을 잃곤 했다. 20세기에 이르러서야 비타민 C가 괴혈병의 원인이라는 사실이 알려졌다. 이누이트 식사에는 과일이나 야채가 거의 없는데, 이누이트가 어떻게 비타민의 결핍을 피할 수 있었을까? 날고기, 특히 바다표범은 비타민 C가 풍부하다. 종종 불충분하거나 심지어 위험한 보존 식품을 가져가고 땅에서 생존하는 것을 거부한 영국 탐험가들의 고집은 많은 사람의 죽음을 의미했다. 영국인들은 육로를 이동하기 위해 고집스럽게 사람들이 끄는 썰매를 사용하였다. 장병들이 노새처럼 썰매를 묶고, 이미 어려운 상황 속에서 엄청난 짐을 끌고 먼 길을 가야 했다. 그들이 이것 때문에 죽은 것이 아니더라도, 최소한 그들의 힘을 약화시켰고, 괴혈병의 증상을 악화시켰다. 물론 장교들은 그런 힘든 노동을 하지 않았을 것이다. 이누이트는 여름에는 가벼운 가죽부츠를 신고, 겨울에는 개 썰매로 이동하는 데 오랫동안 적응해 왔다. 개 무리가 먼 거리를 비교적 빠르고 쉽게 이동할 수 있게 했다. 개들은 사냥에도 도움이 되었다. 이누이트는 개와 썰매를 사용하여 겨울과 봄에 이동하는 동안 바다로 해안 노선을 이용하거나 북극해 제도를 가로지르는 해협을 건널 수 있었다. 겨울철에 얼음으로 덮여 있는 바다는 이누이트에게 사실 땅의 연장이다. 그런 노선을 해양으로 보는 영국 해군의 주장은 국제법에서 주권과 관련하여 여전히 어려운 문제이다. 이누이트의 관점에서 보면, 땅과 바다는 동일한 법으로 다스려지는 하나의 독립체이다. 여전히 국제법을 지배하고 있는 유럽인의 관점에서 보면, 땅과 바다는 완전히 다른 법적 제도로 지배되는 기본적으로 다른 독립체이다(다섯 번째 장 참조).

유럽인들이 북극 전역을 더듬어 가면서 실종된 프랭클린 탐험대를 찾던 시기에 한 위대한 이누크 주술사이면서 탐험가인 사람도 배핀섬 남부에서 북쪽

3.4 비치섬의 프랭클린 탐험대가 남긴 빈 깡통으로 만든 십자가의 유적(후에 사라짐)

으로 수천km 떨어져 있는 그린란드의 이누이트 땅으로 여행하고 있었다. 역사의 엄청난 아이러니 하나는 이 이누이트 탐험가가 도중에 영국 탐험가 몇 명을 만났다는 것이다. 그러나 그는 일반적인 탐험의 역사에서 기억되지 않고 있는 반면, 프랭클린과 같은 유럽인들은 기억되고 있다. 누가 북극의 진짜 주인인지를 결정하는 데 있어서 키트들라수아크(Qitdlarssuaq)의 여행은 존 프랭클린 경, 윌리엄 에드워드 패리, 그리고 존 레이 박사의 이야기만큼 진지하게 받아들여져야 한다. 위대한 이누이트 탐험의 전통이 수백 년, 그리고 심지어는 수천 년 전 시베리아와 알래스카에서 북극을 횡단하여 이주한 것만큼 오래되었다. 이 고대 역사의 초기에 또 한 명의 영웅인 신비한 주술사 키비우크도 북부를 횡단해서 남으로 칼루나트 땅까지 갔다. 아마도 그가 거기에 도착했을 때 우리를 발견했을 것이다.

제4장.. 이누이트의 오디세이

참된 지혜는 인간의 주거지에서 멀리 떨어진, 심오한 고독 속에서 찾을 수 있다.

그리고 그것은 고통을 통해서만 얻을 수 있다. 고통과 궁핍은 동료들이 보지 못하는 것에 인간의 마음을 열 수 있는 유일한 것들이다.

패들러미우트Padlermiut(카리부 이누이트)

이그유가류크(Igjugarjuk)[1]

키비우크

19세기에 유럽 여행객들이 북극으로 돌아왔을 때, 종종 이상한 질문을 받았다. "'위대한 키비우크(Kiviuq)를 본 적이 있나요?' '여행하는 동안 그를 만난 적이 있나요?' … '키비우크가 누구인지', '그리고 왜 그에 대해서 나에게 묻고 있지?'라고 궁금했다. 그들은 이 전설적인 이누이트 영웅이 계속 이동하면서 살다가 남쪽의 백인 사이로 망명했다는 얘기를 들었다."[2]

키비우크 이야기는 북극 전역에 널리 알려진 이누이트 주술사이면서 영웅인 한 사람에 대한 서사시이다. 이 이야기는 다양한 버전이 있다. 크누드 라스무센은 20세기 초에 북부를 횡단하면서 만난 원로들에게 들은 대로 이야기의 일부를 기록하였다.[3] 키라 반 듀센(Kira Van Deusen)은 2004년에 영화제작자 존 휴스턴과 함께 누나부트에 가서 라스무센보다 80년 뒤에 살고 있던 원로들에게 그 이야기의 다양한 버전을 들었다. 가장 최근에 개작된 이야기를 토대로 반 듀센이 「키비우크: 한 이누이트 영웅과 시베이라 사촌들*Kiviuq: An Inuit Hero and His Siberian Cousins*」을 저술했고, 휴스턴은 영화 「키비우크*Kiviuq*」를 제작했으며, 자세하게 설명하는 웹사이트도 생겨났다.[4] 존 휴스턴은 이 이야기를 호머의 「오디세이」와 맞먹는 이누이트의 오디세이라고 묘사했다.[5] 키비우크의 이야기에 대해 반 듀센이 지적하는 특징 한 가지는 이누이트가 말한 이야기와 시베리아 원주민 부족들이 말하는 이야기 사이의 유사성이다.[6]

북극의 다른 버전에서 그 서사시의 사건들이 항상 같은 순서로 이야기되는 것은 아니다. 고아가 되는 바다표범 아이가 있다. 키비우크가 그 아이에게 친절을 베풀어 죽음을 면한다. 도요새를 자신의 보조 영신으로 두고 있는 키비우크는 루카시에 누타라루크(Lucassie Nutaraaluk)가 이야기하듯 긴 여행을 시작한다.

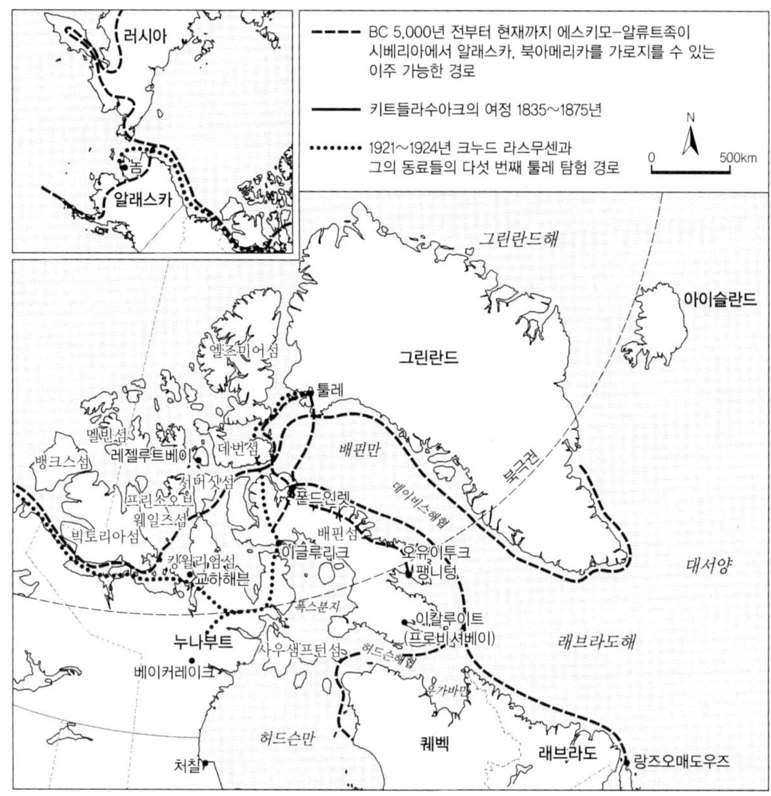

4.1 과거 7,000년 이상에 걸친 북극에서의 에스키모-알류트와 이누이트의 탐험

키비우크는 고아가 아니었다. 그는 카약을 타고 여러 장소를 이동하면서 다양한 존재를 만났다. 그는 인간이 된 벌레에 의존하면서 외롭게 살고 있던 모녀를 만났다. 그들이 나무 조각 하나를 발견하자 그것이 딸의 남편이 되었다. 그녀는 나무 조각 하나를 남편으로 갖게 되었다. 키비우크도 잠시 그 딸의 남편이 되었다. 나무 조각인 또 다른 남편은 질투심이 많았다. 모녀가 그들을 위해 나무 조각이 사냥을 가게 하려고 물에 띄웠다. 하루는 키비우크가 사냥을 나갔을 때, 엄마는 인간을 남편으로 둔 자신의 딸이 부러워서 딸을 죽이고 딸의 얼굴을 뒤집어썼다. 그녀는 자기 딸에게 머리의 이를 잡을 수 있도록 자기 무릎에 머리를 기대라 하고 딸을 죽였다. 그녀는 빨래집게*pauktuut*로 귀를

세 번 찔렀다. 키비우크는 돌아와서 그녀가 한 짓을 알고 카약을 타고 떠났다.[7]

그 이야기의 일부 버전에서 이상한 남편은 음경이다. 키비우크는 이동하다가 붕녀와 죽은 사람들의 두개골로 둘러싸여 있는 악령도 만난다. 그가 도망치지만 붕녀가 그에게 울루*ulu*(여자들이 쓰는 칼; 칼 날이 부채모양이며 작은 손잡이가 있어서 사냥감을 해체하는 데 적합하다-역자 주)를 던진다. 그것이 물의 표면을 스쳐 날아가고, 물이 처음으로 녹는다. 그의 모험이 계속되고, 그 기간에 동물들이 인간이 되고, 다른 동물들은 신비한 상황에서 그의 아내들이 된다. 그가 질투심으로 두 명의 아내를 죽이지만, 가장 좋아하는 아내는 아름다운 여우로 되돌아온다. 시기심 많은 한 울버린이 기분을 상하게 하여 그녀는 떠난다. 키비우크는 그녀를 따라가서 그녀의 가족인 다른 동물들을 만난다.

대부분 이야기가 매우 성적이거나 지저분하다. 항상 주제는 인간에서 동물이 되고 다시 인간이 된다는 것이다. 키비우크도 (시베리아, 알래스카, 캐나다 서부 토종인) 회색곰을 만나고 마침내 자기의 거위 아내를 만난다. 그녀는 여러 자녀를 낳고 키비우크의 어머니를 제외한 모두가 행복하다. 거위 아내는 이들과 함께 날아가 버린다. 키비우크는 자기 어머니가 아내의 마음을 상하게 했다고 생각하고 아내를 찾으러 남쪽으로 향한다. 이글루리가아류크 Igluligaarjuk(체스터필드인렛)의 테레사 키말리아듀크(Theresa Kimmaliadjuk)가 이야기의 또 다른 버전을 들려준다.

키비우크는 가족이 그리워서 걸어서 남쪽으로 출발했어요. 그는 입이 뒤로 쭉 찢어진 남자를 발견했어요. 그는 그 구멍을 통해 육지의 반대쪽까지 볼 수 있었죠.

남자는 몸을 구부리고 단단하고 부드러운 나무 조각들을 쪼아서 호수에 던졌어요. 그는 한 조각을 쪼아내서 그것으로 자기 음낭을 문지르고, 그것에 색을 칠하고, 물로 던졌어요. 물속에 들어가자 그것은 송어로 변했고, 단단한 나무 조각들은 숯으로 변했어요.

키비우크가 남자에게 조심스럽게 다가갔어요. 놀란 표정으로 남자가 물었어요. "어느 쪽에서 왔어요?" "당신 방향에서요."

"어느 방향에서 왔다고요?" 그가 재차 물었어요.

"당신 방향에서요."

잠시 이런 상황이 지속되었고, 마침내 남자가 부드러워졌고, 키비우크는 자기가 큰물을 넘어 날아가 버린 가족들에게 가고 싶다고 설명했어요.

남자는 키비우크가 물속에 있는 섬이라고 생각되는 것에게 눈짓을 했어요.

그것이 그들을 향해 움직이기 시작했는데, 큰 물고기였어요. 그 남자는 물고기에게 키비우크가 가족에게 가려 한다고 말했고, 키비우크에게 물고기가 낮은 물을 보면 신경질적으로 홱 움직일 것이니, 그때 해변으로 뛰어내려야 한다고 알려주었어요.

키비우크는 물고기 위에 앉았고 곧 땅에 있는 여러 새 사이에서 자기 아이들을 발견했어요. 아버지를 보자마자 아이들은 울음을 터트렸어요. "아빠가 오셨다." 엄마는 믿을 수 없다는 듯이 대답했어요. "애들아 아빠는 땅 반대쪽에 계셔. 아빠가 오시는 것은 불가능해."

아이들은 기쁘게 대답했어요. "아빠가 여기 오셨어요!"

그 거위는 흑기러기와 재혼했고, 키비우크가 그들의 텐트에 들어갔을 때 "내가 연장 가방을 잊어버렸어!"라고 말하면서 달아났어요. 연장 가방은 그의 용기였어요! 그 후 나는 키비우크가 그곳에서 돌아왔다고 들은 적이 없어요.

나는 그가 그 땅에서 돌아왔다고 들은 바 없어요. 키비우크는 거기에서 늙었고 그의 병아리들은 나이가 많이 들어 돌로 변했다고 들었어요.[8]

그 이야기의 다른 버전에서는 거위 아내가 자신을 인간으로 되돌려줄 노래를 잊어버렸다. 그녀는 봄에 거위의 본성대로 아이들과 함께 북쪽으로 날아갔고, 키비우크는 남아 있었다.

키비우크의 여정은 보통 처음부터 끝까지 하나의 신화로 이야기되지 않는다. 그것은 이전의 구전에서 기록으로 변형되기 전의 오디세이와 같다. 키비우크의 이야기는 사람들, 동물들, 그리고 그가 인간이면서 주술사*angakkuq*인 영혼들과의 만남으로 묘사된다. 그런 이야기에는 강력한 도덕적 요소가 있다. 키말리아듀크가 이런 이야기에 대해 다음과 같이 설명하였다. "이 이야기에는 유익한 점이 많아요. 우리 부모님들은 우리에게 듣기 좋은 것을 말씀해 주시고 아이들이 나쁜 것을 듣지 않도록 하죠. 심지어 그런 대화를 할 때는 아이들을 밖으로 내보내기도 했어요. 아이들은 키비우크 이야기를 전부 들었어요. 그 이유는 우리가 인생에서 좋은 것과 나쁜 것을 만나게 되고, 그 이야기에는 모든 것이 포함되어 있기 때문이에요. 어떤 다른 이야기들이 기록되고 다시 더 재미있게 만들어져야 할까요? 그들 모두예요!"[9] 키비우크는 영생하며 다시 돌아올 때까지 잠을 자거나 사라지는 것으로 알려져 있다. 그러나 이야기의 현대 버전에서는 이런 점이 바뀐 것 같다. 현대의 어느 원로도 북쪽으로 키비우크가 돌아오기를 기다리지 않는다. "대부분 그가 살아 있다는 것에 동의하지만, 그가 어디에 있는지 확신하지 못해요. 그들은 그가 죽으면 숨 쉴 공기가 더 이상 없게 되고 지구에서 생명이 끝나게 될 것이라고 말해요. 그러나 그때까지 그는 계속 이야기 속에 살아 있게 되죠."[10]

여기에 시베리아에서 알래스카로, 그러고 나서 동쪽으로 그린란드까지 그리고 아마도 허드슨만의 서쪽에 있는 배런그라운즈까지 남쪽으로 간 이누이트의 위대한 이주의 반향이 있는가? 반 듀센과 휴스턴은 그 이야기를 현대의 누나부트에 맞추려 하였고, 가장 강력한 버전은 이글루리크 서쪽 넷실리크Netsilik 지역에 있지만, 다른 곳에서 다른 버전이 만들어지거나 이야기하는 사람의 위치에 따라 다른 순서나 방법으로 이야기된다고 생각했다. 키비우크가 자신의 민족을 이끌고 북극을 횡단한 위대한 이누이트 영웅이면서 주술사인가? 아니면 오히려 고대 지구를 여행하다가 남쪽 멀리 있는 칼루나트 땅으로 사라지기 전에 거의 알아볼 수 없을 정도로 변한 세상으로, 결국에는 집으로 돌아갔던 이누이트의 오디세이일까? 옛날의 신과 악마가 그러하듯, 믿을 수 있는 (하나 이상의) 페넬로페Penelope와 아름답지만 믿을 수 없는 위험한 여자들 세이레네스Sirens가 여기 있다.

이누이트의 영웅적 행위의 요소는 무엇일까? 북극의 영웅들은 다른 문화권의 영웅과 다른가? 키비우크의 이야기에서 우리는 고아에 대한 친절, 동물에 대한 올바른 행동, 용기, 인내, 감정 조절, 처음부터 제대로 조치를 취하는 것, 곤경에서 벗어나는 것, 현명한 책략, 창의성, 사냥 기술, 도움을 주고받으려는 의지, 그리고 이누이트 생활 규칙을 엄격하게 지키는 것을 보게 된다. 이 요소 대부분 이야기의 여러 부분에서 교훈으로 나오며, 사실상 무엇보다도 중요한 교훈이 그 이야기를 형성한다. 대부분 원로가 고아들에 대한 친절을 전체 이야기에서 가장 중요한 교훈으로 생각하는 것을 고려할 때 오늘날 바다표범 아이의 이야기가 최우선시되는 것은 우연이 아니다. 그러나 그 영웅은 19세기에 그린란드에서 집을 떠나 폭풍을 뚫고 노를 저어 갔고, 자기 아내와 연인을 살해하기 전에 많은 장애물을 이겨냈다. 그는 늑대 여인들의 집에 도착해서 말했다. "나는 질투심 때문에 집을 떠났다." … 다른 한편, 바다 건너 시베리아 추코트카Chukotka에서는 여우 아내 이야기의 교훈에서 그 여우가 도움이 되었지만, 그 사람들은 그것을 인지하지 못했다는 사실이 들어 있다.[11]

시베리아에서부터 그린란드까지 키비우크의 이야기와 유사한 이야기를 들을 수 있다. 원로들이 말하는 이야기를 듣고, 그 영웅의 많은 모험에서 배운 것의 의미에 대해 생각하면서, 반 듀센의 통역사인 필립 파니아크(Philip

Paniaq)가 계속 말했다. "북극에는 두 번째 기회라는 것이 없어요."[12] 힘든 세상에서는 처음에 "제대로 된 조치를 하려고" 노력하는 것이 중요해요. 이것은 자신의 감정을 조절하고, 경계를 게을리하지 않고, 그리고 규칙*malagait*을 따르는 것을 의미해요. 랭킨인렛 출신으로 고인이 된 마리아노 오필라류크(Mariano Aupilaarjuk)가 다음과 같이 말했다고 전해진다. "그 이야기는 나에게 살아 있었고 여전히 살아 있다. 그것은 이누이트가 생존할 수 있게 도움을 준다. 모든 이누이트는 그 이야기가 사실이며, 삶에 유용하다고 생각한다. 우리가 항상 행복하게만 자란다면, 우리는 배우지 못할 것이다. 인생에는 좋은 것과 나쁜 것이 있다. 생존하기 위해서 어려운 시기에도 최선을 다해야 하고, 성숙해지고, 강해지고, 존경을 받아야 한다. 우리는 어렸을 때 잘 사는 법을 배웠고, 비록 우리가 좋아하는 것이 아니더라도 따르는 법을 배웠다."[13]

이누이트의 전통지식

아키트시라크 원로인 루시앙 우칼리안누크는 수업시간에 이누이트의 전통법에 대해서 전통지식Inuit Qaujimajatuqangit과 비슷한 것을 가르치곤 했다. 이누이트의 규칙은 개인의 삶보다 공동체의 삶을 강조한다. 이누이트 원로가 자신의 사람들을 효과적으로 보호할 수 있다면 훌륭한 사냥꾼이나 주술사로 존경받았을 것이다. 그가 냉혹하거나 심지어 두려움의 대상이 될 수 있지만, 그의 지도력으로 따르는 사람들을 보호한다면 존경받을 것이다. 이누이트의 전통지식은 이누이트 공동체의 삶에서 친절, 다른 사람들에 대한 배려, 도움이 되는 것, 겸손, 협력, 그리고 감정의 성숙을 표현한다. 이누크티투로 "환경" 또는 "야외"라는 단어는 실라sila인데 이 단어는 "지능"이라는 의미이기도 하다. 땅, 마음, 바다, 그리고 영혼은 항상 긴밀하게 연결되어 있다.

이누이트는 장거리를 이동하던 위대한 여행자들이었고 지금도 그러하며, 그들의 이야기는 광대한 지역에 걸쳐 수 세기 동안 반향을 불러일으킨다. 북극에서 살기 위한 유럽인들의 첫 시도(그린란드의 노르웨이 사람들의 시도)가 비참한 실패로 끝났지만, 이누이트는 살아남았고 번영했다. 키비우크의 이야기는 위대한 노르웨이 신화와 영웅 전설도 모방하고 있다 – 서기 1000년경에 그린란드 공동체를 설립한 에릭 더 레드는 말썽꾼이었고 살인자였지만, 미지의 영역으로 자신의 사람들과 함께 이동한 위대한 지도자이기도 하였다. 북극의 역사에서 잘 기록되어 있는 좀 더 최근의 한 이야기 – 키트들라수아크의 여행 – 에서 이런 주제를 다시 볼 수 있다. 제이피티 아르나카크(Jaypeetee Arnakak)에 따르면,

> 이 모든 것의 놀라운 특징은 이런 이야기들이 현지와 주요 지형지물에 적용할 수 있다는 것이다. 이것이 바로 이누이트의 전통지식이다. 현지의 지형이 이런 이야기에 요약되고 표현된다. … 하지만 요점은 현지와 주요 지형지물에 대한 이야기의 연상적 가치이다. 안정되고 성숙한 문명만이 (이누이트 문화는 약 5,000년 됨) 문서나 지도의 도움 없이 이와 같은 것을 해낼 수 있는 절묘함과 정교함을 가지게 될 것이다.
>
> 이런 점에서 이누이트가 특별하다. 산업혁명 이전의 인류 문화는 대부분 이런 종류의 이야기를 가지고 있었다. 주요 종교의 신성한 경전, 노르웨이 영웅 전설, 그리고 오스트레일리아 원주민의 꿈의 시대가 좋은 예이다.[14]

이누이트는 북극에서 생존할 수 있는 노하우를 갖고 있었을 뿐만 아니라, 북극에서 필요로 하는 육체적, 정신적, 감정적 그리고 영적으로 필요한 사항들을 인식하는 세대를 이어 전해지는 법의 문화적 전통을 가지고 있었고, 지금도 여전히 가지고 있다. 유럽인들은 단지 이 고대의 지식을 가지고 있지 않을 뿐만 아니라, (최근까지도) 이런 고대 지식을 가지고 있는 사람을 묵살하거

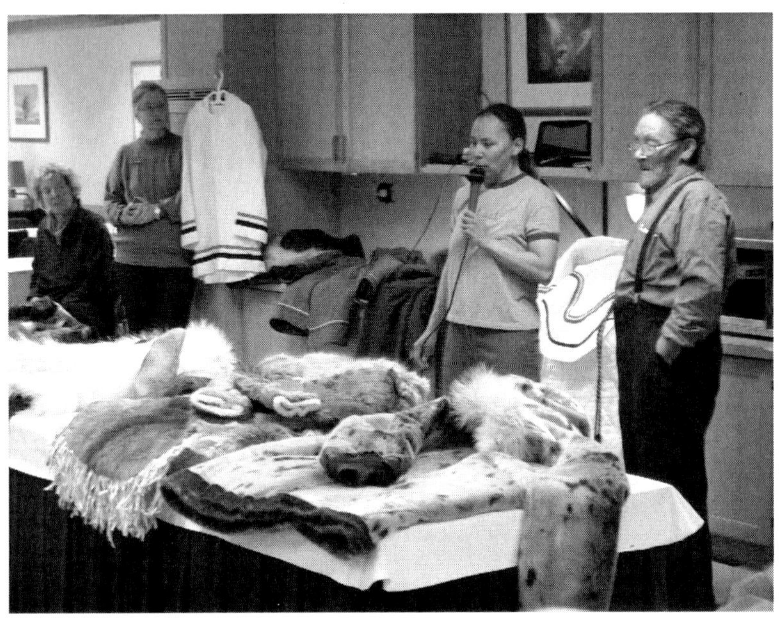

4.2 어드벤처 캐나다를 위해 아카데믹 로페호 선상에서 이누이트의 옷을 설명하고 있는 미카 마이크와 그녀의 아버지 제임스 마이크

나 폄하하려는 경향이 있다. 특히 영국인들은 북서항로를 해양 노선으로 취급해야 한다는 그릇된 생각으로 매우 위험한 고집을 부렸다. 연중 대부분 북극해 제도 전역에 얼음이 널리 퍼져 있다는 것은 다른 곳의 항로나 해양 노선과 물리적 현실이 근본적으로 다르다는 것을 의미한다. 이누이트는 항상 이것을 인지해 왔고, 연중 대부분 기간에 땅과 비슷하게 단단한 바다 표면 위를 여행하는 방법을 알아 왔다.

이누이트의 구전 역사뿐만 아니라 유럽인이 발견한 고고학적 기록은 이누이트 조상이 약 800년 전에 키비우크와 함께 북극 동부로 이주했다는 것을 시사해 준다. 그들은 그 이전에 알래스카와 시베리아에서 7,000년 이상을 살았으며, 그 지역에 여전히 많은 이누이트가 살고 있다. 이것은 필연적으로 개인과 가족 집단이 유럽인보다 오래전에 하나의 북서항로나 여러 항로로 횡단했다는 것을 보여 준다. 대개 우리는 이런 이동을 이누이트 개개인들 자신이 탐험가였던 실제 사건에 초점을 맞추지 않고 선사시대의 포괄적인 것으로 여긴다. 그러나 이누이트의 구전 역사와 유럽 탐험가의 기록에는 북극에 있었던 장기적인 이주 사례들이 나온다.

현대의 여정: 키트들라수아크

현대의 북극 탐험 중 가장 유명한 것은 19세기 중반에 "위대한 킬라크Qillaq"인 킬라크 또는 키트들라수아크(Qitdlarssuaq)라는 이름을 가진 강력한 지도자가 이끌었던 팀이 배핀섬의 쿰버랜드 해협Cumberland Sound에서 그린란드 북서쪽까지의 여정일 것이다. 탐험대 구성원 중 2명인 메쿠사크(Meqqusaaq)와 판키파크(Pankippak)가 이 여정에 대해 직접 체험한 것을 설명한 것과 키트들라수아크 처남의 손녀인 이투사르수아크(Itussaarssuaq)의 가족서사가 크누드 라스무센과 그린란드의 역사가 이누터수아크 울로리아크(Inuutersuaq Ulloriaq)(Kenn Harper와 Navarana Harper가 번역함)를 포함하여 여러 탐험가와 역사가들에 의해서 기록되었다.[15] 1980년에 폰드인렛에서 가이 메리-루셀리에(Guy Mary-Rousselière) 신부가 또 하나의 소중한 설명을 남겼다.[16] 구전 역사와 쓰여진 서사들이 이 이누크 탐험가에 대한 역사적 설명으로 잘 받아들이고 있다.

키트들라수아크는 미래를 예측하고 자기의 모습을 북극곰이나 다른 동물의 모습으로 바꿀 수 있는 위대한 주술사였던 것으로 평판이 나 있었다. 그는 원래 쿰버랜드 해협과 오늘날 브로튼섬의 키키크타류아크*Qikiqtarjuaq* 근처에 있는 배핀섬 남동부의 이누크인 우쿠미우타크(Uqqumiutaq)였던 것으로 알려져 있다. 1830년과 1835년 사이에 젊은 키트들라수아크와 우키(Uqi)라는 이름의 또 한 명의 남자가 주술사의 살해 미수 사건과 형제 살해에 관련되었다. 이 사건은 배핀섬 남부에 있는 현재의 팽니텅Pangnirtung 근처의 오유이튜크Auyuittuq 지역에서 발생했던 것으로 보인다.

키트들라수아크와 우키, 그리고 추종자들은 쿰버랜드 해협에서 폰드인렛과 바일롯섬 근처의 배핀섬 북부로 이동하였다. 그들의 고난은 메리-루셀리에 신부가 유명한 주술사이면서 키트들라수아크의 자매인 아나트시아크(Arnatsiaq)의 증손자와 행한 면담으로 다시 기록되었다. 키트들라수아크와 우키, 그들의 가족들은 1850년경에 살던 바일롯섬에서 이웃의 적에게 공격받았다. 그것이 "최후의 결정타"였다. 키트들라수아크와 약 40~50명의 추종자(그 당시 장거리 여행을 하기에는 많은 숫자)는 배핀섬의 서쪽 해안에 있는 산맥을 넘어 이글루리크로 출발하였다. 그 섬을 돌아가는 여정에서는 개 썰매를 이용하였을 것이고 사냥꾼들이 잘 아는 코스를 따라 그 지역을 통과했을 것이다. 배핀 지역의 다른 민족도 땅과 얼음 위의 이런 노선과 야영지를 수 세기 동안 사용해 오고 있다. 사람들은 자신의 모든 소지품을 가지고 가려 했고, 이동하면서 사냥했다. 아내와 아이들 그리고 노인들이 있었다. 현대의 여행자들은 개 썰매 대신 스노모빌을 사용하지만, 이런 노선과 여행 방법이 잘 알려져 있고, 여전히 사용되고 있다. 이글루리크로 출발한 후, 키트들라수아크는 자신과 자신의 추종자들이 적에게서 멀리 떨어진 새로운 집을 찾을 때까지 1~2년 더 배핀 북부 지역을 여기저기 이동하였다. 그러고 나서 그들은 북쪽으로 방향을 돌렸고, 얼음 위로 랭커스터 해협을 가로질러 실종된 프랭클린 탐험대를 찾는 대규모의 수색이 절정에 이를 무렵에 데번섬에 도착했다.

우쿠미우트(Uqqumiut) 일행은 키트들라수아크와 우키가 오이유투크에서 살해한 남자 친척들의 복수를 피하여 배핀섬 북부 주변을 거의 20년 동안 돌아다녔다. 그들은 바다가 얼어붙고, 사나운 물살에 얼음이 깎이는 것이 멈추는 몇 주 동안(사실상 얼음은 결코 멈추지 않지만)인 1835년 이른 봄에 바일롯섬에서 랭커스터 해협을 건넜다. 배핀 북부의 원로들은 오래전부터 얼음을 가로질러 건널 수 있는 좋은 시기가 언제인지 알고 있었다. 비록 사냥은 그 지역의 이누이트에게도 항상 위험하다고 알려져 있었지만, 폰드인렛과 아크틱베이에서 온 사냥꾼들은 여전히 이 지역에서 사냥과 낚시를 위해 돌아다닌다. 전통적으로 서쪽의 이글루리크에서부터 북쪽 애드미럴리티Admiralty와 네이비보드인렛Navy Board Inlets까지, 그리고 랭커스터 해협을 가로질러 데번섬까지 전 지역이 배핀 북부의 이누이트가 사냥하던 광활한 영토이다.

북극에서 19세기 중반은 특히 추운 시기였다. 당시는 지금보다 얼음이 더 단단했음이 틀림없다. 북서항로를 찾고 있던 영국 탐험가들은 더 긴 겨울에 더 두꺼운 얼음으로 항해할 수 없다고 인식했지만, 키트들라수아크와 다른 이누이트에게는 그런 조건이 여행을 더 용이하게 했다. 이누이트가 얼음이 없는 구역에서는 보트*umiaq*나 카약을 타고 이동하고 사냥도 하지만, 개 썰매를 타고 얼음 위로 가는 것을 선호한다. 그러나 그것은 쉽지 않다. 얼음이 움직이지 않을지 모르지만, 강력한 고기압이 이동을 어렵고 위험하게 하는 삐죽삐죽한 봉우리들과 크레바스로 가득 찬 길로 바꾸어 놓는다. 이런 날씨에 사람과 개들이 위압적인 얼음 장애물을 넘거나 돌아서 무거운 짐을 운반하려 하지만, 썰매를 끄는 것은 매우 더디고 힘들다. 게다가 랭커스터 해협은 북극곰들의 주요 서식지이며, 북극곰들은 이 삐죽삐죽한 하얀 세상에 쉽게 숨어 있다가 갑자기 나타날 수 있다. 이누구이트 역사학자인 이누터수아크 울로리아크(Inuutersuaq Ulloriaq)가 기록하고 메리-루셀리에 신부의 설명에서 되풀이된 구전 역사에 의하면, 키트들라수아크는 이런 상황 속에서 집단의 인명 손실 없이 데번까지 건너갔다고 한다. 그들은 바람과 눈, 얼음, 그리고 밤에는 별을 따라 이동했을 것이다. 우칼루레이트*Uqalurait*는 자주 부는 바람에 의해 눈에 새겨진 화살 모양의 패턴을 말하며, 방향을 가리키는 나침반 바늘처럼 사용되었을 수 있다. 믿을 수 있게 날씨를 예측하는 것이 중요했을 것이다. 그들은 땅에 도착하기 전에 팩 아이스 위에서 여러 차례 야영했을 것이다. 이른 봄에도 훨씬 더 차가운 바람과 함께 기온이 -40°~-30℃까지 내려갈 수 있다. 심지어 하늘이 맑을 때에도 땅 위의 눈보라가 시야를 흐리게 할 수 있다. 은신처를 마련한다는 것은 매일 밤 여자들이 식사준비를 위해 석등에 불을 밝힐 집을 지어야 하는 것을 의미했다. 남자들이 사냥하고, 고기, 기름, 동물 가죽 그리고 다른 필수품을 보충할 수 있게 이동을 멈춰야 했을 것이다. 이곳은 거만하거나 준비되어 있지 않은 사람들을 위한 나라가 아니다.

1853년, 영국 해군 공급선인 피닉스호*Phoenix*의 에드워드 오거스터스 잉글필드(Edward Augustus Inglefield) 선장이 후에 던다스하버라고 명명한 데번섬 남쪽 해안에서 우연히 한 무리의 이누이트를 만났다. 잉글필드는 프랭클린 탐험대를 찾기 위한 광범위한 수색 지역에 있었다. 키트들라수아크도 5년 뒤인 1858년에 영국 해군과의 만남을 역시 프랭클린 탐험대를 찾고 있던 프란시스 레오폴드 맥클린톡(Francis Leopold M'Clintock) 선장에게 설명했다. 키트들라수아크는 잉글필드와 함께 여행하고 있던 그린란드 통역사를 통해 소식을 교환하였다. 잉글필드나 그의 통역사가 키트들라수아크에게 저 멀리 엘즈미어섬 맞은 편 그린란드 북쪽에 살고 있는 한 작은 이누이트 공동체에 대해서 말해 줬을 가능성도 있다. 키트들라수아크는 잉글필드 선장과의 대화를 통해 북쪽 멀리에 한 이누이트 집단이 살고 있다는 것을 처음 알게 되었을 것이다. 메리-루셀리에 신부는 잉글필드가 키트들라수아크에게 이누이트와 이누구이트의 야영지 정보가 완벽하게 들어 있는 엘즈미어섬과 그린란드 사이에 있는 좁은 항로의 지도를 보여 주었을 것이라 생각했다. 그러나 키트들라수아크가 배핀섬 저 멀리 북쪽에 살고 있는 이누이트에 대해서 이미 알고 있었을 가능성도 있다.

이 만남은 엠클린톡 선장의 배인 폭스호*Fox*가 맑은 자정의 태양 아래 남으로 항해하다가 데번섬 동쪽 해안에 정착하고 있을 시기인 1858년 7월 11일에 있었다. 한 무리의 이누이트가 해안 근처 유빙에서 배를 향해 크게 소리쳤다. 그 배가 얼음에 정박하고, 다가온 10여 명의 이누이트를 맞이했다. 키트들라수아크가 잉글필드 선장의 안부를 물었다. 그는 해군 구조대 일행에게 5년 전 피닉스호를 본 것 외에 다른 배는 보지 못했다고도 알려주었다.

그 최초 탐험대원들 중 한 명인 메쿠사크가 크누드 라스무센에게 말하길,

> 바다 건너 맞은편에 이누이트가 있다는 것을 들은 후 키트들라수아크는 한 순간에도 마음을 가라앉힐 수 없었을 겁니다. 그는 모든 마을 사람 앞에서 위대한 영혼의 주술을 실행하였습니다. 그는 그 이상한 이누이트의 나라를 찾기 위해 자신의 영혼이 구원의 영혼과 함께 공기를 통해 긴 여정을 떠나게 했습니다. 마침내 어느 날 동료들에게 새로운 나라를 발견했다고 알렸습니다! 그리고 그들에게 그가 이상한 사람들에게 갈 것이라고 말하고, 모두 자기를 따르라고 했습니다.
>
> 그가 "새로운 나라에 대한 욕망 알고 계시죠? 새로운 사람들을 보고싶어 하는 욕망 아시죠?"라고 그들에게 말했습니다.[17]

잉글필드는 키트들라수아크와 우키를 만난 1년 후 배핀섬 북부에 있는 보급품 은닉처가 뒤집혀 있고, 고기와 밀가루는 남겨져 있었지만, 럼주가 없어진 것을 발견했다. 이 발견은 이 무렵 배핀섬을 떠났던 우키로 밝혀진 한 남자의 이야기와 일치한다. 키트들라수아크도 관련되었을 가능성이 있지만 확실하지 않다. 이런 발견과 이누이트의 구전 역사와의 비교는 같이 이동했던, 또는 별도로 이동했던 이 이누이트 집단의 여정에 대해 설득력 있는 자세한 사항을 알려준다.

여정은 계속된다

키트들라수아크의 일행은 엠클린톡과 만났던 1858년에 이미 던다스하버 북쪽 멀리까지 이동했었다. 키트들라수아크는 꿈과 예지력을 따라 이동했다. 그의 보조 영혼*tuurngait*이 길을 알려주었고, 자신도 공기를 통해서나 물 아래로 날아갈 수 있었던 것으로 알려져 있다. 그의 일행이 주술사, 지도자 그리고 사냥꾼으로서의 능력을 믿지 않았더라면, 그렇게 멀리까지 따르지 않았을 것이다. 비이누이트 관찰자들이 이런 능력에 대해서 어떤 의심을 갖든지간에 긴 여정을 떠나는 사람들에게는 그런 것이 중요하다. 자신을 따르도록 고무시킬 수 있는 지도자의 능력은 문화마다 다르지만, 어떤 형태로든 이런 능력이 없다면, 이런 여정은 곧바로 재난이 될 것이다. 존 프랭클린 경과 그의 장교들은 다른 사람들이 자기를 믿도록 하는 능력이 없었거나, 그들이 너무 일찍 사망하여 치명적인 지도력 부재를 야기했을 것이다.

> 키트들라수아크의 이야기는 마지막 위대한 이누이트의 장대한 여정에 관한 것이다. … 그는 들은 이야기를 통해 대부분 여정에서 어떤 일이 일어날지 알고 있었다고 한다. 이것이 단지 주위 환경과 주요 지형지물에 대한 단조로운 설명이 아니었다는 것은 의심의 여지가 없다. 키트들라수아크가 회상해야 했던 모든 것은 곧 어떤 일이 일어날지를 기대하기 위한 이야기였을 가능성이 더 크다.
>
> 이야기의 기저를 이루는 사건들은 충고, 설명, 주요 지형지물을 표현하기 위한 완벽한 장소이다. 매개체는 메시지이다. 이누이트의 전설과 이야기는 단순한 미신적 이야기가 아니다. 그것들이 포함하고 있는 것은 표면적으로 보이는 것보다 더 풍부하고 심오하다.[18]

이누이트는 1858년에 엠클린톡과 만나기 전까지 알고 있는 지역을 이동하고 있었다. 투누니르미우트*Tununirmiut*(배핀섬 북부의 이누이트)는 랭커스터 해협을 건너가서 사냥하는 것에 익숙해 있었고, 지금도 그렇다. 그러나 더 북쪽으로 이동하는 것은 미지의 지역으로 가는 것이었을 것이다. 키트들라수아크는 앞날을 예측하고, 자기 추종자들에게 긴 여정을 계속하기 위한 방법을 알고 있다는 것을 확신시키기 위해 주술사로서의 힘에 의존해야 했다. 에릭 더 레드와 마르틴 프로비셔에서 프랭클린까지 많은 유럽 탐험가들처럼 키트들라수아크는 숭고한 이유로 여행을 시작한 것이 아니었다. 그러나 그는 강력한 주술사일 뿐만 아니라 잘 알려진 사냥꾼이고 지도자였다는 점에서 색다르다. 그는 분명히 영적 능력과 정치적 능력을 결합한, 매우 카리스마가 있는 사람이었다. 그의 역사는 공기로 이동하고, 자신의 모습을 동물로 변형시키고, 그리고 물건과 생명체를 다른 것으로 변형시킴으로써 앞날을 볼 수 있는 능력에 대한 설명을 포함하고 있다. 그의 이야기는 시키니크Siqiniq와 타키크Taqqid, 눌리아유크Nuliajuk와 키비우크의 이야기처럼 부분적으로 유럽인들이 말하는 "신비로운" 것이 되었다. 영화 「아타나주아: 패스트 러너」는 장애물을 극복하고 적을 물리치는 한 유명한 영웅에 대한 비슷한 전설에 근거하고 있다.[19] 그러나 키트들라수아크의 역사처럼 이 이야기에는 남쪽에 살고 있는 우리가 "사실"이라고 부를 수 있는 것을 포함해서 많은 진실을 담고 있다. 그 이야기들은 땅과 얼음에서의 생존 방법에 대한 정보가 포함된 역사로서뿐만 아니라 도덕적 교훈으로도 반복적으로 이야기된다.

> 키트들라수아크는 심지어 젊었을 때도 분명히 위대한 능력이 있었다. 그가 1875년에 죽자, 전설이 되었다. 예를 들면, 한번은 땅에서 멀리 떨어져 북극곰 사냥을 나간 동안, 키트들라수아크와 한 젊은 동료가 강렬한 폭풍에 갇혔다. 바다의 얼음이 산산조각이 났고, 망망대해가 그들을 거세게 몰아치고 있었다. 키트들라수아크는 젊은이에게 썰매에 엎드려 눈을 감고 있으라고 명

령했다. 젊은 남자는 곧 썰매가 움직이기 시작하는 것을 느껴 두려움과 호기심으로 한 쪽 눈을 떴고, 키트들라수아크가 북극곰으로 변한 것과 개들이 따라오는 것을 목격했다. 그가 밟는 곳은 어디든지 바다가 얼음으로 변했다. 오싹하게도 자신의 뜨고 있는 눈 쪽에 있는 썰매의 활주부가 바다로 가라앉고 있는 것을 보았다. 잽싸게 다시 눈을 감았고 썰매가 멈추고 키트들라수아크가 일어나라고 명령할 때까지 눈을 뜨지 않았다. 그 주술사는 다시 인간이 되었고 그들은 땅으로 안전하게 돌아왔다.[20]

배핀 북부의 투누니르미우트는 데번섬을 "탈루루티트Tallurutit"라고 부르는데, 그 지역의 가파르고 깊게 패이고, 붉은 색깔의 해안선 때문에 "빨간 줄무늬" 또는 "턱에 있는 문신들"이라는 뜻을 가지고 있다. 자갈과 바위 그리고 이끼가 군데군데 나 있는 산맥으로 이루어진 광활하고 황량한 풍경이다. 사향소와 다른 야생동물이 겨우 삶을 이어갈 수 있는 장소가 있지만, 그곳은 아름다운 장소인 동시에 살기에 힘든 장소이다. 키트들라수아크와 그의 일행이 섬 주위에서 5, 6년 동안 사냥하고 야영하였다. 북쪽 저 멀리에 이누이트가 있다는 것을 들은 후에도 키트들라수아크는 데번섬을 서둘러 떠나려고 한 것 같지 않다. 그는 잉글필드 선장을 만났던 1853년과 엠클린톡의 배 폭스호를 만났던 1858년 사이에 그 지역에 있었던 것으로 알려져 있다. 그 일행은 북쪽으로 향하기 전에 상당한 기간 동안 분명히 그 지역 주위를 이동했을 것이다. 엠클린톡을 만났던 일행은 던다스하버에 있던 일행보다 상당히 작은 집단이었기 때문에 키트들라수아크와 우키가 한동안 헤어져 있었을 가능성이 있다. 사냥을 더 잘하고 자신의 가족들을 부양하기 위한 현명한 방법이었다.

그들은 결국 다시 합쳤고, 1859년 초에 존스 해협을 건너 엘즈미어섬으로 가기 시작했다. 엠클린톡과의 만남이 마지막 압박이었을지 모른다. 메쿠사크(Meqqusaaq)가 기억하길, "우리는 겨울에 여정을 시작했다. 태양이 떠오른 후에, 그리고 얼음이 깨질 때인 봄에 영구적 야영지를 설치했다. 가는 도중에 바다표범, 흰돌고래, 바다코끼리, 그리고 곰 등 식량이 될 수 있는 동물이 많았다. 우리가 썰매를 몰고 가야 했던 길게 뻗은 해안선에는 얼음이 없었다. 그래서 우리는 종종 거대한 빙하를 타고 가야 했다. 도중에 우리는 바다쇠오리들이 둥지를 틀고 있는 새 암벽과 솜털오리섬에도 갔다."[21]

넓은 바다를 건너는 여정은 이른 봄에 시작하는 것이 가장 좋다. 그 시기에는 얼음이 어느 때 못지않게 단단하고, 낮 시간이 길고 밝다. 그들은 개 썰매로 이동하면서 모든 소지품을 가지고 다녔을 것이다. 사냥을 위해 짧은 이동도 자주 했음이 틀림없다. 그 여정에서 사냥과 낚시로 버텼을 것이다. 키트들라수아크는 계속 강력하고 활기 넘치는 지도자로 있으면서 앞에 있는 길을 볼 수 있는 주술사의 능력을 보여 주었다. 때때로 그의 머리 위에 하얀 불꽃이 올라온 것을 보았다는 소문이 있다. 이누구이트는 그가 자신의 추종자들을 앞서간 영적 비행 동안 자신들의 주술사 2명을 만났고 그들이 알아들을 수 없는 이누크티투트 방언을 사용하고 있었지만, 앞에 자신들과 비슷한 사람들이 있다고 알려줬다고 주장한다. 키트들라수아크의 주술사로서의 특별한 행동과 능력은 전설이 되었다.

그 늙은 지도자는 어느 누구라도 너무 가까이 따라오는 것을 좋아하지 않았다고 한다. 그는 다른 사람보다 훨씬 앞서 이동했으며, 아내와 아이들을 자기 썰매에 태워 데리고 갔다. 그리고 어느 날 그들 앞 유빙 위에서 벌거벗은 사람들을 목격했다. 그들을 보자마자 개들이 달려들었고, 그 가족은 두려움에 떨었다. 그러나 키트들라수아크는 자신의 주술사 가방에 두 개 이상의 마술을 가지고 있었다. 그는 "해초! 해초! 해초 외에 어느 것도 저런 모습이 될 수 없다!"라고 외치기 시작하였다. 갑자기 그 생명체들이 해초로 변하기 시작하였고, 그를 따르고 있던 사람들이 사실이라고 확인해 줬다.

또 한 번은 해안에서 머리가 긴 한 거인을 보았다. 다시 개들이 앞으로 돌진했다. 키트들라수아크는 똑같은 마술을 사용했고, 그것은 고래수염이라고 외쳤다. 아니나 다를까, 그들이 다가가자, 약간의 수염이 달린 고래 턱뼈가 보였다. 이렇게 키트들라수아크는 이동을 멈추고 여름을 보낼 야영지를 만들 때까지 적의 마술을 물리쳤다.[22]

그러나 그 무리가 "약속의 땅"으로 가는 여정에 모두 열정적이었던 것은 아니었다. 우키는 배핀섬 북부에 있는 풍부한 사냥터를 갈망했고, 늙은 주술사에 복종하는 것에 지쳐 있었다. 그 무리가 엘즈미어섬 동쪽 해안 탤보트인렛Talbot Inlet 부근 작은 섬에 도달했을 때 심각한 분란이 일어났다. 그 무리는 오늘날 툴레공군기지 근처인 그린란드 북서부에 있는 에타Etah로 향하기 위해 스미스 해협을 건너는 곳에서 약간 남쪽에 있었다. 무리 중에서 우키와 다른 일행들은 더 이상 키트들라수아크를 따르려고 하지 않았다. 메쿠사크에 따르면,

우리는 이렇게 두 번의 겨울 기간에 이동했고, 어느 해에도 음식이 부족하지 않았어요. 그런데 가장 연장자인 우키가 향수병에 걸렸어요. 그는 오랫동안 심각했고 말이 없었는데, 갑자기 고래고기에 대하여 이야기하기 시작했어요. 고향에서는 고래를 많이 잡곤 했어요.

일단 말을 시작한 후, 그는 여정 내내 지도자였던 키트들라수아크가 사기치고 있다고 비난하기 시작했어요. 그는 키트들라수아크가 새로운 나라에 대해서 말한 것이 모두 거짓이라고 말하면서 돌아가자고 했어요.

… 결국 5개의 썰매는 돌아가고 나머지 5개 썰매는 계속 가는 것으로 분쟁이 끝났어요. 24명이 돌아갔고, 14명은 계속 갔는데, 후자 중에 우키의 아들 미니크(Minik)가 있었어요.[23]

키트들라수아크의 죽음

키트들라수아크가 땅에 도착하고 지구의 가장 북쪽에서 오랫동안 사람들이 거주해 온 곳에서 생존하는 법을 알고 있는 소규모의 이누이트를 실제로 만났다. 그러나 그들은 몇 년 동안 유럽 방문객들이 가져온 질병으로 괴로워하고 있었다. 또한 그들은 과거 어느 시기부터인가 중요한 이누이트 기술을 잃어버렸다. 키트들라수아크의 사람들이 이런 기술을 다시 알려주었다. 새로운 사람들이 새로운 바람을 불러일으켰고, 이누구이트에게 카약 만드는 법과 활과 화살, 그리고 작살로 사냥하는 법을 빠르게 가르쳤다. 이누구이트의 삶이 개선되었고, 개가 썰매를 끄는 방법을 받아들였으며, 새로운 사람들은 이누구이트 방언을 배웠다. 여러 해 동안 이누구이트와 키트들라수아크의 일행이 함께 살면서 평화롭게 사냥했다. 그러나 이런 관계는 지속되지 않았다. 메쿠사크가 회상하길,

> 그들에게 활과 화살을 쏘는 방법을 가르쳤어요. 우리가 도착하기 전에 그들은 자신들의 나라에서 많은 카리부를 사냥하지 않았어요. 설령 그들이 우연히 동물을 잡았다고 하더라도 죽을지도 모른다는 두려움 때문에 감히 먹을 엄두도 못 냈고, 개들에게 주었어요.
>
> 그들에게 개울에서 작살로 연어 잡는 법을 가르쳤어요. 그 나라에는 연어가 엄청나게 많았지만, 그들은 그것들을 찔러 잡을 수 있는 도구가 없었어요.
>
> 그리고 그들에게 카약을 만드는 법과 카약을 타고 사냥하고 고기를 잡는 법을 가르쳤어요. 그 이전에 그들은 얼음 위에서만 사냥했고, 봄에는 얼음이 사라지는 여름에 필요한 만큼 바다표범과 바다코끼리 그리고 일각고래를 잡아야 했어요. … 자신의 조상들은 카약을 사용하는 방법을 알고 있었지만 나쁜 질병이 그들의 땅을 피폐하게 만들었고 노인들의 생명을 앗아갔어요. 젊은이들은 새로운 카약 만드는 법을 배우지 못했고, 그들은 노인들의 카약을

4.3 키트들라수아크와 추종자들이 그린란드로 건너갔던 근처 스미스 해협의 빙산과 팩 아이스

주인과 함께 매장해버렸던 것이에요. 이렇게 해서 카약 사냥이 잊혀지게 된 것이에요.[24]

1875년이 되자 키트들라수아크는 노인이 되어 고국으로 돌아가서 생을 마치려 했다. 그는 또 다른 살해 사건에도 관련되었다. 그린란드의 주술사인 아바탕구아크(Avatannguaq)의 살해 사건이었다. 두 명의 주술사는 철천지원수가 되었었다. 키트들라수아크는 자신의 사람들과 아바탕구아크 때문에 생기는 이상한 사건들을 두려워했던 몇몇 현지 이누구이트에게 압력을 받았던 것으로 보인다. 키트들라수아크는 폭력과 보복이 다시 시작되는 것을 꺼렸지만, 결국 공격 계획을 받아들였고 아바탕구아크를 죽였다. 머지않아 키트들라수아크는 부풀어 오른 배와 복통을 겪었다. 희생자의 영혼이 그의 몸에 들어가서 서서히 죽이고 있었던 것으로 알려져 있다. 그는 자신의 추종자 중 몇 명을 모아서 엘즈미어섬을 향해 서쪽으로 향했다. 메쿠사크가 크누드 라스무

센에게 말했다.

> 키트들라수아크는 다시는 자기 나라를 보지 못했어요. 그는 첫 겨울을 넘기지 못하고 사망했어요. 그가 죽은 후 모두에게 일이 잘못되어 갔어요. 두 번째 겨울을 나는 동안 우리에게는 겨울을 넘길 만한 충분한 식량이 없었고, 엄청난 어둠의 기간 동안 기근에 시달렸어요. … 키트들라수아크의 부인인 아그파크(Agpaq)와 저의 아버지와 어머니께서 … 굶주림으로 돌아가셨어요. 남아 있던 사람 중 연어를 먹지 못했던 사람들은 시체를 먹기 시작했어요. 미니크와 마타크(Mataq)가 최악이었어요. 그들이 저의 아버지와 어머니를 먹는 것을 보았어요. 저는 너무 어려서 못하게 막을 수 없었어요. 하루는 미니크가 저를 잡아먹으려고 갑자기 뒤에서 내팽개쳤어요. 다행히 그때 마침 제 형이 나타났고, 미니크는 제 한쪽 눈만을 찔렀고, 이글루 밖으로 달려나갔어요. 그러고 나서 그와 마타크가 이웃집으로 침입해서 각자 어깨에 시체 하나씩을 둘러메고 산속으로 도망치는 것을 보았어요. 그들이 사라지기 전에 눈 폭풍이 오라고 소리치는 것을 들었어요. 자신들의 발자국이 뒤덮일 수도 있기 때문이었죠. 그 후로 그들을 보지 못했어요.[25]

그린란드 주술사의 사후 복수는 성공을 거둔 것이었다.

키트들라수아크의 시신이 얼음 위에 남겨져 있었는지 아니면 엘즈미어섬으로 운반되었는지에 대해서 상반된 이야기가 있다. 자신들의 강력한 주술사가 이끌어주길 기대할 수 없게 된 추종자들은 그 무리가 몇 년 전에 우키의 무리와 헤어졌던 곳을 향해 남쪽으로 이동하려 하였다. 결국 그들은 이누구이트가 "거대한 기근의 땅Perdlerarvigssuaq"으로 알고 있는 매킨슨인렛Makinson Inlet에서 옴짝달싹 못하게 되었다. 다섯 명만이 살아남았다. 그들은 그린란드로 돌아갔고 장기리 이동을 포기했다. 키트들라수아크와 추종자 후손들은 그린란드 북서쪽에 있는 카낙에서 살고 있다. 이누구이트 원로인 나바라나 카비가크 쇠렌센(Navarana K'avigaq' Sørensen)에 의하면, "그는 지도자였고 두려움과 존경의 대상이었어요. 그는 무아지경 빠졌고, 그러면 그의 영혼은 바다를 건너 멀리 떨어진 해안까지 이동했어요. 제 핏속에 그가 있어요. … 우리 조상들은 과거에 잃어버린 사람들이 아니에요."[26]

한 이누이트 영웅

키트들라수아크가 이동한 이유는 확실히 복합적인 것이었고 유럽 탐험가의 이유처럼 잘못 계획된 것이었을 수 있다. 그는 살해 시도와 살인에 대한 복수를 피하기 위한 욕망이 동기가 되었던 것이 확실했다. 그러나 그에게는 새로운 장소를 찾으려는 진짜 탐험가의 욕망도 있었던 것 같다. 그는 분명히 필요한 지도력과 자신의 추종자에게 신뢰받을 수 있는 능력이 있었다. 그들의 여정은 자신이 주술사로서 앞서 이동하면서 가장 좋은 노선을 찾는 비전과 꿈에 의해 인도되는 것이라고 그들에게 말했다. 랭커스터 해협을 건너간 것과 데번섬에서 오래 머무른 것은 그와 그들이 매우 능력 있는 여행자이고 사냥꾼이라는 것을 보여 준다. 키트들라수아크는 그린란드에 이누이트 정착지가 있다는 것을 몰랐더라면 그린란드로 계속 가지 않았을지 모르지만, 우리는 그것을 모른다. 그는 땅과 바다에서 수천km에 이르는 어려운 지형과 수백 년의 역사 속에서 분리되어 있던 북극 두 지역의 이누이트를 연결하는 데 성공했다. 랭커스터 해협, 존스 해협, 그리고 스미스 해협을 건너는 이동 대부분은 겨울과 봄에 배가 아니라 썰매를 이용하여 얼음 위로 이루어졌다.

이누이트와 칼루나트 절반씩으로 이루어진 르네 위신크(Renee Wissink)가 이끄는 캐나다의 한 탐험대가 1987년에 키트들라수아크의 여정을 재현하였다.[27] 그중에는 키트들라수아크의 누이인 아나트시아크(Arnatsiaq)의 후손들도 포함되었다. 그들은 세 팀으로 이루어진 개 썰매를 타고 이글루리크에서 폰드인렛과 아크틱베이로 갔고, 랭커스터 해협을 건너 데번섬으로 갔다. 땅으로 존 해협과 엘즈미어섬에 있는 그라이즈 피오르의 정착지로 갔고, 그러고 나서 동쪽으로 스미스 해협을 가로질러 그린란드로 갔다. 그들은 전통적인 개 썰매와 순혈종 개를 사용했고, 은신처로 눈집을 지었고 가죽과 모피 옷을 입었다. 그들은 눈집과 전통 옷이 남쪽의 파카와 텐트, 침낭보다 훨씬 더 따뜻하다는 것을 깨달았다. 그들은 3월 초에 이글루리크를 떠나 두 달 반 뒤에 그린란드 카낙에 도착했다.

키트들라수아크의 발견 여정, 특히 그가 배핀 북부에서 데번섬을 건너 엘즈미어와 그린란드로 이동하면서 보냈던 시기는 자신들의 환경에서 이동하면서 살아남을 수 있는 이누이트의 능력을 보여 주는 한 놀라운 예이다. 그 여정은 물이 아니라 대부분 얼음 위로 가는 것이었으며, 땅과 바다의 주권에 대한 이누이트의 주장을 입증해 주었다. 북극해 제도 사이의 항로는 수 세기 동안 이누이트가 쉽게 이동해 온 곳이다. 키트들라수아크처럼 일부는 익숙한 사냥터를 통과해서 이동하는 것은 물론 새로운 지역을 탐험하였음이 틀림없다. 섬 사이의 이동은 배보다 주로 개 썰매로 이루어졌다. 얼음 상태 그리고 얼음의 움직임과 대변동을 야기할 수 있는 대양의 조류에 대한 지식, 곰과 다른 야생동물이 많은 지역에 대한 인지, 혹독한 기후에 대한 완전한 적응이 생존과 재난의 차이를 의미했다. 메리-루셀리에 신부가 키트들라수아크의 여정에 대한 자신의 멋진 설명에서 결론지은 것처럼,

> 에스키모의 선사시대를 알아보면, 북극에서는 지속적으로 인구가 증가하거나 감소하였던 기간으로 이어진다. 이는 대체로 북극에서 주기적인 기온의 상승 및 하강과 일치한다.
>
> 에스키모인들이 거주하고 있던 변두리 일부 지역은 사냥감이 충분하지 않아서 정착하기에는 매력이 없었다. 더 추워지면서 카약에 의한 사냥기간이

짧아졌고, 겨울 사냥도 어려워졌다. 늘 불안정한 생태계가 혼란에 빠졌고 인간이 거주하기 힘든 상황이 되었다. 상황이 심각한 계절에는 야영지에서 겨울을 넘기기 위한 충분한 해양 사냥감을 준비할 수 없었다. 잡을 수 있는 카리부와 사향소 무리는 훨씬 멀리 떨어져 있었고 사람들은 굶주렸다. 이런 순환이 여러 번 반복되었다. … 야영지가 거의 없고 서로 너무 멀리 떨어져 있어서 도와줄 수 없는, 사람이 거의 살지 않는 지역에서는 인간의 삶이 한 번에 수 세기 동안 완전히 사라질 수도 있다.

4,000년 이전에 최초의 원시 에스키모들Paleoeskimos이 비교적 온화한 기간에 북극 동부에 이르렀다. 그 이후, 그린란드로 향하는 항로로 사용되는 랭커스터 해협 북쪽에 있는 섬에서 여러 번의 인구 변화가 있었다. 그 섬들은 오랜 기간 무인도로 남아 있었던 것으로 보인다.

19세기 중반 키트들라수아크의 이동은 이런 맥락에서 보아야 할 것이다. 지극히 추운 기간이었던 것처럼 보인다. … 1870년경에는 그린란드 서해안에 있는 일부 빙하가 서쪽으로 최대로 확대되어 있었다. …

그 여행자들은 쉽지 않은 노선을 따라 좋지 않은 시기에 북쪽으로 향했다. 그들의 여정은 여러 세기에 걸쳐 성공하지 못한 여정이었다. 그들이 돌아가려고 했을 때, 그들을 괴롭혔던 기근과 그들을 따르려고 했던 다른 사람들의 운명은 다 알면서도 마주쳐야 했던 위험을 보여 주고, 그들의 업적을 더욱 의미 있게 해 주었다.

키트들라수아크의 영웅 전설은 근대 에스키모 오디세이로서의 키비우크의 전설과 나란히 자리매김될 수 있으며, 인간의 위대한 모험을 보여 준다. 그것은 탁월한 지도자가 이끄는 매우 의욕적인 한 무리의 사람들이 가장 힘든 제약과 가장 어려운 물리적 상황을 어떻게 이겨낼 수 있는가를 보여 준다.[28]

제5차 툴레 탐험대

또 한 명의 위대한 탐험가인 덴마크계 그린란드인 과학자 크누드 라스무센이 이누이트가 북극의 광활한 지역을 어떻게 잘 견디면서 이동할 수 있었는가에 대한 또 다른 실례를 보여 준다. 라스무센은 "에스키모들"이 지구상에 어느 집단보다도 더 광범위한 지형에 퍼져 있는 하나의 문화를 공유하고 있었다는 것을 서구 세계에 보여 주었다. 라스무센의 위대한 여정인, 1921년부터 1924년까지 북극을 가로질러 그린란드 북서부의 툴레(카낙)에서 알래스카의 먼 가장자리까지 가는 그의 5차 툴레 탐험은 이누이트의 이동이 어떠했을까를 보여 주는 (반대 방향으로 가는) 믿을 수 없는 재현이었다. 그는 이누크처럼 개 썰매로 이동했고, 텐트나 눈집에서 살았으며, 도중에 식량을 사냥했다. 그와 동료 중 몇 명은 동에서 서로 32,000km를 – 근대에 가장 위대한 탐험 경로 중 하나 – 이동했다. 라스무센은 러시아 이누이트를 만나기 위해 축치반도까지 이동할 계획이었지만, 러시아 극동에서 볼셰비키 혁명이 발생하여 거기에 오래 머물 수 없었다. 이동 중에 별도의 여행을 하던 두 명의 덴마크 동료인 피터 프루첸(Peter Freuchen)과 더켈 마티아센(Therkel Matthiassen)도 함께 여행했다. 세 명의 덴마크인들은 1923년 3월에 마지막으로 헤어졌고, 라스무센은 두 명의 그린란드인 동료 카비가르수아크(Qavigarssuaq)와 아르나룰룽구아크(Arnarulunguaq)와 함께 서쪽으로 출발했다.

피터 프루첸도 거의 라스무센만큼 잘 알려졌다. 두 사람은 툴레에 교역소를 세웠고, 거기에서 미니크라는 젊은 이누크를 만났다. 미니크는

> 자신과 아버지가 1897년에 로버트 피어리(Robert Peary)에게 납치되어 배로 뉴욕으로 끌려가면서 유명해졌다. 아버지는 도착 직후 사망했고 미니크는 낯선 땅에 고아로 남았다. 미국자연사박물관에 있는 누군가가 그 소년을 돌

봐주게 되었다. 미니크가 아버지의 유골이 전시된 것을 보게 된 곳이 바로 거기였다. 그 충격은 참을 수 없었다. 미니크는 뉴잉글랜드에서 12년을 더 살았다. 1919년에 집으로 데려다달라고 했지만, 피어리가 거절했다. 젊은이가 집으로 돌아왔을 때는 궁핍했고 교양이 부족했으며, 자신의 언어와 사냥 기술을 다시 배우려고 애써야 했다.[29]

미니크와 그의 아내는 툴레에 있는 라스무센, 프루첸과 함께 들어왔다. 나바라나(Navarana)라는 이름을 가진 젊은 그린란드 여자도 미니크 아내의 동료로 함께 이주했다. 프루첸과 나바라나는 사랑에 빠져 결혼했다. 나바라나는 남편의 많은 여정을 따라갔다.

라스무센의 첫 번째 규칙은 도중에 머물렀던 곳에서 이누이트 공동체의 신뢰를 얻기 위해 이누이트처럼 살고, 사냥하고 이동하는 것이었다. 그는 대부분 이누이트가 유럽인과 많은 접촉이 있기 전에 이누이트 공동체에 대해 많은 이야기와 문화 전통 그리고 삶에 대한 사항을 자세히 기록했다. 라스무센은 후에 잃어버렸을 수 있는 많은 것을 보존했다. 그는 그린란드어를 유창하게 구사했고, 북극 건너의 이누이트와 대화할 수 있다는 사실을 알고 스스로도 놀랐다.

그는 일루리사트Ilulissat에서 태어났고 그린란드에서 자랐으며, 거기에서 덴마크어를 배우기 전에 그린란드어 말하기를 배웠다. 외할머니는 그린란드 이누크였고, 아버지는 덴마크어-그린란드어 문법과 사전을 편찬한 덴마크 선교사였다. 자신의 할머니와 아버지의 영향으로 젊은 "어린 크누드Kununguaq"는 자신의 이누이트 유산에 몰입하게 되었다. 라스무센의 그린란드 배경과 이누이트 문화생활에 대한 예리한 감각으로 북극 탐험가 사이에서 특별하였다. 그는 그린란드와 북극 캐나다, 특히 주술사 아와와 상당히 많은 시간을 함께 보냈던 이글루리크에서 매우 존경스러운 존재로 기억되고 있다. 그의 여정은 800년 전에 북극을 가로질렀던 이누이트의 이주가 아마도 키비우크나 키트들라수아크처럼 카리스마와 지략이 있는 지도자가 이끄는 한 이누이트 집단이 처음으로 2~3년 동안에 이루어낸 것이라는 점을 보여 준다. 라스무센의 시대에 이누이트는 종종 이동하고 있었고 식량을 찾기 위해서나 친구나 친척을 만나려고 수백km, 심지어 수천km를 이동했다. 자신이 만났던 이누이트에 대한 라스무센의 자세한 정보가 세상이 이누이트 문화를 보는 방법을 크게 바꾸어 놓았다. 라스무센은 다음과 같이 주술사 아와와 첫 만남을 설명하고 있다.

> 1월 27일 날씨는 화창하였지만 추웠다. 우리는 길고 피곤한 하루를 보내고 있었고, 직접 만들지 않고 쉴 수 있는 은신처를 찾고 있었다.
>
> 앞의 어둠 속에서 갑자기 내가 본 것 중 가장 야생적인 팀을 이루는 긴 썰매가 나타났다. 15마리의 하얀 개들이 전속력으로 달려 내려오고 있었고, 6명의 남자가 타고 있었다. 우리에게 너무 빠른 속도로 다가와서 그들이 옆으로 지나칠 때 세찬 바람을 느꼈다. 큰 수염을 가지고 있고 얼음으로 완전히 뒤덮인 작은 남자가 썰매에서 뛰어내려 우리를 향해 다가왔고, 백인의 방식으로 악수를 청했다. 주저하더니 몇 개의 눈 오두막집이 있는 내륙을 가리켰다. 그가 낭랑한 목소리로 "쿠장나미크Qujangnamik"(오는 손님들 감사해요)라고 말할 때 그의 예리한 눈은 빛나고 있었다.
>
> 이 사람이 주술사 아와였다. …
>
> 우리는 바다코끼리 사냥을 왔다고 설명했고, 초대해 준 주인과 그의 일행이 환호로 맞아 주었다. 그들도 같은 것을 하려고 생각하고 있었다. …
>
> 겨울 얼음이 해안에서 몇 km까지 확장되어 있었고 사실상 땅처럼 견고하였다. 점차 바람과 조류를 따라 이쪽으로 떠내려오는 팩 아이스와 그 밖의 모든 것과 함께 겨울이 온다. 해안에 바람이 불어올 때 가장자리에 있는 얼음에 구멍이 나타나고 바다코끼리가 이 구멍을 따라 먹이를 먹기 위해 바닥의 아래까지 다이빙한다.

아와와 나는 다른 사람처럼 사방이 잘 보이는 얼음 해먹 뒤 안락한 곳에 자리를 잡았다. 그렇게 지켜보는 것이 전혀 지루하지 않았다. 항상 무엇인가가 벌어지고 있었고, 과거 사냥에 대한 기억을 떠올리게 했다.

… 아와가 점잔을 빼며 "인간과 짐승들은 아주 똑같아요."라고 했다. "그래서 우리 조상들은 인간이 잠시 동물이 되었다가 다시 인간이 될 수 있다고 믿었어요."[30]

라스무센은 당시 비이누이트의 전형적인 믿음이었던 몇 가지 마지막 생각 속에 베링 해협에서 자신의 여정을 마쳤다. 그는 심지어 이누이트와 함께 흥청망청 놀면서 시간을 보내는 동안에도 자신의 유럽 유산에서 벗어나지 못했다.

1924년 10월 말의 어느 아침, 지난 한 달 동안 살았던 놈Nome(알래스카)의 교외에 있는 작은 통나무 숙소에서 마지막 잠에서 깨었다. 정오에 시애틀로 향하는 큰 증기선을 타야 했고, 에스키모인들과 함께한 여러 해의 시간이 끝나게 될 것이다.

묘하게도 바로 이날 아침에 이 지역에 남아 있던 몇 사람 중 한 명인 한 주술사가 찾아왔다. 내가 만난 모든 사람 중 마지막 사람이었기 때문에 그에 대한 이야기로 결론을 짓는 것이 맞을 것 같다.

이름은 나자그네크(Najagneq)였고, 나는 낯선 곳의 이방인으로서 놈의 거리에서 그를 처음 만났다. …

"인간은 무엇으로 이루어져 있나요?"

"육체로 이루어져 있지요. 눈에 보이는 것. 이름, 그것은 한 죽은 사람의 이름을 받은 것이고요. 그리고 다른 것 더, 우리가 유티르Yutir라고 부르는 신비한 힘 – 영혼, 그것은 살아 있는 모든 것에 생명과 모양, 그리고 외모를 주죠."

…나자그네크가 설명한다. "저는 어둠 속에서 찾아보았어요, 어둠의 엄청

난 외로운 정적 속에서 조용히. 그래서 비전과 꿈, 그리고 날아다니는 영혼과 만남을 통해 주술사가 되었어요. … 고대인들은 우주의 균형을 유지하기 위해 그들의 삶을 헌신했어요. 위대한 일들, 엄청나고 불가해한 일들에."

"당신은 이런 힘 중 어느 것이라도 믿나요?"

"예, 우리가 실라*Sila*라고 부르는 힘을 믿어요. 그것은 단순히 말로 설명할 수 없는 것이에요. 세상과 날씨 그리고 지구상 모든 생명을 지원해 주는 위대한 영혼, 너무 위대해서 인간에게 할 말을 평범한 말이 아니라 폭풍과 눈, 비, 그리고 노도로 전해 주는 영혼. 인간이 두려워하는 자연의 모든 힘. 그러나 그는 역시 또 다른 방법으로 말하는 법을 가지고 있어요, 햇볕과 바다의 조용함, 그리고 아무 것도 모른 채 순진하게 놀고 있는 아이들에 의해. 아이들은 부드럽고 조용한 목소리를 들어요. 거의 여자의 목소리 같은. 그 목소리는 그들에게 신비한 방법으로 오지만, 너무 다정하게 와서 그들은 두려워하지 않아요. 그들은 어떤 위험이 위협한다는 것만 들어요. … 모든 것이 다 제대로 되고 있으면, 실라는 인간에게 메시지를 전하지 않고 자기 자신의 무한한 무(無, 존재하지 않음)로 돌아가 떨어져 있어요. 그는 인간들이 생명을 학대하지 않고 하루하루의 양식을 얻기 위해 경건하게 행동하는 한 그렇게 머물러 있어요.

… 나자그네크가 덧붙여 말하길, "실라를 본 사람은 아무도 없어요. 그는 갑자기 우리 사이에 있다가 말할 수 없을 정도로 멀리 가버리기 때문에 어디 있는지 수수께끼에요."

이런 위대한 말들이 내가 이 책을 통해서 에스키모의 삶과 생각에 대하여 그리려고 하는 스케치에 비슷하게 들어맞는다. 머지않아 그들의 종교는 없어질 것이고 백인이 그 나라와 그 나라 사람들, 그들의 생각, 그들의 비전, 그리고 그들의 신념 모두를 점령할 것이다.

나는 이 사람들이 변하기 전에 그들을 방문할 수 있었던 좋은 기회를 가졌던 것과 그린란드에서 태평양까지 아주 넓은 지역에 걸쳐 인종과 언어뿐만 아니라 문화의 형태에서도 하나인 한 민족을 발견했던 것, 사실상 인간의 삶

4.4 프로비셔만의 개 썰매 – 기온은 영하 40℃도였다. 이 사진을 찍은 후 바로 나는 개 썰매에서 떨어졌고 따라잡기 위해 뛰어가야만 했다.

의 힘과 인내 그리고 야생적인 아름다움을 목격한 그 자체가 기쁘다.[31]

제5장.. 캐나다의 북극 지배

겨울에 얼어붙은 얼음 위에서 야영했던 것이 기억난다. 내가 아이였을 때, 사람들은 땅에 계속 머물러 있던 적이 없었다. 사람들은 겨울철에 가운데 큰 작업 공간이 있는 커다란 눈집을 짓곤 했다. 옆으로 터널을 냈고, 터널 끝에는 한 가족이 자신들의 숙소를 만들곤 했다. 중앙은 작업 공간이거나 게임, 북춤, 그리고 이야기를 하기 위해 함께 모이는 공간이었다. 매년 반복되었다.

루스 니기요나크(Ruth Nigiyonak)[1]

지구에서 가장 큰 무인도

19세기 말과 20세기 초반에 "사라지는 에스키모"의 신화가 유행했다. 1928년 위대한 노르웨이 탐험가 프리드쇼프 난센에 의하면, "오랫동안 그들은("에스키모들은") 자연의 혹독한 힘에 익숙해지는 것을 배웠으며, 다른 사람들은 아무도 그들의 땅을 차지하고 북쪽 지역을 개발할 수 없다. 그러나 그린란드에서처럼 신중하게 보호하지 않으면 다른 문명과의 접촉으로 그들의 삶과 공동체의 모든 시스템이 망가질 것이고, 그들은 아주 약해질 것이다."[2] 일반적으로 고고학자들은 캐나다 북극뿐만 아니라 세계 모든 곳에 있는 원주민들이 궁극적으로 멸종할 것이라 예측했다. 이런 견해는 부분적으로 인종의 우월성에 – "문명"이라는 유럽의 임무를 받아들일 수 없거나 받아들이려고 하지 않는 모든 문화는 궁극적으로 소멸하거나 동화된다는 믿음을 갖게 했던 우월성 – 대한 유럽인의 태도를 반영한 것이었다. 모든 곳에서 식민지화와 현대 유럽 가치의 도입이 원주민의 문화에 끼친 심각한 파괴에 대한 관찰도 역시 이런 믿음을 부추긴다. 1500년에서 1900년 사이 유럽에 의한 식민지화로 북아메리카와 남아메리카에서 원주민 인구가 50% 이상 급격히 줄었으며, 심한 지역에서는 90%까지 사라졌다.[3] 이런 사망률은 종종 (전적으로는 아니지만), 원주민들이 면역력이 없었던 시기에 유입된 질병이 초래한 것이다. 이누이트의 경우, 이런 예로 유행성 감기(인플루엔자)와 결핵이 있었다. 그러나 궁극적인 멸종에 대한 예측은 잘못된 것으로 드러났다. 이누이트와 다른 원주민은 살아남았다. 오늘날 퍼스트 네이션과 이누이트, 그리고 메티스는 캐나다에서 가장 빠르게 인구가 늘고 있다. 그러나 멸종 위협이 단지 숫자에 불과한 것은 아니다. 그것은 언어와 문화도 – 삶의 다른 방법 – 포함한다. 이누이트는 대부분 원주민보다 더 최근에 식민지화했고, 자신들의 언어와 문화를 유지하고 있다. 그러나 이것은 변하는 중이다.

5.1 그린란드 일루리사트 주변의 빙산

종종 이누이트는 유럽계 캐나다인들이 자신들의 땅에서 무엇을 하는 것인지 먼저 묻는다. 무슨 권리로 이누이트가 아닌 민족이 북극의 땅이나 얼음에 대한 주권을 주장하는가? 루카시에 누타라알루크(Lucassie Nutaraaluk)가 기억하듯이,

> 제1차 세계대전에서 영국이 독일을 물리친 후 그 칼루나트가 와서 우리의 영토를 차지하였다. 칼루나트가 우리 땅을 차지했지만, 우리 조상들은 전혀 보상받지 못하였다. 우리 조상들은 매우 솜씨가 좋은 사람들이었다는 것을 알고 있다. 도구가 거의 없었지만 살아남았다. 그들은 매우 강했고 유능했다. 그들의 생존 능력 덕분에 오늘날 우리가 여기 존재하는 것이다. 만약 우리 조상이 했던 방식으로 오늘날에 우리가 살아가려 한다면, 우리는 그런 기술을 갖고 있지 않아서 죽게 될 것이라는 점을 잘 안다.[4]

캐나다가 주장하는 북극에 대한 주권은 지난 150년에 걸쳐서 마구잡이로

확립되었으며, 북서항로를 포함하는 북극해에 관한 한 여전히 힘이 미약하다. 이 장과 다음 장에서 언급되는 이누이트와 칼루나트 캐나다인 사이의 상호작용의 역사는 이 공유의 여정이 얼마나 어려웠는지를 잘 보여 준다. 주권에 대하여 이런 이상한 관계를 집약적으로 보여 주는 곳이 고위도 북극의 던다스하버이다. 그곳에서 160년 이전에 키트들라수아크와 영국 해군이 만났다.

데번섬 남쪽 해안에는 따뜻한 날씨와 맑은 물이 있는 짧은 몇 주 동안에 배가 정박할 수 있는 작은 만(항구)이 있다. 만 뒤에는 데번섬 중앙에서 쏟아져 내려오는 거대한 빙하가 있다. 만을 내려다보는 언덕에서 바다 쪽으로 작고 굽은 만이 있다. 그곳은 또 다른 빙하가 작은 빙산들(주로 빙하 조각)을 랭커스터 해협으로 만들어 보내고 있는 크로커만Croker Bay에서 그리 멀지 않고, 비치섬에서 동쪽으로 좀 떨어져 있다.

내가 처음 방문했을 때는 우중충하고 추웠다. 근처에 옛날 툴레족이 있던 자리가 – 뗏장 집*qarmaq* 고대 유적 – 있다. 툰드라에는 둥근 고리 모양으로 놓인 돌무더기와 둥글게 움푹 파인 곳 외에 남아 있는 것이 거의 없다. 노란색의 북극양귀비와 줄무늬가 있는 하얀색과 자주색의 끈끈이장구채가 그 돌 사이에 자리 잡고 있다. 근처에 엄니가 제거된 바다코끼리 두개골이 있었다. 마지막으로 다시 찾았을 때는 거기에 남아 있지 않았다. 작은 돌들이 툰드라에 고르게 박혀서 작은 길을 만들고 있다. 그 유적지는 매우 오래된 – 아마도 툴레족이 알래스카에서 그린란드로 처음 이주한 것만큼 오래된 – 것처럼 보인다. 그곳은 키트들라수아크나 우키가 그 섬 주위에서 오래 머물 때 사용했던 야영지였을 수 있다. 그들 둘 다 여기서 시간을 보낸 것이 확실하고, 분명히 머물 만한 장소이다. 아크틱베이와 폰드인렛에서 오는 사냥꾼들이 때때로 이곳에서 야영한다. 데번섬은 지구에서 "사람이 거주하지 않는" 가장 큰 섬으로 알려져 있다. 하지만 수세기 동안, 아마도 수천 년 동안 그 주변에서 인간이 살고 이동해 왔다.

그 유적지와 만 사이에는 맑은 날에 뒤의 음산한 산들이 방패처럼 비치는 작은 호수가 있다. 야영지 너머에는 피라미드처럼 뾰쪽 솟은 녹색 능선이 있다. 툰드라와 바위로 이루어진 여러 구릉을 넘어 걸어가면 여행객은 마침내(내 경우는 숨을 헐떡이면서) 저 아래에 작은 굽은 만을 내려다보는 높은 선반 모양의 지층으로 나간다. 붉은 줄무늬의 암벽들이 북쪽과 동쪽에서 만을 둘러싸고 있다. 멀리 조용한 얼음 섬들이 랭커스터 해협의 엷은 푸른 빛에 점을 이루고 있다. 이곳에서 사향소를 볼 수 있다. 언제 곰들이 나타날지 모르니 무장한 보초를 세워야 한다. 곰은 가파른 자갈 해변으로 밀려 들어온 흰색 얼음 덩어리 뒤에 쉽게 숨을 수 있고, 거기에서 점심거리로 부주의한 방문객을 기다릴 수 있다.

캐나다 정부가 1924년 고위도 북극권에 최초로 캐나다 기마경찰대(RCMP) 초소 하나를 설치한 곳이었다. 해변 가까운 곳에 젊은 독신의 RCMP 경찰관과 가족이 있는 이누이트 경찰관을 수용했던 서너 개의 작은 건물 흔적이 있다. 그 두 개의 유적지가 – 하나는 오래되었고 다른 하나는 상당히 최근의 것임 – 지금까지 살아온 북극의 역사를 뒷받침해 준다. 이 조용한 곳에서 이누이트와 유럽인들이 잠시 함께 살았다. 얼른 보기에 생명이 없는 것처럼 보이는 던다스하버는 오랜 세월의 조용한 역사로 천천히 채워지기 시작한다.[5]

바다에서 보면, 그 건물들은 미지의 대륙 가장자리에 놓여 있는 슬프고 보잘것없는 작은 상자일 뿐이다. 늦은 여름이면, 엷은 눈이 조용한 백색의 그림자로 육지를 뒤덮는다. 위대한 어둠이 빠르게 내리고 3개월 이상 이어진다. 본관 건물 뒤편에는 오래된 빨간색 문이 저 너머 언덕 쪽으로 열린다. (이끼가 내부의 목재로 침투하면서 지금은 흑백의 추상적인 작품이 된) 별채를 지나면 거대한 바위산의 동쪽 사면으로 올라가는 길이 있다. 아래 초소를 내려다보는 작은 능선에 두 개의 무덤이 있다. 경찰관 빅토르 메종뇌브(Victor Maisonneuve)와 윌리엄 스티븐(William Stephens)이 잠들어 있다. 오래된

5.2 1925년 8월 노스웨스트 준주 데번섬 던다스하버의 이누이트 가족(좌에서 우로) 누카피안구아크(Nukappiannguaq), 신원 미상의 사내아이, 이나룬구아크(Inalunnguaq), 그리고 타우티아안구아크(Tauttianguaq). 그들은 그린란드에서 와서 RCMP에서 일했다.

5.3 던다스하버에서 원주민 경찰이 사용했던 막사

나무 십자가들이 남아 있지만, 무덤 앞에는 두 개의 커다란 돌 표지판이 놓여 있고 하얀 말뚝 울타리로 둘러싸여 있다. 그 유적지는 아크틱베이에 있는 RCMP 파견대에서 관리하고 있다. 근처 어딘가에 이누이트 아이의 무덤도 있지만, 내가 보기엔 아무런 표시가 없다. 던다스하버는 광활하고 조용한 곳이지만 비어 있는 것은 아니다. 나는 이곳을 여러 번 방문했고, 매번 그 건물들과 무덤들은 과거에 사로잡혀 있는 것처럼 보인다. 여기에 유령들이 있다.

소홀히 다룬 지배권

1880년 영국이 북극 섬들을 캐나다로 이양했을 당시, 그 신생국가는 새로 취득한 광대한 영토를 어떻게 해야 할지 거의 대책이 없었다. 섬 중 몇 개 특히, 그린란드 옆 북쪽 멀리에 있는 엘즈미어섬은 다른 나라와 경쟁이 되었다. 캐나다는 20세기 초에 노르웨이에게 스베드럽섬Sverdrup Islands을 샀지만, 1906년 아문센이 북서항로의 역사적인 통과가 이루어지기까지 지배권을 확립하기 위해 한 일이 거의 없었다. 캐나다가 갑자기 북부에 대한 자국 관할권으로 분노를 표출했다. 캐나다 정부는 캐나다 해안경비대 아크틱호CGS *Arctic* 선장 버니어(Joseph-Elzéar Bernier)에게 3년간 북극해 제도의 "주권 순찰"을 지시했다.

1908년 여름, 버니어는 퀘벡시를 출발하여 세인트로렌스강 하류를 지나 북극으로 항해했다. 당시 아름다운 옛 수도에는 프랑스인 주둔 300년을 축하하기 위한 배너와 깃발이 장식되어 있었다. 버니어와 소형 배가 통통 소리를 내며 강을 따라 내려가서 바다로 나가 뉴펀들랜드와 래브라도를 돌아 데이비스 해협으로 올라가서 북서항로로 들어갔다. 캐나다 해안경비대 아크틱호는 오래전에 윌리엄 에드워드 패리 선장이 겨울을 보낸 고위도 북극권 멜빌섬의 윈터하버까지 북서로 항해했다. 버니어는 그곳에 닻을 내리고 거의 100년 전에 패리가 했던 것처럼 봄이 되어 얼음이 녹기를 기다렸다. 빛이 돌아오고 여름의 긴긴날 동안 태양이 하늘을 돌 때, 버니어와 선원들은 42년 전 캐나다가 하나의 연방 국가로 합쳐진 캐나다 자치령 기념일Dominion Day – 1909년 7월 1일 – 을 준비하였다.

> 배에 있던 모든 사람이 캐나다 자치령 기념일을 축하하였다. 모든 깃발이 휘날렸고, 그날 자체가 모두에게 바라는 날이었다. 저녁 식사 때, 우리는 캐나다의 자치령과 캐나다 총리를 위해 축배를 들었다. 그러고 나서 북극해 제도의 전체 합병을 기념하기 위해 기술자인 케오니그(J. V. Keonig)가 조각한 명판을 패리의 바위에 설치하는 제막식을 보려고 모두 모였다. 나는 영국 정부가 1880년 9월 1일 서경 60도에서 서경 141도까지, 그리고 북위 90도, 즉 북극점까지 아메리카대륙의 북부 수역과 북극해에 있는 모든 영국 영토를 캐나다에 수여한 것과 관련된 중요한 사건들을 간략히 언급했다. 캐나다 해양수산부 장관에게 경애를 표하기 위한 축배를 세 번 들었고, 흩어져서 남은 시간을 즐겼다. 대부분은 풍성하게 자란 꽃들을 꺾고 관심이 가는 것들을 챙겼다.
>
> 우리는 많은 이정표를 만들었고 노스이스트 언덕에 있는 패리의 이정표도 다시 만들었다. 패리가 기록을 남긴 곳을 표시하기 위해 1819~1820 헤클로호Hecla와 그리퍼호Griper의 이름이 새겨진 동판을 패리의 이정표와 나란히 오크나무 조각 위에 놓았다.[6]

5년 후, 캐나다는 대영제국의 다른 국가들과 함께 독일과의 전투에 참여했다. 제1차 세계대전이 모든 것을 바꿔놓았다. 대영제국이 제1차 세계대전에 참전한 캐나다의 외교와 국방 정책을 지시하였다. 전쟁이 끝날 때쯤, 캐나다는 더 적극적이고 독립적인 역할을 원했다. (캐나다를 포함하는) 영연방 자치령은 1919년 베르사유 평화회담에 별도의 대표단 참여를 고집했다.[7] 비록 대영제국의 일부였지만, 캐나다는 오스트레일리아, 뉴질랜드, 남아프리카공화국 그리고 인도와 함께 자신의 지배권을 갖겠다고 마음먹었다. 1920년대는 전 세계적으로 경제적 팽창과 새로운 극단적 민족주의, 그리고 문화 혁명의 시기였다. 사진술과 철도, 전보에 이어 활동사진(영화), 무선 라디오, 전화, 자동차가 나왔고, 아직도 계속 지구를 작아지게 하는 전기통신과 교통 혁명이 이어졌다. 북아메리카와 유럽에서 찰리 채플린(Charlie Chaplin)과 그레타 가르보(Greta Garbo) 그리고 캐나다인인 메리 픽포드(Mary Pickford)가 무성 영화를 지배했다. 듀크 엘링턴(Duke Ellington)과 엘라 피츠제럴드(Ella Fitzgerald)와 같은 아프리카계 미국인들의 "재즈" 음악이 주류로 들어오기 시작하였다. 여성의 머리 모양과 치마 길이가 은막(영화 산업)과 일반 대중잡지의 "매력 있는 여자"를 모방하면서 더 짧아졌다. 캐나다는 대영제국의 일부로 결연히 남아 있음에도 불구하고 새로운 글로벌적 자신감을 가지고 의사를 표현하기 시작하였다. 캐나다 노동자들은 정치적, 경제적 권리를 요구했다.[8] 톰 톰슨(Tom Thomson)과 그룹오브세븐, 그리고 에밀리 카르(Emily Carr)와 같은 예술가들은 풍경화에서 캐나다 장르를 확립해 가고 있었다.[9] 불어와 영어를 사용하는 작가와 예술가, 영화제작자 그리고 학자들이 이름을 떨치고 있었다.

캐나다의 인구가 팽창하고 변화하고 있었다. 그 나라는 거대한 지형에 대한 지배력을 굳건히 하는 한편, 이전 수십 년 동안 중국과 남아시아 이민자는 물론, 많은 유럽인을 받아들였었다. 퀘벡은 여전히 가톨릭교회와 영국 기업들이 확고히 지배하고 있었고, "프랑스인들"은 일상적으로 2등급 시민으로 묵살당하였다. 당시 "시민"은 여전히 영국 국민을 의미했다. "인디언들"은 아예 시민권이 없었다 – 그들은 보호구역으로 옮겨졌고, 아이들은 "문명화될" 수 있도록 기숙학교로 보내졌다. 일반적으로 메티스는 "잡종"으로 여겨졌고, 아무런 권리가 없는 인디언으로 취급되었으며, 백인 사회에 동화되거나 (아니면 앨버타에서는) 인디언 보호구역과 유사한 방식으로 관리되던 "식민지"

5.4 1909년 7월 1일 윈터하버에서 선원들과 함께한 버니어 선장(개의 뒤 중앙)

에 정착시켰다. 당시의 통설은 "원주민들"이 멸종되고 있다는 것이었다. 남아 있던 사람들은 동화되거나 사라질 것이라는 기대 속에 국가의 피보호자로 취급되었다. 인디언 문제 담당자이면서 영연방 자치령의 가장 뛰어난 시인 중 한 명인 던컨 캠벨 스코트(Duncan Campbell Scott)는 다음과 같이 이 상황을 정리했다. "나는 인디언 문제가 없어지기를 원한다. 사실상 나는 국가가 홀로 설 수 있는 사람들을 지속적으로 보호해야 한다고 생각하지 않는다. … 우리의 목적은 캐나다에 정치적 통일체에 흡수되지 않은 인디언이 한 명도 없고, 인디언 문제도 없고, 인디언 부서도 없을 때까지 지속하는 것이다."[10]

당시 "에스키모들"은 데번과 엘즈미어섬 주위를 돌아다니고 있었고, 그린란드 사냥꾼들이 캐나다의 주권을 위협하는 경우가 아니면 거의 무시되었다. 이누이트는 수 세기 동안 그린란드와 엘즈미어섬 사이를 계속 이동하고 있었지만, 당시 협의의 국제법 관점에서 보면, 고위도 북극권에서 이누이트의 주권이 확립된 것으로 해석되지 않았다. 오히려 그것은 덴마크의 관심사로 캐나다의 (영국의) 주권이 위협당하는 것으로 해석되었다. 또한 북극에서 탐험대 숫자의 증가(특히 미국인들)와 사냥감에 대한 우려가 있었다. 사향소 사냥을 금지하기 위해 1917년에 제정된 캐나다 노스웨스트 사냥법*Northwest Game Act*이 추가되었다.[11] 이 법은 주로 엘즈미어섬의 그린란드 사냥꾼을 목표로 한 것이었지만, 기근 시기에 "캐나다 에스키모인들"에게도 굉장한 영향을 미쳤다. 엘즈미어섬의 크레이그하버Craig Harbour(오늘날 그라이즈 피오르 근처)에 한 개의 RCMP 파견대가 설치되었고, 북동으로 배시Bache반도에도 다른 하나가 설치되었다. 이것들은 그린란드 이누이트인이 캐나다 영토로 들어오는 것을 통제하기 위한 새로운 규정을 지키려는 것이었다. 허드슨베이사와 고래잡이, 선교사 그리고 소수의 RCMP 경찰 외에 대부분 이누이트는 당시 캐나다 정부 관료나 다른 칼루나트와 거의 관련이 없었다. 그러나 이런 상황이 막 변하기 시작하고 있었다.

누칼라크의 재판

캐나다는 고위도 북극권에 대한 주권을 지키기로 했다. RCMP 초소의 설치와 사냥규정 집행이 그 행동의 일부이다. 키트들라수아크가 그린란드에서 귀환하는 도중에 사망한 후 50여 년이 채 지나기 전에, 배핀섬 북부에서 또 다른 죽음이 북극의 역사를 만들었다. 이 사건은 뉴펀들랜드 여우 덫 사냥꾼인 제니스(Robert S. Janes)가 지역 사냥꾼인 누칼라크(Nuqallaq)에게 살해된 것이다. 살인사건으로 경찰조사가 시작되었고, 고위도 북극권에서 최초의 재판이 열렸다. 이누크에 대한 최초의 재판은 아니었지만, 이누이트 공동체 폰드인렛에서 열린 최초의 재판이었다.

이누이트 법에 따르면, 집단의 생존이 개인의 행복이나 권리보다 더 중요하다. 이누크든 아니든 집단이나 공동체의 후원 없이는 북극에서 개인이 생존할 수 없다. 사냥꾼은 자신이 죽이는 동물은 물론 땅과 얼음 그리고 바다와 긴밀한 관계 속에 살아간다. 주술사는 자신을 다른 동물의 모습으로 변형시킬 수 있었고, 보조 영신*tuurngait*이 그들의 여행을 인도했다. 키비우크와 키트들라수아크 모두 동물 영혼의 인도를 받았다. 아와가 어렵게 기독교를 받아들이면서 자신의 보조 영신을 배핀 북부의 주술사인 여동생에게 보냈다. 바다 동물의 수호신인 눌리아유크Nuliajuk가 존경받지 못하게 되면, 그녀는 너그러운 마음을 거두고 사람들을 굶주리게 할 것이다. 원로들은 생존을 위해서 야생동물과 땅, 환경 그리고 영혼을 존중해야 한다고 가르친다. 인간은 필연적으로 환경과 지능의 강력한 힘인 실라Sila는 물론 모든 다른 생명체와 관계를 맺고 있다.

존 휴스턴이 자신의 영화「영혼의 식사*Diet of Souls*」에서 이누이트와 동물의 관계에 대해서 탐구하였다. 이누이트는 인간이 먹는 동물도 영혼을 가지고 있다고 믿는다. 북극곰이나 바다코끼리의 크기와 흉폭함만큼 위험한 사냥을 하는 것이다. 전통적으로 이누이트는 상업적 이익이나 부를 축적하기 위해 사냥하지 않았으며, 오로지 자신의 가족과 공동체를 부양하기 위해서만 사냥하였다. 그 의무는 물질적이고 사회적인 것일 뿐만 아니라 영혼적인 것이었다. 데이비드 펠리(David Pelly)가 다음과 같이 설명하고 있다.

> 전통적으로 사냥은 이누이트에게 생존의 기반이었다. 그들의 문화는 사냥문화이다. 그러나 이누이트의 사냥은 좀 더 강력하고, 기술적으로 더 나은 장비를 갖추었거나 좀 더 똑똑한 존재가 열등한 존재를 쫓아가서 죽이는 전형적인 서부의 사냥과 다르다. 차이는 "영혼"의 개념에 있다. 유럽인 관점에서는 인간만 영혼이 있다는 반면, 전통적인 이누이트의 믿음에는 모든 존재가 영혼을 가지고 있다는 것이다. 이누이트에게 사냥의 성공은 사냥감의 영혼을 존중하고 바다표범에 대하여 적절한 태도를 취한 결과이다.

전통적으로 사냥은 이누이트와 바다표범 사이의 약속이다. 이누이트 사냥꾼은 환경에서 착취하는 것이 아니고 사람과 환경 사이에 유대를 만들어 내고 있는 것이다. 바다표범이 사냥꾼에게 몸을 바칠 때, 그것은 바다표범이 동물에서 인간으로 변형되는 공유의 행위이다. 바다표범이 소비된다는 것은 재탄생이나 부활의 형태이다.

고대 이누이트 철학에 의하면, 북극에서의 생존은 모든 존재 간의 공유를 통해서 가능하다. 진정한 이누크는 자신의 사냥에 대해 자랑하지도 않고, 지나치게 사냥하지도 않으며, 그렇지 않으면 사냥을 안 할 것이다. 그는 사냥물을 공유를 거절하지도 않을 것이다. 그렇게 하지 않으면, 평등하게 존재하는 모든 생명체 사이 존중의 기본 법칙을 위반하는 것이다. 이런 식으로 무례하게 행동하는 것은 바다표범을 불쾌하게 하고 그것들이 사라지도록 조장하게 할 것이다.[12]

그러나 칼루나트와 젊은 이누이트들이 동물에 대한 현대 유럽인의 태도를 받아들이면서 야생동물에 대한 존중이 사라지고 있다. 마리아노 오필라류크(Mariano Aupilaarjuk)가 다음과 같이 말했다.

예를 들면, 늑대가 죽인 카리부의 뼈와 같이 우연하게 뼈를 발견할 때가 있어요. 우연히 땅 위에 있는 뼈를 발견하면, 그것이 놓여 있는 방향을 바꾸어 놓고 가야 한다고 들었어요. 오늘날에도 여전히 그렇게 하고 있어요. 왜 뼈를 돌려야 하는지 설명 드릴게요. 침대에서 잠을 잘 때, 한 쪽으로만 잔다면 매우 피곤하게 될 거에요. 움직인다면 기분이 좋아질 거에요. 같은 방법으로 우리는 그 뼈를 다른 쪽으로 돌려야 해요. 그것이 뼈에 관한 법*maligaq*이에요. 나는 그들의 피로를 덜어 주기 위해서 여전히 이렇게 해요.

까닭 없이 야생동물을 잡아서는 안 돼요. 식량을 위해서만 잡아야 해요. 문서화되지 않았지만, 이누이트는 야생동물에 대한 자신들의 법을 가지고 있어서 새로운 법이 필요 없어요. 야생동물에 대한 현재의 법은 우리의 법이 아니에요. 이누이트의 방식*piusiq*이 보이지 않기 때문에 우리가 따르는 법이 보이지 않아요. 비록 허가가 필요한 것은 아니지만 뼈에 대해 제가 이야기하는 것은 법이에요. 그것은 카리부 뼈의 휴식을 통해 존중을 보여 주는 법이에요. 그런 식으로 우리는 그 동물에 대한 감사를 표해요. 이것이 지금은 실행되고 있지 않은 이누이트 방식이에요. 과거에는 조심스럽게 모든 뼈를 함께 모았고, 이것이 위대한 율법*tirigusuusiit*의 하나였죠.[13]

19세기에서 20세기에 걸쳐 일부 이누이트는 임금 경제의 일부가 되어 미국과 스코틀랜드의 고래잡이들과 함께 일하거나, 여우를 덫으로 잡아 서양 물품과 바꾸기 위해 까이에 있는 허드슨베이사를 찾아갔다. 그러면서도 오래된 자신들의 법을 따랐다. 이누이트 법이 처벌보다는 화해와 관계의 복원을 강조하지만, 어떤 개인이 누군가에게 계속 해를 끼친다면 극단적인 조치가 취해질 수 있다. 끊임없이 반복되는 해로운 행동에 대한 관용은 고의로 야기되었든, 어떤 정신질환으로 야기되었든 간에 무한정 지속되게 둘 수 없다. 이누이트가 의존하는 동물들을 쫓아버리겠다고 위협으로 간주하는 것을 포함해서 누군가의 행동이 집단의 생존에 해를 끼치는 위협이 된다면 추방이나 살해가 선택의 여지 없는 해결책으로 여겨질 수 있다. 개는 사냥에 중요하기 때문에 개를 죽이겠다는 위협도 심각하게 받아들여진다.

누칼라크와 그의 가족들이 배핀섬 북부를 이동하고 있었을 때 애드미럴티 인렛의 얼음 위에서 야영을 하고 있던 이누이트 집단을 만났다. 모피 덫 사냥꾼인 제니스도 한동안 홀로 이동한 후, 눈집으로 이루어진 작은 마을에 도착했다. 그는 동상에 걸리고, 굶주리고, 지쳐서 절망적이었다. 그는 여우 털 모피를 사라는 자신의 요구가 바로 받아들여지지 않자, 개나 사람들을 쏘겠다고 위협했다. 그의 분노가 통제 불가능이고 위협적인 것처럼 보였다. 이누이트는 그가 미쳤다고 생각했다. 결국 집단은 상황이 감당할 수 없다고 느꼈다. 누칼라크를 포함한 사냥꾼들의 회의에서 제니스를 죽이는 것이 사람과 개의 안전을 지킬 수 있는 유일한 길이라고 합의하였다. 1920년 3월 15일 저녁, 제니스가 한 눈집에서 걸어 나가다 총에 맞았다. 누칼라크가 다른 두세 명의 도움을 받아 저지른 일이었다. 이누이트들은 제니스를 처형(그것은 사실상 처형이었음. 여기서 처형이라는 것은 그를 살해한 것이 아니라는 것을 의미함-역자 주)한 후, 시신을 조심스럽게 카리부 가죽으로 싸고 벙어리장갑과 부츠를 손과 발에 놓았다. 그러고 나서 얼어붙은 시신을 상자에 넣고, 후에 유해를 요구할지 모르는, 혹시 있을 수 있는 친지들을 존중하여 애드미럴티인렛의 바위 속에 넣었다. 누칼라크를 포함하여 이누이트들은 자신의 행동을 비밀로 하지 않았고, 잘못한 것이 없다고 믿었다. 공동체에 대한 그런 심각한 위협을 가하는 사람을 죽이는 것은 그들의 – 냉혹하지만 효과적인 – 관습이었다.

그러고 나서 누칼라크가 기독교 복음을 전하기 시작한 자기 아버지 우미크(Umik)와 함께 이글루리크 지역으로 이동했다. 누칼라크는 보조원으로 활동했고, 그 지역의 많은 가족이 1921~1922년 겨울 동안 그 새로운 교회에 참여했다. 한편, 경찰조사도 시작되었다. 제니스의 시신을 파내어 배핀섬 북쪽 끝의 이클립스 해협Eclipse Sound에 있는 폰드인렛으로 이송하였다. 그는 공동체와 멀리 떨어진 해변에 쓸쓸하게 매장되었다. 그의 시신은 2004년 8월 현지 공동체 구성원들이 더 안전한 장소로 옮길 때까지 거기에 남아 있었으며, 낮은 벼랑에서 점차 붕괴되어 바다로 들어가고 있었다.[14]

주술사 아와가 누칼라크에게 칼루나트가 자신들의 동료 한 명을 죽인 것에 대해 보복을 할 것이니 조심하라고 알려주려 했다. 아마도 이것이 누칼라크가 기독교로 전향한 이유일 것이다. 유럽의 종교를 받아들여 보복을 피할 수 있기를 바랐을 것이다. 그는 결국 체포되었고, 폰드인렛에서 판사와 배심원단 앞에서 두 명의 "공모자"와 함께 살인죄로 기소되었다. 1923년 9월 마지막 주에 노스웨스트 준주 특별 법정에서 재판이 열렸다. 누칼라크와 공동 피고인 중 한 명이 유죄로 선고되었다. 누칼라크는 10년 징역을 선고받았다. 실제로 그는 매니토바 위니펙 근처에 있는 스토니 마운틴 교도소에서 거의 2년을 보냈다. 그는 거기서 폐결핵에 걸려 조기 석방되었고, 1925년 9월 폰드인렛의 집으로 돌아왔다. 이전의 강력하고 심지어는 두려움의 대상이었던 사냥꾼의 이런 초라한 모습의 귀환은 배핀 북부에 있는 이누이트 공동체에게 엄청난 영향을 미쳤다. 폐결핵이 전염병처럼 퍼져 나갔다. 게다가 조사와 재판 기간 동안 이클립스 해협과 주변에 잡혀 있었던 이누이트들의 수만큼 사냥 활동도 축소되었다. 질병과 사냥 중단, 그리고 겨울을 나기 위한 식품 저장이 어려워지면서 이 사건 이후 배핀 북부 전역으로 많은 고난과 죽음이 이어졌다. 누칼라크는 북쪽으로 돌아간 지 몇 개월 만에 사망하였다.

던다스하버

이 사건은 북극에서의 캐나다 형사 사법제도가 집행된 초기의 사례를 보여준다. 그린란드 이누이트들이 오랜 세월 동안 엘즈미어섬에서 사향소를 사냥하기 위해 얼음을 건너오고 있었지만, 제니스의 사망과 누칼라크 재판 후 수년간에 걸쳐서 캐나다 이누이트가 거주하지 않는 북극의 외딴 지역에 RCMP 주둔지들이 설치되었다. RCMP 주둔지들은 대륙의 북쪽 3분의 1에 대한 주권을 확립하기 위한 캐나다 정부 활동의 일부였다. 1922년에 엘즈미어섬 남단의 크레이그하버와 폰드인렛에 경찰 파견대가 설치되었고, 1924년에는 데번섬의 던다스하버에, 그리고 1926년에는 엘즈미어섬 동쪽 해안의 배시반도에 설치되었다. 두세 명의 경찰이 외딴 전초기지에 배치되었고, 그들의 주둔지 건설과 유지를 돕기 위해 이누이트 한두 가정이 같이 있었다. 당시 캐나다 이누이트는 집을 떠나 RCMP를 위해서 일하는 것을 꺼려서 아이러니하게도 선발된 이누이트 가족 중 많은 수가 그린란드 출신이었다. 데번섬 던다스하버의 RCMP 파견대는 완전히 고립되어 있었다.

던다스하버의 RCMP 파견대는 1924년부터 1933년까지 유지되었고, 1930년대에 허드슨베이사의 분소로 바뀌었다가 제2차 세계대전 기간에 문을 닫았다. 그러고 나서 1945년부터 1951년까지 RCMP에 주둔지가 잠시 운영되었다. 첫 시즌에는 세 명의 젊은 경찰이 이누이트의 도움 없이 스스로 사냥하고 겨울옷을 바느질해야 했다. 1925년에 소규모의 이누구이트가 이곳으로 배치되었고, 최초 3명이던 경찰이 두 명 – 신참이던 빅토르 메종뇌브와 윌리엄 스티븐 – 으로 축소되었다. 남쪽에서 공급선이 1년에 한 차례 밀가루와 차, 커피, 설탕, 탄약 그리고 다른 필수품들을 실어다 주었지만, 그 외에는 젊은 남자들(두 명의 칼루나트와 이누이트)과 아이를 데리고 있는 한 젊은 이누크 여성이 스스로 해결해야 했다. 9월 초가 되면 추운 날씨가 시작되고 얼음이 얼기 시작하였다. 12월에는 끝없는 어둠이 내리고, 바다의 얼음은 지평선 끝에서 끝까지 단단하였다. 2월이 되어야 주저하던 태양이 돌아오고, 그 이후에도 여러 달 동안 눈과 얼음이 작은 파견대를 겨울의 일상 속에 가뒀다. 남자들은 봄에만 바다코끼리와 바다표범을 사냥하기 위해 얼음으로 나갈 수 있었다. 그들은 역시 사냥하고 있을 북극곰을 경계하는 것도 배웠어야 했을 것이다. 한여름이 되면, 끝없는 햇볕이 어려운 문제를 야기할 수 있다. 잠을 자는 것이 아주 어렵게 되었다. 사실 칼루나트에게는 추위만큼이나 북극에서의 어둠과 빛의 리듬이 어려운 문제이다. 겨울에 오랜 시간 동안의 어둠은 무기력증과 우울증 그리고 단순히 탄수화물 – 최근까지 북극에서는 쉽게 구할 수 없었던 것 – 에 대한 끊임없는 갈망을 불러일으킨다. 끝없이 이어지는 여름 햇볕은 수면을 불가능하게 한다. 여러 달의 겨울과 여름이 만성적 피로, 스트레스 그리고 고독함의 상태로 지나간다. 한 개의 작은 오두막집에 갇혀 있는 두 명의 젊은 남자가 서로 미워하게 될 수도 있다.

1926년에 수수께끼로 남아 있는 이유와 상황 속에서 경찰관 빅토르 메종뇌

브가 혼자 크로커만의 바다표범 사냥 캠프에 머물다 총으로 자살했다.[15] 그는 그곳 최초의 경찰관 세 명 중 한 명이었고, 8월에는 해안경비대 아크틱호로 단기간 휴가를 나갈 예정이었다. 그는 전설적인 RCMP 탐험가인 조이(A. H. Joy) 경사가 데번섬을 가로질러 이동하고 되돌아갈 때도 함께했었다.[16] 다음 해 8월에는 윌리엄 스티븐이 주둔지에서 멀지 않은 곳에서 바다코끼리를 사냥하다 사고로 자신을 쏜 것으로 보인다. 공식적인 조사는 없었다. 현지 이누이트들은 미신을 믿고 있었다. 폰드인렛에 사는 샘 아나칼라크(Sam Arnakallak)가 말하길,

> 그들은 탈루루티이트Tallurutiit(데번섬)에 그린란드인들을 주둔시키곤 했었어요. 거기에 갔을 때 우리가 최초의 이누이트 캐나다인이었어요. 그들은 그린란드인들을 배로 실어 보냈어요. 그들이 떠나고 난 후, 두 개의 무덤이 있었어요. 우리는 1928년에 거기에 갔고, 두 개의 RCMP 무덤이 있었고, 그들이 총으로 자살했다고 들었어요. 첫 번째 한 명이 총으로 자살했고 후에 나머지 한 명도 총으로 자살했어요. … 제 생각에 그들은 질투심 때문에 총에 맞은 것 같아요. 아마도 그린란드 남편 총에 맞은 것 같아요. 그들이 그냥 자살한 것이라고 말하고 있었다고 생각해요. 그들이 시신을 파내려고 한 것이 의심스럽게 해요. 그들은 어디에 총을 쐈는지 그리고 총알이 몸의 어디로 들어가서 어디로 나갔는지 알고 싶어 했어요.[17]

셸라 그랜트(Shelagh D. Grant)가 저서 『북극의 정의*Arctic Justice*』에서 누칼라크 재판에 대하여 지적하듯이, 이누크 그린란드인이 이누크 여성과의 성적 범죄가 의심되기 때문에 RCMP 장교를 쏘았을 수도 있다는 어떤 암시라도 국내에서 부정적인 여론 폭풍을 만들어 냈을 것이고 (그 이누구이트들이 덴마크계이기 때문에) 외교 전선에 잠재적으로 곤혹스러운 결과를 만들어 냈을 것이다. RCMP가 캐나다 야생의 단련된 조련사로서 대영 제국주의의 전신으로

부터 불굴의 정신에 대한 명성을 물려받았던 당시에는 자살에 대한 의심조차도 별로 좋지 않은 것이었다. 비록 공개적으로 제공되는 정보가 매우 적지만, 두 명의 경찰관은 어쩔 수 없는 교착 상태에 이르렀던 것으로 보인다. 그들은 작은 오두막의 중앙에 선을 그었고 수개월 동안 서로 말하지 않았다. 이것이 어둡고 몹시 추운 겨울에 비좁은 장소에서 사는 것을 더욱 어렵게 만들었을 것이다. (비록 내가 직접적인 증거는 가지고 있지 않지만) 선임 경찰관은 프랑스계 캐나다인이었고 제1차 세계대전 참전용사였던 반면, 부하 직원은 영국인이었다는 사실이 영국계 캐나다인들이 퀘벡사람들을 자신들보다 열등한 존재로 여기던 시기에 긴장을 야기했을 수도 있지 않았나 하는 의심이 든다. 이 장소가 얼마나 고립되었고 흉물스러운지 말로 표현하기는 어렵다. 두 명의 젊은 경찰관의 죽음은 이 위압적인 땅에서 숨겨진 수수께끼로 남아 있다.

캐나다 제국

누칼라크의 재판은 캐나다 정부가 세 가지 목표를 달성하기 위해 행한 초기의 몇 가지 사법 절차와 공식적인 행동 중 하나였다. 하나는 "에스키모들이 캐나다 법을 존중해야 한다는 것"을 보여 주기 위한 것이었다. RCMP의 경찰국장 대행인 코틀랜드 스턴스(Cortlandt Starnes)는 거창한 의식과 환경을 모두 갖추고 폰드인렛의 작은 외딴 주둔지에서 사법재판을 여는 것이 더 경제적일 뿐만 아니라 (이것은 의심의 여지가 있음) "에스키모들에게 억제 효과를 줄 것"이라고 믿었다. 그의 견해에 의하면, "원주민들의 인간 생명 경시를 용납하지 않을 것임을 각인시키기 위해 약간의 그런 단계가 필요한 것처럼 보인다."[18] 제니스가 영국인 – 백인 – 이었다는 것이 재판을 여는 데 큰 역할을 했다.

더 중요한 두 번째 목표는 북극해 제도에 대한 캐나다 주권을 강화하려는 것이었다. 그 재판을 위해 폰드인렛으로 파견된 아크틱호를 탄 재판부 일행이 가는 길에 북극 여행을 즐겼는데, 그것은 덴마크 정부에 엘즈미어섬에 대한 캐나다의 우월한 주장을 심어 주려는 의도로 보인다. 일행은 그린란드 갓헤이븐Godhaven(지금의 누크)에 잠시 머물렀고, 배의 장교들과 재판부 일행이 덴마크 고위 관리들의 환대를 받았다. 현지 언론에서 그들의 방문을 기사화하였다. "과학적 또는 실질적 조사가 이 방문의 목적이 아니고, 다른 무엇보다도 북극 아메리카에 대한 캐나다의 주권 시위가 의도하는 바"라고 주장하는 새로운 소식을 코펜하겐으로 전송하였다.[19]

세 번째 목적은 비록 덜 의도적이었던 것 같지만, 19세기 말과 20세기 초를 대표하는 일종의 캐나다 국가 정체성을 – 백인, 영국, 북쪽, 강인함, 용감함, 단호함, 남성적, 침착하게 훈련됨, 법 준수, 위기에 직면했을 때 침착함 – 정당화하기 위한 것이었다. 던다스하버에 있던 경찰관 스티븐의 경우 북극에서의 임무가 일종의 "소년 혼자의 모험" – 존 버컨(John Buchan)이나 아서 코난 도일(Arthur Conan Doyle)의 책에서 나오는 것 같은 – 으로 시작되었을지 모른다. 후에 캐나다 기마경찰대로 바뀐 북서 기마경찰대의 초기 몇 년은 신생국인 캐나다가 자신의 국민과 세계에 보여 주길 원했던 전형적인 이미지였다. 그것은 의식적으로 비아메리칸적인 것이었고 지금도 그렇게 남아 있다. 당시 행해졌던 애국심을 부추기는 표현들은 영국 국기(후에 한 쪽 모퉁이에 영국 국기가 그려지고 다른 한 쪽에 캐나다 문장이 새겨진 레드 엔사인Red Ensign – 어디에나 있는 캐나다 단풍나무 잎은 1960년대의 산물이다.)로 대표되는 바와 같이 "왕과 국가"를 향하고 있었다. 북극에서의 RCMP의 역할은 "원주민" 사이에서 지속적인 문명화 임무를 지닌 대영제국 역사의 상속자들로서 캐나다인의 낭만적인 입장을 전형적으로 보여 주었다. 북극에서 원주민들은 "Esquimaux" 또는 "Eskimos"(둘 다 에스키모를 의미–역자 주)였다. 비록 이와 같은 캐나다의 국가 정체성이 시대착오적인 것일지 모르지만, 여전히 매우 활발하며 특히 북쪽에서 그러하다. 1923년에 아크틱호가 폰드인렛으로 향하는 여행 중 데번섬 남서쪽 끝에 닻을 내렸다. 여기에서 누칼라크 재판을 위해 폰드인렛으로 향하던 재판부 일행이 잠시 쉬게 되었다. "프랭클린의 마지막 겨울 거처였던 근처의 비치섬을 방문하고 옛 탐험가에 대한 캐나다의 빚을 인정할 기회가 있었다. 참가자 중에서 할 수 있는 사람은 모두 캐나다의 북극 주권을 나타내는 프랭클린 기념비로 가서 부동자세를 취하고, 천천히 기념비의 꼭대기에 영국 국기를 게양하고 1분 동안 묵념하였다. 의식이 끝날 때 국왕 폐하를 위한 열렬한 만세 삼창이 있었다."[20]

북극의 이국적인 매력은 캐나다인으로서 우리 자신의 이미지와 많은 관련이 있다. 캐나다의 국가 정체성의 일부는 북쪽에 있는 다른 민족국가들을 상대로 한 우리의 문화적, 법적 권리를 토대로 만들어졌다. 동으로 그린란드와 서로 알래스카 사이에 북쪽으로 북극점까지 이어지는 북극해 제도에 대한 캐나다 주권에 대한 권리는 지리적, 정치적, 그리고 (어쩌면) 법적 관점에서 문화적 정체성의 표현이다. 이런 의미에서 민족국가로서 캐나다의 자아상은 미국과 접하고 있는 남쪽 경계에서 멀어질수록 더 분명해진다. 그러나 이런 북쪽의 궤적은 실제 캐나다인 대부분이 거의 여행해 보지 않은 것이다. 많은 캐나다인에게 북극은 상상에만 존재하는 위대한 흰색의 북쪽 – 배경에 이따금 북극곰이 등장하는 눈과 얼음이 끝없이 넓게 트인 지역 – 으로 남아 있다.

국가로서 캐나다 지위의 특성을 좀 더 일반적으로 보지 않고, 주권에 대한 법적 정의와 법에서 개념의 기저를 이루는 사회적, 정치적, 문화적 그리고 경제적 근원 사이의 관계를 이해하는 것은 불가능하다. 국제법적으로 캐나다의 국가적 지위는 의심할 여지가 없지만, 한 국가로서 캐나다의 일관성은 항상 모호하였다. 퀘벡의 민족주의, 서부에서의 불만, 뉴펀들랜드와 다른 영역에 대한 캐나다 주권의 점진적 증대, 그리고 캐나다 경계와 지역 관계에 대한 지속적인 재협상은 (가장 최근 누나부트 설립의 경우) 다른 국가 독립체의 경우에서 "정상적"으로 여겨질 수 있는 것보다 캐나다에서 훨씬 더 유동적인 것으로 만들고 있다. 역사적 궤적을 볼 때, 캐나다의 경계는 새로운 정치적 요구를 충족시키기 위해 내적으로 종종 재조정되기도 하고 외적으로 (동에서 서로, 그러고 나서 남에서 북으로) 팽창하고 있다. 모호한 캐나다의 민족주의가 주권 문제에 어떤 영향을 미칠까? 퀘벡 북부에서 원주민들의 존재가 캐나다의 일부로써 (또는 일부가 아닌 것으로써) 퀘벡의 법적, 정치적 지위에 대한 오래된 갈등을 해결하는 데 중요시되어야 한다. 그러나 캐나다 대법원의 퀘벡 주권 사건에서 원주민의 목소리가 인정되었지만, 곧바로 무시되었다.[21]

캐나다 헌법이 1982년에 35(I)조를 포함하도록 다음과 같이 수정되었다. "현존하는 캐나다 원주민들의 권리와 조약상의 권리를 인정하고 확인한다."[22] 원주민에는 인디언, 메티스Métis(캐나다 원주민과 유럽인 사이의 혼혈인-역자 주) 그리고 이누이트를 포함한다고 명확히 정의하고 있다. 조약상의 권리는 이미 존재하는 조약뿐만 아니라 미래에 체결될 어떤 권리, 조약 또는 토지권리 협약도 명확히 포함하고 있다.[23] 일반적으로 비원주민 캐나다인들은 제35조에 있는 원주민 권리에 대한 인정을 (그들이 그것들을 혹시 알고 있는 경우) 지나치게 계속 요구할 소규모의 빈곤한 원주민 소수집단과 오래전에 자신들이 원주민들을 쫓아냈다고 믿고 있는 캐나다 남부의 백인 또는 이민 주류 집단 사이의 매우 불완전한 타협으로 보고 있다. 캐나다인 대부분은 1982년 헌법에 대한 수정이 현재 상황에 근본적으로 영향을 미치지 않는 것으로 여기며, 현 상황을 식민지라고 인정하지도 않는다. 캐나다의 식민주의를 항상 통렬하게 느껴 왔던 원주민들에게 원주민의 권리와 조약상의 권리에 대한 헌법상의 인정은 한참 전에 행해져야 했을 일이었다. 원주민들은 새로운 개정안에 그런 내용을 포함시키기 위해 광범위하게 로비했다.

1967년은 캐나다 연방 탄생 100주년이었다. 츨레이-와우투스Tslei-Waututh족의 추장 댄 조지(Dan George)는 밴쿠버의 엠파이어 스타디움에서 열린 백주년 기념식에 모인 35,000명의 청중 앞에서 연설했다.

> 오 캐나다여! 내가 그대를 얼마나 오랫동안 알아왔는가? 백 년? 그래요, 백 년. 그리고 아주 많은 실란움*seelanum* (음력달). 그리고 오늘, 그대가 그대의 100주년을 기념할 때, 오 캐나다여! 나는 이 나라 방방곡곡에 있는 모든 인디언을 위해 슬픔을 느낀다.
>
> 왜냐하면, 그대의 숲이 나의 것이었을 때, 그들이 나에게 고기와 옷을 주었을 때, 나는 그대를 알고 있었기 때문에. 그대의 고기가 태양 아래 번쩍이며 춤을 추고, 물들이 '오세요, 와서 나의 풍요로움을 드세요'라고 말하는 그대의 개울과 강에 있는 그대를 알고 있었다. 나는 바람의 자유 속에 있는 그대를 알고 있었다. 그리고 나의 영혼은 바람처럼 한번 그대의 좋은 땅을 배회했었다.
>
> 그러나 백인이 온 이후 기나긴 수백 년 동안 나는 신비하게 자유가 바다로 나가는 연어처럼 사라지는 것을 보았다. 내가 이해할 수 없었던 백인의 이상한 관습들이 내가 더 이상 숨을 쉴 수 없을 때까지 나를 짓눌렀다.
>
> 내가 땅과 집을 보호하기 위해 싸울 때, 나는 야만인이라고 불렸다. 내가 백인의 삶의 방식을 이해하거나 환영하지 않았을 때, 나는 게으름뱅이라 불렸다. 내가 나의 사람들을 통치하려고 할 때, 나의 권위를 빼앗겼다.
>
> 나의 국가는 그대의 역사책 속에서 무시당했다 – 그것들은 캐나다의 역사에서 들판을 돌아다니는 물소와 마찬가지였다. 나는 그대의 기도와 영화 속에서 조롱의 대상이었고, 내가 그대의 독주를 마셨을 때 나는 취했다 – 아주 많이 취했다. 그리고 나는 기억을 잃었다.
>
> 오 캐나다여! 내가 어떻게 그대와 이백 주년, 이백 년을 축하할 수 있겠는가? 나의 아름다운 숲 중 나에게 남겨진 보호구역에 대해서 그대에게 고마워해야 하는가? 나의 강에서 잡은 통조림 고기에 대해서? 심지어 내 사람들 사이에서조차 잃어버린 자부심과 권위에 대해서? 내가 대항할 의지가 없는 것에 대해서? 아니다! 나는 과거와 지나간 것은 잊어야 한다.[24]

대부분 사람은 댄 조지 추장을 「작은 거인*Little Big Man*」(이 영화로 그는 아카데미상 후보자로 추천됨)이나 「무법자 조시 웰즈*The Outlaw Josey Wales*」와 같은 영화에 나오는 영화배우로 기억한다. 그러나 그는 이보다 훨씬 더 큰 가치를 지닌 존재였다. 안타깝게도 고립의 장벽이 산산이 부서지는 것을 보고 싶어 하는 그의 희망은 요원한 것 같다.

원주민 헌법 교수인 존 바로우스(John Borrows)의 좀 더 최근의 관점에서 바라보면, 미래에 대한 희망은 "다중 관할권"에 있다. 이것은 유럽의 법과 원주민의 법을 동등한 권위로 헌법에 포함하는 것을 의미한다.

> 헌법과 같은 보다 광범위한 법적 시스템이 원주민 법을 인정하지 않는다면, 법의 지배는 과정상에서 훨씬 더 심각하게 제약받을 것이다. 불행히도 이런 일이 발생한다면, 그 부담은 원주민에게 가해질 것이다. … 우리의 전통을 확장하려 할 때, 캐나다 법의 권위는 판례, 합의, 근거 그리고 일관성에서 나온다는 것을 기억해야 한다. 캐나다 법의 권위는 힘에서 나온다는 것도 기억해야 한다. 부, 지위, 사회적 관습 그리고 확립된 서부의 전통에 대한 편견에서 벗어나 법을 적용하기 어려울 수 있다. … (그러나) 법률 문화는 유동적이다. 법은 지속적으로 변화하는 과정에 있으며, 원주민은 그런 변화에 참여해야 한다. … 우리의 법률 전통은 이 땅 모든 곳에서 안정성과 질서를 유지할 수 있는 능력에 있어 위대한 지혜, 내구력, 그리고 융통성을 가지고 있다. 다중 관할권은 이런 장점들을 키우기 위해 필요한 지원을 받아야 한다. 사실상, 우리의 헌법은 그런 것에 의존하고 있다.[25]

국제법에서 주권의 의미

캐나다를 포함한 극 주변 국가에서 북위 60도 북쪽에는 남쪽에서 이주해 온 유럽인보다 이누이트와 다른 원주민이 훨씬 더 많다는 것을 거의 상기하지 못한다. 예를 들면, 누나부트에는 인구의 85%가 이누이트이다. 이칼루이트 외곽의 소규모 공동체에서 대부분 사람이 사용하는 언어는 영어나 불어가 아닌 이누크티투트이다. 국제적 수준에서 보면, 북극은 북아메리카, 유럽 그리고 아시아에 있는 민족국가들의 북쪽을 둘러싸고 있지만, 그곳의 인구는 대부분 원주민이다 – 분명히 캐나다인도 아니고 미국인도 아니고 유럽인도 아니고 아시아인도 아니다. 모든 북극 국가들의 민족주의는 그들의 북부 지역에서 비유럽인 인구에 비하여 이런 우위에 있는 것으로 볼 수 있다. 거의 모든 북극 국가들은 정착민 국가이다. 그곳의 유럽인들은 여러 곳에서 왔다. 유콘과 노스웨스트 준주, 누나부트의 캐나다 영토는 물론 패로제도, 그린란드, 라플란드(노르웨이, 스웨덴, 핀란드 그리고 러시아에 있는 사미의 영토), 북부 시베리아의 자치지역들은 자치권, 자치정부, 그리고 (더 최근에는) 덴마크, 노르웨이, 스웨덴, 핀란드, 러시아 그리고 캐나다의 원주민 거주자들의 경우 약간의 자결권을 인정받기 위하여 각자 다른 노력을 하고 있다. 알래스카는 알류트Aleuts, 이누피아트Iñupiat, 유피트Yupiit와 다른 원주민들에 대해 약간의 자주적인 정치적, 법률적 지위를 인정하고 있다. 그러나 그들의 문화적 지위와 북극에서 미국의 주권과의 관계는 안정적이지 않으며, 그 지역의 다른 민족국가에 있는 원주민들의 지위와 주권도 안정적이지 않다.

분명한 것은 캐나다와 북유럽, 러시아, 그리고 미국은 모두 북극에서 제국이다. 캐나다와 러시아, 미국은 19세기에 원주민의 의견을 묻지도 않고 광대한 영토를 획득했다. 수목한계선 북쪽에는 역사적인 조약이 없다 – 북극에서 원주민이 포함된 최초의 협정은 1971년의 알래스카 원주민 보상법*Alaska Native Claims Settlement Act*이다.[26] 북극에 있는 넓은 땅과 바다를 사실상 거대한 부동산 계약으로 얻었다. 1867년에 미국 국무장관 윌리엄 수어드(William H. Seward)가 당시 가치가 없는 황야와 같던 땅에 과감히 720만 미국달러 (1에

이커당 2센트)를 지불하고 러시아에게서 알래스카를 사들였고, 당시에는 "수어드의 어리석음Seward's Folly"으로 알려졌었다.[27] 서부에서 무역에 대한 허드슨베이사의 독점이 무너지면서 1670년 이래로 차지하고 있던 루퍼트 랜드Rupert's Land의 대부분을 1870년에 캐나다로 이관하였고, 1880년에 영국이 캐나다의 북극 대부분 지역을 캐나다로 이전하였다.[28]

이것이 북극의 주권에 대해 시사하는 바는 무엇인가? "주권"은 명확한 정의를 내리기 어려운 용어이다. 국제법에서 주권은 "자신의 영토에서 발생하는 활동을 규제할 수 있는, 국제법의 제한에만 적용을 받는, 국가의 배타적인 능력"과 불가분하게 연결되어 있다. … 이것은 한 국가의 독립과 그에 따라 국제법에서 국가의 주권을 나타내는 궁극적인 특징이다. 그러므로 영토의 배타적인 소유는 국가를 법률적으로 정의할 때 요구될 뿐만 아니라 국가가 자신의 주권을 나타내는 중요한 방법 중 하나이기도 하다.[29] "영토"에는 그 민족국가의 지리적 범위의 영공과 그 아래에 있는 대기권과 지하는 물론 육지, 내수(호수와 강), 그리고 연안 해역이 포함된다. 거기에는 섬 사이에 있는 해협이나 항로도 포함될 수 있다. 다음은 국제법상에서 영토에 대한 주권을 인정하는 일반적인 방법과 존 커리(John Currie)의 설명이다.

1. 실효적 지배: "주권을 확립하고 유지하기 위해 국가가 표현하는 의지와 결부된, 영토에 대한 국가 권리의 효과적이고 지속적인 표현 … 무엇이 실효적 지배에 근거한 소유권 확립을 위한 국가 권리나 자주권 의지의 충분한 표현을 구성하느냐 하는 것은 경우에 따라 다르다. 관련된 국가의 활동은 정착지나 산업의 확립과 유지와 같은 명확한 형태를 띨 수도 있고 해당 영토에 적용되는 법률 제정이나 조약 체결과 같이 덜 직접적인 주권 표명까지 확대될 수도 있다.[30]
2. 정복: 군사적 침략과 다른 사람으로부터 영토를 탈취하는 것. 이것은 더 이

상 주권을 확립하는 타당한 방법이 아니지만, "소유권의 타당한 근원이 여전히 그런 취득 방식이 법적으로 허용되었던 시기인 20세기 초 이전에 발생한 정복 행위로 거슬러 올라갈 수도 있다. … 그렇게 취득한 소유권의 명확한 근거는 … 주권 … 확립을 위한 목적을 가진 … 정복한 영토에 대한 … 지배권의 효과적이고 실질적인 행사이다."[31]

3. 다른 방법들로는 자연증가 또는 (기후변화 때문에 현재 발생하고 있는 것과 같은) 육지의 침식은 물론 취득시효(다른 주권 국가에 속하는 영토에 대한 장기적인 실효 지배), 이양(조약을 통해 영토를 포기하는 것), 포기, 버림 등이 있다.

북극에서 주권은 남극의 영토 주권과 지배권에 대한 국제제도와 종종 비교되고 대조된다. 그러나 중요한 차이점이 있다. 유럽의 남극 침입은 북극보다 훨씬 최근 일이다. 초기 남극 탐험은 19세기 초에 이루어졌으며, 1839년부터 1843년까지 제임스 클락 로스(James Clark Ross) 선장 지휘하에 행해졌던 테러호와 에레보스호의 항해도 여기에 포함된다. 영국과 노르웨이 탐험가들이 남극점에 먼저 도착하기 위해서 경쟁하던 20세기가 되어서야 지속적인 남극대륙 탐험과 연구를 위한 노력이 시작되었다. 남극에 대한 영국과 프랑스, 오스트레일리아, 뉴질랜드, 노르웨이, 아르헨티나, 칠레의 국가적인 소유권 주장은 1961년 처음 발효된 남극조약체제Antarctic Treaty System로 유예되거나 동결되었다.[32] 남극대륙은 과학적 연구와 환경보호를 위해 보존되고 있다. 채광과 석유와 가스 탐사 그리고 다른 상업적 행위가 금지되어 있다. 어업이 유일한 상업활동이며, 여기에는 크릴새우와 같이 잠재적 가치가 있는 미생물을 위한 생물자원 탐사는 물론 낚시와 포경(둘 다 논란이 되고 있음)도 포함된다. 국제법하에서 남극의 지위는 공해나 우주 공간과 유사하다. 달과 관련된 국제 조약상의 권리와 가장 비슷하다.[33] 그럼에도 불구하고 유럽인과 미국인들은 물론 남극 주변 국가는 국제 조약하에서 체결된 합의에 따라 남극의 일부를 지배하고 있다. 이런 합의가 공식적으로 주권을 확립시켜 주지는 않지만, 연구기지와 (군용기·개인 비행기의) 이착륙장, 그리고 거의 영구적인 캠프 – 남극점에 있는 것을 포함해서 – 를 허용하고 있다.

북극과 남극의 큰 차이는 남극대륙이나 주변 섬에 원주민이 없다는 것이다. 비록 오스트레일리아와 뉴질랜드, 남아프리카, 칠레, 아르헨티나와 같은 극 주변 국가의 가장 남쪽 지역에 원주민이 있지만, 고래잡이 어선을 타고 파타고니아 밖으로 항해해 나가면서 남쪽의 바다에 대해 알게 된 소수를 제외하면 이들 중 아무도 남쪽으로 여행한 적이 없었다. 이 주민 중 누구도 남극권 주변이나 그 너머에 정착한 사람이 없었다. 남극에서의 유일한 인간의 흔적은 과학 연구기지와 기상 관측소, 관광지, 그리고 로버트 스코트, 아문센, 섀클턴 경과 같은 탐험가의 유적지와 20세기 초의 거대한 바다표범과 고래잡이 사업체의 유적 정도이다. 유럽인들이 주권을 주장하는 거의 모든 다른 곳과 달리 남극은 엄밀히 말해 외교통상 무주지(無主地)*terra nullius*, 또는 "빈 땅"이다. 그곳은 수천 년 동안 인간이 살지 않았다.

북극에 대한 캐나다 주권은 세 가지 법률 이론, 즉 선형이론, 직선기선이론, 역사적 점유로 이루어져 있다. 다른 민족국가가 모두 인정하는 것은 아니다.

선형이론은 대부분 캐나다인이 지도에서 익숙하게 보는 것이다. 극지방은 거대한 냉동 파이와 같이 지역에 바로 인접한 민족국가들의 북쪽으로 뻗은 경선을 따라 나누어질 수 있다. 캐나다의 경우 이것은 알래스카와 유콘 사이의 경계를 북극점까지 확장하고, 같은 방향으로 그린란드와 엘즈미어 사이의 곧지 않은 선을 확장해서 그 사이에 있는 모든 북극의 섬과 수로를 포함하는 불규칙한 삼각형을 만드는 것이다. 이것은 버니어가 1909년에 캐나다를 위해 주장한 것이다. 북극의 모든 국가가 선형이론을 받아들이는 것은 아니다. 러시아는 그것을 지지한다. 이 이론이 러시아의 파이가 가장 큰 부분을 차지할 수 있게 하기 때문에 놀랄 일이 아니다. 캐나다에서는 1907년에 파스칼 푸아리에(Pascal Poirier) 상원의원이 캐나다 상원에서 "동쪽 최북단에서 뻗는 선과 서쪽 최북단에서 뻗는 또 다른 선 사이의 영해에서 발견되는 모든 영토"에 대한 권리를 주장하는 결의안을 지지하기 위해 이 이론을 처음 제안했다.[34] 캐나다는 1980년대까지 어느 정도(다소간의) 열정을 가지고 자신의 권리 주장에 대한 근거로 모순되게 이 이론을 사용했다.[35]

국제사법재판소에서 북해 대륙붕 사례에 의해 정해진 대로, 국제 관습법하에서는 (협정이나 조약에 포함되어 있지 않은) 국제적 법률 지배나 관습은 민족국가들의 일반 관행과 자신의 행동이 법률상의 의무에 따른 것이라는 믿음에 의해 지지되어야 한다.[36] 이런 다소 순환적인 논리는 (러시아를 제외한) 미국이나 유럽의 지지를 받지 못하기 때문에, 캐나다가 선형이론에 의지할 수 있는 여지가 크지 않다. 게다가 (이정표, 명판, 깃발 그리고 작은 메모들로 상징되는) 단순한 발견 주장들도 이제 "실효적 지배"가 수반되어야 한다. 사용하지 않는 것에 대해 권리를 주장할 수 없다. 캐나다는 자국의 이누이트 시민과 그들의 조상들이 수백 년 또는 심지어 수천 년 동안 이 지역의 많은 부분을 실효적으로 지배해 오고 있다는 것과 실효적 지배가 이 점을 고려해야 한다는 것을 인정하는 데 많은 시간이 걸렸다.

직선기선이론이 더 많은 지지를 받고 있다. 1951년 어업 사례에서 국제사법재판소가 정한 대로 (그리고 오늘날 유엔해양법 협약에서 성문화된 대로) 국제법은 (북극에서 볼 수 있는 것처럼) 국가들이 매우 들쭉날쭉한 해안선 주위 바다 위에 국경의 가장 바깥쪽 각 연장선에서 직선을 잇는 것을 지지한다.[37] 각 국가는 12해리에 있는 저조수선 대신에 직선기선을 기준으로 그 선 안에 있는 모든 수역을 자국 수역으로 권리를 주장한다. 캐나다는 북서항로를 포함하는 북극의 섬 사이에 있는 노선에 대한 권리를 주장하기 위해 이 이론을 따른다. 북극해 제도를 통과하는 항로의 다양한 입구와 출구에는 캐나다의 수역을 둘러싸는 중복되는 기선들로 분명하게 보장되는 지점들이 있다. 그러므로 북서항로를 통과하는 배는 항로의 법적 지위와 상관없이 캐나다의 수역을 통과해야 한다. 불행히도 미국과 유럽은 북서항로가 공해의 두 지역을 – 북대서양과 알래스카에서 태평양까지 이르는 북극해 서부 – 연결하는 국제해협이라고 주장하고 있다. 국가들이 그런 해협을 가로지르는 직선기선을 그을 수 없다는 주장이 있다. 이것은 그 항로에 대한 캐나다의 권리 주장이 대부분의 다른 국가로부터 지지받지 못한다는 것을 의미한다. 특히 미국은 그 항로를 사실상 국제해협이라고 지속적으로 주장하고 있다.

그러나 저명한 캐나다 국제 변호사인 도나트 파란드(Donat Pharand)가 지적하듯, 국제해협의 설정은 지리적 기준(북서항로가 공해의 두 지역을 연결하는지 – 그런 것처럼 보임)뿐만 아니라, 코르푸 수로Corfu Channel 사례[38]에서 서술된 바와 같이 기능 요건(주로 해협이나 항로가 "그 해협을 사용하는 배의 숫자와 배의 국적을 나타내기 위해 제시된 깃발의 숫자에 의해 입증되는 국제 해상교통을 위한 유용한 노선이었는지)"에 따른다.[39] 그 문제에 대한 파란드의 저서가 집필된 1988년에 아문센의 여정 이후 45척의 배만이 북서항로를 완전히 통과했었으며, 이 중 절반 이상이 캐나다 국적이었다.[40] 그 이후 25년 동안, 북극해 제도를 통과하는 운송량이 상당히 증가했지만, 북서항로가 공해지역 사이에 있는 기능적 해협이라는 주장을 정당화하기에는 충분치 않았다. 또한 이렇게 통과한 대부분 배는 캐나다 선적이었다. "북서항로가 그렇게 (국제해협으로) 분류될 수 있다고 주장하는 사람들은 실제 사용과 잠재 사용을 분명히 혼동하고 있다."[41] 2013년 덴마크 소유 화물선이 밴쿠버에서 유럽으로 북서항로를 통해 성공적으로 통과한 최초의 대형 상선이 되었다. 마이클 바이어(Michael Byers)가 「글로브앤드메일*Globe and Mail*」(캐나다의 일간지–역자 주)에서 지적한 대로,

> 덴마크 소유의 노르딕 오리온호*Nordic Orion*가 – 캐나다의 환경과 주권에 거의 위험 없이 – 북서항로를 국제운송 노선으로 사용한 최초의 화물선이기 때문에 스티븐 하퍼(Stephen Harper)는 이번 주에도 잠을 못 이룰 것이다. 지난주 북서항로에서 해안경비대 헬리콥터의 추락은 북극 수역이 얼마나 위험할 수 있는지를 분명히 보여 주었다. 탑승자 3명은 구명복을 입고 있었다. 그들은 비행기가 가라앉기 전에 탈출했고, 쇄빙선 아문센호*Amundsen*가 1시간 내로 도착했지만, 모두 동사했다. … 노르딕 오리온호는 북서항로가 캐나다 수역이라는 캐나다의 법적 지위를 약화시키지 않을 것이다. 왜냐하면, 그 배는 캐나다 해안경비대에 자신의 항해를 등록했고 – 그렇게 하여 캐나다로부터 허가를 받으려 했고, 받았기 때문이다. 그러나 다른 배가 뒤를 이을 것이고, 그들이 캐나다 국내법을 준수할 것이라고 – 따라서 안전과 환경보호를 보장하기 위한 우리의 능력을 – 추정할 수 없다.[42]

캐나다 북극에서 크루즈와 화물선의 운송 등으로 상업 운송량이 증가함에 따라 실제적 적용과 잠재 사용 사이의 경계가 모호해지고 있다.

해양법

그린란드와 엘즈미어섬 사이의 한스섬Hans Island이라고 불리는 바위섬에 대한 캐나다와 덴마크 사이의 우호적 분쟁을 제외하면, 북극의 섬과 관련된 주권 분쟁은 더 이상 없다.[43] 북극해에 기저를 이루는 대륙붕과 관련된 분쟁이 훨씬 더 많다. 이 대륙붕은 2003년에 캐나다가 비준한 유엔해양법 협약에 의해서 지배된다.[44] 러시아와 노르웨이, 그리고 덴마크(그린란드)도 협약의 당사자이지만, 미국은 아니다. 이 협약은 국제 관습법의 효력을 가지고 있고, 미국도 이 법에 구속되지만, 협약을 비준하는 데 실패한 것은 유감스럽게도 북극에 있는 국가들 사이의 협상에서 명확성을 떨어뜨렸다. 미국 헌법에 의하면, 조약은 상원의 3분의 2 이상에 의해 비준되어야 한다. 미국은 1994년 해양법 협약에 서명했지만, 비준까지는 그것에 의해 구속을 받지 않을 것이다. 공화당이건 민주당이건 간에 모든 미국 대통령은 협약 비준을 지지해 왔지만, 상원의 보수적인 공화당원들의 지속적인 저항으로 비준을 어렵게 한다.[45] 그럼에도 불구하고, 모든 북극 주변의 국가들은 그 협약에 제시된 법의 원칙을 인정한다. 그러나 이누이트는 국제법상에서 민족국가로서의 지위가 인정되지 않기 때문에 다시 멸시받고 있다. 그러므로 이누이트는 자신들을 대신하여 주권 문제를 협상하도록 자신의 고국에 기대야 한다. 다른 원주민 조직과 함께 이누이트 환북극평의회는 이런 조건이 북극에서 식민지화의 연속이라고 이의를 제기하고 있다.

오늘날에는 해양법 협약이 북극에서 해양 문제와 관련된 거의 모든 국제법을 지배한다. 이 조약에 따라 캐나다는 자신의 기선으로부터 350해리까지의 대륙붕(해변에서 해저 바깥쪽으로의 육지의 연장)에 대한 권리를 주장할 수 있다. 대륙붕에 대한 권리를 주장하는 국가들은 협약에 가입 후 10년 이내에 자신의 권리를 입증해야 했다. 그러므로 캐나다는 2013년까지 북극해 아래 놓여 있는 대륙붕에 대해 자신이 할 수 있는 모든 권리를 확고히 (규명) 해야 했다. 이런 권리는 광범위한 것처럼 보인다. 러시아와 노르웨이, 덴마크, 미국, 캐나다는 자신의 대륙붕이 어디에서 끝나는지를 판단하기 위해 북극 해저의 자료를 수집하기 위한 큰 작전을 실행했다. 가장 흥미로운 지역은 그린란드와 엘즈미어섬에서 러시아가 권리를 주장하는 수역까지 수백km에 이르는 해저의 로모노소프 해령Lomonosov Ridge이다.

2008년에 북극 주변 국가인 캐나다와 러시아, 미국, 덴마크, 노르웨이는 일루리사트선언에 서명했고, 이 선언에서 "북극의 유전과 광물 개발, 해상 안보, 교통과 환경 규정의 감시에" 협력하기로 동의했다.[46] 2008년과 그 이후 몇 년의 여름 동안, 모든 유권국은 고위도 북극권에 배를 주둔시키고 있었고, 캐나다와 미국, 덴마크는 자료수집에 협력하고 있었다. 비록 대륙붕 위 수역에서의 통행권은 허가하겠지만, 대륙붕 자체는 소유한 자들에 의해서 석유와 가스, 어업 또는 (일정한 환경적 제약이 따르는) 다른 경제적 이익을 위해 개발될 수 있을 것이다. 이것은 캐나다가 이미 주장한 200해리의 배타적 경제수역에 추가되는 것이다. 이 모든 것과 관련된 법은 복잡하다. 그러나 북극 주변 국가들은 북극의 해양을 가능한 넓게 통제하거나 적어도 다른 국가가 권리를 주장하지 못하도록 하기로 결정했다. 그것은 그 지역을 통과하는 해상 교통에 대한 관할권의 문제일뿐만 아니라 경제적 활용과 국가 안보의 문제이기도 하기 때문이다.

이런 주요 주장 외에도 캐나다는 1970년 해양법 협약이 만들어졌을 때 그 협약의 234조도 성공적으로 협상하였다. 이 조항에 의하면,

> 연안국은 배타적 경제수역 범위 내에서 얼음으로 덮여 있는 지역의 선박에서 나오는 해양오염을 방지하고 줄이고 통제하기 위한 차별 없는 법과 규정을 채택하고 집행할 권리를 가지게 된다. 그 지역에서는 특히 심각한 기후조건과 일 년 내내 그 지역을 덮고 있는 얼음이 항해에 방해가 되거나 심각한 위험을 초래한다. 또한 해양 환경의 오염은 생태계 균형에 심각한 해를 끼치거나 돌이킬 수 없는 폐해를 야기할 수 있다. 그런 법과 규정은 항해와 유용 가능한 최상의 과학적 증거에 근거한 해양 환경의 보호와 보존을 충분히 고려해야 한다.[47]

해양법 협약에 포함된 "북극 조항"은 북극 주권에 대한 캐나다의 주장을 뒷받침하기 위한 것이었다. 캐나다 의회는 1970년에 북극해 예방법도 통과시켰다.[48] 이 법은 1969년 미국 유조선 맨해튼호의 허가 요청을 거절하고 북서항로를 항해한 것에 즉각 대응한 것이다. 이 법에 의하면, 캐나다는 북극 환경

을 감시할 권리를 가지고 있다. 선박들이 북극해에 쓰레기를 버리는 것이 금지된다. 현재 그 법은 캐나다 북극 해안에서 200해리까지 적용된다. 캐나다는 최근에 북부 캐나다 선박 교통 서비스 구역의 일부인 북극해를 통과하는 선박들의 보고와 허가를 의무화했다.[49] 이런 법들이 북극의 수로에 대한 캐나다의 주권을 확립하려는 의도의 증거이기는 하지만, 불행히도 그 법 중 어느 것도 북극 수로에 대한 캐나다의 주권을 확립하기에는 충분하지 않다.

이런 상황이 북극에 대한 캐나다의 주장을 위하여 할 수 있는 세 번째 근거 – 역사적 점유 – 를 유발한다. 비록 이런 점유가 캐나다의 주장을 위한 가장 강력한 근거가 될 수도 있지만, 캐나다는 북극 수역에 대한 자신의 권리 주장을 위한 역사적 근거를 대개 무시하거나 모호한 태도를 취하고 있다. 허드슨만과 관련된 캐나다 권리에 대해 어느 누구도 반박하지 않는다. 이곳은 1870년에 회사의 소유자산이 영국에서 캐나다로 이전된 허드슨베이사가 그곳에 오랜 기간 동안 존재했던 것에 근거하여 캐나다 수역으로 보편적으로 인정되고 있다. 그 뒤 1880년에 영국은 북극 섬 대부분을 캐나다에 양도했으며, 그렇게 할 수 있는 영국 자신의 주권은 북서항로를 찾았던 영국 해군 탐험대들(그리고 실종된 프랭클린 탐험대)을 근거로 하였다. 캐나다는 이것이 권리를 주장하기에는 다소 약한 역사적 근거라는 것을 어느 정도 인정하면서 더 강력한 근거를 찾으려고 노력하고 있다.

북극에서 이누이트의 주권

이누이트에게 이런 국제법 논리는 매우 혼란스러울 뿐이다. 2009년 이누이트 환북극평의회가 북극 전역 누나아트Nunaat의 이누이트를 대신하여 상정한 '북극 주권에 대한 환북극 이누이트선언'에서 주권에 대한 권리 주장은 북극에 있는 인간 차원에 의해 결정되어야 한다는 점을 분명히 하고 있다.[50] 이곳에서는 이누이트가 첫 번째였다. 북극의 땅과 물과 얼음은 원래 그들 소유였다. 비록 자신의 국가에 영유권 주장을 양보할 의지가 있지만, 이누이트는 북극 소유권이 어디에 있나 하는 것에 대한 자신들의 견해에 귀를 기울일 것을 주장한다. 1993년의 누나부트 토지권리협정[51]에서 주요 협상자 중 한 명인 존 아마고알리크는 맨해튼호에 대해 다음과 같은 이야기를 들려준다. "캐나다 정부가 엑손과 미국 정부에 맨해튼호의 북서항로 항해에 대한 허가를 요청하도록 설득하는 것에 실패한 후, 두 명의 이누이트 사냥꾼들이 독자적으로 문제를 처리하였다. 그 거대한 유조선이 랭커스터 해협의 얼음을 치우며 나아가고 있을 때, 두 사람이 개 썰매를 몰고 그 배의 경로로 다가갔다. 선박이 멈추었고, 짧은 논의가 있었으며, 그러고 나서 그 사냥꾼들은 – 자신들의 주장을 밝히고 – 비켜주었다."[52] 결국 맨해튼호는 얼음을 뚫고 나아가기 위해 캐나다 해안경비대 쇄빙선의 도움을 받아야 했다. 이누이트와 캐나다 정부는 자신의 주장을 성공적으로 관철시켰다.

바이어스는 「북극은 누구의 것인가?*Who Owns the Arctic?*」에서 다음과 같이 적고 있다.[53]

> 북극해에 대한 캐나다의 주장 중 가장 강력한 요소는 수천 년 동안 북서항로에서 사냥하고 어업을 하고 이동하며 살고 있는 이누이트의 역사적 점유이다. 쿠글루크투크Kugluktuk에 살고 있는 앨리스 아얄리크(Alice Ayalik)가 이런 차원에서 캐나다의 법적 지위에 대해 강력하게 입장을 표명하였다. 이 72세의 예술가는 자신의 삶 초반 13년을 대부분 코로네이션만의 얼어붙은 표면에서 보냈다. 이글루에서 그녀의 가족이 살았고, 얼음에서 낚시하고 바다표범을 사냥했다. 북서항로를 따라 전 지역에는 젊은 시절 얼어붙은 수로를 집이라고 불렀던 수백 명의 이누이트 원로들이 있다.
>
> 물론 이누이트는 캐나다인들이다. 그들이 오랜 기간 사용하고 점유한 것

은 캐나다의 역사적 수역이라는 주장에서 가장 설득력 있는 요소이다. 북서 항로에 대해 수 천 년 동안 그곳에서 생활하는 것보다 더 강력한 주장을 누가 할 수 있겠는가?

2008년 캐나다 이누이트의 주요 전국 조직인 이누이트 타피리트 카나타미 Inuit Tapiriit Kanatami가 '통합 북극 전략'에 대한 정책 강령을 발표했다. 이 문서에서 그 조직은 주권 문제에 대한 이누이트의 견해를 서술하였다.

주요 고려사항:

• 북극에서 캐나다의 주권과 안보의 강화에는 건강한 지역과 공동체를 형성하는 것도 포함해야 한다. 건강한 지역과 공동체는 경제적 생산성과 자급자족 그리고 기본적인 사회복지의 허용 수준과 장기적인 추세에서 의미 있

사진 5.5 엘즈미어섬의 그라이즈 피오르에 있는 RCMP 기지 앞의 캐나다 국기

는 증가 수준이 있어야 한다. 이누이트가 말하는 것처럼, "주권은 가정에서 시작된다."

- 땅과 영해의 사용, 점유, 그리고 감시 문제는 북극에서 그곳의 역사와 인구 통계 그리고 문화적 구성을 고려할 때 특별한 측면을 띠고 있다.
- 북극에서 "사업"하는 것은 높은 비용이 들기 때문에 가능한 곳은 어디에서든지 효율성을 달성하기 위하여 한 치의 오차도 허락하지 않는다.
- 사회 기반시설과 교통과 항해, 감시와 환경 관찰, 안보와 비상 대비와 같은 분야에서 효율성을 높일 수 있다.

우선 정책 법안 발의:

- 군사 기반시설에 대한 새로운 투자는 군사적 기능뿐만 아니라 민간인에게도 가능한 도움이 많이 되도록 보장
- 북극 관리단Arctic Rangers 프로그램을 재개념화하고 확장하여 주민 민병대로서 봉사하는 것 외에도 다음의 기능을 효과적으로 수행하도록 하는 것. (a) 환경 감시 (b) 공동체에게 원주민의 전통음식을 제공하는 것 (c) 임금 고용에서 일할 자격이 없거나 할 수 없는 사람들을 위해 일하는 것, 특히 소규모 공동체에서 (d) 땅에 근거한 기술과 문화/언어적 지속성을 유지하는 것
- 재생자원 경제가 북극 원주민의 유산이라는 것을, 특히 기후변화에 직면하여 인정하고, 북극에 기반을 둔 주요 상업 어선단과 산업의 창조와 국립공원과 보호지역 시스템의 완성에 투자
- 예정된 증가에 따라 자원개발 산업을 위하여 필요한 정보를 제공하고 거대한 기본 정보 구멍을 채울 수 있는 지질학적 조사/지도화 사업에 대한 주요 투자
- 국제 시세의 변동성으로 인한 채광과 석유, 가스 활동의 호황과 불황의 치

수를 실현 가능한 한 많이 타개할 수 있게 공공 부문에서 유용 가능한 세금 과 다른 도구를 사용할 수 있는 기술을 찾기 위한 노력[54]

캐나다 북극 관리단은 군대에 소속되어 다양한 기능을 수행하는 자원군이다. 그들은 임금을 받지 않으며, 60년 된 소총을 소지하고, 빨간 후드티와 야구 모자 또는 끝이 뾰족한 털모자를 제복으로 사용한다. 그들은 규칙적으로 북극을 순찰한다. 레절루트에서부터 엘즈미어섬 북쪽 끝의 얼러트베이Alert Bay까지 매년 봄의 장거리 "주권 순찰"도 포함된다.[55]

이누이트는 적어도 지난 7,000년 동안 북극에서 살아왔다. 그들은 약 800년 전에 북극 동부에 정착했다. 그보다 3,000년 이전에 투니이트와 같은 다른 민족이 그곳에 정착했다. 그들은 거기에 그 기간 대부분에 어느 정도 영구적으로 정착했던 야영지를 가지고 있다. 땅과 얼음을 넘어 그들은 북극해 제도 곳곳을 이동하였으며, 수 세기 동안 그렇게 해 오고 있다. 키트들라수아크와 같은 이누이트의 이동과 장기 체류가 북쪽에 대한 이누이트의 오랜 점유 역사를 보여 준다. 툴레족의 유적지가 북극에 산재해 있으며, 매년 여름에 고고학자들이 새로운 유적지를 발견하고 있다. 키비우크와 과거 다른 이누이트 영웅들의 여행에 대한 구전 역사는 누가 진짜 북극의 주인인지 결정하는 데 훨씬 더 진지하게 받아들일 필요가 있다. 땅과 얼음에 대한 현대의 점유도 여전히 비슷한 패턴을 유지하고 있다. 누나부트 계획위원회Nunavut Planning Commission(NPC)는 원로와 사냥꾼, 그리고 다른 이누이트와 땅과 바다의 사용에 대해 광범위하게 협의하고 있다.

NPC는 땅 사용에 대한 계획을 수행하므로 이누이트의 가치와 이누이트 소유의 땅에 대해 특별한 관심을 기울여야 한다. 많은 거주자의 이용과 점유에 관한 자료를 모으고 분석하는 것이 이를 성취하는 한 가지 방법이다. 세계 어느 곳보다 더 많이 누나부트에 대해 사용과 점유에 대한 지도화가 이루어졌지만, NPC는 현재의 모범 사례를 충족시키는 자료를 얻기 위한 매우 야심찬 새로운 지도화를 시작하였다. 그 결과로 얻은 정보는 NPC가 제안한 개발이 미칠 수 있는 영향을 분석하고, 제약과 잠재적 기회를 확인하여 이누이트와 비이누이트가 함께 사용하는 지역을 결정하고, 특별한 운영 조건이 필요한 지역을 확인할 수 있게 하고 있다. 그 위원회는 고품질의 사용과 점유 지도를 갖고 있는 것이 토지이용 계획을 위한 의사결정 과정을 상당히 개선할 수 있다는 점을 확인해 가고 있다.[56]

NPC가 만든 지도는 얼음의 계절적 분포를 분명히 보여 준다. 오늘날 짧아진 사냥 여행이 이런 분포와 관련 있지만, 멀지 않은 과거에 이누이트는 한 번에 수개월씩 얼음 위의 마을에서 살았고, 얼음이 두꺼워지면 매년 같은 장소로 되돌아갔다. 그런 마을에서 여우 덫 사냥꾼인 제니스와 누칼라크의 만남이 있었다. 키트들라수아크와 우키 일행이 이동하는 동안 긴 기간 얼음에서 야영했고 북서항로 동쪽 입구인 랭커스터 해협도 통과하였다. 바이어스가 지적하듯, 북극 중앙의 이누이트들은 매년 여러 달 동안 정기적으로 북서항로의 서쪽 끝 부근에 자리한 코로네이션만의 얼음 위에서 살았다. 내륙의 배런그라운즈에서 카리부를 사냥하는 민족을 제외한 모든 이누이트는 겨울과 봄철에 사냥하고, 어업하고, 야영하고, 그리고 심지어는 음식을 저장하기 위한 창고로 얼음을 사용했다. 이누이트가 얼음을 점유한 이 고대 역사는 얼음이 땅만큼 자연스럽게 그들 영토의 한 부분이었다는 것을 시사해 준다.

그러나 국제 변호사들이 역사적 점유에 대해 이야기할 때는 거의 필연적으로 유럽인의 점유를 의미한다. 파란드는 캐나다가 역사적 소유권으로 북극해 제도에 있는 모든 수역을 캐나다 것이라고 입증할 수 있을지 의문을 갖는다.

"긍정적으로 보면, 사실상 그런 모든 수역은 1880년의 양도 이전에 영국 탐험가들이 발견하였고, 그 후 캐나다가 그런 대부분 수역을 탐사하고 순찰하고 있었다고 말할 수 있을 것이다. 그러나 대영제국과 캐나다가 차지한 것은 땅과 얼음에 한정되었을 뿐만 아니라, 캐나다가 해양에 대한 주권의 취득과 유지를 위해 요구되는 배타적 지배를 입증했던 것은 아니다."[57] 북극에 대한 이누이트의 점유나 사용에 대해서는 전혀 언급이 없다.

이것은 주권 문제와 관련 있다. 영토에 대한 원주민의 점유가 주권에 대한 권리를 확립시켜 주는가? 또는 이 개념이 국가에만 한정되는가? 비록 이누이트가 누나부트 토지권리협정 체결로 캐나다에 주권을 공식적으로 넘겨주었을지 모르지만, 이것이 반드시 주권에 대한 문제들이 완전히 정리되었다는 것을 의미하는 것은 아니다. 이누이트는 북극에 대한 캐나다의 주권을 지지하지만, 주권은 땅과 바다에 대한 강력한 권리를 지키고 유지할 수 있는 캐나다의 능력에 달려 있다. 해양 수역에 대한 캐나다 주권의 약화나 북서항로를 국제해협으로 인정하는 것은 이누이트가 생존과 개발 목적으로 그 바다의 얼음과 물을 사용하는 것에 중대한 영향을 미치게 될 것이다. 게다가 북극의 다른 원주민들은 주권을 넘겨주지 않았다. 국제법상에서 국가는 원주민들이 소유한 땅에 대한 주권을 자유롭게 풀어 놓지 않는다. 해양에 대한 국제법과 주권 문제는 이제 자결권과 인권, 환경권, 그리고 원주민 권리와 함께한다.

제2차 세계대전 이전에 원주민들의 이해관계는 주권 문제에 관한 경우 대부분 무시되었다. 국제사법재판소가 북극에서 주권 문제를 판결했던 유일한 소송에서 "그린란드인들"이 15세기 어느 시점에 북유럽 노르웨이인에게서 땅을 되찾았다는 가정에도 불구하고 그린란드 "에스키모"의 권리가 묵살되었다.

비록 에스키모와의 싸움으로 정착지가 몰락하게 된 것으로 추정되지만, "정복"이라는 말은 적절한 표현이 아니다. 정복은 두 국가 사이에 전쟁이 있을 때 주권 상실의 원인으로서만 작용하며, 패배로 인하여 영토에 대한 주권이 패자에게서 승리한 국가로 넘어간다. 그 원칙은 정착촌이 먼 나라에 설치되었고 그곳의 거주자들이 원주민들에 의해 학살당한 경우에는 적용되지 않는다. "정복"이라는 사실도 확립되지 않는다. 지금은 그런 정착촌들이 이른 시기에 사라졌음이 틀림없다는 것이 확인되었지만, 당시에는 그 정착촌과 연락이 끊기고 정착촌의 거처에 대한 지식이 없어졌음에도 불구하고 그들 중 하나 이상이 발견될 것이고 초기 정착자의 후손들이 살고 있는 것으로 밝혀질 것이라는 믿음이 있었던 것처럼 보인다.[58]

1970년대 이후 국제사법재판소와 다른 국제기구는 점차 다른 견해를 표하고 있다.[59] 유엔 총회는 '서사하라에 대한 권고'에서 자결권이 아프리카의 서사하라에 사는 유목민들에게 영향을 미치기 때문에 자결권 성격에 대한 국제사법재판소의 법적 의견을 요청했었다. 스페인은 식민 강대국이었지만, 1970년대 중반 스페인 독재정권이 붕괴된 후 식민지에 대한 권리를 포기했다. 모로코와 모리타니는 19세기 스페인이 정복하기 전에 그곳이 자신들 영토의 일부였다는 것을 근거로 자신들에게 귀속되어야 한다고 주장했다. 재판소는 모로코의 주장을 상세히 검토하고 나서 모리타니의 입장도 살펴보았다.

재판소는 서사하라의 거의 모든 유목민 부족의 이동경로가 식민지의 국경지역과 오늘날 모리타니 이슬람공화국 영토의 상당 부분을 가로질렀다는 정보를 입수하였다. 그 부족들은 이동 중에 두 영토에 목초지와 경작지, 샘이나 작은 연못, 그리고 둘 중 한 영토에 매장지를 가지고 있었다. 이 의견서에서 앞서 언급된 대로 유목인의 생활방식에 대한 이런 기본적인 요소는 어느 정도 부족 권리의 주체가 되었으며, 그들의 사용이 일반적 관습으로 규제되었다. 더욱이 부족 간의 충돌과 분쟁 해결과 같은 문제에서 그 지역의 모든 부족 사이의 관계도 부족 간의 일괄적 관습으로 통제되었다. 스페인이 서사하라를 식민지화하기 이전에 그런 법률적 관계는 부족의 관습이나 코란 외에는 다른 근원을 갖고 있지 않았고 갖고 있을 수도 없었다. 즉, 자신들의 관습이나 코란에만 의존했다. 따라서 비록 빌라드 싱구이트티Bilad Shinguitti가 법적 실체로서 존재한 것으로 보이지 않지만, 국제사법재판소의 견해로는 싱구이트티 국가의 유목민족들이 관련된 기간에 권리를 소유했던 것으로 보아야 하며, 여기에는 자신들이 이주해서 통과했던 땅과 관련된 약간의 권리도 포함된다. 국제사법재판소는 이런 권리가 서사하라 영토와 "모리타니의 실체" 사이에 법률적 유대를 구성한다고 결론지었다. 이 "모리타니의 실체"라는 표현은 현재 모리타니 이슬람공화국 내에서 구성된 빌라드 싱구이트티의 영토에 살고 있는 다양한 부족을 나타낸다. 그런 권리는 영토 사이에 국경이 없는 관계였고, 그 지역에서의 삶의 유지에 중요했다.

… 국제사법재판소에 제시된 자료와 정보는 스페인의 식민지 당시 모로코 왕과 서사하라의 영토에서 살고 있던 일부 부족 사이에 법적인 충성 관계가 존재했다는 것을 보여 준다. 마찬가지로 그것들은 국제사법재판소가 이해하는 것처럼 모리타니의 실체와 서사하라 영토 사이에 법적 관계를 구성하는, 그 땅에 대한 약간의 권리를 포함하는, 권리의 존재도 보여 준다. 한편 국제사법재판소의 결론은 제시된 자료와 정보가 서사하라의 영토와 모로코 왕국 또는 모리타니의 실체 사이에 영토 주권 관계를 확립시키지는 않는다는 것이다. 따라서 국제사법재판소는 그 영토에 있는 민족의 자유롭고 진정한 의지 표현을 통한 자결권 원칙에 … 영향을 줄 수 있는 성격의 법적 관계를 찾지 못했다.[60]

이것은 유목민족의 권리에 대하여 매우 제한적인 평가였고, 좀 더 일반적으로 원주민에게 적용될 수 있을 정도로 주권의 원칙을 뒷받침하지 못했다. 그러나 그것은 이누이트와 같은 유목민을 포함하는 원주민과 관련된 자결권의 의미에 대해 국제적으로 그리고 국가 법정에서 (캐나다와 오스트레일리아를 포함해서) 진지한 법적인 논의의 기회가 되었다. 그러므로 북극의 주권에 대한 캐나다의 주장에는 이누이트가 한 "민족" 또는 한 "국가"로서 권리를 가지고 있었고 여전히 가지고 있다는 것을 포함해야 한다. 이런 개념이 명확한 국제법으로 확고해지는 데는 오랜 시간이 걸렸지만, 자결권에 대한 근본적인 인권이 이누이트를 포함한 원주민에게 영토에 대한 중요한 권리를 준다는 것은 의심의 여지가 없다.

자결권과 인권의 개념은 분명히 캐나다와 캐나다 시민에게 적용된다. 유엔 시민권 및 정치적 권리에 관한 국제 규약과 유엔 경제권, 사회권 및 문화적 권리에 관한 국제 규약의 제1조에는 "모든 민족은 자결권을 가지고 있다. 그 권리에 의해 그들은 자신의 정치적 지위를 자유롭게 결정하고 자신의 경제적, 사회적 그리고 문화적 발전을 자유롭게 추구한다."라고 명시되어 있다.[61] 이런 권리는 국제법에서 최고의 권위를 갖는 것으로 인정되고 있다. 이 권리는 또한 유엔 원주민권리선언의 제3조에 거의 같은 말로 명시되어 있다.[62] 게다가 이 두 개의 유엔 규약에 포함되어 있고, 유엔 선언에서 인정된 인권에 따라 캐나다는 국제법하에서 이누이트를 포함한 모든 캐나다 원주민이 "유엔 헌장과 세계인권선언, 국제 인권법에서 인정된 대로 모든 인권과 기본 자유를 집단 또는 개인으로 온전히 누릴 권리를 보장해야 한다."[63] 원주민 권리 전체에 대한 그 선언의 법적 지위 혹은 그 안에 명시된 다른 권리와 관련하여 어떤 논란이 있든 이누이트에게 분명히 자결권과 인권이 적용된다. 오랫동안 이누이트의 이해관계를 무시하는 캐나다 내에서 혹은 민족국가 사이에서 주권 양도는 국제법 또는 캐나다 헌법의 문제로서 국제법이나 캐나다 헌법에 따라 더 이상 용납될 수 없다.

실효적 지배는 국제법상에서 주권을 확립하기 위한 가장 확실한 방법이다. 북극의 국가적 지배와 관련하여 캐나다 최상의 조건은 자국의 이누이트 시민을 지원하고 그들을 주권 주장에 대한 모든 논의의 중심에 두는 것이다. 지금 우리는 해양법의 일부로 주권 문제를 밀고 나가려고 하기 때문에, 이누이트가 오랜 권리를 가진 자결 민족으로서 얼음을 점유했다는 사실을 망각해 왔거나 관심을 가지려고 하지 않았다. 아이러니는 얼음이 녹으면서 실효적 점유에 대한 이 "최상의 증거"가 사라지고 있다는 것이다. 게다가 캐나다는 국제 인권법하에서 이누이트를 포함하여 모든 시민을 동등하게 존중하고 부양해야 할 의무를 가지고 있다. 지금은 그렇게 하고 있지 않다. 이누이트는 많은 인권을 누리는 데 있어서 다른 캐나다인들보다 상당히 뒤처져 있다. 북극에 있는 국가 사이의 관계를 관리하는 데는 국제 인권법이 해양법만큼 강력하다. 이누이트의 권리에 귀를 기울이고 존중할 뿐만 아니라 지구온난화의 가속화를 완화하기 위해 모든 권한을 행사하는 것이 장기적으로 분명히 캐나다에 최선의 이익이 된다. 그렇지 않으면 북극해 제도의 얼음에 대한 우리의 주장은 말 그대로 우리의 발 아래에서 사라질 것이다.

통치의 신화

지난 100년에 걸쳐 캐나다의 비전이 대영제국의 속국에서 현대의 독립국가로 변했지만, 북극의 주권에 대한 다양한 측면에서 바라보면 여전히 식민시대 그대로인 듯하다. 이것은 한 국가로서 캐나다의 지속적인 불안정 상태와 관련 있을 수 있다. 캐나다는 하나의 국가로 완전히 통합된 적이 없는 이질적인 민족으로 이루어진 광범위한 지리적 실체이다. 이것은 여러 면에서 좋은 일일 수 있다 – 그것은 자유와 사회적 다양성에 대한 우리의 감각에 기여한다. 그러나 그것은 또한 큰 국가적 의제를 설정하고 해결해내는 것을 어렵게 한다. 그런 목표를 성취하는 것은 때때로 외관상으로 보다 단순한 시대에 만들어진 "진리"를 상기시킨다는 것을 의미한다. 또한 묻혀진 역사적 요소도 있다. 캐나다인들은 지금 차지하고 있는 땅의 원주민들에게 빚을 지고 있다고 인정한 적이 없다. 마치 인간의 역사가 없는 백지 상태의 캐나다를 발견했다고 생각하는 이주민들에 의해 무에서 창조된 것 같다. 거의 연중 캐나다 대부분 지역에 있는 하얀 눈과 위대한 얼음 풍경은 유럽인들과 더 푸른 초원에서 이곳으로 오는 다른 이민자들에게 이런 생경함과 발견의 느낌을 더 갖게 한다. 내가 처음 이칼루이트에 도착했을 때 나도 이런 것을 경험했다. 이렇게 수천 년의 인간 역사를 고려하지 않는 것은 잘못이라는 것을 피상적으로 인정하고 있다. 하지만 좀 더 깊이 들여다보면, 캐나다인들이 실제로 원주민을 얼마나 인정하고 있느냐 하는 것은 우리가 원주민에 해 왔던 것과 아직도 하고 있는 행동을 인정한다는 것을 의미한다. 캐나다를 프랑스나 영국 또는 이민자는 물론 원주민 또는 메티스나 이누이트의 나라로 보는 것은 우리가 정복했다고 잘못 생각하고 있는 땅을 공유할 필요가 있다는 것을 인정하는 것이다.[64]

우리가 우리의 것이라고 생각하는 땅의 많은 부분이 적법성이 매우 불확실한 상황 속에서 취해지거나 구입했다. 우리가 우리의 것이라고 생각하는 모든 것들에 대해 원주민들은 여전히 기존 원주민 권리의 일부라고 주장하고 있다. 그러나 캐나다에는 여전히 원주민들이 명백하게 소유하고 있는 지역도 많다. 존 랠스턴 사울(John Ralston Saul)이 적고 있듯, 일반적으로 "캐나다의 3분의 2는 북방으로 분류되는 지역에 있다. 우리의 국내 총생산의 3분의 1이 고립된 북쪽의 세 곳(유콘주, 노스웨스트 준주, 누나부트–역자 주)에서 나온다. 그 3분의 1이 우리를 가난한 나라가 아닌 부유한 나라로 만들어 준다. 우리의 도시와 첨단 서비스에 기반을 둔 삶은 그 3분의 1의 부로 주어지는 토대 위에 세워진 것이다. 그리고 남쪽에서는 북극 지역에서 나오는 국내 총생산 비율이 증가할 것이라고 믿고 있다."[65]

이 북쪽은 원주민들의 땅이다. 누나부트의 설립 그 자체가 캐나다 역사뿐만 아니라 세계 역사에서 백인 통제에서 원주민 통제로 넘어간 땅에 대한 가장 큰 권한의 양도였다. 그린란드만이 그것에 필적할 만하다. 북쪽의 민족, 특히 누나부트의 이누이트는 우리 주권 주장의 소유자이며 수호자들이다. 계속해서 사울이 말하길,

> 대부분의 주권 논쟁은 구시대적인 서구 제국의 관점에서 행해져 왔다. 우리는 보호해야 할 멀리 떨어진 국경이 있다. 그 국경은 우리 것이지 그들이 누구이든 그들 것이 아니다. 그들은 북쪽 사람들이 마치 캐나다의 주권을 위해 존재하는 것이라는 맥락에서만 언급된다. 모든 것에서 북쪽 사람들의 행복과 성공 자체를 목적으로 한다는 측면은 거의 느낄 수 없다. 그리고 행복과 성공을 누릴 자격을 갖기 위해 그들이 우리 주권의 보증인일 필요가 없다 – 비록 그들이 보증이긴 하지만. 다른 캐나다 시민처럼 그들도 이것들을 누릴 자격이 있다.[66]

스티븐 하퍼가 수상이 되고 얼마 지나지 않은 2007년 브리티시컬럼비아의 빅토리아를 방문했을 때, 다음과 같이 말했다. "캐나다는 북극에 대한 우리의 주권을 방어하는 문제에서 선택할 여지가 있다. 우리가 그것을 사용하거나 아니면 잃는 것이다. … 그리고 이 정부가 그것을 사용할 의향이 있다는 것을 확실히 하는 것이다. 왜냐하면, 캐나다의 북극은 북방 국가로서 우리 정체성의 중심이 되기 때문이다. 그것은 우리 역사의 일부이며, 우리 미래의 무한한 잠재성을 나타낸다."[67]

이 말은 이누이트가 듣기에 얼마나 이상하고 모욕적일까! 그는 이누이트가 과거 수천 년 동안 무엇을 해 왔다고 생각하는 것일까? 그러나 하퍼의 말은 주권에 대한 식민지 시대의 태도를 버릴 수 없는 유럽의 우월성에 대한 선천적인 감각을 – 북서항로를 찾다 자살한 영국 해군 탐험대들, 고위도 북극의 RCMP 기지와 순찰대의 설립, 그리고 1920년대 배핀섬 북부의 이누이트에게 형법을 도입하게 했던 것과 똑같은 태도 – 띠고 있다. 만약 "우리"(칼루

나트)가 "그곳에" 없다면, 어떻게든 "그곳은" 존재하지 않는다. 우리가 집합적인 "우리들"에서 이누이트를 배제할 때, 우리 지형, 우리 역사 그리고 그것에 대해 우리가 가지고 있을 모든 국제적 권리 주장에서 상당히 많은 것들이 사라질 것이다. 캐나다 민족주의는 죽지 않았다. 그것은 단지 좀 더 현대적인 옷으로 갈아입고 아주 조금 더 정교한 홍보 전략을 취하고 있을 뿐이다.

북극의 나누크

누칼라크가 행한 로버트 제니스의 처형과 살인에 대한 재판에서, 그리고 던다스하버의 RCMP 경찰들이 고립과 증오에 대한 투쟁이 일어나기 얼마 전에 칼루나트와 이누이트 사이에 또 다른 이상한 만남이 오늘날의 누나비크와 퀘벡의 북부에서 발생하였다. 영화「북극의 나누크: 실제 북극에서의 삶과 사랑 이야기*Nanook of the North: A Story of Life and Love in the Actual Arctic*」가 1922년 6월 뉴욕에서 전 세계로 공개되었다.[68] 이 영화는 최초의 다큐멘터리 특집 영화로 인정받고 있으며, 놀라운 무성영화 예술의 예이다. 로버트 플라어티가 영화 전체를 퀘벡 북부에서 촬영하였고, 위대한 에스키모 사냥꾼인 나누크와 가족, 그리고 공동체의 삶을 묘사하고 있다. 영화는 바다코끼리 사냥과 모피를 팔기 위해 허드슨베이사로 가는 나누크를 따라가고 있다. 눈집을 짓고, 카약으로 이동하는 등 다양한 가족의 삶의 여러 모습을 보여 준다. 플라어티는 허드슨만 동쪽 해안의 포트해리슨Port Harrison(지금의 이누큐아크Inukjuak) 근처 "현장에서" 촬영하고 전개했다. 그는 영화를 남쪽에 공개하기 전에 많은 부분을 실제 이누이트에게 보여 주었다. 영화는 엄청난 성공을 거두었고, 전 세계적으로 나누크 열풍을 불러일으켰다. (아이스크림인 에스키모 파이와 같은) 에스키모 상품들이 인기를 끌었고, 플라어티는 자신의 선구적인 노력으로 큰 명예를 얻었다.

비교적 최근까지도 일반적으로 인정되지 않았던 점은 그 영화가 거의 허구라는 것이다. 나누크를 연기했던 이누크와 아내와 아이들을 연기했던 사람들은 사실 한 가족이 아니었으며, 영화에서 삶은 오로지 카메라를 위해 만들어진 것이었다.

나누크의 역할은 알라카리알라크(Allakariallak)라는 이름을 가진 이누크 사냥꾼이 연기했다. 플라어티의 고집으로 바다코끼리를 사냥하는 장면은 창을 이용해 촬영되었는데, 알라카리알라크는 보통 소총을 사용했다. 그 영화 제작자는 이미 지난 시대의 현실을 찾고 있었다. 한편 플라어티는 종종 북극에서 삶의 위험을 과장했다. 영화가 개봉되고 나서 2년 뒤에 그 배우가 세상을 뜨자 플라어티는 "나누크"가 굶어서 죽었다고 주장했다. 사실 알라카리알라크는 집에서 결핵으로 죽었을 가능성이 있다. 그 영화가 어떻게 무대에 올려졌는지를 보여 주는 또 다른 예는 "이글루 안에서의" 장면이다. 원시적인 필름을 사용하는 플라어티의 덩치 큰 카메라에 공간이나 빛이 적당하지 않아 눈집 지붕의 반을 없앴다. 나누크와 가족들은 눈집에서 따뜻하고 안락하게 보인다. 그들은 영하 40℃에 이르는 온도에서 요리하고 잠자리에 드는 것처럼 연기하였다. 영화 촬영에는 플라어티와 그가 함께 살고 일하고 있었던 이누이트 가족과의 긴밀한 관계가 관련되어 있었다. 비록 이런 관계가 일반적으로 화기애애했던 것처럼 보이지만, 플라어티가 나누크의 아내인 닐라(Nyla)를 연기한 영화의 여자 주인공인 맥기 누잘루크투크(Maggie Nujarluktuk)와 아이를 한 명 낳은 것은 의심의 여지가 없다. 그 소년의 이름은 아버지의 이름을 따서 조세피 플라어티(Josephie Flaherty)라고 지었으며, 아이의 후손들은 현재 누나부트의 저명인사들이다. 그러나 플라어티는 자신의 이누크 아들을 본 적이 없다 – 북쪽을 떠난 후 다시 돌아가지 않았다.

당시 캐나다 백인과 이누이트의 만남은 제1차 세계대전 동안 자신의 패기를 입증한 새로운 적극적인 국가 – 캐나다 (자치령) – 의 의제에 의해 전적으로 결정되었다. 1880년에 대영제국이 북극의 주권을 캐나다로 양도하였지만, 캐나다의 북극 섬의 상당한 지역 특히, 엘즈미어섬은 여전히 미해결 상태였다. 캐나다는 신생국가로서 자리를 잡아 가고 있었다. "에스키모들은" 북부 캐나다의 이미지에 있어 "강하고 자유로운 진정한 북쪽"으로서 자연스럽게 할 수 있는 역할이 있었지만, 보조적인 역할만 가능할 뿐이었다. 많은 면에서 변한 것은 아무것도 없는 것 같다. 사울이 말하길,

> 초기의 주권 소동 (미국 해안 경비대 폴라시호*Polar Sea*가 캐나다의 동의를 받지 않고 북서항로를 통행한 것) 후인 1985년, 우리의 지도층은 북극에 대한 지위를 공고히 하기 위하여 견고하고 명확한 6개 부분으로 이루어진 프로그램을 발표했다. 그러고 나서 우리는 대부분을 망각했다. 사실 오늘날 우리의 활발한 경제 정책이 매우 성공적이어서 우리의 북쪽 주권의 상당한 부분을 잃어버리기 위한 장을 마련했을지 모른다고 자부심을 느낄 수도 있다. 경제 이론과 가난, 경제 이론과 주택, 경제 이론과 시민 건강, 경제 이론과 북쪽을 포함하는 국가에 대한 책임을 지는 것 사이에서 선택은 분명하다. 재무부 경제학자들을 당혹스럽게 하기보다 아이들을 푸드 뱅크에 두고 국가의 여러 부분에 대한 통제에서 벗어나는 것이 훨씬 더 낫다. 그러나 북극의 경우에는 아직 늦지 않은 것 같다.
>
> 이런 북쪽의 정책과 관련하여 이상한 점은 그들이 주변에 매력적인 복고풍의 느낌을 갖고 있다는 것이다. 마치 온화한 남쪽에 웅크리고 있던 어떤 구식의 제국 정부가 그 제국에서 멀리 떨어진, 신비한, 위협을 받는 국경지역에 배와 군인을 보내려고 노력하고 있는 것 같다.[69]

대공황과 제2차 세계대전 동안 북극에 대한 캐나다의 주권을 확립하는 과정이 중지되었다. 던다스하버는 곧 허드슨베이사의 기지가 되었고, 그러고 나서 제2차 세계대전 후에 다시 열렸다가 5년도 지나지 않아 문을 닫았다. 버

사진 5.6 영화 「북극의 나누크」의 최초 포스터

려진 기지는 끊임없이 북극에 주둔하려는 우리의 시도를 떠올리게 한다. 그러나 이런 노력은 종종 그곳에 이미 살고 있던 사람들 혹은 사실상 전혀 준비되지 않은 환경에서 일하도록 보내졌던 젊은이들의 상황을 거의 고려하지 않은 남쪽 "전문가들"이 시도한 "실험"에 불과했다. 1950년대에 캐나다는 다시 북극에 대한 권리를 주장하기 시작했지만, 이번에는 땅뿐만 아니라 섬들을 통과하는 해상 노선에 초점이 맞춰져 있었다. 캐나다는 대영제국의 전초기지

사진 5.7 1920~1921, 퀘벡, 케이프듀퍼린Cape Dufferin에서 (영화 「북극의 나누크」에서 나누크의 아내) 닐라 역할을 한 맥기 누잘루크투크와 아이

에서 정부가 주민들의 삶에서 점차적으로 중요한 역할을 하게 될 현대의 복지국가로 변화하고 있었다. 이누이트들은 점점 더 남쪽 캐나다의 지배하에 놓이게 되었다. 시민권은 영국 시민이 아니라 "캐나다 시민"을 의미하게 되었다. 이 특권은 1960년까지 인디언과 이누이트를 포함하는 모든 사람에게 열려 있는 권리로 점차 확대되었다. 그러나 결국 그들의 전통적인 삶이 남쪽의 의제에 깊이 영향을 받기 때문에 종종 비극적이었다. 이누이트는 북극에 대한 캐나다의 주권과 정체성을 나타내는 인간 상징이 되었다. 많은 사람에게 그 대가는 엄청난 고통과 죽음이다.

제6장.. 인간 깃대

"주권"이란 공동체나 국가가 절대적이고 독립적인 권위를 나타내기 위해 국내외에서 사용되는 용어이다. 그러나 주권은 논쟁적 개념으로 고정적인 의미는 아니다. 유럽연합과 같은 다른 지배 모델이 발전하면서 주권에 대한 구시대적 발상이 무너지고 있다. 주권은 국민의 권리를 인정하기 위해 독창적인 방법으로 연방 내에서 중복되기도 하고 구별되기도 한다. 러시아와 캐나다, 미국, 덴마크/그린란드 영토에 살고 있는 이누이트에게 주권과 주권자의 문제가 우리의 삶과 영토, 문화, 언어에 대해 스스로 결정할 권리를 갖는 북극 원주민으로서 인정과 존경을 얻기 위한 투쟁 역사의 맥락에서 검토되고 평가되어야 한다.

– 이누이트 환북극평의회(Inuit Circumpolar Council)[1]

킥키크의 선택

북극에서 한겨울 추위는 생명력이 있다. 이 추위는 마치 이빨로 맨살을 물어뜯는 것 같다. 매우 차가운 공기가 살을 자르고 태운다. 사소한 움직임도 힘들다. 가벼운 산책도 산을 오르는 것 같고 추위가 걸음걸이를 무겁게 한다. 사납고 무자비하고 힘들게 한다. 탁 트인 툰드라에서는 사람의 키 아래에서 불어대는 눈보라로 경험이 많은 여행자조차도 앞을 볼 수 없어 혼란스러워질 수 있다. 가장 따뜻한 카리부 옷을 빼고는 칼바람이 모든 것을 찔러댄다. 바람이 입 밖으로 내뱉는 숨결마저 빼앗아 간다. 마치 지구의 공기가 점점 희박해져서 지쳐 쓰러질 듯 숨을 헐떡거리는 것 같다. 추위는 손가락 발가락을 쥐어짜면서 온몸으로 스며든다. 아무 느낌도 없고 뻣뻣하고 감각이 무디어질 때까지 계속된다. 추위가 우리의 몸을 감싸고, 모든 뼈를 짓누른다. 영하 40°에서 섭씨와 화씨온도의 눈금이 만난다. 작은 미풍도 체감온도를 15°~20° 더 떨어뜨린다. 아주 작은 움직임이라도 힘과 의지가 꺾인다. 드러난 피부는 곧바로 얼어붙고 하얀 갈색 조각으로 타들어 간다. 살에서 얼고 녹음이 반복되면서 괴저병으로 이어진다. 추위 속에서 눈물을 흘리면, 눈과 얼음을 눈부시게 비추는 꽁꽁 얼어붙은 햇볕으로 눈이 멀게 된다. 뒤집어쓴 후드 모자 주변에는 호흡으로 만들어지는 수분이 얼어붙으면서 날카로운 얼음 바늘이 만들어진다. 앞이 보이지 않고 숨도 쉴 수 없고 감각이 없어진다. 후드 틈으로 들어오는 작은 빛의 틀 속으로 세상이 좁혀지고, 부츠가 단단한 눈을 뚫으면서 내는 소리에 귀가 먹먹해진다. 그 소리와 바람의 속삭임 외에는 모든 것이 고요하다.

이런 날씨 속에 허드슨만 서쪽 배런그라운즈에서 한 엄마와 아이들이 패들레이Padlei에서 가장 가까운 교역소를 향해 걷고 있다. 1958년 2월이었다. 그 엄마는 지난 5, 6일간 아무것도 먹지 못했다. 옆에서 어린 두 소년과 소녀도 걷고 있다. 그녀는 후드*amautiq* 속에 막내 아이를 업은 채 걷고 있다. 다른 것은 아무것도 없다. 그녀는 자신과 아이들이 눈 속으로 무너지기 전에 한 번에 몇m씩 앞으로 나아가려고 허우적거렸다. 그러고 나서 다시 일어섰고 걸어서 앞으로 나아갔다. 이 과정이 반복되지만, 목적지는 여전히 수km나 남아 있었다. 그녀가 처음에는 머리 위를 날고 있는 비행기 소리를 듣지 못했을지도 모르지만, 마침내 위를 올려다봤을 것이다. 비행기에서 보일 수 있게 팔을 흔들었을까? 이 가족을 발견한 오터Otter 조종사가 가까이 눈 덮인 작은 호수에 착륙했다. 왕립 캐나다 기마경찰대의 소속인 랄리베르테(J.-L. Laliberté) 경관이 뛰어내려 그들에게 다가갔다. 그는 당황했다. 헤닉레이크Henik Lake에서 패들레이로 걸어가는 한 여성과 다섯 명의 아이들이 있을 것이라 들었기 때문이다. 그는 그 여성을 알고 있었다. 이름은 킥키크(Kikkik)였다. 함께 출발했던 다른 아히아르미우트Ahiarmiut(캐나다 북부 내륙에 사는 이누이트-역자 주)가 패들레이 교역소에 도착해서 그녀의 상황을 이야기해 주었다. 비행기가 여러 차례 지연된 후에 보내어졌다. 다른 아이들은 어디에 있을까? 아이들은 도중에 숨겨서 눈 속에 묻었다고 했다.

킥키크와 아이들은 비행기로 에스키모 포인트(지금의 아르비아트Arviat)에 갔다. 하지만 다른 아이들의 미스터리가 풀려야 한다. 랄리베르테 경관은 이누크 가이드와 함께 수색견을 이끌고 엄마와 아이들을 발견한 장소로 되돌아갔다. 그들은 얼어붙은 작은 호수를 건너 큰 바위로 갔다. 개들이 귀를 쫑긋 세웠다. 발밑 땅에서 나오는 듯한 희미한 소리가 들렸다. 어쩌면 바람의 속임수일 수 있다. 하지만 개들이 완강했다. 뭔가가 있다. 그들은 바위 주변을 더듬어 보았다. 빽빽한 눈더미 속에 카리부 가죽이 있었다. 안에 두 명의 어린 소녀가 있다. 그중 한 아이가 고개를 들고 미소지었다. 경관이 나중에 기억하기를 "눈물도 없었다"고 했다. 다른 한 아이는 죽어 있었다. 아이들은 카리부 가죽에 싸인 채 남겨져 있었다. 그 순간까지 반나절을 거기에 있었다.

엄마가 사랑하는 아이들을 왜 두고 갔을까? 그 일이 있기 일주일 전 그녀는 아이들과 이글루에서 차를 끓이고 있었다. 남편 할라욱(Hallauk)은 헤닉 호숫가에서 물고기를 잡으려고 바깥을 돌아다니고 있었다. 보통 한두 마리를 잡을 수 있다. 이것은 이들 가족이 다른 가족보다 좋은 상황이라는 것을 의미했다. 그들의 야영지는 킥키크의 이복오빠인 오오택(Ootek)의 야영지 옆에 있다. 킥키크가 큰딸을 시켜 아버지에게 차를 보내려는데 오오택이 들어와 문 앞에 앉았다. 그는 뚱하고 뭔가 이상하게 보였다. 아이들에게 밖에 나가 있으라고 소리쳤지만, 아이들은 꼼짝하지 않았다. 마침내 그는 할라욱의 총을 집어 들고 나갔다. 음식을 구하러 패들레이로 떠나기 전에 꿩을 몇 마리 잡으러 갈 것이라고 말했다. 킥키크는 불가능하다는 것을 알고 있었다. 오오택과 그의 가족은 아무것도 가지고 있지 않았다. 심지어 카리부 옷도 잃어버린 상태였다. 야영지에서 몇 발짝 나가기도 전에 굶어 죽거나 얼어 죽을 수 있다. 시간이 흐르면서 그녀는 점점 불안해졌다. 그녀가 밖으로 나가다 오오택이 다가오는 것을 보았다. 두 가족은 매우 가까운 사이였다. 오오택은 키가 작았고 좋은 사냥꾼이 아니었던 반면, 남편 할라욱은 키도 크고 재주도 많았으며 숙련된 사냥꾼이자 실천력이 있는 사람이었다. 최악의 상황 속에서도 가족을 부양하고 건강하게 지켜 왔다. 그는 오오택의 가장 가까운 친구이자 지지자이기도 하였다. 오오택은 샤먼이었을 것 같다. 그는 자신이 미래를 볼 수 있다고 믿었는데, 그 순간 미래가 암울했다. 기근과 지독한 추위 그리고 절망스러운 광기가 엄습해 왔다. 종말이 가까워지고 있음을 알 수 있었다. 할라욱은 이미 그에게 킥키크와 아이들을 데리고 떠날 것이라고 말했었다. 이것은 오오택에게 사형선고나 다름없었다. 오오택의 머릿속에 무엇이 지나가고 있었는지 알 수 없다. 그의 어린 아들은 며칠 전에 굶어 죽었다. 아내인 화믹(Howmik)은 일찍이 앓았던 소아마비로 불구가 되었다. 그녀는 겨우 걸을 수 있고 한 손만 사용할 수 있다. 두 딸은 거의 죽은 것이나 다름없다. 큰딸은 1940년대 후반의 기아로 귀머거리가 되었다. 그들에게는 아무것도 없다. 심지어 옷도 없다. 그들은 오래전부터 살기 위해 가죽으로 만든 것은 무엇이든지 먹어버렸다. 오오택이 킥키크에게 총을 겨누었다. 그녀가 총을 잡아 한쪽으로 밀었다. 총알이 둔탁한 소리를 내며 그녀의 어깨 위로 발사되었다. 그들은 몸싸움을 했고 그녀는 힘없는 그를 땅에 눌러 제압했다. 큰딸에게 달려가서 아버지를 데려오라고 했다. 소녀는 공포에 질려 호수로 뛰어갔다. 아버지는 얼음 위에 머리를 처박고 낚시 구멍 위에 몸을 숙이고 있었다. 다가가자 주위에 온통 피와 뇌가 흩어져 있었다. 그녀는 울고 소리치기 시작했다. 무슨 일이 일어났던 걸까. 아버지는 이미 죽어 있다. 오오택이 그의 뒤통수에 대고 총을 쏴버린 것이다.

킥키크가 그를 칼로 찌르려고 했지만, 칼날이 가슴을 살짝 빗나갔다. 딸에게 작은 칼 하나를 다시 가져오라고 하고 그의 이마를 잘랐다. 흐르는 피가 눈앞을 가렸고, 그녀에게 애원하기 시작했다. “제발 살려줘, 더 이상 해치지 않을게.” 살려주면 그녀와 아이들까지 모두 죽일 것을 알고 있다. 결국 그의 가슴에 칼을 꽂고 움직이지 않을 때까지 그대로 두었다.

그녀는 결정을 내려야 한다는 것도 알고 있다. 만약 도움을 청하러 가지 않는다면 남편의 죽음과 함께 그녀와 아이도 죽을 것이다. 그래서 그녀와 두 큰 아이는 시신을 동물들에게서 보호할 수 있게 이글루 안으로 끌고 왔고 여우 덫으로 덮어 주었다. 그리고 작은 썰매에 몇 가지 물건을 모아 아이들과 함께 70km 이상 떨어진 패들레이 교역소를 향해 걷기 시작했다. 두 어린아이를 가죽으로 싸서 썰매에 실었다. 그들은 남은 옷이 없었다. 그녀는 오오택의 이글루를 지날 때 안에 있는 사람을 불렀지만, 차마 그의 부인과 딸에게 무슨 일이 일어났었는지 말할 수 없었다. 화믹은 킥키크가 오오택을 죽게 내버려 두었다는 것을 알고 있었다.

킥키크는 날리는 눈발이 바늘처럼 얼굴에 꽂아대는 격렬한 바람 속에서 북동쪽을 향하여 걸어갔다. 눈보라가 슬픔에 잠긴 여자 목소리처럼 주위를 맴돌았을 것이다. 하지만 그녀와 아이는 슬퍼할 시간이 없다. 교역소까지 못 가면 죽을 것이다. 킥키크는 걸어가면서 멀리 흐릿한 흰 수평선에 위로 흩어져 있는 작고 검은 형상들을 보았다. 헤닉레이크에서 빠져나오는 거의 마지막 아히아르미우트들이었다. 그들도 야영지를 떠나 천천히 패들레이로 향하고 있었다. 멈춰서 그녀를 기다려주었지만, 아무것도 줄 것이 없었다. 그들도 가진 것이 아무것도 없었다. 마침내 다른 사람들이 앞으로 나아가는 동안 임시 이글루에서 다섯 아이와 멈춰 쉬어야 했다. 다른 사람들이 패들레이에 도착하면, 그녀를 찾아보라고 말해 줄 것이다. 어쩌면 비행기가 처칠이나 랭킨인렛Rankin Inlet에서 날아올 것이다. 킥키크는 기다렸다. 두 번이나 머리 위로 지나는 비행기 소리를 들었지만, 그냥 지나쳤다. 비행기를 착륙시키려면 자신이 나서야 한다는 사실을 알고 있다.

킥키크가 끌고 있는 카리부 가죽 안에 두 명의 작은 아이가 싸여 있었다. 큰 딸과 아들은 그녀와 함께 걸었고 가장 어린 아기는 등 뒤에 있었다. 킥키크가 점점 힘들어지면서 카리부 가죽 속의 어린 두 소녀가 더 무거워졌다. 그날 밤 우연히 큰 바위를 발견했다. 바람이 가려지는 쪽에 잔인한 바람을 막을 수 있는 눈구덩이를 팠다. 이글루를 지을 여력이 없었다. 남동쪽 지평선 위로 아침 햇살이 살금살금 다가올 무렵에 그녀는 어제처럼 나아갈 수 없다는 것을 깨달았다. 끔찍한 선택을 해야 했다. 그녀는 그들 중 몇은 살아남을 수 있다는 것을 알고 있지만, 걸을 힘도 없고 두 어린 소녀를 끌 수도 없었다. 그들이 헤닉레이크를 떠난 지 벌써 5일이 지났고 아무것도 먹지 못했다. 그녀는 아나카타(Anacatha)와 네샤(Nesha)를 카리부 가죽에 싸고 사랑한다는 것을 기억해 달라고 말했다. 그녀는 돌아서서 떠났다.

킥키크는 에스키모 포인트로 끌려간 후 무슨 일이 있었는가에 대해 심문을 받았다. 그녀는 베이커레이크에서 추가 조사를 받은 후 오오택의 살인과 네샤의 죽음을 방치한 죄로 기소되었다. 체포될 때까지 아나카타가 살아있다는 것을 몰랐다. 그녀는 1958년 4월에 랭킨인렛에서 재판을 받았다. 옐로나

6.1 1950년 키나크(Keenaq)와 아들 키프시유크(Keepseeyuk)의 포옹

이프에서 판사 시손(Sisson)이 날아왔고, 위니펙에서 변호사 스털링 라이언(Sterling Lyon)이 북쪽으로 긴 여정을 왔다. 인디언부의 공무원들도 날아왔다. 그녀의 사례는 근처 니켈 광산의 여섯 명의 남성이 배심원으로 참여했다는 점에서 이례적이었다(광부들은 주로 이누이트임-역자 주). 이 이야기가 남쪽의 신문을 장식했다. "배런그라운즈의 에스키모, 킥키크의 재판"이 갑자기 엄마를 유명하게 했다.

이해하기 힘들었던 시련이 갑자기 끝났다. 시손은 이누이트의 삶과 남쪽 캐나다인의 삶 사이의 커다란 차이를 이해했다. 그는 영국/캐나다 형사법의 기준으로 유죄를 확정하는 것은 부적절하다고 했다. 그의 지시로 배심원들은 선택의 여지없이 두 가지 혐의에 대해 무죄를 선고할 수밖에 없었다. 그들은 그렇게 했다. 킥키크가 "무죄"라는 말을 들었다. 그녀는 자신이 아무도 죽이지 않았다고 들었다. 그녀에게는 말이 되지 않았다. 마침내 그녀는 그간 일어났던 일에 대하여 책임이 없다는 말을 들었다. 모든 것이 끝났고 그걸 잊어버려야 한다고도 들었다. 드디어 아이들을 다시 볼 수 있게 되었다. 아나카타가 살아남았다는 것도 들었다. 그녀는 다른 아히아르미우트들이 있는 에스키모 포인트로 갔고 그곳에서 삶을 되찾으려 노력했다. 기적적으로 오오택의 미망인 화믹과 두 아이도 처칠에서 보낸 RCMP의 오터 비행기 덕에 살아남았다. 그러나 경관들이 헤닉레이크 근처에서 본 장면은 끔찍했다. 그곳에는 할라욱, 오오택과 그의 아들의 시신뿐만 아니라 쓰리도록 독한 툰드라 겨울에 얼어 죽고 굶어 죽은 많은 이들의 시신이 있었다.

배런그라운즈

아히아르미우트와 패들레이미우트Padleimiut는 배런그라운즈, 허드슨만 서쪽 툰드라의 광활한 땅의 민족이었고 지금도 그렇다. 그들은 거의 전적으로 카리부*tuktu*에 의존하여 살았다는 점에서 해안의 이누이트와 다르다. 그들은 대부분 물범이나 바다코끼리를 본 적이 없다. 오로지 "사슴의 사람들" 이었다. 그들도 고기를 잡거나 열매와 이끼를 따 모으기도 했다. 배런그라운즈의 카리부는 그들에게 고기와 따뜻한 옷, 뿔, 도구를 만들 수 있는 뼈, 깔고 잘 가죽, 힘줄이나 텐트를 덮을 가죽을 주었다. 그들은 비타민을 얻기 위해 야채를 많이 먹은 카리부의 위도 먹었다. 카리부가 돌아오지 않으면 굶주렸다. 이런 일이 1940년대 후반과 1950년대에 일어났고, 팔리 모왓(Farley Mowat)의 책 「잊혀진 미래*People of the Deer*」와 「절망적인 사람들*The Desperate People*」에 자세히 서술되어 있다. 「절망적인 사람들」은 앞에 나온 킥키크의 이야기를 처음 소개한 책이다. 모왓은 자신의 글에 대한 대중의 반응을 다음과 같이 설명했다. "기득권자들에게 「잊혀진 미래」가 맹렬한 공격을 받았다. 몇몇은 악의에 찬 거짓 조작일 뿐이라고 주장했다. 다른 사람들은 내가 기술한 사람들이 실제로 존재하지 않고 나의 상상력에만 존재한다고 했다. 무역계와 교회, 그리고 국가의 반격이 너무 격렬해서 그 반향이 여전히 메아리치고 있으며, 나를 거짓말쟁로 낙인찍으려 하고 있다."[2]

킥키크의 후드 속에 들어 있던 아기는 누라하크(Nurrahaq)라는 여자아기였다. 킥키크와 아이들이 에스키모 포인트로 이동한 뒤 그 아기는 엘리사피(Elisapee)라는 세례명을 받았다. 그 아이는 10대 후반에 모왓의 책 「절망적인 사람들」을 우연히 접하기 전까지 킥키크 가족에게 일어났던 비극을 전혀 모르고 자랐다. 그 후 얼마 지나지 않아 킥키크는 세상을 떠났다. 엄마와 딸은 무슨 일이 일어났었는지에 대해 이야기한 적이 없었다.

내가 이칼루이트의 아키트시라크 로스쿨의 북부 책임자로 가면서 엘리사피를 알고 지내게 되었다. 그녀는 나의 학생 중 한 명이었다. 그녀는 법 과정이 자신의 진로가 아니라고 결정했지만, 이누이트의 문화 조언자로서 귀중한 역할을 계속해 주었다. 그 후 그녀는 아르비아트로 돌아갔다. 그녀는 내가 북극에서 사귀었던 절친 중 한 명으로 나와 아주 가까운 사이였다. 나는 그녀의 이야기를 알게 된 후 종종 궁금했다. 같은 나이의 두 여성이 같은 나라에서 자랐는데, 어떻게 둘이 이렇게 근본적으로 다른 삶을 살 수 있었을까? 1958년 겨울과 봄에 나는 어디에 있었나? 엘리사피의 어머니와 아버지, 형제들과 그의 민족이 캐나다 사람 대부분은 상상조차 할 수 없는 기근에서 살아남기 위해 고군분투하고 있는 동안, 나는 남쪽에서 백인 중산층 가정의 여성으로 살고 있었다. 아버지가 왕립 캐나다 공군이어서 여러 번 이동하며 살았다. 1958년에는 아버지를 따라 에드먼턴에서 살았다. 아히아르미우트들이 죽어가는 동안 나는 유치원에 다니고 있었다. 나는 오빠와 함께 놀았다. 여동생이 태어났을 때는 엘리사피의 언니가 죽은 지 얼마 지나지 않았을 때였다. 나는 우리의 첫 흑백텔레비전을 기억한다. 우리는 「하우디 두디 쇼*Howdy, Doody Show*」와 「더 로니 랜저, 페코스 빌*The Lone Ranger, Pecos Bill*」 등의 프로그램을 보았다. CBC의 퍼시 솔츠만(Percy Saltzman)이 비틀어진 흑백 지도를 이용하여 날씨를 설명했다. 항상 분필을 허공에 던져 단 한 번도 놓치지 않고 잡아내면서 설명을 끝냈다. 그가 북극의 치명적인 추위와 기근에 대해 설명했는지 기억이 없다. 아무도 카리부의 이동경로가 바뀐 것에 대한 이야기도 하지 않았고, 이누이트가 거대한 체스판의 졸처럼 이리저리 이동하고 있다는 것도 이야기하지 않았다. 하지만 우리 가족과 같은 평범한 중산층 캐나다인들이 그때 아무것도 몰랐다면 변명의 여지가 없다. 그때까지도 우리 앞에 무엇이 있는지 못 본 체하려고 눈을 감는 고의적인 무지였을 것이다. 우리 아버지는 1950년대 초에 북극에 있었으니 틀림없이 주변에 이누이트가 재배치되었다는 것을 알고 있었을 것이다.

엘리사피와 그녀의 가족을 덮친 기근은 불행한 "불가항력"이 아니었다. 20세기 초반에 흰여우 털이 크게 유행했다. 1920년대에 허드슨베이사가 배런그라운즈와 북극의 여러 지역으로 들어와 이누이트의 전통방식 대신 덫을 조장했다. 아름다운 흰 가죽을 얻기 위해 여우를 죽이는 것뿐만 아니라 다른 동물도 도살하였다. 아히아르미우트의 삶을 지켜온 카리부도 무자비하게 사냥당했다. 캐나다 북극 전역에서 이누이트는 차와 설탕, 밀가루, 소총, 탄약을 얻으려고 기울어가는 여우 모피 거래에 매달렸다. 1930년대 대공황으로 여우 모피 거래가 붕괴되었다. 아히아르미우트는 더 이상 그 회사 매장에서 서구 물품을 거래할 수 없게 되었다. 특히 탄약 구입이 어려웠다. 그들은 과거처럼 다시 창으로 카리부를 사냥할 수 있었지만, 카리부의 이동경로가 바뀌어 그것조차 어려워졌다. 1940년대에 카리부 숫자가 급격하게 감소했고, 이동 패턴도 바뀌었다. 1940년대 후반까지 아히아르미우트의 절반가량이 목숨을 잃었고, 계속되는 기근으로 이미 고통받고 있었다. 할라욱이나 오오택과 같이 전통방식에 매달리는 가족들은 극소수만 남아 있었다.

1948년과 1949년에는 더 큰 변화가 찾아왔다.[3] 아히아르미우트는 전통적으로 아르비아트에서 내륙으로 어느 정도 떨어진 엔나다이Ennadai 호수 주변에 머물러 왔다. 그 호수는 넓고 북극곤들매기가 풍부하고 최근까지 카리부를 사냥하기에 좋았던 지역이었다. 사람들은 수세기 동안 사냥감을 찾아 배런그라운즈 주변을 이동하며 살아왔다. 그러나 제2차 세계대전 이후 극지방에 대한 소련의 침략 우려가 커지면서 캐나다와 동맹국들이 북극 전역에 통신과 운송, 군사기지를 건설했다. 냉전의 결과로 엔나다이 호수 근처에 군사 통신소가 설치되었다. 1949년과 1954년 사이에 아히아르미우트와 카블루나 *kabloona*(노스웨스트 준주 키와틴Keewatin 지역의 방언으로 칼루나트)이 친밀하게 지냈다. 이누이트가 기근과 싸우고 있을 때, 군인들은 그들을 도우려고 노력했고 이누이트는 백인 군인들에게 따뜻하게 입는 법을 알려주고 군사기지 주변에서 일을 도왔다. 이누이트 문제의 주요 원인은 카리부 무리가 줄어드는 것과 탄약 부족이었다. 기지에서 여러 차례 탄약을 요청했지만, 1954년이 되어서야 적절한 보급품이 아히아르미우트에게 전달되었다.

한편 교통부가 기지의 권한을 민간인으로 넘겼다. 이렇게 새로 들어온 사람들은 이누이트에 대해 "더럽고 악취 나는 무리, 생계를 위해 일하기를 싫어하며 그곳을 더럽히는 놈들"이라고 불평하기 시작했다.[4] 그리고 일부 남성들은 쾌락을 위해 이누이트 여성들을 성적으로 학대했다. 한편 엔나다이 기지와 관련하여 교통부에 대한 적개심과 함께 카리부와 탄약이 부족한 이누이트는 오타와(연방정부–역자 주)가 어떤 조치를 취해야 한다고 확신하였다. 그들은 매우 궁핍했다. 그들은 헤닉레이크로 이주하기로 결정되었고, 패들레이 교역소 관리자인 헨리 보이세이(Henry Voisey)와 북부청 담당자인 빌 케르(Bill Kerr)의 보호를 받았다. 아히아르미우트는 엔나다이 호수에서 다른 곳으로 이주해 본 적이 있었다. 1950년에 이누이트들은 매니토바 북부에 있는 누엘틴 호수로 이주당했다. 그곳에서 이누이트는 어업을 배웠어야 했다. 우거진 나무가 만드는 어둡고 갇힌 듯한 분위기가 공포를 불러일으켰다. 주변의 인디언도 두려움의 대상이었다. 그래서 그들은 짐을 싸고 250km 이상을 걸어 집으로 돌아왔다. 이 여정은 5주나 걸렸다. 아히아르미우트들은 이주에 대해 논의할 시간이 없었다. 이미 이번 두 번째의 이주는 영구적인 것으로 정해져 있었다.

1957년 5월, 아무런 경고도 없이 불도저가 모든 소지품이 들어 있는 텐트를 밀어버렸다. 그들은 잔해 속에서 겨우 구조되어 비행기에 실렸고 북동쪽으로 약 300km 이상 떨어진 헤닉레이크로 가게 되었다. 그곳에서 스스로 알아서 먹고 살도록 내버려졌다. 그곳은 패들레이 교역소에서 70km 이상, 에스키모 포인트에서 250km 정도 떨어져 있다. 그들은 근본적으로 적절한 보급품 하나 없는 상태였다. 오직 세 마리의 개뿐이었다. 카약도 없고, 썰매도 없고, 소총 몇 개와 탄약도 없는 곳에 가 있었다. 카리부는 나타나지 않았고 호수에서 낚시하기도 어려운 지역이었다. 그들은 여름과 가을을 겨우 견뎌냈지만, 겨울이 다가오면서 대부분 아히아르미우트, 심지어 에스키모 포인트와 오타와 당국 관계자들까지도 헤닉레이크로의 이주가 좋지 않은 선택이었다는 사실을 분명히 알게 되었다. 다시 아히아르미우트들을 이주시킬 계획이 세워졌지만, 그 사이 꼼짝도 못했다. 그들은 천천히 패들레이 교역소로 걸어갔고 거기서 비행기로 에스키모 포인트까지 후송되었다. 어떤 사람들은 남아서 살아남으려고 노력했지만 대부분 성공하지 못했다. 아히아르미우트의 사촌 격인 북동쪽에 있는 패들레이미우트도 해마나 줄어드는 카리부로 고통스러워하고 있었다. 배런그라운즈 전역의 모든 삶이 기근 속에 잠겼다. 1948년에서 1953년 사이에 배런그라운즈 사람들을 찍은 리처드 해링턴(Richard Harrington)의 잊을 수 없는 사진들은 당시에 가장 "원시적인 에스키모"라고 묘사되었다. 사실 그 "원시성"은 직접적으로 극심한 궁핍과 기아가 만든 결과였다. 이것은 아직도 논란의 여지가 있지만, 카리부의 이동이 주기적으로 바뀌면서 일어났다. 마침내 아히아르미우트가 아르비아트로 옮겨졌다. 그들은 이미 그곳에 살고 있는 이누이트에게도 낯선 사람들이었다. 캐나다 북극의 유일한 내륙 이누이트 지역인 베이커레이크에 정착한 사람들을 제외하고 수세기 동안 존재했던 모든 삶의 방식이 사라져 버렸다.

재배치 실험

캐나다 정부는 20세기 중반에 북극 전역에서 이누이트의 반복적 이주를 승인했다. RCMP가 일시적으로 던다스하버의 기지를 버린 후 1930년대에 허드슨베이사가 그곳에 지사를 세웠다. 캐나다 이누이트의 첫 이주 중 하나는 1934년 여름에 배핀섬 남부의 케이프도싯과 팽니텅, 폰드인렛에서 소규모 이누이트 가족들이 던다스하버 북쪽으로 보내진 것이었다. 허드슨베이사는 이누이트가 그 지역의 여우를 잡아들이는 데 유용할 것이라 생각했다. 이누이트는 배핀섬 남부에서 수년간의 기근과 궁핍을 이겨낸 뒤에 그곳으로 가도록 설득당했다. 그들이 있던 곳은 모피 교역이 붕괴되고 백인 물품을 구할 수 없었던 지역이다. 그 회사가 전통방식을 포기하게 하였다. 그들은 아무것도 모른 채 북쪽 땅으로 끌려갔다. 케이프도싯은 북극권 남쪽에 있어서 그들은 완벽한 북극 어둠 속의 극한 추위를 경험해 본 적이 없었다. 데번섬 주변의 얼음은 불안정하였고, 사냥감이 있었지만, 사냥꾼들이 찾거나 잡기 어려웠다. 그들은 배

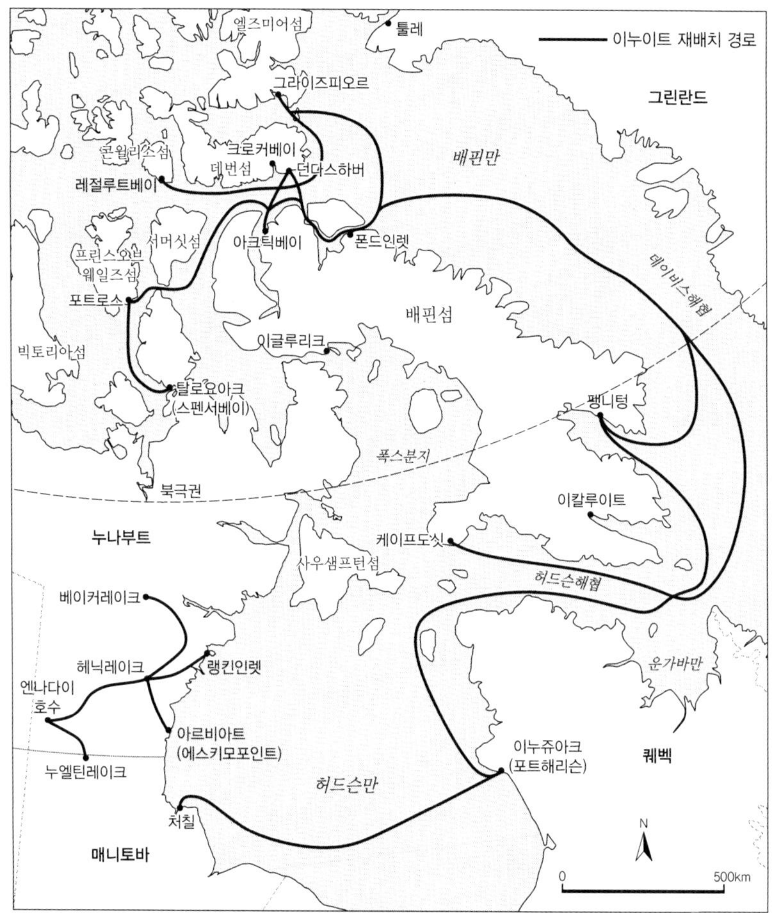

6.2 1934~1958년 이누이트의 북극 재배치. 1930년대에 케이프도싯과 팽니텅의 가족들이 던다스하버와 포트로스로 재배치되었다. 1950년대에 포트해리슨(이누쥬아크)의 가족들이 고위도 북극으로 재배치되었다. 아히아르미우트가 엔나다이 호수에서 여러 차례 이주당했다.

핀섬으로 되돌아가는 건널목을 찾아 서쪽으로 향했고, 결국 크로커베이에서 겨울을 났다. 그들은 집으로 가기를 기다리며 또다시 비참한 해를 보내기 위해 던다스하버로 돌아왔다. 그들은 여우와 같이 완벽하게 갇혀버렸다.

1936년 마침내 상업용 배 내스코피에호*Nascopie*가 돌아왔고, 그들이 배에 실렸다. 이누이트들은 집으로 돌아간다고 여겼다. 그 회사가 넷실리크Netsilik

지방의 서쪽에 또 다른 지사를 세울 작정이라는 것을 알라차리지 못했다. 해빙 상태가 좋지 않아서 아크틱베이에서 모두를 내리게 했다. 다음 여름에 돌아올 것을 약속했다. 팽니텅에서 온 이누이트 가족들은 배에서 내리기를 거부하고 집으로 데려가 달라고 요구했다. 결국 그들의 소원이 이루어졌다. 케이프도싯에서 온 사람들은 마지못해 배에서 내렸다. 그들은 고향에서 수백 km 떨어진 곳에서 낯선 이누이트 방언을 사용하는 잘 모르는 이누이트 사이에 살고 있다. 그들은 배핀섬 북부 주민인 투누니르미우트Tununirmiut의 영역에서 사냥하는 것이 두려워 회사 지사에 전적으로 기대게 되었다. 다른 이누이트와 비교해서 가까이 있었던 폰드인렛 출신 가족들은 조용히 집으로 돌아왔다. 다음 해 여름, 내스코피에호가 돌아와 케이프도싯에서 온 사람들을 태웠으나 그들 생각대로 집으로 가지 못했다. 대신 더 멀리 서쪽으로 떨어진 포트로스Fort Ross로 보내졌다. 결국 그들은 부시아반도 서쪽 끝에 있는 스펜스베이Spence Bay(탈로요아크Taloyoak)에 영구적으로 정착하게 되었다. 오늘날에도 케이프도싯 정착민 후손들이 그곳에서 살고 있다.

상업적 실험이 시작되고 20년 후에 전면적으로 두 가지 문제를 동시에 해결하려는 전면적인 시도가 있었다. 첫 번째 문제는 북극에서 캐나다의 주권을 확립한 것이고, 두 번째는 모피 거래가 붕괴되고 반복적인 사냥감이 부족해지면서 카리부 사냥이 위협받는 것이다. 1952년 의회에서 루이스 세인트로렌트(Louis St Laurent) 수상이 1880년에 북극의 주권이 대영제국에서 캐나다로 넘어온 이후 캐나다 정부가 "거의 계속 정신이 없는 상태로 관리해 왔다"[5]고 말했다. "에스키모 문제"를 해결하기 위해 무엇을 해야 할지 결정하기 위해 오타와에서 회의가 열렸다. 그들에게 카리부를 키우는 법을 가르쳐야 할 것인가? 그들을 더 새로운 문화에 흡수되도록 강요해야 하는가? 허드슨베이사에 대한 "의존"에서 벗어나 그들의 땅에서 전통적인 삶으로 돌아가야 하는가? 이 회의에는 이누이트만 제외되었고 회사와 교회, 정부, RCMP의 대표

6.3 포트로스의 버려진 허드슨베이사 건물

자, 북극 "전문가" 모두가 참여하였다. "대화에 도움이 될 만한 수준의 이누이트가 거의 없다"고 생각되었고, 그들의 목소리는 들리지 않았다.[6]

캐나다 정부 입장에서는 주권에 관한 상황이 훨씬 더 심각했다. 이누구이트Inughuit(그린란드 이누이트로 북극곰 이누이트로 알려져 있음–역자 주)는 북극곰과 사향소 사냥을 위해 수백 년 동안 해 왔던 대로 그린란드에서 엘즈미어섬까지 넘나들었다. (캐나다 정부 관리들에게는) 그린란드인이 지속적으로 캐나다 경계선을 침투하는 것이 "우리의" 영토 통제가 위협받는다는 것을 의미했다. 미국인들이 캐나다와 협력하여 스미스Smith 해협 바로 건너편 툴레Thule에 거대한 공군기지를 건설하고 있었다. 하지만 미국의 군사적 이익이 캐나다의 영토 침투를 통제하는 능력을 넘어설 것이라는 우려가 있었다. 1950년대 북극권에는 캐나다보다 미군 병력이 더 많았다. 당시 캐나다의 이누이트는 대부분 모피 거래에 의존하였고, 전통방식이 점점 더 어려워지고 있다는 것을 알게 되었다. 또 카리부 이동경로가 주기적으로 바뀌는 것은 배런그라운즈 사람들만의 문제가 아니었다. 당시 누나비크나 퀘벡 북부 사람들도 정도의 차이는 있지만, 고통을 겪고 있었다. 여전히 많은 사람들이 허드슨만 동쪽을 따라 이어진 야영지에서 독립적으로 살고 있는가 하면, 다른 사람들은 30년 전 최초의 주요 장편 다큐멘터리 「북극의 나누크*Nanook of the North*」가 촬영된 곳에서 멀지 않은 포트해리슨에서 "위험한 사람들"로 비춰지고 있었다. 엄청나게 인기 있던 무성영화 로버트 요셉 플라어티(Robert Joseph Flaherty)의 「북극의 나누크」는 자원이 풍부한 자급자족하는 "에스키모의 미소" 이미지를 만들어 냈고, 전 세계로 알려지게 되었다. 그 이미지는 이제 삶의 모든 것이 무너진 사람들의 현실이 붕괴된 것처럼 보인다. 칼루나트들이 보기에 "고결한 원시인"의 북극 버전은 궁핍한 빈곤층으로 변했다. "시험" 삼아 포트해리슨에서 북쪽으로 재배치하기로 결정되어 있었다.

원주민이 아닌 우리로서는 인종차별이 얼마나 무심코 표현되는지 때때로 상기하거나 인정하기가 어렵다. 월터 루드닉키(Walter Rudnicki)는 1953년 북방·국가 발전부의 개혁적 성향의 구성원이었다. 그는 이누이트들이 1958년 에스키모 포인트로 옮겨진 후, 엔나다이 호수 주변의 상황을 분석했다. 보고서 내용은 그 공동체에 거주하는 백인의 의견을 조사한 것이었다. "에스키모의 행복과 미래에 대한 우려와 불안이 눈에 띄었지만, 대부분 '나쁜 게으름뱅이', '그 영웅들(비꼬는 의미에서)', '햇볕에 탄 아이리시' 등과 같은 단어로 표현되었다. 또 다른 일반화는 에스키모들이 '냉정하고', '감정을 드러내지 않고', '개처럼' 산다고 만들어졌다. 이런 표현들이 에스키모의 문제에 대해 잘 알지 못하고 어쩌면 바람직하지 않은 모습으로 보이지만, 이것들은 긍정적으로 그들에게 행해질 것이라는 체념감이 반영된 것이었을 것이다."[7]

포트해리슨에서 북방 국가 발전부와 RCMP가 한 번에 "에스키모 문제"와 주권 문제를 해결하기로 했다. 이전에 허드슨베이사가 던다스하버, 포트로스, 스펜스베이로 재배치한 것을 기억하지만, 잊혀지는 경향이 있다. 이누이트가 크레이그하버, 엘즈미어섬 남부에서 가까운 곳으로 동쪽에 그린란드를 마주하고 있는 알렉산드라 피오르Alexandra Fiord나 콘월리스섬의 서쪽 레절루트베이로 옮겨질 수 있다는 것이 희망이었다. 로스 깁슨(Ross Gibson) 경관이 이주할 가족을 선정하는 임무를 받았다.

> 나는 야영지[포트해리슨에서 가까운]로 나가 사람들을 골랐다. … 학교 선생님과 허드슨베이사 등을 불러서 내가 이 일을 맡았으며 핵심적인 사람이 될 것이라고 하고 협조를 구했다. 마저리(Marjorie) 선생님은 그 소식을 별로 좋아하지 않았지만, 나의 상황을 표현하는 방법으로 받아들인다고 추측하였다.
>
> 나는 전보로 메시지를 받고 바로 읽었다. 그리고 그 일에 대한 것이라 말했고, 그들이 더 북쪽으로 더 멀리 갈 것이며, 사실 그들이 갈 곳은 트윈글래셔Twin Glaciers와 알렉산드라 피오르(엘즈미어섬에 있는)라고, 이곳이 그들 모두가 갈 곳이라고 말했다. 하지만 나는 내가 그들을 데려갈 사람이라는 것을 몰랐다.[8]

이누이트들이 어떻게 선택되었는지에 대한 또 다른 이야기가 있다. 존 아마고알리크(John Amagoalik)는 다음과 같이 기억한다.

> 나의 첫 번째 생생한 기억은 RCMP 경찰관이 제안서를 가지고 우리의 작은 사냥지로 부모님을 찾아왔을 때이다. 그들은 한 번 이상 더 찾아왔던 것으로 기억한다. 당시에 경찰관이 야영지를 방문한다는 것은 기억할 만한 일이었다. 나는 다섯 살이었지만 그 자체가 큰일이었기에 명확하게 기억한다. 그들이 떠난 후 부모님이 그들의 요청을 설명하셨다. 기본적으로 우리 가족이 이누쥬아크에서 멀리 떨어진 다른 곳으로 이주하라는 것이었다.
>
> 내 부모님의 첫 반응은, '안돼!'였다. 그들은 떠나고 싶지 않았다. 이곳은 조상의 고향이고, 그들이 알고 있는 곳이며, 가족들이 살아온 곳이다. … 부모님은 어디로 갈지 정확히 알지 못했지만, 경관들은 그 장소가 당시 우리가 살

고 있던 곳보다 나은 곳이라고 말했다. 부모님은 이주하고 싶지 않으셨지만, RCMP 경관들이 계속해서 찾아왔다. …

RCMP 경관들은 새로운 곳을 아주 밝게 설명했다. 부모님에게 말하길 그 곳에는 동물이 더 많고, 많은 돈을 벌 수 있는 여우와 물범을 잡을 기회가 많을 것이라고 말했다. 심지어 우리가 원한다면 취업할 기회도 많을 것이라고 했다. 아버지는 마지못해 두 가지 조건을 달고 제안을 수락했다. 하나는 새로운 곳이 마음에 들지 않는다면 이누쥬아크로 돌아올 수 있게 해달라는 것이고, 다른 하나는 전체 그룹이 함께 지내어 다른 사람들과 떨어지지 않게 해달라는 것이었다. RCMP 경관들은 선뜻 동의하였고, 우리가 마음에 들지 않는다면 2년 뒤 돌아올 수 있게 해 주고, 모두 함께 지내게 해 줄 것을 약속했다.[9]

선정된 사람 대부분이 그 지역에서 가장 가난한 사람들이었던 것 같다. 80대 할머니도 있었고 소아마비로 장애가 있는 어린아이도 있었다. 깁슨은 "이 사람들은 모두 복지 대상이었고, 북극에서 가장 가난한 에스키모였을 것"[10]이라고 말했다. 아이들에게 「뻔뻔한 딕과 제인Fun with Dick and Jane(어린이 동화책 이름–역자 주)」을 가르치고 이누이트의 건강과 복지를 보고하는 일을 하고 있던 마저리 힌즈(Marjorie Hinds)는 "교역소에서 멀리 떨어진 곳에서 살 수 있다는 것을 스스로 증명할 수 있고, 정부나 허드슨베이사의 도움 없이 잘 지내는 사람들을 북쪽으로 보내는 것이 성공할 가능성이 높다고 했다".[11] RCMP를 대변하는 깁슨은 사람을 고를 때 다른 사람의 견해를 고려하지 않았다. 그는 허드슨베이사 지역 매니저의 도움을 받았지만 자신이 결정했다. "우리가 순찰을 나가서 포트해리슨과 포벙니투크Povungnituk 사이의 모든 야영지와 더 멀리 수글루크Sugluk까지 다녀왔다. 계절이 너무 늦어 더 멀리 나아갈 수 없었다. 그건 나의 결정이었다. 우리는 기록을 가지고 있었고, 누가 선하고 나쁜지, 그저 그런 사냥꾼인지 알았고, 야영지를 어떻게 다루는지 알 수 있었다. 마침내 모두 가기를 원했다."[12] 왜 이누이트가 결국 가는 것에 동의했는지를 아마고알리크가 설명한다. "나는 그 당시에 RCMP가 요청했을 때, 명령이라고 느껴졌다는 점이 중요하고 생각한다. 사람들은 해야 한다고 명령을 받았다. RCMP 경관들은 많은 권력을 가지고 있었고, 사람들을 감옥에 넣을 수도 있었다. 그 시절에는 그렇게 보였다. 경찰의 요청은 매우 심각하게 받아들여진 것이다."13

1953년 7월 28일, 하우호C.D Howe가 포트해리슨에서 이누이트 일곱 가족을 태우고 폰드인렛으로 갔다. 가는 길에 쇄빙선 디베르빌호d'iberville와 만나기로 되어 있었으나 얼음 상태로 어려웠다. 하우호는 8월 28일에 폰드인렛에서 세 가족을 더 태웠다. 이 투누니르미우트Tununirmiut(배핀섬 북부의 이누이트-역자 주) 가족들은 그들보다 남쪽에서 온 이누쥬아크 가족들이 북극권에서 완벽한 어둠 속의 겨울 삶에 적응할 수 있게 도움을 주려고 선발되었다. 부서 관계자들과 RCMP가 결정한 것으로 이누이트 가족들의 반을 엘즈미어섬 남쪽과 크레이그하버에 내려주고 나머지 사람들은 레절루트베이로 나르기 전에 다른 가족들을 더 북쪽의 알렉산드라 피오르로 보내려고 했다. 몇몇 이누이트가 이미 크레이그하버에 살고 있었다. 그들은 폰드인렛이나 아크틱베이에서 던다스하버를 경유하여 더 북쪽으로 이주하도록 설득당한 사람들이다. 크레이그하버에 도착한 후, 나머지 이누이트 가족들이 엘즈미어섬 동쪽 해안으로 가기 위해 디베르빌호에 실렸다. 그러나 알렉산드라 피오르에 상륙하기에는 얼음 상태가 어려워 방향을 바꾸고, 그 가족들을 레절루트베이로 데려가기로 결정하였다. 한편 첫 번째 그룹은 크레이그하버에서 남서쪽으로 대략 80km 떨어진 RCMP 지사 가까이 있는 그라이즈 피오르의 작은 마을로 이동하였다.

그룹을 갈라놓기로 한 것은 그 가족들에게 비참하고 기습적이었다. 이누쥬아크 가족들을 떠나오게 한 약속이 무시되었을 뿐만 아니라 어디로 가는지조차도 마지막 순간에 결정된 것 같다. 이누이트에게 결정된 사실을 전달해야 했던 깁슨에게도 불쾌한 충격이었다. 아마고알리크가 다음과 같이 기억한다.

> 우리는 모두가 함께 머물기로 약속을 받았고, 헤어지지 않을 것이라고 했다. 하지만 우리가 엘즈미어섬의 크레이그하버 근처에 도착했을 때, RCMP가 말하길 '여러분 중 절반은 여기서 내려야 한다'고 했다. 우리를 갈라놓지 않을 것이라고 약속했었기에 우리는 공황상태에 빠졌다. 그것이 첫 번째 약속이었다. 그걸 깨달았을 때, 우리 모두 하우호의 갑판에 있었다는 것을 기억한다. 모든 여자가 울기 시작했다. 개들도 따라 울었다. 그 장면은 섬뜩했다. 나는 그때 여섯 살이었고 갑판에 서 있었다. 아이들이 울고, 개들도 울었고, 남자들은 누가 어디로 갈 것인지를 정하기 위해 모여 앉았다.[14]

두 그룹의 상황은 엄청 힘들었다. 개를 끄는 팀이 한 달 이상 이동할 수 있을 정도로 안전한 얼음은 없었지만, 9월 초를 지나 북극권은 이미 겨울이었다. 이누이트에게는 배가 없었다. 그라이즈 피오르 주변은 험난한 산악지대였으며, 레절루트베이는 강한 바람에 노출된 들판이다. 두 곳 모두 이누쥬아크에게는 아주 생소한 곳이었다. 심지어 폰드인렛 출신의 투누니르미우트에게도 3개월 동안의 겨울 암흑에 적응하는 것은 어려운 일이었다. 사냥꾼들은 식량 부족으로 어둠 속에서도 끊임없이 사냥감을 찾아 나서야 했다. 그들에게는 손전등도 없었고 전등도 한정되어 있었다. 길고 어두운 겨울밤의 북극고원은 몹시 추웠다. 더욱이 그곳은 허드슨만 지역보다 훨씬 건조하였다. 신선한 물을 찾는 것도 문제였다. 사람들은 캔버스 텐트에서 살았다. 그라이즈 피오르에서는 RCMP가 온기를 위해 텐트를 덮을 버팔로 가죽을 주었지만, 텐트 안을 어둡게 만들었다. 그들에게는 적절한 옷도 주어지지 않았다. 레절루트에서 온기를 위한 것은 임시 난로에서 부서진 나무상자를 태우는 수준이었다. 포트해리슨에서는 가족들이 물품과 학교, 분만, 의료지원, 다양한 바다와 땅의 음식을 얻기 위해 교역소를 이용할 수 있었다. 그들은 이미 전통생활에서 도시 생활로 전환하기 시작했었다. 정부는 의도적으로 이누이트를 전통방식으로 되돌리는 실험을 하고 있었다. 이것이 얼마나 어려울지, 그들이 가는 곳에 적절한 사냥감이 있는지 또는 얼마나 많은 어려움을 겪을지에 대해서 아무런 생각이 없었다. 첫해는 악몽이었다.

깁슨은 한 개인에 대해서 다음과 같이 묘사했다. "우리가 찾고 있었던 '지략이 있는' 덫을 놓는 사냥꾼… 패티(Fatty)는 가고 싶어 했다. 그는 항상 사냥을 잘했고 어떤 면에서는 진짜 '부랑자'였기에, 그에게 필요한 모든 것이 좋은 환경이고 잘할 것이라 생각했다."[15] 깁슨이 "패티"라고 부르는 이누크는 패디 아키아투수크(Paddy Aqiatusuk)였다. 그는 아내 메리(Mary)와 아이들과 함께 그라이즈 피오르에 남겨진 사람 중 한 명으로 국제적으로 널리 알려진 재능있는 조각가였다. 북극권에서 일할 활석이 있는지를 찾아보려고 애쓰는 사람은 그 외에 아무도 없었다. 그는 가족이 힘들어 할수록 낙담했다. 그라이즈 피오르 가족들의 고립이 심각한 문제였다. RCMP 파견대는 3년 후인 1956년까지 크레이그하버에서 그라이즈 피오르로 이주시키지 않았다. 그라이즈 피오르는 가파른 지형과 나쁜 날씨 때문에 비행기로 들어오고 나가기가 매우 어렵다. 7, 8월에도 얼음 상태로 배가 들어오기 어려울 수 있다. 아키아투수크의 아들 래리 오들라루크(Larry Audlaluk)는 그의 아버지가 재배치 때문에 얼마나 어려움을 겪었는지 기억한다. 이듬해 7월 초, 그는 집으로 돌아가는 길을 찾기 위해 정착촌 뒤편에 있는 720m 높이의 산에 올랐고, 일주일 뒤 심장마비로 사망했다(어쩌면 상처 입은 마음으로 인해). 이누쥬아크 가족들의 리더였던 그의 죽음은 작은 공동체에 심각한 타격이었다. 1954년, 조각가인 그의 명성으로 「타임 매거진」에 사망 기사가 올랐는데, 부정확한 정보와 함께 다음과 같이 쓰였다. "죽음으로 알려졌다. 에스키모 작은 원시 조각가 그룹의 리더 중 한 명으로 작품의 능수능란하고 깔끔한 단순함으로 최근 몇 년 동안 외부의 주목을 받아온 56세의 아키아투수크(Akeeaktashuk), 7월 31일 엘즈

6.4 엘즈미어섬 그라이즈 피오르 뒤편의 산지

미어섬에서 바다코끼리를 사냥하던 중 빙판에서 미끄러져 물에 빠져 사망하다."16

그라이즈 피오르의 상황이 암울하다면, 콘월리스섬의 상황은 끔찍하다고 할 수 있다. 레절루트베이에서 넬리 아마고알리크(Nellie Amagoalik)도 첫 겨울을 넘기지 못했다. 존 아마고알리크의 형 마쿠시에 팟사우크(Markoosie Patsauq)는 이누쥬아크를 떠나기 전에 결핵으로 피를 뱉어내고 있었다. 그 배에는 엑스레이 기계가 없었고, 이누이트는 그라이즈 피오르나 레절루트베이에서 의료 서비스를 이용할 수 없었다. 결국 마쿠시에는 너무 아파서 1954년 여름에 하우호로 매니토바를 통해 남쪽으로 보내졌다. 레절루트에 의료시설과 항공시설이 같이 있는 캐나다 왕립 공군(RCAF)기지가 가까이에 있었지만, 치료가 지체되었다. 콘월리스섬은 엘즈미어섬보다 사냥감이 적었고, 사냥이 제한되었다. 엘즈미어섬에서 이누구이트가 사냥하는 것을 막기 위해 1917년에 통과된 노스웨스트 사냥법에 의한 규제가 남아 있었다. 게다가 두 정착지는 캐나다 주권과 사냥감 관리의 또 다른 예인 1926년에 발효된 '북극섬 보호구역'에 있었다. 그라이즈 피오르와 레절루트베이의 이누이트는 이 지역에서 가장 큰 육지 포유류인 사향소 사냥이 금지되었다. 사향소를 사냥하면 500달러의 벌금형이나 징역형을 받을 수 있었다. 그들은 카리부도 일 년에 한 가족당 한 마리만 잡을 수 있게 심각하게 제한되었다. 그러므로 그들의 식단은 주로 물고기와 새, 물개, 바다코끼리로 이루어졌다. 그라이즈 피오르는 비교적 해양 포유류가 풍부했지만 레절루트베이는 그렇지 않았다.

레절루트 공군기지의 요원들과 그 지역에 재배치된 이누이트 간의 관계는 시작부터 어려웠다. 하우호와 디베르빌호가 이누이트를 태우고 오는 중에 공군 사령관 리플리(Ripley)가 반대 의사를 표명했다. 그는 당연히 이누이트 가족을 부양시키기에는 지역의 자원이 충분하지 않다고 우려했다. 정부 부서의 북극 지부 공무원인 벤 시버츠(Ben Sivertz)가 다음과 같이 문제점을 지적했다. "나는 이 사람들이 기지 주변의 거주자가 되어 쓰레기 더미를 뒤지고 정부 지원금이나 얻으려는 위험이 있을 수 있다고 생각한다. 그들이 사냥꾼으로 살아가려면 기지에서 떨어져 살아야 한다. 기지 근처에 살려면 기지의 일부가 되어야 한다."[17] 존 아마고알리크는 거기에 먹을 것이 충분하지 않았다는 것만 기억한다. "모두 배가 고팠다. 우리에게는 처음 몇 년 동안 어떤 종류의 가게도 없었고, 식량과 옷 그리고 거처를 보완하기 위해 쓰레기 더미를 뒤져야 했다. 군용 비행기가 도착하면 모두 쓰레기장으로 달려갔다. 비행기로 도착한 사람들이 점심을 받고 다 먹지 않는다는 사실을 알았다. 그곳에는 먹다 남은 샌드위치가 있을 것이고, 우리는 샌드위치와 남은 음식 조각을 차지하기 위해 쓰레기장으로 달려갔다."[18] 만약 RCMP 경찰관들이 쓰레기장을 뒤진다는 사실을 알았더라면, 그 음식을 찾아 압수할 때까지 모든 텐트를 수색

6.5 레절루트베이의 이누이트 집(1956년 3월)

했을 것이다.

이런 어려움 때문에 두 정착지의 이누이트들이 집으로 보내달라고 요구했지만, 전면 거부되거나 RCMP가 적극적으로 좌절시켜졌다. 대신 함께 살 수 있게 친척들을 초대하라고 격려했다. 샘윌리 엘리아시알루크(Samwillie Eliasialuk)가 다음과 같이 기억한다. "우리가 북극권 지역에 있을 때, 부모님이 돌아가려고 했지만 돌아갈 방법이 없다는 것을 분명하게 들었다. 어떤 정부 관리는 '만약 당신이 돌아가려면, 우리가 허락하기 전에 다른 사람들을 찾아야 할 것이다.'라고 말했다. 더 높은 권력에 호소할 수 없는 사람들이 한 말이다."[19] 두 번째 약속이 깨어졌다.

1955년 하우호는 그라이즈 피오르와 레절루트베이로 이누쥬아크에서 네 가족을 더 실어왔다. 새로 들어온 사람 중에 조세피 플라어티(Josephie Flaherty) 가족이 있었다. 그는 1921년 크리스마스에 매기 누얄루크투크(Maggie Nujarluktuk, 「북극의 나누크*Nanook of the North*」에 등장하는 나누크의 아내 닐라)와 영화감독 로버트 플라어티 사이에서 태어났다. 로버트 플라어티는 그 영화를 만든 후 북극을 방문한 적이 없으며, 그의 아들에 대해 이야기하거나 접촉한 적이 전혀 없다. 이 영화제작자는 1951년 7월 아들과 손자들이 이누쥬아크에서 그라이즈 피오르로 떠나기 4년 전에 사망했다. 패디 아키아투수크는 조세피의 의붓아버지였다. 그는 1954년 3월에 조세피에게 그라이즈 피오르에 있는 친척들이 위안이 될 수 있도록 와달라는 편지를 썼다. 당시는 하우호로 우편물 자루가 배달되고 있어서 조세피는 3개월 후에야 편지를 받았다. 그때엔 이미 아키아투수크가 사망한 뒤였다. 조세피는 같은 해 7월에 하우호로 함께 온 처음 만나는 삼촌 데이비드 플라어티를 통해서 그의 칼루나트 아버지의 죽음에 대해 알게 되었다. 조세피는 이 사건 직후 북쪽으로 가기로 했다. 1955년 7월에 그와 가족은 하우호를 탔다. 그 후 조세피는 어머니의 고향을 다시 보지 못했다.

항해 중 조세피의 딸과 다른 나이든 소녀가 결핵을 앓았다. 부모들은 치료를 위해 아이들을 남쪽으로 옮겨야 한다고 들었다. 그 말을 들은 가족들은 흥분했지만 어쩔 수 없었다. 아이들은 가족에게서 떨어져 매니토바의 처칠로 갔다. 배는 북쪽으로 항해했다. 도중에 또 다른 여자아이가 폐렴으로 죽었다. 배의 의사가 그 아이를 구하기 위해 최선을 다했지만 소용없었다. 당시 5살이었던 마르타 플라어티(Martha Flaherty)는 모든 사람이 폭풍우가 몰아치는 날씨 속에 데이비스 해협으로 불어오는 8월의 강풍에 얼마나 겁에 질렸던지를 기억한다.[20]

수년간 두 정착지의 상황이 좋지 않았다. 마르타가 다음과 같이 회상한다. "아버지가 아무것도 먹지 못하고 영하 60℃~영하 40℃의 날씨에 며칠 동안 어둠 속에서 사냥했다. 나는 5살에서 12살 사이의 어린시절이 없었던 것 같다. 아주 추운 날씨에 아버지와 함께 먹을 것을 사냥해야 했다. 때때로 나는 추위를 못 견디어 울곤 했지만, 아버지는 그냥 '우리가 굶길 바라니?'라고 말씀하시곤 했다."[21] 사람들은 배고픔 외에도 비극적인 사고와 반복적인 질병을 견뎌내야 했다. 1958년 두 어린 소년이 물에 빠졌다. 한 구의 시체는 발견되었지만 다른 한 구는 발견되지 않았다. 마르타는 이 사건이 있은 후 약 1년 동안 개들이 이상하게도 어떤 것이나 누군가에게 짖어댔던 것을 기억한다. 사람들은 소년이 살아있지만, 집에 오는 것을 두려워한다고 생각했다. 그는 아직도 실종 상태이다.[22] 1960년에 그라이즈 피오르에서는 많은 어린아이를 아프게 했던 심각한 기침이 유행했다. 의료시설이 원시적이거나 있지도 않았다. 우울증은 대부분 사람이 겪었던 최악의 문제였다. 겨울의 어둠과 나쁜 식습관은 향수병과 고립 외에도 필연적으로 모든 사람에게 심각한 비타민 D의 결핍을 초래했다. 이때 두 정착지의 이누이트는 겨울과 여름에 모두 해변 텐트에서 살았다. 안나 눈가크(Anna Nungaq)가 기억하는 것처럼. "나는 몇 년 동안 거의 잠을 자지 못했고, 울면서 집에 가고 싶어 했다. 나는 극도로 우울했다. 1년 동안 거의 잠을 자지 못했다. 나는 너무 무서웠다. 다시 빛이 있는 날이 올 것이라 생각하지 못했고, 매우 추웠다. 낮이 전혀 없는 곳에 가본 적이 없어서 너무 무서웠고 다시는 빛이 없을 것이라 생각했다."[23]

1960년대에 레절루트베이에 있는 RCAF 부대가 장교와 남자를 위한 바를 열었다. 이제 술이 문제가 되었다. 부대 관계자들이 이누이트 야영지로 술을 보냈다. 성폭행을 포함하여 여성과 소녀들에 대한 성 착취가 보편화되었다. 할 일 없이 오랜 시간 열악한 여건으로 지내면서 이미 스트레스를 받은 가족들이 술로 인해 헤어지게 되었다. 아이들은 어른의 보호 없이 음식이 없거나 냉방 속에서 생활하도록 내버려졌다. 자살과 가정 폭력, 싸움, 살인 등이 공동체 자체를 바꿔버렸다. 토미 이칼루크(Tommy Iqaluk)와 엘리사피 알라칼리알라크(Elisapee Allakariallak)는 이 기간에 레절루트에서 자랐으며, 당시를 극심히 어려웠던 시기로 기억한다. 그들은 이누쥬아크에서의 옛 삶에 대한 기억이 없었고, 더 나은 것이 있다는 것은 믿을 수 없었다. 그것은 "그저 그런 방식"이었다. 엘리사피는 레절루트베이를 "가짜 공동체"라고 묘사했다.[24] 오타와에서는 이 실험을 완벽한 성공으로 여기고 있었다.

진실과 회복

마침내 1970년대에 레절루트베이의 바가 폐쇄되었다. 당시 이 공동체는 그들의 상황을 최대한 활용했고, 현재 유치원부터 12학년까지 있는 학교와 의료기관, 지역센터, 우체국과 같은 정부 서비스 등 현대 생활을 위한 다양한 편의시설을 갖춘 두 개의 작은 마을을 만들었다. 오늘날 사람들은 집에서 생활하며 위성 텔레비전, 인터넷, 라디오를 접할 수 있다. 적어도 그라이즈 피오르에서는 이누이트와 지역 RCMP가 좋은 관계를 맺고 있는 듯하다. 이누이트가 금지된 조건 속에서 사냥하는 법을 배우면서 북극권에서 살아남기 위한 전통 지식을 되찾으려 함께 노력하고 있다. 현재 두 지역에서도 누나부트 전역의 여러 공동체에서처럼 남쪽의 물품을 마트에서 구할 수 있다. 식료품점의 음식은 너무 비싸서 "전통음식" 사냥과 공유가 여전히 중요한 영양원이다. 이누이트 예술가들은 다시 일할 수 있게 되었고, 지역 협동조합을 통해 조각품을 팔고 필요한 현금을 받는다. 매년 여름마다 유람선이 여러 차례 운항하면서 관광이 지역 경제의 중요한 부분이 되고 있다. 내가 2004년에 그라이즈 피오르에 처음으로 들른 것은 상당히 운이 좋은 것이었다. 이곳에는 여전히 많은 어려움이 있지만 삶이 나아졌다.

엘즈미어섬의 그라이즈 피오르의 작은 마을은 캐나다에서 가장 북쪽에 있는 이누이트 공동체이며 세계에서 가장 북쪽에 있는 공동체 중 하나이다. 엘즈미어의 끝 알러트Alert와 유레카Eureka에 연구소가 있지만, 이곳에서 일하는 사람은 남쪽 사람들과 그곳에 살지 않는 이누이트이다. 그라이즈 피오르 사람들은 끔찍한 역경에도 자신들이 공동체를 건설한 것을 자랑스러워하며 누나부트에서 최고 중 하나라고 이야기한다. 레절루트는 주권 순찰과 북극 탐사를 준비하는 지역이 되었다. 캐나다 군대는 이제 그곳에 상주하지 않지만, 과거의 RCAF 부대 기반이 남아 있다. 북서항로에 대한 캐나다의 주권 보장을 확보하기 위하여 군부대를 다시 여는 것에 대한 논의가 진행 중이다.

재배치된 이누이트는 연방정부가 무슨 일을 저질렀는지에 대한 진정한 사과와 보상을 받기로 했다. 1978년부터 매키비크Makivik(북부 퀘벡의 이누이트 조직)와 캐나나 이누이트 타피리사트Inuit Tapirisat of Canada(ITC, 지금의 이누이트 타피리트 카나타미Inuit Tapiriit Kanatami)는 그들이 중요하게 여기는 것을 조사하기 위해 끈질기게 오타와에 로비했다. 존 아마고알리크가 ITC의 대표가 되었고 재배치 문제와 이누이트 토지권리협정에 모두 관여했다. 1988년, 정부는 일부 가족들이 이누쥬아크로 이주할 비용을 모두 지불하겠다고 제안했지만, 더 이상의 보상은 매우 꺼렸다. 1990년 3월 19일 매키비크와 ITC가 원주민 문제에 대한 상임위원회에서 증언했다. 그들은 북극권에서 주권을 확립하는 데 이누이트의 역할을 인정하고 재배치된 사람들에게 보상금을 지급할 것을 권고했다. 의회가 인디언부와 북부개발부에 그 문제에 관한 보고서 제출을 요구했다. 이 보고서는 히클링사Hickling Corporation가 작성했으며, 그해 11월 부서 장관이 국회에 제출하였다. 히클링 보고서에는 정부의 잘못이 없었으며 보상금을 지급할 필요도 없다고 기술하였다. ITC는 이 조치에 굴하지 않고 캐나다 인권위원회에 탄원했다. 인권위는 북극권의 주권을 확립하는 과정에서 이누이트의 역할과 재배치 계획을 세울 때 저지른 실수를 인정하고, 이누이트를 이누쥬아크로 되돌려 보내주기로 한 약속을 지키지 못한 것을 인정할 것을 권고했다.

1993년의 누나부트 토지권리협정 서문에 다음 조항이 있다. "그리고 이누이트가 캐나다의 역사와 정체성, 북극 주권에 기여한 것을 인정받아"[25] 이누이트가 캐나다 주권을 지키는 역할을 인정한 것이다. 1994년 7월 왕립 원주민위원회가 「북극권의 재배치: 1953~1955년 재배치에 관한 보고서」를 출판하였다. 위원회는 북극권에서 캐나다 주권에 대한 "이주민"의 기여를 인정하고 사과해야 한다. 이누쥬아크와 폰드인렛의 "이주민"과 연방정부 대표 사이에서 협상 후에 보상이 이루어져야 한다고 권고했다.[26] 1995년 생존자들에게 주택과 이주, 연금을 포함한 보상을 위해 천만 달러 규모의 "재배치 신탁 기금"이 설립되었다. 마침내 2010년 연방정부의 인디언북부부 부장관이 다음과 같은 성명을 발표하면서 재배치된 사람들에게 사과했다. "캐나다 정부는 북극권으로의 이누이트 재배치는 그들에게 극심한 어려움과 고통을 안겨주었다고 인정하고 이누이트 가족을 이주시킨 것을 사과하였다. 우리의 역사와 어두운 장의 실수와 약속을 어긴 것을 깊이 후회한다."[27]

내가 알기로는 2013년 6월에 법정에서 연방정부에 대한 청구가 제기되었지만, 1940년대와 1950년대에 그들에게 일어난 일에 대해서 엘리사피 카레타크(Elisapee Karetak) 가족이나 다른 아히아르미우트에게 어떤 종류의 인정이나 사과, 보상도 없었다. 2014년까지 사과와 보상이 이루어질 것이라 기대한다.[28] 존 아마고알리크가 자신과 그와 같은 사람들을 "인간 깃대"라고 묘사한 것이 과거의 상황을 가장 잘 요약해 준다.[29]

기숙학교

전쟁 후 시대에 이누이트 삶에 지장을 준 것은 재배치만이 아니었다. 많은 이누이트가 결핵 치료를 받기 위해 수년 동안 남쪽으로 후송되어 가족이나 공동체와 격리되어 있었다.[30] 킥키크가 에스키모 포인트에 정착한 지 얼마 되지 않아, 그녀의 막내딸 엘리사피는 4년 동안 남쪽의 요양시설로 보내어졌다.[31] 이누이트가 그들의 땅을 떠나 정착촌으로 옮겨졌고, 잔인하게 그들의 개를 쏘고 다니는 RCMP의 편의시설에 정착하기도 했다.[32] 이누이트 가족의 삶에서 가장 충격적인 고통은 교육 시스템을 통한 것이었을 것이다. 적어도 1970년대까지 많은 어린아이가 수천km가 떨어진 체스터필드인렛(이글루리가아류크)과 프로비셔베이(이칼루이트), 이누비크, 처칠의 기숙학교로 보내어졌다. 일부 아이들은 오타와만큼 멀리 떨어진 위탁가정과 백인 학교 등으로 보내어졌다.

캐나다 독립 전인 1867년부터 마지막 기숙학교가 문을 닫은 1996년까지 캐나다 전역의 원주민 자녀들이 영어 또는 불어, 독서와 글쓰기, 농사일이나 집안일과 같은 산업 또는 거래, 기독교 등을 가르치는 기숙학교로 보내어졌다. 자신의 언어를 말하거나 문화를 행동하면 처벌받았다. 많은 사람이 학대당하거나 무시당했고 알 수 없는 수의 사람들이 결핵이나 다른 질병, 무시, 학대, 폭력으로 사망했다.[33] 살아남은 사람들은 자신이 낯선 사람이 되어 있는 지역으로 돌아왔다. 교육기관에서 자란 아이들은 사랑하는 부모님이 어떤 모습인지, 그들이 원주민인지 유럽인인지 모르기 때문에, 부모님이 자식에게 사랑을 주거나 양육을 잘 할 수 없다는 것을 알게 되었다. 문화와 사랑, 안전의 상실이 세대를 이어 전해지고 있다. 술과 마약이 고통을 무디게 한다. 오로지 재시설화나 감옥이 그들을 평안으로 되돌려놓는다. 이와 같은 동화정책이 150년 이상 지속되었고, 아직도 그 영향이 반향을 일으키고 있다.

> 그 영향은 감정의 방치로 피해를 보고 종종 학교에서 학대당했던 학생들이 부모가 되면서 세대를 넘어 퍼지기 시작했다. 가족과 개인의 장애는 궁극적으로 학교의 잔재가 실업, 빈곤, 가정 폭력, 마약과 술 남용, 가정파괴, 성적 학대, 매춘, 노숙, 높은 수감률, 조기 사망 등에 이르기까지 발전했다.
>
> 원주민 관찰자들은 처음부터 문제를 알고 있었다. 마리우스 퉁길리크(Marius Tungilik)는 체스터필드인렛 학교에서 "근본적으로 우리 같은 종족

을 증오하는 것"을 배웠다고 느꼈다. 그가 리펄스베이로 돌아왔을 때, 그의 공동체를 다르게 보았다. "당신은 다른 시각으로 자신의 민족을 생각하고 보기 시작한다. 당신은 손으로 음식을 먹는 것을 볼 수 있다. '그래, 원시인이다' 라고 생각할 것이다."[34]

유럽-캐나다의 국가 및 식민지 의제에 의해 원주민 어린아이 세대들이 혼란을 겪었다. 스티븐 하퍼 총리는 2008년에 모든 캐나다인을 대신해 원주민에게 수년간 기숙학교로 보낸 것에 대해 사과했다.[35] 재정적인 해결책이 계획되었고 진실과 화해위원회의 프로그램을 통해 치유에 대한 노력이 시작되었지만, 이런 정책으로 당한 고통과 손실을 극복하기까지는 여러 해가 걸릴 것이다.

1950년대부터 이누이트 아이들은 집에서 수백km 떨어진 학교로 보내어졌다. 거기서 이누이트어를 말하거나 이누이트 신분을 유지할 수 없었다. 그들은 어린 기독교도 캐나다인이라고 배웠다. 남쪽의 퍼스트 네이션(이누이트를 포함하지 않는 캐나다 원주민-역자 주) 아이들처럼 이들도 신체적, 성적, 감정적 학대와 방치의 사례도 있다.[36] 이누비크에 있는 학교뿐만 아니라 체스터필드인렛 기숙학교Turquetil Hall와 조셉 버니어 연방의 날 학교Sir Joseph Bernier Federal Day School에서 가장 심각한 북극의 문제가 발생하였다. 체스터필드 학교는 1929년에 가톨릭교회의 오블레이트Oblate 사제들이 개교하였고 1970년에 문을 닫았다. 가장 심한 학대는 1950년대와 1960년대에 발생했다. 피터 이르니크(Piita Irniq)는 체스터필드인렛으로 보내어진 소년으로서의 경험을 다음과 같이 기억한다.

일부 나우아르미우트*Naujaarmiut*[나우자아트Naujaat(리펄스베이)의 사람들]가 1953년, 1954년, 1955년경에 체스터필드인렛에 있는 학교로 보내어졌다. 나는 학교에 절대 가지 않을 것이라 생각했다. 나는 진정한 이누이트로 자랐고, 진정한 이누크, 사냥꾼, 낚시꾼, 트래퍼로 성인의 삶을 살 수 있다는 걸 알고 있었다. 나보다 나이가 많은 이들이 1954년, 1955년, 1957년부터 체스터필드의 학교에 다니기 시작했다. 그 무렵이었다. 나에게 학교에 간다는 것은 다른 사람들과 한 공동체에서 살지 못하는 것이었기에 나는 준비하기 어려웠다. 아버지는 '공동체에 살면서 남쪽 사람들에게서 얻는 복지가 내가 얻는 모든 것'이라고 말하곤 하셨다. 그는 그렇게 되고 싶지 않았다. 그는 항상 식량과 옷을 얻기 위하여 동물을 찾았다.

1958년 여름에 동력선이 다가오는 것이 보였다. 매우 아름다운 날이어서 선명하게 보였다. 어머니는 관습대로 차를 끓이기 시작했다. 여름이어서 헤더로 불을 지폈다. 당시 우리는 차를 끓이기 위해 헤더와 이끼만 사용했다. 그날은 방문객들이 있는 아주 멋진 느낌이었다. 그래서 어머니는 방문객들을 환영하기 위해 차를 만들기로 한 것이었다. 그들이 배를 해변에 댔다. 배가 해변에 닿을 무렵, 우리는 방문객을 맞이하러 내려갔다. 모두 아버지 뒤를 따라 내려갔다. 먼저 고인이 된 데디어(Dedier) 신부가 배에서 내렸다. 그는 배에서 내리면서 아버지에게 말하길 "피터 이르니크가 이글루리가루크에 있는 학교에 가야 해서 데리러 왔어." 심지어 아버지와 악수하며 인사조차 하지 않았다. 나는 아버지가 당황한 모습을 한 번도 본 적이 없었는데, 그 순간 아버지는 당황하셨다. 크게 나에게 말하기를 "이들이 너를 데리러 왔다고 하니 가서 좋은 옷으로 챙겨입어라." 엄마와 나는 재빨리 우리의 텐트로 돌아갔고, 엄마는 내게 털이 달린 가죽 부츠를 신겼다. 나는 가장 좋은 옷을 차려입었고 우리는 리펄스베이로 갔다. 방문객들은 차도 마시지 않았다. 보통 이누이트 방문객이라면 차를 마시고 떠났을 것이다. 왜 이런 일이 일어났는지 모르겠다. 신부님이 '이런 일이 일어나기 전에 가족들에게 더 일찍 말해 주었으면 좋았을 걸' 하고 생각했다. 바로 떠나야 했다. 리펄스베이로 향하는 동안 나는 외로웠다. 내 생에 가장 외로웠던 순간이었다! 부모님과 누나와 자형 그리고 몇 년 뒤 세상을 뜬 남동생과 조카, 그들에게서 점점 멀어지면서 계속 바라보았다. 모두 해안가에 서서 보이지 않을 때까지 나를 바라보고 있었다.

(이르니크는 당시 11살이었고 리펄스베이에서 비행기를 타고 체스터필드인렛으로 갔다.)

우리는 비행기로 아름다운 바위투성이의 해변에 도착했다. 해변에 다다르자 모두 내렸다. 그곳에서 몇몇 이누이트도 보았지만, 생에 처음으로 회색 수녀를 보았다. 긴 치마를 입고 있었고, 후드에는 "털"이 거의 없고 작은 구멍이 많이 나 있었다. 몇몇 수녀들은 정말 아름다웠다! … 내가 보기에 회색 수녀들은 다른 사람과 아주 달라 보였고 우리의 보호자가 될 것 같았다. 그들이 우리를 만나러 왔다. 수녀들이 호스텔로 인도했다. 나는 좋은 친구 폴 마니투크(Paul Maniittuq)와 함께 걸었다. 우리는 수녀들을 따라오라는 말을 듣고 뒤에서 걸어갔다. 우리는 분명히 아주 큰 집인 터퀴틸 홀Turquetil Hall로 가고 있었다. 초록색의 아주 큰 건물이었다. 한쪽을 돌아서 또 다른 큰 건물이 있었다. 건물들은 정말 커 보였다. 나는 또 성당 사제관도 보았는데 아주 아름답게 지어진 건물이었다. 서쪽으로 보니 동정녀 마리아상이 바위로 둘러싸여 있었고 매우 아름다웠다. 그곳에서 또 다른 2층짜리 큰 건물을 보았다. 수녀들의 거처이기도 하는 병원이었다. 이 건물은 우리의 집이 아니었다. 우리가 지낼 곳은 2층짜리 호스텔로 겨울 내내 혹은 이글루리가루크에 있는 내내 우리의 집이었다. … 그곳에 들어서자 옷을 벗으라 했다. 우리는 목욕을 했다. 우리는 희롱당했다. 이어서 이발을 했다. 구식 수동 이발기로 머리를 잘랐다. 내 머리가 아주 짧아졌다. 그 후 우리 어린 소년들은 매우 짧은 머리를 하고 있었다. 그날 어린 소녀들도 머리를 이마까지 짧게 잘렸다는 것을 알았다. 매우 다르게 보였다. 리펄스베이에는 욕조가 없었기에 그날 욕조를 처음 보았다. 신발을 신은 것도 처음이었다. 처음으로 짧은 소매 셔츠를 입었고, 이런 이방인 옷을 입은 것은 난생처음이었다.

밤이 오자, 크고 넓은 침실로 들어가라고 했다. 많은 침대가 있었다. 잠자는 곳과 잠옷을 받았다. 리펄스베이에서는 이런 물건을 사용해 본 적이 없어서 무엇인지 전혀 알 수 없었다. 이누크로서 나는 완전히 벌거벗은 채로 잤다. 침대로 들어가기 직전에 "무릎 꿇고 앉아" 기도하라고 했다. 이것이 기도의 시작이었던 것 같다. 우리는 기도를 많이했다. 그날 저녁은 시작에 불과했다. 다음 날 아침에 일어났을 때 먼저 기도를 했고, 아침 식사 직전에, 학교에 도착했을 때도 먼저 기도를 했다. 9시가 되면 학교로 갔다. 주님의 기도를 한 직후 "하늘에 계신 우리 아버지 …" 그러고 나서 "오 캐나다"라고 생각되는 캐나다 국가를 불렀다. 나는 무슨 노래를 부르는지 몰라 단지 따라 하려 노력하였고 모든 사람을 따라 했다. 나는 이 노래가 무엇을 의미하는지 전혀 몰랐다.[37]

피터 이르니크는 누나부트의회의 의원이자 누나부트 위원(캐나다 총독이나 지방 소령에 해당함)이다. 현재 남쪽의 이누이트와 함께 일하고, 북극 전역에서 이누이트 대사로서 언어와 문화를 지키기 위해 노력하는 매우 존경받는 어른이다.

존 아마고알리크는 매니토바 처칠의 기숙학교 생활에 대하여 비교적 행복하게 기억하고 있다.

정부는 모든 학교 아이를 대상으로 아이큐를 검사했다. 일정 수준의 점수를 받은 사람이 처칠에 갈 자격이 있었다. 동부 북극권과 북부 퀘벡의 각 공동체에서 똑똑한 학생들이 그곳에 갔다. 그곳은 기숙학교였지만 처칠에서의 경험은 다른 원주민 아이들과 달랐다. 우리에게는 좋은 경험이었다. 나에게는 세상에 눈을 뜨게 해 준 곳이다. 스스로 어떻게 살아가야 할지에 대해 배웠다. 이 학교는 내게 좋은 기초교육을 해 주었다. 오늘날 대부분 이누이트 리더들이 이 학교 출신이다. 나는 그곳을 2년 다녔다. … 학생들이 자신의 공동체와 가족에게 돌아갔을 때, 2년의 생활이 부정적인 영향을 끼쳤다. 여러 면에서 달라졌다. 우리는 옷을 다르게 입었다. 이제 긴 머리와 반항적인 태도를 보이게 되었다. 대부분 부모에게서 소외되었고, 어른과 의사소통이 어려웠다. 물론 대부분 이누이트가 북극에서 생존하는 데 필요한 기술과 지식을 얻을 수 없었다. 우리는 자신의 문화, 역사, 그리고 자연환경으로부터 너무 멀

6.6 노바스코샤 아카디아 대학에 만들어진 이눅슈크 옆의 피타 이르니크

> 리 떨어져 있었다. 백인사회에서 더 나은 교육을 받았지만 그건 우리 문화에 대한 대가였다.[38]

체스터필드인렛의 학교와 달리 처칠의 학교는 연방정부가 직접 운영하였기에 학생들에게 더 나은 교육과 덜 고통스러운 경험을 갖게 했던 것 같다.

후유증

재배치와 기숙학교의 후유증이 북극 전역의 이누이트 지역에 남아 있다. 이누이트는 여러 면에서 그들의 삶이 부모나 조부모님의 시대보다 더 쉽다고 말할 것이다. 낸시 와초위치(Nancy Wachowich)의 저서 「사키유크: 세명의 이누이트 여성 삶의 이야기*Saqiyuq: Stories from the Lives of Three Inuit Women*」에는 땅에서의 삶에서 현대사회로의 전환에 대한 놀라운 이야기가 소개되었다.

아피아 아갈라크티 아와(Apphia Agalakti Awa)는 전통방식으로 땅에서 나고 자랐다. 그녀의 딸 로다 카우캬크 카차크(Rhoda Kaukjak Katsak)는 프로비셔베이와 폰드인렛에서 어려운 삶의 전환에 적응해야 했다. 아와의 손녀딸 산드라 피쿠야크 카차크 오미크(Sandra Pikujak Katsak Omik)는 2005년 아키트시라크 로스쿨을 졸업하고 현재 누나부트 바의 회원이자, 누나부트 토지 권리협정을 관리하는 단체인 누나부트 퉁가비크사의 법률 고문이다. 이글루리크의 샤먼 아와는 산드라의 고조부이다. 엘리사피 카레타크는 아르비아트에 있는 학교에서 첫 이누크 교장이 되었고, 어머니의 경험에 대한 「킥키크 *Kikkik E1-472*」라는 영화를 쓰고 내레이션을 하기도 했다.[39] 존 아마고알리크는 현재 누나부트의 "아버지"로 기억되고 있으며, 정부 고문과 키키크타니 이누이트협회Qikiqtani Inuit Association에서 활동하고 있다. 마르타 플래어티는 파우크투티트 이누이트 여성협회Pauktuutit Inuit Women's Association 회장이 되었고 이누이트 타피리트 카나타미의 임원이다. 그녀는 이누이트 여성과 어린이, 청소년의 권리를 위해 광범위하게 영향력 있는 일을 하고 있다. 그녀는 현재 브리티시컬럼비아주의 버너비Burnaby에 살고 있는 "백인" 친척 일부를 다시 만났다.

1950년대까지 북극에서 캐나다 정부의 활동은 실질적인 주요 요인이 되지 못했다. 정부의 활동은 주로 냉전시대 북극 군사화와 지속적인 캐나다 주권 확립과 관련이 있었다. 전후 시대의 캐나다 이누이트 시민에 대한 학대는 안보와 주권문제에 관한 현재와 미래의 논의에 좋은 징조가 되지 못한다. 기후변화로 점차 북극의 해상 조건이 개방되면서, 캐나다 정부가 그곳의 주권을 지킬 수 있다는 가장 좋은 증거인 실제 북극에 거주하는 대부분 이누이트인, 캐나다 시민들에 대한 책임을 깨닫는 것이 여전히 멀어 보인다. 이누이트는 캐나다의 주권을 분명히 인정했고, 대부분 자부심을 느끼고 캐나다인이라고 이야기한다. 그린란드 이누이트는 1979년 자치를 요구했고, 2009년 모든 국

6.7 오타와 법무부에서 어완 커틀러(Irwin Cotler)와 원탁에서 토의 중인 엘리사피 카레타크(왼쪽)와 산드라 오미크

내 문제에 대한 권한을 강화하였다. 2021년까지 덴마크로부터 독립할 수 있다는 희망이 있다. 캐나다에서는 독립을 위하여 추진하는 것은 없지만, 협력을 위한 법적, 정치적 요구사항이 있으며 이는 지켜져야 한다.

1950년대 나의 아버지가 데이비스 해협과 배핀만에서 관측 임무를 수행하는 동안에 북극에 살고 있었던 사람들의 상황은 점차 악화되었다. 나를 비롯한 남쪽 캐나다인의 삶은 전쟁 후 경제 호황기에 정상적인 궤도를 따르고 있었다. 한편, 엘리사피와 그녀의 가족은 재배치와 굶주림, 결핵, 그리고 전통적인 생활방식에서 현대적 생활방식으로의 어려운 변화에 시달리고 있었다. 1970년대부터 이누이트는 그들의 전통생활에서 남아 있는 것을 고수하고 남아 있는 것을 빼앗으려는 외부인들에 저항하기 위해 정치 조직을 구성하기 시작했다. 이누이트에게 이것은 그들의 땅, 바다, 그리고 그들의 얼음을 요구하는 것을 의미했다. 지금, 얼음이 녹고 땅과 바다가 드러나듯이 우리의 모든 삶은 점차 서로 얽히고 있다.

제7장.. 우리의 땅: 누나부트

그 땅은 고기가 잘 잡히는 강과 호수로 매우 아름답다.
그곳에는 멋진 산이 있고, 그 사이에 있는 당신이 마치 카리부가 될 수 있을 것 같은 모습을 하고 있다.

로사 파울리아(Rosa Paulia)[1]

식량

2003년 7월 9일은 이칼루이트에서 보낸 완벽한 여름날의 하루였다. 태양은 수천 개의 푸른 다이아몬드 색조로 프로비셔만에서 희미하게 빛나고 있었다. 만을 가로지르는 산에는 옅은 안개가 끼어 있고 눈이 덮여 있다. 툰드라에는 노란색과 보라색, 분홍색, 흰색의 북극양귀비, 에이라로즈*paunnat*, 점나도나물, 북극이끼장구, 북극흰색황새풀*kangoyak*, 담자리꽃나무, 진뜰딸리꽃*aqpiit*, 자주범의귀*aupilaktunnguat*(현재 누나부트 주화), 흰북극헤더, 래브라도 티, 그리고 양털송이풀이 부드럽고 깊은 녹색의 카펫에 깔려 있었다. 이 모든 꽃이 피어 있지는 않았을 것이다. 하지만 이것이 내가 기억하는 모습이다. 그날은 누나부트의 날이었고 마을은 축제 중이었다. 에이펙스Apex(이칼루이트 중심지에서 남동쪽으로 5km쯤 떨어져 있는 작은 공동체–역자 주)로 가는 길의 새로운 하키 링크에서는 대규모 여름 품평회와 시장이 열려 여성용 바느질, 인장 가죽, 카리부 가죽과 뿔, 조각품, 인쇄물, 보석류 등이 전시되어 있었다. 아이들은 게임을 하거나 이야기를 하며 즐겁게 놀고 있었고, 사람들은 행복하게 아이스크림을 먹으면서 청량음료를 들고 들락거렸다. 링크 한쪽 끝에는 북극이라는 것을 상기시켜 줄 수 있는 무언가가 있었다. 바닥 판지에는 북극곤들매기, 카리부, 물개, 바다코끼리, 고래 가죽*mattaaq* 등 날고기 무더기가 널려 있었다. 누구든지 비닐봉지에 담아서 먹거나 집에 가져가서 먹을 수 있었다. 이 모든 것은 땅과 바다에서 나온 풍부한 음식인 눌리아유크Nuliajuk(이누이트가 바다의 정령이라고 믿는 여신–역자 주)의 선물이었다. 나는 약간 머뭇거리면서 살짝 곤들매기의 맛을 보았다.

나는 이듬해 6월에 아키트시라크 로스쿨의 학생, 교수들과 함께 실비아 그린넬강으로 봄 소풍을 갔다. 최악의 날씨였다. 바람이 불고 추웠고 눈까지 내렸다. 하지만 학생들이 지켜주었다. 학생들이 어린이들을 위해 텐트를 치고 요리를 위해 특별히 준비한 헤더와 약간의 나무 막대기를 연료로 쓰는 오픈 파이어로 요리를 시작했다. 주요리는 버터를 바른 북극곤들매기였다. 아기 바다표범 구이가 에피타이저였다. 바다표범은 맛있었다! 나는 다 자란 바다표범이 너무 기름지고 진하다고 생각했지만, 좋은 영양 공급원이며 기름이 추운 날씨를 따뜻하게 해 주었다. 스튜나 국으로 만들어지는 카리부 고기 역시 영양가 높고 맛도 매우 좋았다. 나는 북극에 도착하고 몇 주 만에 카리부 양념 기술을 배웠다.

북극에서는 소풍과 각자 준비한 음식을 함께 먹는 것, 잔치, 토요일에 프로비셔 여관Frobe에서 열리는 여성들의 아침 식사 모임, 그리고 점심과 저녁 파티 등이 중요한 사교활동이다. 이것은 어디서나 그렇다. 사냥하고, 수확하고, 준비하고, 공유하는 것은 인간 사회생활의 필수적인 기본 중 하나이다. 이누이트는 남쪽을 여행할 때 "전통음식"을 갈망한다. 땅과 바다는 이누이트의 생존에 필수적인 것을 주지만, 사냥감이 줄어들고 이동경로가 바뀌면서 점점 힘들어지고 있다. 카리부는 북극 대부분 지역에서 찾기 힘들어질 수 있다. 새로운 종이 수십 만 년 동안 북극에 자리 잡은 생명의 사슬을 위협하고 있다. 인간은 북극에 들어온 가장 최근의 존재일 뿐인데, 더 많은 낯선 것을 함께 끌어들이고 있다.

누나부트의 경제는 상업적인 사냥과 어업, 광업과 자원개발, 서비스 산업, 정부 서비스와 관광산업뿐만 아니라 수천 년에 걸쳐 발전해 온 전통적인 사냥과 수렵 기술이 섞여서 혼합되어 있다. 이누이트는 유일한 내륙 공동체인 베이커레이크 사람들을 제외하고는 대부분 허드슨만과 북극해 연안에 거주하며, 정착된 공동체에서 생활하며 임금이나 복지경제에 참여한다. 이누이트가 전통적인 것과 새로운 것을 혼합하려 애쓰면서 이런 혼합 경제 자체가 스트레스로 이어질 수 있다. 전통적인 이누이트 문화권에서는 사냥하기 어려울 때를 대비하여 음식을 남겨 두기는 하지만, 절대로 구입하지 않았다. 허드슨베이사가 들어온 후에도 이누이트는 밀가루와 차, 설탕, 그리고 그 외 기본적인 것들과 여우 모피를 교환할 수 있게 되었고, 항상 음식을 공유하였다. 음식을 나눠 먹는 규칙은 광범위했다. 항상 노인과 혼자 사는 여자, 어린이, 그리고 사냥할 수 없는 사람들이 굶지 않도록 우선 고기를 받았다. 이런 규칙이 기근 시기에 잠시 왜곡되거나 깨어지기도 했지만, 그럴 경우 항상 문화적, 신체적인 고통이 따랐다. 이누이트는 케이프도싯의 필리치 킹와치아크(Pilitsi Kingwatsiaq)가 「누나트시아크 뉴스*Nunatsiaq News*」에 쓴 다음의 편지와 같이 아직도 시장에서 물개, 순록, 곤들매기, 또는 다른 고기들이 팔리는 것을 좋아하지 않는다.

> 지난 몇 년 동안 이누이트 문화에서 약간의 변화가 일어나고 있다는 것을 알게 되었다.
>
> 라디오에서 전통음식을 파는 곳이 있다는 것을 들었다. 내 고향에서는 이런 일이 거의 일어나지 않는다. 가끔 물고기들이 협동조합으로 팔리기도 하지만, 개인이 물개를 파는 경우를 본적이 거의 없다.
>
> 내 고향 사람들은 여전히 전통음식을 공유하고 있으며, 그것이 이누이트 문화의 일부이다. 나는 전통음식 판매가 허용되어서는 안 되며 중단되어야 한다고 생각한다.
>
> 나눔은 이누이트 문화의 일부이며, 그렇게 유지되어야 한다.[2]

음식을 나누는 것만 달라진 것이 아니다. 현대 편의시설, 예를 들면, CBC 라디오, CKIQ 라벤록Raven Rock(CKIQ는 이칼루이트의 라디오 방송–역자 주), 북극의 공동체와 남쪽 캐나다 사이의 정기적 항공편, 위성 텔레비전, 식료품 가게, 현대 주택, 스노모빌뿐만 아니라 학교와 사무실, 기업의 사업 등이 이제 북극에서 익숙한 삶의 일부가 되었다. 그러나 이런 남쪽 물품들이 지리적, 문화적 혼란과 높은 실업률, 부의 불균형, 가난, 약물 남용, 폭력, 자살, 전

7.1 캐나다 남쪽과 북극 캐나다의 식료품 가격 비교(2014년 1월)

보조금 (세금 포함)	식품명	남쪽 지역의 가격	북쪽 지역의 가격	
		(관문도시: 오타와)	(북극 중심지: 이칼루이트)	(이누이트 작은 공동체)
높음	양배추 한 포기 (2.1kg)	$2.20	$5.79	$28.54 (아크틱베이)
	우유(4l)	$4.40	$10.39	$12.99 (폰드인렛)
	보통 냉동 소고기 (2파운드)	$1.99	$16.39	$17.29 (아크틱베이)
	고급 냉동 프라이드 치킨(2kg)	$18.98	$45.99	$64.99 (아크틱베이)
	파인애플 1개	$1.88	$8.59	$11.59 (이글루리크)
	수박 한 통	$3.97	$14.99(이상)	$68.00 $17.00(쿼터당) (그라이즈 피오르)
	사과(5파운드)	$3.28	$8.79	$15.18 (클라이드 리버)
	딸기(1.36kg 또는 3파인트)	$4.32	$16.47	$26.97 (이글루리크)
	냉동 농축 과즙 (295ml짜리 8캔) (295ml짜리 1캔)	$5.99 $0.88	$34.99 $4.99	$51.89 (이글루리크) $11.29 (아크틱베이)
	Black Diamond 체다치즈(300g)	$1.99	$8.29	$11.00 (그라이즈 피오르)
낮음	닭국수 캔 (540ml)	$1.49	$5.59	$11.39 (팽니텅)
	일반 밀가루(5kg)	$9.49	$25.78	$33.29 (이글루리크)
	설탕(4kg)	$3.76	$16.39	$19.99 (폰드인렛)
없음(2012년 10월 기준)	샘물 (500ml짜리 24병)	$2.97	$42.99	$104.99 (클라이드 리버)
	POGO 핫도그 (20개, 1.5kg)	$11.99	$24.99	$44.80 (폰드인렛)
	NutriGrain Bar (8개, 295g)	$2.49	$6.99	$16.19 (아크틱베이)
	튜브형 아이스크림, 얼리지 않은 것 (20ml짜리 100개)	$2.49	$16.99	$42.79 (폰드인렛)
	바닐라 웨이퍼 쿠키 (400g)	$1.29	$6.39	$11.39 (팽니텅)
	탄산음료 (355ml짜리 24캔)	$5.79	$35.98	$160.00 (그라이즈 피오르)
합계		$97.82	$356.86	$764.56
	가능한 추가비용: IAMS 건식 개 사료(7~8kg)	$21.98	$39.99	$140.00 (이글루리크)

통 언어와 사냥 기술의 손실과 같은 다른 문제도 가져왔다.

캐나다 남쪽에서 유입되는 음식은 몬트리올이나 밴쿠버에 비하여 3~5배 비쌀 수 있다. 우유 반 갤런이 12달러에서 13달러에 이를 수 있다(이 책이 저술되던 2014년 기준—역자 주). 비닐로 포장된 포도 한 송이 가격은 8~10달러이다. 이런 식품은 영양 문제로 이어졌다. 이누이트는 "전통음식"을 좋아하지만, 점차 상점에서 살 수 있는 물건에 의존하게 되었다. 이 제품에는 칩, 피자, 햄버거와 같은 가공식품과 "정크 푸드"가 포함된다. 이런 것은 수입 과일이나 야채(종종 질 나쁜 것, 특히 작은 공동체일수록 더)보다 저렴하고 "전통음식"보다 구하기 쉽다. 가공식품은 매년 여름에 물품을 배달하는 소형 "수송선"으로 들어오지만, 신선한 농산물은 비행기로 수송해야 한다. 아직은 캐나다 남쪽과 누나부트 공동체 어느 곳과도 연결되는 도로가 없다. "전통음식"을 먹는 사람들은 북극의 먹이사슬로 모여드는 고농도의 잔류성 유기물, 금속, 화학 오염물질에 노출되어 있다. 특히 바다표범은 오염물질로 뒤덮인 다른 작은 동물과 식물을 먹은 물고기를 먹는다. 먹이사슬에서 높이 올라갈수록 독성이 집중된다. 인간과 북극곰은 먹이사슬의 최상위에 있다. 오늘날 북극 대부분 지역에서 모유는 화학물질과 금속 독성으로 가득 차 있다. 이런 유독성 요소들은 높은 비율의 암과 신경계 이상, 알레르기 반응으로 이어질 수 있다.[3]

기후변화로 카리부와 같은 전통적인 사냥감이 사라지거나 이주 경로가 바뀌면서 생활방식이 더욱 악화되었다. 오존홀도 남극에만 있는 것이 아니라 북극에도 있다. 국제사회는 독성 자외선을 차단하는 성층권의 오존층 파괴를 완화시키기 위해 인간이 만든 염화불화탄소(에어컨, 스프레이 캔에 사용)의 영향을 최소화하는 데 성공했다. 하지만 오존홀은 아직도 사라지지 않았고, 북극곰과 인간이 얼음 위에 막 태어난 바다표범 새끼를 사냥하는 봄철에 최악의 상황이 된다. 북극에서 봄의 태양은 한여름 백야에 이르기까지 눈과 얼음에 의해 오랫동안 반사된다. 자외선은 피부와 눈에 손상을 입혀 피부암, 백내장, 실명 등을 유발할 수 있다. 사람뿐만 아니라 태양에 노출된 야생동물도 이런 문제로 고통받고 있다. 노인들은 바다표범의 피부가 독성이나 햇빛에 노출되거나 그 외의 다른 오염물질로 손상되어 가죽의 품질이 저하된다는 것을 알고 있다. 2011년 10월에 원인이 확인되지 않은 커다란 오존홀이 다시 생겼다.[4]

북극에서 많은 사람이 담배를 피우고, 비좁고 곧 무너질 듯하면서 난방이 잘 안 되는 주택에서 살고 있다. 술과 불법 마약은 대부분 공동체, 심지어 "금주법"이 시행되고 있는 곳에서도 골칫거리이다. 암시장이 존재하고 성행한다. 비만과 당뇨병, 심장병 등 식생활과 관련된 질병이 증가하고 있다. 누나부트는 세계에서 호흡기 질환 비율이 가장 높다. 특히 어린아이들 사이에서 그렇다. 자녀의 학대와 방치, 배우자 학대, 노인 학대와 같은 가정폭력도 심각한 문제이다. 대부분 학교가 탁아소를 갖추고 있지만, 어린 소녀들이 임신으로 학교를 마치지 못하는 경우가 많다. 어린 소년들은 언어와 읽고 쓰는 능력 문제, 약물 남용 또는 미래에 대한 불안감 때문에 학교를 중퇴한다. 한두 세대 젊은 남성들은 전통사회에서 현대사회로의 거대한 변화 속에서 근본적인 길을 잃고 있다. 폭력과 살인이 전통적인 이누이트 사회에서보다 더 빈번하게 일어난다. 자살률은 캐나다 전국 평균의 10배 이상이며, 특히 젊은 사람들과 소년에게서 높다. 우울증을 포함한 정신 질환도 심각한 문제이다.

이누이트는 오랜 세대에 걸쳐 지구상에서 가장 극단적인 환경에서 생존하고 번성할 수 있는 방법을 모색하고 수목한계선 북쪽에서 사는 법을 찾아왔다. 최근 북극으로 이주하는 사람들에게는 이 가혹하고 취약한 환경과 인간 상호작용의 한계를 이해하는 것이 훨씬 더 어렵다. 이누이트가 캐나다의 현대적 생활방식을 받아들이고, 현대 산업경제가 북극으로 유입되면서 인간과 환경간 상호작용이 사라지기 시작했다. 북극 빙하가 녹으면서 캐나다와 세계

땅의 윤곽도 변하고 있다. 아마도 영원히. 북극 토착민들에게 북극은 척박한 눈과 얼음의 황무지가 아니며, 또한 잠재적으로 채굴하고 수송해 갈 수 있는 풍부한 자원의 어머니도 아니다. 이곳은 단지 풍요롭고 아름다운 고향일 뿐이다. 북극에서 주권과 국경선은 지구상 어느 곳에서보다 인위적이며, 발밑에서 이런 경계선이 녹아내리면서 점점 더 강력하게 보호될 것이다. 기온이 상승하고 빙하가 사라지면서 주거지와 주권 간의 균형이 점점 더 예측 불가능해지고 있다.

북쪽의 제국

'유럽이나 아시아계 후손들이 어떻게 이곳에 오게 되었고, 와서 무슨 일이 있었는가?'는 우리 대부분이 잊고 있거나, 모르고 있거나, 무시하고 싶은 북아메리카 역사의 한 부분이다. 스티븐 머서(Stephen Mercer)의 설명대로,

> 북아메리카의 발전은 식민지 시대의 이야기이다. … 연합군(1867)보다 200년 앞서서 프랑스인과 영국인이 캐나다를 지배하기 시작하였다. … 누나부트 탄생 역사는 식민주의의 주요 구성요소와 주제로 적절히 설명할 수 있다. 모든 나라, 모든 지역의 식민주의 투쟁 이야기는 맥락적으로는 크게 다르지만, 주제면에서 매우 유사하다. 이 개념이 누나부트 토지권리협정(NCLA)의 발전과 궁극적으로 누나부트의 설립에 어떻게 부합하는가?
>
> 식민주의는 한 문화나 사회가 다른 문화나 사회를 지배하는 지배구조 또는 강제적 변화로 설명할 수 있다. 그것은 그들이 통치하는 인구로 지지되지 않고, 대표적이지 않은 그룹 사람들의 권한이다. NCLA가 통과되기 전까지 이누이트는 식민지에서 해방되지 않았었다.[5]

나는 최종 판단에 동의할 수 있을지 확신할 수 없다. 그리고 '누나부트의 토지권리 청구가 그들의 식민주의 경험을 확실히 끝낸 것이다'라는 말에 동의하지 않는 이누이트도 있다. 머서는 누나부트의 탄생 역사에서 2000년에 누나부트 사회발전협의회가 발표한 "우리 자신의 조건에 대해: 이누이트 문화와 사회"의 한 구절을 길게 인용하였다. 다시 한번 인용할 가치가 있는 말이다.

> 고래잡이가 북극에 처음 들어왔을 때, 우리 조상들은 그들과 공유한다는 생각으로 그들이 들어온 것을 반대하지 않았다. 우리는 야생동물이 우리에게 속한 것이 아니라 우리의 이익을 위해 존재한다고 믿었다. 생계를 목적으로 그것을 쫓는 사람들을 보살펴 준 것이다. 몇몇 어른들은 야생동물에 대한 이누이트의 태도를 도의적 관계라고 묘사했는데, 한 연장자가 말했듯이 고래잡이들은 "야생동물을 죽게 내버려 둔다." 우리는 야생동물을 방문자들과 기꺼이 공유했다. 그들은 교역과 자극적인 일을 가져왔고, 보다 안전해졌기 때문에 그들을 환영했다. 하지만 이득과 함께 끔찍한 결과가 이어졌다. 우리가 이겨낼 수 없는 병을 가져왔다. 많은 이누이트가 죽었다. 더 많은 포경선이 들어오면서 옷과 주거지를 만드는 데 전적으로 기대던 동물을 멸종 위기에 처할 때까지 사냥했다. 결과적으로 많은 이누이트가 굶주렸다.
>
> 상인과 선교사들은 포경선을 타고 들어오자마자 우리 땅에 빠르게 적응하였다. 상인들은 이누이트 사냥꾼들이 식료품을 교환할 수 있는 토큰을 이용하는 물물 교환 시스템을 홍보했다. 우리 경제는 전통적으로 고기, 가죽, 그 밖에 다른 필수품을 공유하고 교환하면서 살아왔기 때문에 우리에게 이 시스템이 낯설었다. 이누이트는 새로운 토큰 시스템 관리 방법을 몰랐다. 그 시스템에 금방 무너지고 부채가 발생하면서 연체료가 생겨 식량과 새로운 장비를 구할 토큰이 부족해졌다. 이누이트는 본 적도 없는 새로운 물건을 즐겼지만, 결국 자신을 통제하는 시스템 속에 묶이게 되었다.
>
> 선교사의 등장은 엇갈린 축복이었다. 선교사들은 자신들 신념의 우월성을 확신했지만, 그들의 행동이 종종 혼란과 슬픔을 가져왔다. 북극의 일부 지

역에서는 북춤과 영적 활동이 금지되었다. 결과적으로 전통이 사라졌다. 그들은 우리에게 외국 이름의 세례명을 붙였다. 선교사들은 점차 전통적인 영적 가치를 금지시키면서 무의식적으로 우리의 독립심과 자존심을 조금씩 파괴했다. 유럽 가정에서는 잘 받아들여지는 위생과 성(性), 신(神)에 대한 개념이 이누이트에게는 없는 것이어서 북극에서는 이것이 이질적이거나 왜곡되었다. 특히 영국 성공회는 이누이트의 문화와 영적 관행이 '신에게 맞서는 길'이라 여겼다. 무엇이 옳고 그른지, 진실인지 거짓인지 혼란스러울 수 밖에 없었다.

돌이켜 보면, 북극을 처음 방문한 사람들이 어떻게 우리 가족의 삶과 경제, 자부심에 끔찍한 결과를 초래하고 우리 문화를 잠식하기 시작했는지 명확히 알 수 있다. 성공회와 로마가톨릭 전도사들 간의 개종 싸움은 그동안 생존을 위해 화합하고 협력하였던 우리의 공동체와 가족의 분열을 가져왔다. 이 낯선 사람들의 상업적, 종교적 활동이 우리 땅에 몰아넣는 강력한 힘으로 우리는 우리의 문화를 아류로 바라보게 되었다.

물론 이 낯선 사람들은 약간의 이익도 가져왔다. 캐나다 정부가 우리를 도와주기 전의 일이다. 힘든 시기에 일부 고래잡이와 상인들이 도움을 주었고, 소수의 사람과 제한된 돈으로 일하는 선교사들은 광대한 우리 땅에서 교육과 의료를 지원하려 애썼다. 그리고 그들은 최근 몇 년간 우리의 언어와 관습의 옹호자가 되어 주었다. 그러나 초기에 우리 땅을 방문했던 사람들은 그들이 저지른 돌이킬 수 없는 과정의 의미를 깨닫지 못하였다. 그 과정은 재앙으로 향하는 긴 여정의 시작이었다. 우리는 이것을 알 수 있다. 유럽인의 관점에서 볼 때, 그 과정은 그저 마지막 한계에 대한 탐험일 뿐이었다. 하지만 이누이트에게 그들의 탐험은 우리가 여러 세대에 걸쳐 북극에서 살고 번영하는 법을 배운 이래로 가장 큰 위기였다.[6]

캐나다는 1867년에 자치령이 되었다(캐나다는 1982년 헌법이 개정될 때까지 영국 헌법 관리하에서 완전한 독립을 얻지 못했다).[7] 식민지 확장과 통치에 대한 영국의 사고가 오타와의 새 연방정부로 옮겨졌다. 최초의 총리 맥도널드 경(Sir John A. MacDonald)과 같은 캐나다 정치 지도자들이 서쪽과 북쪽에서 유럽의 정착 정책을 그대로 받아들였다. 즉, 본질적으로 영국 제국주의의 연속이었다. 이런 대영제국의 확장은 캐나다, 오스트레일리아와 같은 반 독립적 "지배"이든 아시아, 아프리카, 태평양에서처럼 직접적인 정복을 통한 것이든 간에 19세기 중반부터 제2차 세계대전 시작까지 정점에 있었다.

이누이트를 비롯한 토착민들에게 이런 세계의 역사는 실제로 끝나지 않았다. 연방정부는 19세기 동안 캐나다 남쪽의 원주민들에게 정부와 토지를 공유하겠다는 조약에 서명하라고 설득했고, 연방정부는 이것을 철도, 상업계, 농부와 유럽 정착민들에게 빌려주었다. 또한 이제 그 땅은 돌이킬 수 없게 되었다고 주장한다. 그러나 퍼스트 네이션이나 메티스는 그렇게 생각하지 않는다. 원주민들이 결정을 주저하거나 동의하지 않는 지역에서는 무력도 사용되었다. 캐나다인들은 우리의 서쪽과 북쪽을 따라 정착된 경계선이 최소한 메디슨 라인(북위 49도 선을 따라 뻗어 있는 영국령 캐나다와 미국 서부 사이의 국경) 남부에서 벌어진 격렬함에 비하면 평화로웠다고 생각하기를 바란다. 그러나 1869~1970년에 매니토바에서, 1885년에는 서스캐처원에서 캐나다인을 서쪽으로 몰아내려는 메티스, 크리Cree족과 싸우기 위해 군사력이 사용되었다.[8] 프레리(로키산맥의 동부의 초원지대-역자 주)는 19세기의 버펄로 학살로 정부 지원 없이는 사람들이 더 이상 살아남기 힘든 상황이 되었다.[9] 프레리의 원주민들은 보호구역으로 옮겨졌고, 1876년에 인디언 법에 따라 정부의 지배를 받게 되었다.[10] 메티스는 앨버타의 "식민지"라고 불리는 곳과 그 밖의 작은 농경지에 정착하게 되었다. 1850년대와 1860년대 골드러시 기간 중 퍼스트 네이션은 브리티시컬럼비아의 개방으로 광부와 정착민들이 자신의 땅을 차지하지 못하게 하려고 프레이저강을 따라서, 그리고 나중에는 칠코틴Tsilhqot'in 지역에서 봉기를 일으킴으로써 평화가 깨어졌다.[11] 그 밖의 폭력사건들이 20세기까지 이어졌다. 하이다 과이Haida Gwaii(브리티시컬럼비아), 이퍼워시Ipperwash(온타리오), 번트 처치Burnt Church(뉴브런즈윅), 칼레도니아(온타리오), 오카Oka(퀘벡) 등과 그 밖의 지역에서 원주민과 비원주민 간의 봉쇄와 서먹한 관계가 원주민들의 캐나다 연방과 지방의 안건에 반대하는 지속적인 전투적 항의를 보여 주는 모습이었다. 1990년 몬트리올 인근 오카의 위기는 여전히 캐나다인의 팽창에 폭력적으로 대항할 수 있다는 것을 강력하게 상기시켰다.[12]

이누이트는 제2차 세계대전 이후까지 캐나다 정부의 통제가 전면적으로 이루어지고 있다는 것을 받아들이지 않았다. 게다가 사람들은 작은 마을hamlets 체제가 자리 잡은 해안 정착촌으로 밀려났다. 이 정착지는 보호구역은 아니었지만, 대부분 이누이트가 그렇게 느꼈다. 도시 빈민가 생활과 같은 수준의 마을이 만들어지고, 최소한의 서비스와 복지가 제공되었지만, 의미 있는 고용이나 미래에 대한 전망이 밝은 기회가 부족했다. 전통적인 삶이 일부 남아 있었지만, 점점 유지하기 어려워졌다. 이누이트는 인디언 법을 적용받지 않지만, 남쪽의 퍼스트 네이션을 위해 개발된 정책이 북극에 그대로 적용되었고, 많은 동일한 문제가 발생하였다. 너무나 많은 이누이트가 주택이 부족한 곳에서 가난하게 살고 있다. 친구 집이나 친척 집에서 다음 집으로의 "잠자리 찾기couch surfing"가 흔할 만큼 이누이트의 노숙자 비율이 높다. 주거지나 음식을 저장할 곳이 충분하지 않다. 물리적으로나 정서적으로 보조가 충분하지 않다. 그 무엇도 충분한 것이 없다.

내가 이칼루이트에 도착했을 때 북극 사회의 심각성을 보고 끔찍한 충격을 받았다. 여전히 이누이트가 살고 있는 환경에 대해 깊은 분노와 부끄러움을 느낀다. 물론 많은 남쪽 캐나다인과 마찬가지로 많은 원주민이 사는 끔찍한 상황에 대해, 특히 언론과 학술연구에서 묘사한 외딴 지역의 끔찍한 상황에 대해서도 잘 알고 있다. 나는 비슷한 문제가 있는 프레리와 오스트레일리아에서 원주민의 박탈감을 보았다. 하지만 이런 것을 전혀 겪어 보지 않았다. 나는 이칼루이트에서 대부분 오래되고 가난한 집들과 인접하고 있는 해변 바로 위쪽에 살았다. 10월 말의 어느 쌀쌀하고 흐린 날 자동차를 운전하고 집으로 가는 길에 한 젊은 이누크 남자가 길 한가운데서 비틀거리고 있었다. 셔츠도 신발도 재킷도 양말도 없이 청바지 한 개만 입고 있었다. 분명히 술이나 약에 취해 흔들거리고 있었다. 그냥 지나칠 수 없었고 어떻게 해야 할지 몰라 속도를 낮추었다. 내가 차를 세우고 도우려 하는데 RCMP가 멈춰섰다. 그들은 재빨리 상황을 통제하고 나에게 손을 흔들었다.

나는 가끔 아키트시라크 로스쿨의 원로인 루시앙 우칼리안누크를 찾곤 했다. 당시 그는 프로비셔 여관과 누나부트 아크틱 대학이 자리한 언덕 아래 음침한 주택단지 화이트 로우White Row에 살고 있었다. 그와 그의 가족은 대학에서 제공한 주택에서 살았지만, 아내가 보석세공 과정을 졸업하면서 만료되었다. 나는 루시앙이 로스쿨에 근무하는 동안 그의 가족이 대학에서 제공하

7.2 폰드인렛 해변의 썰매를 끄는 개

는 주택에 살 수 있도록 협상했다. 결국 대학은 그들이 머물 수 있게 허락하고, 화이트 로우의 다른 아파트로 옮겨 주기로 했다. 많은 자식과 손자 손녀들이 함께 살고 있었고, 이글루리크와 다른 곳에서 찾아오는 방문객도 많았다. 그의 집은 작고 가구도 좋지 않았고 항상 북적이고 복잡하였지만, 적어도 잠잘 수 있는 침대와 소파, 전기와 난방시설, 부엌 그리고 생활공간이 있었다. 나는 북부 책임자로서 먹고 살기에 충분한 월급과 간혹 소득세와 기타 재정문제를 지원하려고 노력했다. 그러나 더 나은 집으로 도움을 줄 수 없었던 것을 오늘날까지도 부끄럽게 여기고 있다. 로스쿨은 원로의 예산을 감당할 방법이 전혀 없었다. 화창한 봄날 그의 집 앞 계단에 앉아 프로비셔만을 바라보며 그가 이누이트어로 "아주 좋은 날이야 –실라트티아바크silattiavak"라는 말을 가르쳐주던 모습이 떠오른다.

누나부트의 설립

오랜 협상 끝에 1999년 4월, 1993년의 누나부트 토지권리협정에 의해 누나부트가 설립되었다.[13] 누나부트의 경계선은 수목한계선을 따라서 매니토바와 서스캐처원의 경계에서 북쪽으로 북극해 제도까지 뻗었다. 누나부트가 만들어지기 30년 전에 피에르 트뤼도(Pierre Trudeau) 총리하에 새로 선출된 정부와 인디언·북부부 장관 장 크레티앙(Jean Chretien)이 1969년 인디언에 대한 정부의 "새로운" 정책을 요약한 "백서"를 발표했다.[14] 이런 정책은 이름만 바뀐 과거의 동화정책 관행의 연속이었다. 퍼스트 네이션과 이누이트, 메티스는 일단 이 문서를 살펴보고 충분하다고 판단하였다. 2년 후 원주민 작가들과 지도자들이 전국에서 "백서"에 항의하는[15] 동안 퀘벡의 수상 로버트 부라사(Robert Bourassa)가 퀘벡 북부에 대규모 수력발전 건설 프로젝트를 발표했다. 제임스만의 크리족과 이누이트는 이 프로젝트에 대해 들은 바 없었고, 다른 지방 사람들처럼 CBC 라디오를 통해서 들었다. 그들은 즉시 자신들과 정부 사이의 진정한 합의를 요구하면서 반대했고, 그들의 전통적인 땅, 퀘벡 북부 대부분을 둘러싸고 있는 영토를 확보하기 위해 포괄적인 토지권리협정에 대한 협상을 시작했다. 1975년의 제임스만과 북부 퀘벡협약은 20세기 초 이래 연방정부와 원주민 사이의 최초의 현대적 조약이었다.[16]

젊은 남녀 그룹이 1971년에 이누이트를 위한 효과적인 정치 조직을 만들기 위하여 캐나다 이누이트 타피리사트(ITC)를 결성하였다. 이들은 오타와에 본부를 두고 북극 전역의 토지 권리를 협상하는 이누이트 기구와 조직을 지원하는 데 앞장서고 있다. 당시 유일한 모델은 1971년의 알래스카 원주민 보상법이었다.[17] ITC에 참여했던 존 아마고알리크는 다음과 같이 기억한다.

> ITC는 초기에 진정한 활동의 중심지였다. 많은 일이 일어나고 있었다. 퀘벡 북부의 토지권리 해결책이 협상 중이었고, 이누비알루이트Inuvialuit(캐나다 서부 북극의 이누이트-역자 주)도 협상을 하려고 움직이고 있었다. ITC는 캐나다 정부와 함께 전국적으로 토지협상 문제를 추진하는 조직으로 간주되었다. ITC는 누나부트 토지권리협정을 준비하느라 바빴다. 그들은 캐나다와 협상 자리에 올 때, 협상안에 무엇이 있어야 하는지 그리고 이누이트가 어떤 전략을 가지고 있어야 하는지 등에 대해 토론하였다.[18]

1975년 ITC가 폰드인렛에서 개최한 회의에는 캐나다 북극 전역의 32개 이누이트 공동체에서 대표자를 보냈다. 그들의 임무는 이누이트 토지권리를 해결하기 위한 제안과 전략에 합의하는 것이었다. 1976년에 ITC가 토지권리협정 안을 캐나다 정부에 제출하였다. 15년 넘게 어려운 협상이 이어졌다. 이누이트는 초기에 왜 자신의 땅에 권리를 주장해야 하는지 이해하기 어려웠다. 이미 그들 것이었고, 아무도 그들 방식대로 그 땅을 사용하지 않았다. 왜 이미 그들 것이었던 것에 권리를 요구해야 했을까? 캐나다에 약속한 적이 없었다. 원로들은 백인 상인, 선교사, 그리고 영국의 왕이나 여왕에 대해 이야기하는 탐험가들에 익숙했다. 북극의 이누이트에 대한 캐나다 정부의 통제가 시작되었다. 불과 몇 년 전에 '프로젝트 서네임'이 시작되었고, 정착지 이동은 이 땅에서 이누이트를 몰아낸다는 것을 의미했다. 일단 시내에 들어오면 개들은 안전과 질병 통제 또는 다른 이유로 사살되기 일쑤였다. 개 썰매가 없는 사냥꾼들은 땅에서 밖으로 나갈 수 없었다. 이누이트는 남쪽에서 들어온 스노모빌을 점점 많이 사고 사용하기 시작했지만, 값이 비쌌다. 어느 누군가가 기억하는 것보다 삶이 더 빠르게 변하고 있었다. ITC는 이누이트의 우려를 이해하고 연방정부와 협상에 대한 입장을 설명하기 위해 공동체 활동의 중요한 프로그램을 시작했다. 그것은 타협하기 어려운 여러 가지 주요 쟁점을 주장하는 것이었다.

1. ITC는 이누이트가 정치적 통제권을 가질 수 있는 자신들의 영토를 원했다. 당시 이누이트는 지금의 누나부트인 노스웨스트 준주에 살았다. 이누이트는 노스웨스트 준주 전체 인구의 30% 이상을 넘지 못했다. 연방정부에 의한 통치방식이 점차 옐로나이프에 기반을 둔 입법부, 행정부, 사법부로 옮겨졌다. 그러나 이누이트와 이누비알루이트는 다수의 통치권을 갖지 못했다. 결국 북극 서부의 이누비알루이트는 자신들의 토지 소유권을 연방과 노스웨스트 준주 정부와 협상하기로 했고, 노스웨스트 준주 내에 머물기로 결정했다. 북극 서부 출신 이누피아트 여성 넬리 코노이아(Nellie Cournoyea)가 캐나다 최초의 여성, 원주민 수상이 되어 1991년부터 1995년까지 노스웨스트 준주에서 지도자로 활동했다. 북극 동부의 이누이트는 그들 자신의 조국과 정부를 밀어붙여 다수를 차지했다.
2. ITC는 옐로나이프나 더 서쪽 유콘에서의 주정부와 유사한 공공정부를 원

했다. 그들은 "원주민 자치" 정부가 아니라 입법부와 훈련, 재정, 야생동물 관리, 국립공원, 수로관리 등에 대해 정부가 지원하는 의회 형태의 정부를 요구했기에 오타와를 설득할 수 있었다.

3. ITC는 북극에 캐나다 주권 확립에 이누이트의 역할이 인정되어야 한다고 주장했다.
4. 이누이트는 다른 원주민 단체와 협력하여 캐나다 헌법에서 원주민의 권리 보호를 지지함으로써 제35조 원주민 권리 및 조약의 권리가 인정되고, 미래의 토지권리가 보호되며, "원주민" 정의 안에 이누이트가 포함되었다.

1980년대 이르러서 많은 일이 이루어졌지만, 조약 협상은 교착상태에 빠진 듯 보였다. 존 아마고알리크가 1981년에 ITC 회장에 선출되어 협상을 추진하였다. 캐나다 정부는 계속 반대하면서 이누이트의 땅에 대한 권리 주장을 아무것도 받아들이지 않았다. 누나부트 준주의 설립과 이누이트가 통치하는 정부에 대한 의견에도 동의하지 않아 충돌이 있었다. 연방정부는 거의 19세기 제국의 조약에 가까운 사냥권, 어업권, 이누이트 조각가들을 위한 활석 채석 등을 다루는 제한된 합의를 선호했을 것이다. 이누이트는 이런 것 중 어느 것도 가지고 있지 않았을 것이다. 노스웨스트 준주 정부와의 힘든 협상과 일부 지방 정부의 반대가 있었다. 심지어 다른 이누이트들도 반대했고, 특히 북극 서부의 이누비알루이트와 무시당하고 있다고 느꼈던 퀘벡과 래브라도의 이누이트가 반대했다. 북극 동부의 이누이트도 지도자가 항상 올바른 방향으로 가고 있다고 확신하는 것은 아니었다. 일단 협정이 발표되면 이누이트 소유의 토지 80%가 사라지게 되어 당시와 그 이후 이누이트에게 심한 반발을 샀다. 이런 우려를 일부라도 해소하기 위해 협상은 국가 기구에서 ITC가 만든 누나부트 퉁가비크 연합Tunngavik Federation of Nunavut(후에 누나부트퉁가비크사 Nunavut Tunngavik로 바뀌며, 그 협정을 진행하는 단체)으로 넘어갔다. 존 아마고알리크는 ITC 회장직을 사임하고 1991년부터 1993년까지 새로운 퉁가비크 연합의 헌법 고문이 되었다.

1990년대 초까지 브라이언 멀로니(Brian Mulroney)가 이끈 오타와 보수 정권은 토지권리 협상 둔화와 원주민 사회에서 계속 벌어지고 있는 끔찍한 상황으로 전국 원주민들에게 엄청난 반발을 사고 있었다. 이런 반발은 1990년 7월 몬트리올 서쪽 오카를 중심으로 항의 폭동으로 전개되었다. 카네사테이크Kanehsatake의 모화크Mohawk족은 골프장을 모화크 묘지와 성지로 확장하는 것에 항의하며 몇 달 동안 시민회관에서 시위를 벌였다. 카네사테이크 근처에 사는 그들 사촌들은 세인트로렌스강을 가로지르는 머시어교Mercier Bridge에 바리케이드를 치고 몬트리올과의 교통을 차단했다. 캐나다 군대가 투입되었고, 정부와 원주민 지도자들이 화해 협상을 시도하는 동안 군대가 완전히 장악하였다. 결국 모화크는 바리케이드 뒤에서 걸어 나왔다. 그들은 굴복하지 않았다. 한 명은 살해당했고, 다른 한 명은 심하게 맞았다. 일부는 검거되었다. 캐나다 전역의 원주민들이 모화크를 지지하기 위해 두 공동체를 방문하거나, 동참의 의미로 전국에서 항의했다. 당시 나는 오스트레일리아에서 세계적인 머리기사로 그 사건의 전개과정을 지켜보았다. 이 극도로 긴장된 경험이 다른 무엇보다도, 멀로니 총리와 연방정부에 원주민 문제에 대하여 뭔가 움직임이 있어야 한다는 것을 보여 주었다. 아마고알리크와 다른 이누이트 지도자들은 모화크의 공격적인 행동에 대해 매우 비판적이었고, 그런 견해에 대해 퍼스트 네이션의 논평자들에게 비난받았다.[19] 그러나 이건 분명하다. 비록 과격한 전술이 이누이트의 방식이었던 적은 없지만, 오카의 위기가 연방정부에 대한 압력뿐 아니라 누나부트 토지권리협정의 마지막 단계를 빨리 달성하게 하는 데 도움을 주었다.

정치

1993년 누나부트 토지권리협정이 누나부트를 캐나다에서 의회 정부구조를 포함하는 최초이자 (지금까지는) 유일한 원주민 정착지로 만들었으며, 새로운 정치 독립체로 영토 분할을 포함하는 유일한 협약이 되었다. 누나부트 준주는 1999년에 설립되었다. 북극 동부의 주민들은 이 협약을 찬성했고, 캐나다 의회는 그 내용이 명시된 캐나다 법안을 통과시켰다. 이 협정은 헌법 제35조에 의해 보호되므로 누나부트는 정치적 영토 단위이자 헌법적으로 보호받는 원주민 영토라는 독특한 특징을 갖는다. 이것은 1949년 뉴펀들랜드와 래브라도가 탄생한 이후, 캐나다 영토와 정치적 통제에서 가장 큰 재편이었고 지역 범위도 훨씬 넓은 것이었다. 캐나다 땅의 약 20%가 이누이트나 비이누이트 똑같이 누나부트라고 알려진 곳에서 사는 사람들의 관리체제로 바뀌었다. 현재 누나부트에 거주하는 사람 중 85%는 이누이트이고 나머지는 남쪽의 영어나 프랑스어를 사용하는 유럽계 캐나다인들로 섞여 있다. 수도인 이칼루이트에는 이누이트와 비이누이트가 반반이다. 아름다운 건물에 주 의회가 있으며, 다른 정부청사와 법원도 그곳에 있다. 누나부트 퉁가비크사가 누나부트의 3대 주요 지역[킥키크타니Qikiqtani(배핀섬과 고위도 북극권), 키빌리크Kivilliq(허드슨만 서쪽 본토), 키티크메오토Kitikmeot(본토 서부와 섬들)]에 대한 사무실과 지사 조직을 통해 지속적으로 토지권리를 관리하고 있다.

2001년 이칼루이트를 처음 방문했을 때, 누나부트 탄생의 희열은 그저 이 거대하고 다루기 힘든 지역을 통치하는 현실 속으로 사라져가고 있었다. 당시 이칼루이트에는 약 5,000명이 살고 있었고, 2013년에 7,500명에 이르러 엄청나게 빠른 성장을 이어갔다. 세 개의 언어와 문화공동체가 사회적 차원에서 많은 상호작용을 하는 것은 아니지만, 매일 이누이트어와 영어, 프랑스어를 들을 수 있다. 누나부트는 어떤 의미에서 다양한 언어, 지리, 문화, 공동체, 정치, 그리고 경제의 땅이다. 또 다른 의미에서 이 지역에 거주하는 3만 5천 명의 이누이트와 비이누이트인 누나부트 주민들이 광대한 거리에 흩어져 있는 작은 마을과 같다. 모두가 모두를 알고, 사생활이 없고, 거의 모든 것이 개인적이다. 이누이트 가족은 광범위하게 퍼져 있다. 나는 곧바로 아키트시라크 로스쿨 북부 책임자로서 내 삶은 기본적으로 공개적이라는 것과 학생들은 종종 어항 안에 갇혀 있는 것 같은 억압을 느낀다는 것을 알게 되었다. 반면 비이누이트는 자신과 같은 남쪽 사람 거주지역에서 "이방인"으로 고립된 삶을 살면서 공동체와 상호작용이 거의 없다. 이는 내가 1980년대 싱가포르에 일하면서 경험했던 것과 상당히 닮았다. 때때로 이것은 마치 대영제국에 태양이 결코 진 적이 없는 것처럼 느껴지게 한다. 이칼루이트에 있는 동안 운 좋게도 이누이트와 오랫동안 북쪽에서 거주해 온 사람들과 함께 일했다. 나는 항상 성공적이지는 않았지만, 아주 다른 현실에 적응하는 법을 배워야 했다.

정치적 과정은 오타와나 다른 지방과 상당히 다르다. 주 의회는 누나부트의 19개 선거구를 대표한다. 공식적으로 정당이 허용되지 않는다. 선거 후 국회의장과 총리, 내각이 의회에서 선출된다. 대립적인 토론과 투표보다 합의를 선호하지만, 정부를 구성하지 않는 의회의 절반은 공식적인 반대파 역할을 한다. 법은 캐나다에서 유일한 연방과 준주 법원이 하나의 누나부트 재판소로 통합된 법원에서 집행된다. 지역의 치안판사가 대부분의 법률 사업을 집행하며, 훈련된 변호사는 아니지만, 누나부트 공동체에서 존경받는 구성원 중에서 뽑혔고 대부분은 이누이트이다. 아키트시라크 로스쿨 이전에는 이 지역 전체에 단 한 명의 이누트 변호사인 폴 오칼릭(Paul Okalik)이 있었다. 그는 후에 수상이 되었다. 아키트시라크 졸업생들로 지역 변호사가 거의 두 배 늘었고, 누나부트 법체계에서 이누이트 대표도 늘었다. 이는 분명 미래에 상당한 변화를 가져올 것이다. 베벌리 브라운 판사는 이누이트 평화 프로그램의 정의, 통역 서비스 교육, 법원의 노동자 프로그램, 재판에 장로의 참여, 통일된 법원체제를 만드는 것 등을 실행하면서 로스쿨 창설에도 기여했다. 그녀는 시손 판사(킥키크의 사건에서 언급된)와 같이 북부 재판관의 명예로운 전통 속에서 일했다. 그녀는 아키트시라크 로스쿨 이사회의 부의장이었으며, 나의 상사 중 한 사람이었다. 그 후 그녀는 앨버타 왕립 법원 판사로 임명되었다. 하지만 그녀는 관할 직무의 일환으로 누나부트에 대한 매력을 갖고 있었다.

종교

기독교 선교사의 영향력은 북극에 이누이트가 아닌 사람들이 자리 잡는 데 가장 중요한 요소 중 하나이며, 오늘날에도 여전히 중요하다. 가톨릭교회와 영국 성공회교회 선교사들은 20세기 초부터 이누이트를 바꾸기 시작했고, 이런 경향은 오순절교회와 복음주의 프로테스탄트 교회의 급속한 성장과 함께 계속되고 있다. 기독교 관습이 들어오면서 오래된 샤머니즘이 사라지거나 깊이 감추어졌다. 이스마사의 장편 영화 「라스무센의 일기*The Journals of Knud Rasmussen*」는 이글루리크에서 기독교가 자리 잡으면서 샤머니즘이 사라지는 과정을 보여 준다. 20세기 초 주술사*angakkuq* 아와가 배핀섬 북부를 여행했다. 1921년 크누드 라스무센과의 만남은 전통적인 이누이트 문화에서 샤먼의 역할에 대한 많은 정보를 보존할 수 있게 하기도 하였지만, 얼마 지나지 않아 자신을 믿는 사람들에게 보조 영신에 대한 믿음을 저버리게 하였다. 남성과 여성이 모두 무당이 될 수 있고, 그들은 다소 강력한 힘을 가질 수 있다. 어떤 샤먼은 힘을 나쁘게 사용하여 두려워했고, 어떤 무당은 치료사와 지도자로서 사랑받고 존경받기도 하였다. 샤먼은 병든 사람을 치료하고, 상처를 치료하고, 사악한 샤먼으로부터 사람들의 영혼을 보호하고, 바다표범이나 다른 동물을 사냥에서 풀어 주기 위해 '바다의 어머니'를 찾아가고, 전통 풍습이 지켜지고 전해지게 했다. 그들은 영매*tuurngait*를 믿고 인도했다. 이 영혼은 동물일 수도 있고, 죽은 사람의 영혼일 수도 있고, 다른 초자연적인 존재일 수도 있다. 아와가 라스무센에게 다음과 같이 말했다.

> 샤먼이 되고자 하는 젊은이는 자신의 소유물 중 일부를 지도자에게 직접 건네주어야 한다. 이글루리크에서는 텐트 기둥을 주는 것이 관례였는데, 그 지역에는 나무가 거의 없었다. 초심자가 나는 법을 배우고 싶다는 표시로 갈매기의 날개를 기둥에 붙였다. 나아가 그가 저질렀을지 모르는 터부를 위반한 것 어떤 것이든 고백하고, 커튼 뒤로 자리를 떠서 지도자에게 그의 눈, 심장, 그리고 생명유지에 필수적인 장기에서 추출한 "영혼"을 제출했다. 그러고 나서 이것을 마법의 수단으로 가져온 뒤 보조 영신이 될 운명인 존재들과 접촉하게 했고, 두려움 없이 그들을 만났을 것이다. 마침내 그는 어떻게 된 일인지 모르고, 자신에게 어떤 변화가 찾아왔다는 것을 깨달았고, 모든 존재에 강렬한 빛이 비쳤다. 이루 말할 수 없는 기쁨이 덮쳤고, 갑자기 노래를 부르기 시작했다. "그러나 이제" 아와는 계속했다. "나는 기독교 신자이다. 그래서 나는 모든 보조 영신을 배핀의 누이에게 보냈다."[20]

옛 종교와 기독교의 만남은 프레더릭 로그란드(Frédéric Laugrand)와 제릭 오스텐(Jarich Oosten)의 저서「이누이트 샤머니즘과 기독교: 20세기의 이행과 변화*Inuit Shamanism and Christianity: Transitions and Transformations in the Twentieth Century*」에 상세히 묘사되어 있다. 영국 성공회와 로마가톨릭 선교는 그들의 개종자들이 다른 교회의 가족과 어울리지 말라고 강요하면서 지역 공동체에서 직접적인 경쟁을 벌였다. 이로 인해 오늘날에도 문제가 되는 공동체 내의 분열이 생겼다. 샤머니즘은 사탄의 행위이자 보조 영신은 악마의 사절이라며 비난받았다. 눌리아유크가 무시되었고 그와 관련된 오래된 이야기도 금지되었다. 노래와 북춤, 다른 전통적인 활동이 금지되었다. 이런 교회가 기숙학교 대부분을 운영하였다.

기독교 선교사가 항상 나쁜 영향만 미친 것은 아니었다. 누나부트의 이누이트어를 사용하는 사람들은 20세기 초 기독교 선교사들이 도입한 음절문자를 사용한다. "공식교육"을 전혀 받지 않은 노인조차도 음절을 유창하게 읽을 수 있다. 이 음절문자는 크리족과 오지브와Ojibwa족 그리고 남쪽 멀리 있는 나스카피Naskapi족 등의 퍼스트 네이션과 함께 일했던 초기 선교사들이 소개했다. 이누이트어 음절을 읽고 쓸 줄 아는 힘이 누나부트의 대부분 이누이트에게 언어의 중요성으로 여겨진다(음절을 전혀 채택하지 않은 그린란드어와는 달리).[21]

구약성서가 이누이트어 음절로 번역된 첫 번째 작품이었다. 많은 이누이트가 이 새로운 종교를 진정한 신념으로 받아들였고, 특히 이것을 전통적인 문화(특히 결혼, 월경, 출산을 중심으로) 안에서 오래된 금기와 제한을 피하려는 수단이라 여긴 여성들이 이 종교를 받아들였다. 오늘날 대부분 원로는 독

7.3 이누크티투트의 음절

이 "i" or "ee"	우 "u" or "oo"	아 "a" or "ah"	애 "ay"	자음
ᐃ i	ᐅ u	ᐊ a	ᐁ ai	–
ᐱ pi	ᐳ pu	ᐸ pa	ᐯ pai	ᑉ p
ᑎ ti	ᑐ tu	ᑕ ta	ᑌ tai	ᑦ t
ᑭ ki	ᑯ ku	ᑲ ka	ᑫ kai	ᒃ k
ᒋ gi	ᒍ gu	ᒐ ga	ᒉ gai	ᒡ g
ᒥ mi	ᒧ mu	ᒪ ma	ᒣ mai	ᒻ m
ᓂ ni	ᓄ nu	ᓇ na	ᓀ nai	ᓐ n
ᓕ li	ᓗ lu	ᓚ la	ᓓ lai	ᓪ l
ᓯ si	ᓱ su	ᓴ sa	ᓭ sai	ᔅ s
ᔨ ji	ᔪ ju	ᔭ ja	ᔦ jai	ᔾ j
ᕆ ri	ᕈ ru	ᕋ ra	ᕇ rai	ᕐ r
ᕕ vi	ᕗ vu	ᕙ va	ᕓ vai	ᕝ v
ᕿ qi	ᖁ qu	ᖃ qa	ᙯ qai	ᖅ q
ᖏ ngi	ᖑ ngu	ᖓ nga	ᙰ ngai	ᖕ ng
ᙱ nngi	ᙳ nngu	ᙵ nnga	ᖖᒉ nngai	ᖖ nng
실라 sila = ᓯᓚ	시쿠 siku = ᓯᑯ	누나부트 Nunavut = ᓄᓇᕗᑦ	시쿠부트 눈갈리크투크 sikuvut nungaliqtuq = ᓯᑯᕗᑦ ᓄᖓᓕᖅᑐᖅ	
음절에 긴 모음을 만들기 위해 음절에 점을 추가함(예, pii = ᐲ; tii = ᑏ).				

실한 기독교 신자이거나 기독교와 더불어 전통 요소를 모두 포함하고 있는 혼합주의 종교를 실천한다. 어느 부활절에 이칼루이트의 세인트 유다St. Jude 성공회 대성당에서 이누이트어로 진행된 금요예배에서 남성과 여성 모두가 보여 준 감정 수준이 나를 놀라게 했다. 사람들은 교회 길이만큼 줄을 서서 제단 앞에 놓여 있는 큰 나무 십자가에 못을 박았다. 십자가에 못 박힌 그리스도를 애도하면서 흐느끼는 소리가 들렸다.

거의 모든 이누이트가 북극 기독교화의 영향을 받았다. 이 종교적 틀은 북극에서 캐나다인의 존재를 추적하는 데 중요하고, 이것이 전통문화와 근대 정치 논쟁의 해석에 어떻게 영향을 미치는지를 파악하는 데에도 중요하다. 2003년 11월 누나부트 자치인권법 제정에 대한 논의가 얼마나 깊은 영향을 미치는가를 보여 주는 그런 사례이다. 대부분 이누이트는 자치인권법에 전통적인 이누이트 관습에 대한 일부 인권 조항이 포함되어 있을지 모른다는 암시로 매우 불안해했다. 특히 논란이 된 이슈는 누나부트 주의회에서 논의된 법안에 포함된 동성애자의 권리 보호였다. 대부분의 주의회 의원을 포함한 이누이트 원로 대부분은 전통적인 이누이트 사회에서 동성애는 인정되거나 용인되지 않는다고 주장하였다. 반면 일부 원로들은 동성애가 존재했고 받아들여졌다고 주장했다. 누나부트 법무부와 아키트시라크 로스쿨의 원로였던 루시앙은 집회 전에 전통적인 이누이트 사회에서 동성애는 최소한 용인되어 왔다고 증언했다. 동성애자의 권리 인식에 대한 반대는 동성 결혼 인정에 대한 기독교 교회들(특히 영국 성공회교회)의 관심과 더 관련이 있는 것처럼 보였다. 그 결과 북극의 기독교 지도자들은 이 법안 통과에 반대하는 운동을 주도했다. 법정에 소환된 "이누이트 전통"은 대부분 기독교의 것이라고 말하는 것이었다. 논쟁의 근본적인 흐름은 대부분 북쪽 공동체에서 교사들이 아동에게 행한 심각한 성적 학대에 대한 장기간의 기억, 특히 어린 소년들에 대한 남자 교사의 학대에 관한 것이었다. 케이프도싯에서 한 남자 교사의 행동으로 큰 피해가 있었다. 체스터필드인렛과 이누비크의 기숙학교와 일반 학교 모두에서의 학대에 대한 기억도 사람들의 마음 속에 남아 있었다. 이 논쟁에서 이누이트 문화의 특성, 일종의 "근본주의적" 기독교 영향, 정규교육의 도입에 따른 지속적인 영향, 그리고 누나부트를 법과 정의의 현대사회로 끌어들이려는 시도가 다양한 수준으로 벌어졌다. 결국 그 법안이 국회의장의 찬반투표로 통과되었다.

2005년 4월 자유당이 오타와 연방의회에서 법안 *C-38*을 도입하여 동성 결혼을 허용하도록 연방 시민 결혼법을 개정하면서 이 문제가 다시 제기되었다.[22] 누나부트 기독교인들이 낸시 카레타크-린델(Nancy Karetak-Lindell) 주의회 의원에게 이 법안을 반대하라고 강하게 압력을 넣었다. 그녀는 유권자들에게 보낸 긴 편지에서 "나는 이 법을 지지하고 있다. 내가 과연 이 땅에 있는 다른 사람들에게 어떤 차별도 지지할 수 있을지 모르기 때문에"라고 말했다. "나의 이누이트, 원주민이자 소수민족의 권리는 캐나다에서 헌장과 헌법으로 보호된다. 개인의 자유와 종교의 자유도 헌장에 의해 보호된다. 만약 동성애 커플이 결혼할 수 있도록 이 권리를 옹호하지 않는다면, 원주민 권리처럼 위협받고 있는 다른 권리들을 어떻게 옹호할 수 있을까?"[23] 몇 년 동안 캐나다에 살았던 그린란드 이누크 칼라 윌리암슨 젠센(Karla Williamson Jensen)이 다음과 같이 지역 신문에 기고했다.

> 내가 칼라알리트 누나아트Kalaallit Nunaat나 그린란드에서 어린 소녀였을 때, 외할머니는 내가 살던 마니트소크Maniitsoq 북쪽에 있는 칸가아미우트Kangaamiut라는 작은 마을에 살고 계셨다. 할머니는 내게 이누이트의 세계관인 이누이트 실라수안가트*silarsuangat*를 가르쳐주었다. 할머니의 가장 친한 친구는 남자인 아다(Aada)였다. 몸집이 크고 두둑했지만, 항상 여성스러웠다. 그와 할머니가 만나면 몇 시간 동안 대화를 나눌 수 있었고, 대부분 즐거운 웃음으로 가득 차 있었다. 한번은 할머니가 아다가 "아르나아시아크

arnaasiaq" 즉 여성이었어야 했던 남자라고 말씀하셨다.

이 진술에는 극적인 것도, 거부나 비난도 없었다. 단지 사실이었다. 나는 할머니가 좋은 친구를 필요로 할 때 할머니에게 많은 사랑과 확신을 주었기 때문에 그를 좋아했다. 오늘날의 맥락에서 보면 "아르나아시아크*arnaasiaq*"인 아다는 동성애자로 간주될 것이고, 이는 오늘날의 사회 불안에 따르면 미워하고 비난받을 사람이다.

이 문제는 이누이트의 생각에 어긋나는 것이다. 이누이트 사회에서는 "아르나아시아크"와 "아우구타아시아크*augutaasiaq*"(남성이 되었어야 했을 여자)의 문제에 대해서 성적인 행동은 고려하지 않고 그들의 역할만 이야기한다. 북극의 이누이트는 다양한 종류의 기독교를 받아들이는 데 능숙했다. 내가 자란 그린란드에서는 1720년대 이래로 루터교가 이누이트의 상상력을 지배해 왔다. 캐나다의 이누이트는 가톨릭이나 영국 성공회 신자들이다. 알래스카와 러시아의 이누이트 사촌들은 여러 가지 러시아 종교를 받아들였다. 우리의 새로운 삶은 우리에게 특정 사람들을 비판하고 거부하는 것을 가르쳐준다. 그러나 우리의 진정한 이누이트어의 가르침은 우리를 다르게 가르치고 있다. "동성애"와 "아르나아시아크/아우구타아시아크"같은 용어에 대한 지시가 매우 명확하고 때로는 이누이트 문화가 너무 빨리 발전했기 때문에 변화를 이해하기가 어렵다.[24]

이와 같은 성에 대한 논쟁은 이누이트가 전통에서 현대적 삶으로의 변화 과정에서 어떻게 고군분투하고 있는지를 보여 주는 한 예이다. 옛 방식을 지키려는 강력하고 지속적인 노력이 있다. 누나부트의 일반적인 철학은 이누이트 전통지식Inuit Qaujimajatuqangit("IQ")이다. 이 세계관은 정부와 비정부 활동에서 공유와 겸손, 친절, 협력의 옛 가치를 계속 유지할 수 있게 해 준다. 그러나 종종 이런 가치는 "전문성"에 대한 편협한 시각과 엄격한 협약의 법적 준수, 독립과 경쟁력, 위계에 대한 서구의 사상과 충돌한다. 이것은 종종 이누이트의 방식이 직장이나 학교에서 적용되는 남쪽 기준에 미치지 못한다는 것

7.4 교아해븐의 이누크티투트 정지 표지

을 의미한다. 이런 갈등은 분열을 극복할 수 있도록 이누이트가 자신들의 정치적, 법적, 경제적 구조를 완전히 통제할 수 있을 때까지 계속될 것이다.

땅과 자원개발

누나부트에서 이누이트의 민족 자결권은 자원개발에 달려 있는가? 아니면 이누이트의 문화적 가치와 환경적 지혜에 달려 있는가? 혹은 둘 다 가능한가? 오늘날 누나부트 주민들이 직면한 어려운 질문들이다. 광물자원 개발은 여러 지역에서 캐나다와 누나부트 당국이 허가한 탐사 면허와 함께 북극 전역으로 빠르게 확대되고 있다. 2012년 여름에 노르웨이 셰브론과 스테트오일이 보퍼트해에서 내진 실험을 시작하였다. 캐나다 연안에 대한 석유와 가스 탐사 제한이 완화되었다. "북극 해역을 시추하기 위해서 캐나다 기업들은 얼음 때문에 유정을 폐쇄하기 힘든 긴 겨울 동안 누출 가능성을 줄이기 위해서 탐사정을 뚫음과 동시에 감압유정을 설치해야 한다. 사실상 같은 시기에 감압유정을 완성하기 불가능하다는 업계의 불편 사항 때문에 캐나다 에너지국은 기업이 효과적인 대안을 갖고 있다면 추진할 수 있다고 했다."[25] 2013년 9월 27일에 다음과 같은 내용이 발표되었다. "임페리얼 오일 캐나다와 엑손 모빌, 비피BP는 공동으로 노스웨스트 준주 투크토야크투크Tuktoyaktuk에서 북서쪽으로 125km에 있는 보퍼트해에 적어도 하나의 유정을 뚫기 위한 신청서를 제출했다. … 임페리얼은 연중 4개월 동안에만 얼음 상태를 관리할 수 있다고 추산하지만, 매년 얼음 상태가 극적으로 달라질 수 있다. 시추를 가장 빠르게 하면 약 6년 반이 걸리지만, 규제 당국이 승인하더라도 이 프로젝트가 진전을 이룰지는 확실하지 않다."[26] "키키크타니 이누이트 협회Qikiqtani Inuit Association(QIA)의 땅과 자원 책임자인 버니 맥아이작(Bernie MacIsac)에 의하면, 캐나다의 잠재적인 석유와 가스 매장량의 20%가 배핀섬 동쪽과 북쪽 해안에서 떨어진 캐나다 해상에 있는 것으로 판단된다."[27] 그러나 캐나다 정부와 기업이 이익을 얻는다고 해서 지역의 이누이트가 거대한 자원개발을 받아들인다고 여겨서는 안 된다. 현 정부는 새로운 허가를 내주지 않을 것이라고 하지만, 석유 탐사를 위한 시추가 2010년 그린란드 서부 디스코만에서 이미 시작되었다.[28] 알래스카 북쪽 사면에서 석유 및 가스 탐사가 보퍼트해와 축치Chukchi 해안의 해저 시추에 새로운 관심을 갖게 되면서 수년간 미국 경제의 중요한 부분을 차지하고 있다. 러시아는 시베리아에서 화석연료와 광물 산업을 급속히 발전시키고 있으며, 중국은 현재 광물, 석유, 가스, 석탄의 중요한 시장이다.

북극은 화석연료와 우라늄, 금이나 다이아몬드, 사파이어와 같은 보석처럼 귀한 금속 광물이 풍부하다. 그린란드와 누나부트 양쪽에서 우라늄 채굴 산업도 논의되었는데, 양국 이누이트 공동체와 환경단체가 격렬하게 반대하였다. 북극에서 이와 같은 자원개발 압박은 다른 곳의 자원이 점점 고갈되고 북극이 따뜻해져 접근이 쉬워지면서 더욱 증가할 것이다. 이누이트는 오타와의 원주민·북부 개발부와 누나부트 준주 정부와 민간기업들과 협력하여 그들의 땅에 생산적이고 지속가능한 광업과 수송수단을 개발하려 노력하고 있다.

누나부트에서 제안된 개발의 생물학적, 물리적 영향과 사회-경제적 영향을 모두 검토할 책임이 있는 기관은 누나부트 토지권리협정에 의해 설립된 공공기관인 누나부트 영향 검토국Nunavut Impact Review Board(NIRB)이다.[29] 이 위원회는 자연적 정의와 이누이트 지식에 따라 개발 제안을 검토하는 9명의 위원으로 구성되었다.[30] 위원회는 대규모 사업의 경우 누구든지 위원회에 출석하여 의견을 제시할 수 있는 공동체 청문회를 실시한다.[31] NIRB는 다음과 같은 역할을 한다.

(a) 검토 필요성 여부를 결정하기 위해 사업 제안을 선별한다.
(b) 사업의 지역적 영향 범위를 판단하고 정의할 때, 그런 정의가 지역의 이익을 위한 것으로써 장관의 결정을 고려해야 한다.
(c) 사업 제안의 생태계적, 사회-경제적 영향을 검토한다.
(d) 결정하기 위해서 사업 제안이 진행되어야 하는지와 그렇다면 어떤 비용과 조건이 따라야 하는지 등을 검토하여 그 결정을 장관에게 보고한다. 또한 생태계의 영향과 무관한 사회-경제적 영향에 대한 NIRB의 결정은 장관의 권고 사항으로 취급되어야 한다.
(e) 제7부의 규정에 따라 사업을 관찰한다.[32]

그러나 "NIRB의 권한은 사회-경제적 이익을 위한 요구사항의 수립을 포함하지 않는다."[33] 이는 관련 이누이트 조직(예를 들어, 배핀 지역의 킥키크타니 이누이트 협회)과 사업을 추진하는 기업 사이에 이누이트 영향과 이익의 합의에서 별도로 협상하는 것이다. 원주민·북부개발부 장관이 개발이 진행되어야 할지에 대한 최종 결정을 내린다.[34] NIRB는 토지이용 계획 문제와 관련하여 누나부트 계획위원회와 협력해야 한다.[35] 추가적으로 연방 환경평가 패널이 제안서 검토를 요구할 수 있다.[36] 최근 몇 년 동안 NIRB에게 두 가지 주요 자원개발 사업인 배서스트인렛 항구 및 도로 사업과 메리강 철광석 채굴사업이 제시되었다.

배서스트인렛 항구 및 도로 사업

키티크미오트Kitikmeot 서부에 있는 북아메리카 본토의 배서스트인렛은 누나부트에서 특히 민감한 지역이다. 이 지역은 북극과 본토 북쪽의 동물(예를 들어, 북극곰, 회색곰 등)이 함께 모이는 독특한 아름다운 생태계가 있는 곳이다. 이누이트는 수 세기 동안 이 땅에서 살아왔다. 늦여름 툰드라 위를 걷는 것은 짙은 녹색의 이끼, 황금 버드나무, 빨갛게 물든 래브라도 차가 있는 향기로운 정원을 걷는 것과 같다. 심지어 멀리 카리부와 회색곰을 볼 수 있다. 백조들이 겨울을 나기 위해 남쪽으로 날아가기 전에 좁은 물줄기 앞으로 모여든다. 좁은 물줄기 가까이 있는 코로네이션만과 빅토리아섬의 캠브리지베이 사이와 쿠퍼민강Coppermine River 입구의 쿠글루크투크Kugluktuk에 금을 포함한 광물자원이 있다는 것이 이미 확인되었다. 배서스트인렛 항구 및 도로 공동사업Bathurst Inlet Port and Road Joint Venture은 원래 키티크미오트사Kitikmeot Corporation(누나부트 키티크미오트 지역 기구를 통해 이누이트가 전적으로 소유한 개발기관)와 자원개발 회사인 누나 로지스틱스Nuna Logistics(옐로나이프와 랭킨인렛에 지사를 두고 있는 캐나다 회사)가 추진하였다. 이 두 회사의 재정 이익은 2012년 1월 밴쿠버에 본사를 두고 있는 사비나 금·은기업Sabina Gold and Silver Corporation에게 돌아갔다.[37] 사비나는 스위스에 본사를 두고 있는 글렌코어엑스트라타GlencoreXstrata와 협력하여

NIRB의 승인을 얻어 심해 항구와 도로 건설을 추진하고 있다. 광물을 채굴하고 현장에서 (금의 경우) 화학적으로 정제된 것을 운송할 뿐만 아니라 그 지역에 광산을 건설, 유지, 공급하기 위해서는 교통시설 건설이 필수적이다.

이 사업은 2003년부터 계획단계에 있으며, 다양한 파트너들이 배서스트인렛 끝부분에 심해 항구 건설 승인을 얻기 위해 캠브리지베이의 공동체와 국제 광산 이익 단체들과 함께 일하고 있다.[38] 이 사업은 노스웨스트 준주의 다른 교통 경로와 연결될 수 있는 남서쪽으로 운행되는 전천후 도로를 포함하고 있다. 항구와 도로는 기존의 다이아몬드 광산인 디아비크Diavik와 에카티Ekati뿐만 아니라 누나부트의 향후 사업을 포함하여 그 지역의 슬레이브Slave 지질지역에서 광산을 지원할 수 있다. 배서스트인렛 동쪽과 남서쪽으로 몇 개의 금광을 탐사하고 있다. 이 사업이 완료되면 캠브리지베이와 쿠글루크투크 등 키티크미오트의 작은 마을들을 포함하는 북극 서부로 들어오는 공급물과 연료 비용이 크게 줄 것이다. 현재 슬레이브 지질지역에서 빙판길을 이용한 수송기간이 점점 짧아지고 겨울철 위험한 얼음 상태로 위협받고 있다. 겨울의 빙판길은 사실상 유용성의 한계에 다다르고 있고, 전천후 도로 개방에 대한 압박이 가중되고 있다. 여름에 영구동토층이 융해로 발생하는 툰드라의 격변이 도로 건설이나 기반시설에 문제가 될 수 있다. 환경평가서 초안이 2007년에 누나부트 영향 검토국에 제출되었다.[39] 그러나 이 사업에 참여하는 캐나다 광산기업이 국제적으로 활동하는 기업인 차이나 민메탈사China MinMetals에 인수되고 후속 기업의 인수로 승인이 보류되었다(사비나 금·은 기업의 키티크미오트사와 누나 로지스틱스 인수 포함). 2010년 10월, 키티크미오트 지역 기구와 기업 이익을 위해 장기적 협력으로 사업이 검토 중이라고 발표되었다. 그러나 항구가 위치할 지역의 지질공학 검토 결과 고비용의 준설 작업 없이는 부적합하다고 판명되었다. 새로운 항구 위치를 찾을 때까지 이 사업이 다시 보류되었다.[40]

기후변화로 코로네이션만의 여름 해빙이 후퇴하지 않는다면, 배서스트인렛의 심해 항구 건설은 불가능하다. 캠브리지베이, 쿠글루크투크, 그리고 누나부트에 있는 다른 원주민 정착촌 공동체들과 노스웨스트 준주는 경제개발과 일자리, 재원, 그리고 사람들을 위한 미래가 필요하다. 그러나 원로들은 이 사업이 현재 독특하고 매우 민감한 생태계에 미치는 영향에 대해 깊이 우려하고 있다. 카리부 이동경로에 대한 우려,[41] 유역과 지하수의 오염, 해양 생물에 대한 피해, 해빙의 파쇄나 강화 기능을 가진 상업용 선박에 의해 대륙에 면한 해빙과 팩 아이스의 교란 등이 우려된다. 또한 중요한 고고학적, 문화적 유적지의 파괴와 (원래 항구가 위치하려던 배서스트인렛 끝부분을 포함하여) 폐광 후 토지 매립비용도 우려된다. 게다가 경제발전이 필수적이기는 하지만, 전통적인 사냥기술과 관행이 사라질 수 있다. 선택은 매우 어렵다.

메리강 철광석 채굴 프로젝트

일련의 환경 검토와 지역 공동체의 협의, 공청회를 거쳐서 2012년 여름에 캐나다 북극권에서 사상 최대의 야심찬 자원개발 사업인 메리강 철광석 채굴에 대한 결론이 내려졌다. 기업의 계획은 배핀섬 중북부에 거대한 노천광 남쪽에서부터 광석을 연중 운반하는 선박을 정박할 심해 항구가 건설될 곳인 스틴스비인렛Steensby Inlet까지 새로운 철도를 건설하는 것이다. 선박도 상당한 쇄빙 능력을 가질 수 있게 새로 건조되어야 한다. 이것은 캐나다 북극 역사에서 수목한계선 북쪽으로 철도가 건설되는 첫 번째 사례이다. 또한 캐나다와 유럽 사이의 북극 해역에서 연중 쇄빙 화물선이 운항되는 것도 처음이 될 것이다. 이 사업은 규모가 크고 환경에 미칠 수 있는 잠재적 영향도 급격하다. 게다가 사회-경제적 영향도 우려되는 문제이다. 이 사업이 주변의 모든 공동체뿐만 아니라 누나부트 전체에 고용과 교육, 지역 사업체의 이용, 경제적 혜택을 약속한다 하지만, 사회적, 환경적으로 부정적인 문제도 많이 발생할 수 있다.

이 사업에 대한 공청회가 2012년 7월에 이칼루이트와 이글루리크, 폰드인렛에서 열렸다. 2012년 9월 14일 NIRB는 이 사업을 승인하고 184건의 권고사항을 담은 최종 보고서를 제출하였다.[42] 오타와의 원주민·북부개발부 장관은 NIRB의 권고안에 따라 사업을 승인했다.[43] 위원회는 보고서에서 다음과 같이 지적하였다.

> 위원회는 마지막 공청회에서 개발에 직면한 누나부트 주민들이 두 세계 사이에 끼인 것 같다는 우려를 들었다. 즉, 개인과 공동체, 지역, 누나부트 및 캐나다 전체에 지속적이고 지속가능한 혜택을 제공할 수 있는 개발에 대한 희망과 그리고 공기와 땅, 물, 물고기, 야생동물, 해양 포유류, 전통 지역, 전통적인 방법, 공동체에 대한 잠재적이고 부정적인 영향에 대한 우려이다. 위원회는 이런 희망과 우려를 이해하고 누나부트 주민의 미래 복지를 보장하고 우리의 땅, 물, 자원을 보호하는 개발만이 진행되게 하여 이런 두 세계 사이의 격차를 줄이는 방법으로 철저하게 영향을 평가할 것이다.[44]

나는 2012년 7월 16일부터 20일까지 일주일 동안 이칼루이트에서 열린 공청회에 참석했다.[45] 위원회 6명의 위원이 참석했으며 모두가 이누이트였다. 배핀랜드 철광회사Baffinland Iron Mines Corporation(독일에 본사를 둔 인디언 소유의 다국적 광산기업인 아르셀로미탈ArcelorMittal 자회사로 토론토에 본사를 두고 있다)는 이 사업의 성격과 공동체의 혜택에 대해 상세하고 전문적인 내용을 발표했다. 이 회사는 환경영향 평가서를 작성하고 환경에 대한 기초자료 조사에 상당한 노력을 기울인 것처럼 보였고, 공동체와 지속적으로 확인하고 소통할 것을 약속했다. 또한 훈련과 교육, 직업, 운송, 개인과 가족 상담, 의료지원, 비상사태 준비, 사냥을 위한 휴식기 및 누나부트에 대한 상당한 로열티를 포함하여 이누이트가 이 사업에서 기대할 수 있는 사회-경제적

혜택에 대하여 설명했다.46

그러나 대부분 공동체와 정부 대표, 원로, 민간 시민들은 매우 걱정스러워했다. 나는 몇몇 사람들과 사적인 대화를 나눴는데, 정보의 양이 너무 많고 남쪽 사람들이 사용하는 기술적인 언어는 이해하기 어렵다는 견해였다. 영어를 이누이트어로 번역하면서 많은 혼란과 오해가 발생하였다. 주요 이슈에 대해 배핀랜드 직원들의 생각을 바꾸려는 수차례의 시도가 저항에 부딪혔다. 여러 가지 세부 사항이 여전히 결정되지 않았거나 임무가 명확하지 않은 실무 그룹으로 위임되었다. 폭스만과 허드슨 해협에서 해빙과 북극곰 서식지에 대한 얼음 파괴 영향에 관한 정보는 없었다. 구체적인 해양 포유류에 대한 계획도 마련되지 않았다. 배핀랜드사는 배핀의 북부 카리부 개체 수가 주기적으로 감소하는 시기에 있다고 주장했다. 하지만 카리부의 미래에 대한 자료는 거의 없는 듯 보였고, 기후변화와 툰드라가 녹는 것이 카리부에 미치는 영향도 전혀 언급되지 않았다. 아크틱베이와 같은 일부 작은 마을에서는 제대로 된 설명을 듣지 못했다고 느껴졌다. 당시 이칼루이트 시장이었던 마들렌 레드펀(Madeleine Redfern)은 최종 검토과정까지 이 도시와 실질적인 협의가 이루어지지 않았다고 지적했다. 검토국에 대한 그녀의 견해가 주도(州都)와 관련된 우려를 제기한 첫 번째 기회였다. 마키비크사와 퀘벡 북부의 누나비크 해양 영향 검토국이 검토과정에 제대로 포함되지 않은 것에 대해서도 큰 우려를 표명했다.

많은 사람들이 테이블과 청중석에서 우려의 목소리를 높였다. 이스마사를 대표하는 영화감독 자카리아스 쿠누크(Zacharias Kunuk)의 법률 고문 로이드 리프세트(Lloyd Lipsett)는 유엔 기구와 캐나다 헌법, 누나부트 토지권리협정에 따라 정부와 회사의 기존 의무를 바탕으로 "인권 영향평가"의 필요성을 강조했다. 특히 여성과 같은 취약한 집단을 언급했다. 지속적인 협의가 필수적이었다. 이글루리크에 기반을 둔 이스마사로 대표되는 뉴스 매체가 도울 수 있다. 7월 23일 이글루리크 청문회에서 쿠누크가 다시 강조했다. 수잔 에누아라크(Susan Enuaraq)는 야생동물의 손실에 대한 보상에 대해 질문하였다. 그녀는 누나부트 토지권리협정에 따라 절대적인 책임이 있다고 지적했다.[47] 이 문제는 2013년 9월에 체결된 '메리강 사업 이누이트 영향 및 혜택 협약'이 만들어질 때까지 연기되었다. 요약 초안은 확인할 수 있지만, 전체 합의문은 공개하지 않았다.[48] 이칼루이트 시의회의 메리 월만(Mary Wilman)의원은 자신이 지역과 다른 공동체 사람들 사이에서 청문회에 대한 통지와 정보가 부족하다고 우려했다. 그녀는 정보와 의사결정 과정이 얼마나 억압적이었는지에 대해서도 언급했다. 그녀는 "우리에게 진짜 사진을 달라"고 주장했다. 세계야생생물연합회의 캐나다 북극 프로그램 책임자인 마르틴 본 미르바흐(Martin von Mirbach)는 특히 허드슨 해협에서 기초연구 부족에 대한 우려를 되풀이했다. 그는 현재 협상 중인 랭커스터 해협 해양 보호지구에 대한 잠재적 간섭을 처음으로 지적한 바 있으며, 이 사업이 이와 같은 더 많은 사업 창출을 포함하여 누적효과가 있을 것이라고 강조한 첫 번째 인물이었다. 이글루리크의 피터 이발루(Peter Ivalu)도 그 사업이 디젤 연료를 통해 방출되는 온실기체 배출량에 대해 언급한 몇 안 되는 연설자 중 한 명이었다. 리시 파파트시에(Leesee Papatsie, Feeding My Family 웹사이트의 창시자로 북극에서 높은 음식 가격에 사람들이 관심을 기울이도록 강조하였다)는 빈 광석 수송선이나 다른 광산의 배가 합리적인 가격으로 식량을 들여와서 공동체를 도울 수 있다고 제안했다. 청문회 후의 대화에서 케이프도싯의 무크쇼와 니비아크시(Mukshowya Niviaqsi)는 배핀랜드사 대표자들이 해양 포유동물, 특히 바다코끼리 무리를 보호하기 위해 선박을 케이프도싯 근처 밀섬 남쪽에 정박해야 한다는 반복된 요구에 대해 별 반응이 없는 것에 실망감을 표시했다.[49]

청문회에서 마들렌 레드펀과 누나부트의 캐나다 기마경찰대 부대장 스티븐 맥바노크(Steven McVarnock) 총경의 발표가 인상적이었다. 마들렌 레드

편은 전반적으로 이 사업을 지지하지만, 도시에 미칠 수 있는 영향에 대한 협의가 부족하다고 우려했다. 이칼루이트는 누나부트의 중심지이자 교통의 중심지이다. 이 사업으로 불가피하게 더 많은 사람들이 이칼루이트로 이주해 오거나 통과할 것이다. 또한 이미 부족한 주택, 기반시설(물과 같은), 공항시설, 임시숙소, 여행자를 위한 서비스 등이 부족하게 될 것이다. 그녀는 "사회, 경제적으로 중대한 영향이 발생하기 전에 사람들에게 서비스를 제공해야 한다" 그리고 "이칼루이트로 이주할 것을 고려하고 있는 가족들에게 교육 제휴, 오락시설, 약물 남용에 관한 특정 프로그램, 가족 지원 및 어린이 방치 등 가족계획에 대한 상담이 필요하다"고 강조했다. 그녀는 일시적인 노동자들에게 성적으로 착취당할 수 있는 여성의 취약성도 강조했다. 배핀랜드사가 제안한 "장거리 통근 근무" 교대 일정은 가족들에게 너무 힘든 일이므로 다시 생각해 볼 필요가 있다. 노스웨스트 준주의 주도인 옐로나이프는 다이아몬드와 금광 붐 기간에 상당한 지원을 받았다. 그런데 왜 이칼루이트는 안되는가? 그녀는 "우리를 잊지 말아 달라!"고 위원회에 상기시켰다.

스티븐 맥바노크 총경은 지역 경찰의 관점에서 메도우 뱅크 광산이 베이커레이크 공동체에 미치는 사회적 영향을 설명했다. 베이커레이크에 사는 1,500명 중 133명이 광산에 고용되었다. (광산이 2010년에 처음 문을 열었을 때를 포함한) 2008~2011년의 기간 동안 경찰에 신고 전화 건수가 22.5% 증가했고, 수감자 수는 33% 증가했으며, 베이커레이크에서 범죄활동이 36.5% 증가했다. 이 기간에 비교할 수 있는 다른 공동체(폰드인렛)에서는 범죄 통계의 큰 변동이 없었다. 그 차이는 광산에서 나온 것 같다. 경찰활동의 증가가 다른 사회서비스에 파급효과를 가져온다. 마들렌 레드펀은 "광산은 어린이의 방치를 의미한다"고 비통해 하는 베이커레이크 출신 사회활동가를 언급했다.

자카리아스 쿠누크는 그 다음 주 이글루리크의 청문회에 참여했다. 그는 사업으로 인한 인권 영향을 포함할 것을 주장하기 위해 이누이트 조직을 도왔다. 아마도 인권 영형평가가 이 사업이 이누이트를 위해 얼마나 중요한 변화를 가져올지 더욱 가슴 아프게 상기시켜 주는 기회가 될 것이고 현대세계가 얼마나 빨리 그들에게 영향을 끼쳐왔는지 알게 해 줄 것이라고 크누크가 말했다.

> 나는 영화감독이면서 사냥꾼이다. … 스틴스비인렛에서 태어나 학교를 다녔다. 봄철이 되면 카리부가 이동해 왔다가 가을이 되면 남쪽으로 이동해 갔다. 어렸을 때, 우리는 뗏장 집에서 살았다. 1962년부터 학교 교육을 받았다. 그러고 나서 세상을 알게 되었지만, 그것이 내 문화의 세계는 아니었다. 우리는 영어를 전혀 몰랐으며, 그것이 우리가 살았던 방식이었다. 우리는 그때 세계가 어떻게 돌아가는지 막 알기 시작했다. 우리 중 많은 사람이 교육을 마치지 못했고, 오늘날에도 그렇다. 우리는 전통방식으로 살았었는데, 오늘날 우리의 문화를 천천히 잃어가고 있다.[50]

스틴스비인렛은 해빙에 관계없이 쇄빙선이 유럽으로 수송하기 위한 철광석을 실을 수 있는 심해 항구 건설이 제안된 지역이다. 어떤 관점에서 보면, 쿠누크는 나보다 조금 어리다(50대 후반). 많은 원로나 장로처럼, 그는 그 땅에서 살아 온 생생한 기억과 현대 생활방식의 급격한 변화를 모두 지켜보고 있다.

2013년 1월에 배핀랜드사는 원자재 가격의 하락과 불확실한 경제 전망 때문에 메리강 계획을 상당히 줄인다고 발표했다. "배핀랜드사가 누나부트 당국에 보낸 서신에서 밝히길, 철광석 생산 계획을 1년에 1,800만 톤에서 350만 톤으로 줄일 것이고, 이 사업을 위해 계획된 철도는 연기될 것이며, 철광석은 새로 건설되는 항구 대신에 기존의 작은 항구를 통하여 운송될 것이다."[51] 이 결정은 완전히 새로운 문제를 제기한다. 첫째, 배핀섬의 북쪽 끝에 있는 더 작은 항구가 증가하는 화물량을 감당할 수 있을지 확실하지 않다. 둘째, 철도와 심해 항구의 건설이 환경에 훨씬 더 큰 영향을 미치겠지만, 더 작은 광산도 이누이트에게 혜택은 작아지면서 여전히 같은 문제를 일으킬 것이다. 셋째, 이것은 이누이트가 협의에 포함되지 않고 북극 바깥에서 결정되는 것에 얼마나 취약한지를 잘 보여 준다. 경제발전과 일자리, 훈련, 그리고 광산의 다른 혜택에 대한 희망도 축소되어야 한다. 배핀랜드사는 북서항로를 통한 수송은 해빙이 없더라도 현실적이지 않다는 것을 분명히 했다. 철이나 석탄을 실은 대형 화물선이 항해하기에는 바다가 너무 얕다. 화물선 전체 노선에 해안 경비선을 동반하는 것도 현실적으로 불가능하며, 위험한 상황 때문에 보험료가 너무 비싸질 수 있다.[52] NIRB가 시작하기 전에 새로운 검토과정이 시작되었다. 공청회는 2014년 1월에 시작될 예정이다.

이누이트는 북극 전역에서 자원개발을 중대한 문제로 간주해 왔다. '이누이트 누나아트의 자원개발원칙에 관한 환북극 이누이트선언'에서 시베리아, 알래스카, 캐나다, 그린란드의 이누이트를 대표하는 이누이트 환북극평의회가 다음과 같이 선언했다.

- 건강한 공동체와 가정은 건강한 환경과 경제 모두 필요하다.
- 경제발전과 사회문화 발전은 함께 이루어져야 한다.
- 더 나은 이누이트의 경제적, 사회적, 문화적 자급성이 더 나은 이누이트의 정치적 자결권에 필수적인 부분이다.
- 선사시대 이전부터 현재에 이르기까지 재생가능한 자원이 이누이트를 살아가게 하였다. 미래의 이누이트 세대는 영양과 사회, 문화, 경제적 목적을 위해 계속 북극 식량에 의존할 것이다.
- 책임 있는 비재생자원 개발도 현재와 미래 세대의 이누이트 복지에 지속적으로 중요하게 기여할 수 있다. 이누이트 누나아트 지배구조하에서 관리되고 있는 비재생자원 개발은 민간부문 체계(고용, 소득, 사업)와 공공부문

체계(공공 소유의 토지에서의 수익, 세금 수익, 기반시설)를 통해 이누이트 경제와 사회 발전에 기여할 수 있다.

- 자원개발 속도는 이누이트에게 큰 영향을 미치므로 적절히 균형을 맞춰야 한다. 이누이트는 지속적이고 다양한 경제성장을 이룰 수 있을 정도의 충분한 자원개발을 원하지만, 환경의 질적 저하와 외부 노동력의 압도적인 유입을 방지할 만큼 제한되어 있다.
- 자원개발은 경제적 이익을 위한 기회뿐만 아니라 환경과 사회적 영향을 초래한다. 영향과 이익의 가중치에 있어서 가장 크고 지속적으로 영향을 받는 사람들이 가장 큰 기회와 의사결정에서 중요한 역할을 해야 한다. 이 원칙은 이누이트 누나아트 내부와 바깥 세계 사이에서 적용된다.
- 모든 자원개발은 이누이트의 생활 수준과 사회적 조건 개선에 적극적이고 중요하게 기여해야 하며, 특히 비재생자원 개발은 교육과 기타 형태의 사회발전, 물질적인 사회기반시설 및 비채굴산업에 대한 기여를 통해 경제적 다변화를 촉진해야 한다.
- 이누이트는 관련 정책의 수립과 지속적인 이누이트의 혜택, 기본 환경 및 사회적 책임에 대한 존중이 수반되는 이누이트 누나아트의 자원개발을 위해서 자원개발자, 정부, 지역 공동체와의 완전한 협력을 통해서 일할 수 있는 기회를 환영한다.[53]

키비우크의 이야기가 말해 주듯, 북극에서는 두 번째 기회란 없다. 처음에 제대로 해야 한다. 주요 자원개발사업 참여가 이누이트에게 미래가 될 수도 있지만, 너무 큰 피해를 당한다면 땅과 바다가 용서하지 않을 것이다. 마리아노 오필라류크(Mariano Aupilaarjuk)가 말했듯이, "살고 있는 사람과 땅은 실제로 함께 묶여 있다. 둘 중 하나 없이는 다른 하나가 살아남을 수 없고 반대의 경우에도 마찬가지이다. 땅으로부터 뭔가를 얻기 위해서는 땅을 보호해야 한다. 땅을 잘못 가꾸면, 땅도 우리를 도와주지 않을 것이다. … 그 땅에서 살아남기 위해서는, 땅을 보호해야 한다. 땅은 우리가 생존하고 살기 위해 매우 중요하다. 그것이 우리가 땅을 우리 자신의 일부로 취급해야 하는 이유이다."[54]

법

북극의 랭커스터 해협과 배핀섬 동부 해안은 석유와 천연가스가 많이 매장된 것으로 알려져 있다. 이곳은 세계에서 가장 풍부한 해양동물 지역 중 하나이므로 "북극의 세렝게티"라고도 불린다. 이누이트는 땅과 바다의 풍요로움을 수확하며 수백 년 동안 살고 이동해 왔다. 나 또한 그 해협을 여러 번 여행해 봤고, 방문할 때마다 일각돌고래, 흰돌고래, 북극고래, 북극곰, 바다코끼리, 바다표범, 턱수염바다물범, 사향소, 매(데번섬의), 바다오리, 갈매기, 큰부리바다오리, 흰기러기를 포함하여 훨씬 더 다양한 동물과 새를 보았다.

2010년 봄, NIRB는 랭커스터 해협에서 지진시험을 위한 캐나다 지질조사국의 제안을 심사했다. 고위도 북극의 공동체는 이런 활동이 해양동물에 큰 해를 끼칠 수 있다는 이유로 반대했다. 캐나다의 한 정부 부서는 석유와 가스를 찾고 있는 동시에 캐나다 국립공원 관리청은 같은 장소에 해양 보존지역을 만들 것을 제안하였다.[55] 결국 NIRB가 지진시험을 승인하여 그해 8월에 시작하기로 했다.

2010년 8월 3일 폰드인렛과 그라이즈 피오르, 아크틱베이, 클라이드리버, 레절루트베이의 공동체를 대표하는 키키크타니 이누이트 협회QIA가 누나부트 재판소에 시험 중단 명령을 요청했다. 3일 뒤 수잔 쿠퍼(Susan Cooper) 판사는 랭커스터 해협의 모든 지진시험 활동을 중단하라는 잠정적인 금지 명령을 내렸다.[56] 성패가 달린 두 가지 법적 문제가 있었다. 법원은 재판에서 토지에 대한 원주민 권리에 부정적인 영향을 미칠 수 있는 사업을 제안할 때마다 원주민과 상의하고 수용해야 할 의무에 대하여 충분히 논의할 필요가 있는 심각한 헌법적 문제라고 판결했다.[57] 게다가 법원은 이 문제에 대한 최종 판결에 앞서 지진시험이 진행되면 이 지역의 이누이트는 돌이킬 수 없는 피해를 입을 것이라고 판결했다. 지진시험이 중단되었다. 2010년 12월 6일 당시 연방 환경부 장관 존 베어드(John Baird)는 폰드인렛과 바일롯섬을 포함하여 랭커스터 해협으로 향하는 동쪽 입구 대부분 지역은 해양 보호구역으로 보호될 것이라고 발표했다. 경계는 그 지역의 이누이트와 QIA와 협의하여 설정될 것이다.[58] 이것은 앞으로 석유 및 가스 탐사가 진행될 수 없다는 것을 의미한다.[59]

이것은 이누이트에게 매우 중요한 사례이다. 이것은 캐나다와 누나부트 정부에게 이누이트 권리에 부정적인 영향을 미칠 수 있는 자원 채굴과 관련하여 제안한 개발 또는 탐사조사에 대해 그 지역 이누이트와 철저하게 상의해야 할 필요성을 강하게 상기시킨다. 이 사건으로 토지이용, 문화재 보존, 환경 보호, 자원개발 통제 등에 대한 기존 권리를 인정받았다. 이것은 또한 누나부트와 같은 자치 영토의 창설이 헌법 제35조에 의하여 이누이트 권리를 수용하고 협의하기 위한 캐나다 연방정부에 대한 마지막 요구가 아니라는 것을 보여 준다. 제35조에는 다음과 같이 명시하고 있다.

1. 이로써 기존의 원주민과 캐나다 원주민의 조약상의 권리가 인정되고 확인된다.
2. 이 법에서 "캐나다 원주민"에는 캐나다의 인디언, 이누이트, 메티스를 포함한다.
3. 보다 확실하게 하기 위해, 제1항의 "조약상의 권리"는 토지권리협정을 통해 현재 존재하거나 취득할 수 있는 권리를 포함한다.

4. 이 법의 다른 조항에도 불구하고 제1항에 언급된 원주민과 조약상의 권리는 남성과 여성에게 동등하게 보장된다.[60]

캐나다 대법원에 따르면, 정부(연방, 지방 또는 준주 수준의 정부를 의미한다)는 원주민과 상의할 의무와 적절한 경우 그들의 이익을 받아들일 의무가 있다. 드와이트 뉴먼(Dwight Newman)은 그것을 적용하기 위해서 상의하기 위한 5가지 측면의 의무를 다음과 같이 요약하였다.

1. 원주민의 권리 또는 소유권 주장의 증명에 앞서 발생하거나 권리에 대한 불확실한 효과의 맥락에서 발생한다.
2. 상의할 의무는 정부 조치가 잠재적으로 간섭할 수 있는 주장에 관해서 정부의 최소한의 지식 수준을 바탕으로 비교적으로 쉽게 촉발된다.
3. 특정 상황에서 상의해야 할 의무 범위의 강도는 더 강력하게 여겨지는 원주민의 주장 및/또는 원주민 권리나 조약권리의 근본을 이루는 더 심각한 영향으로 발생하는 다양한 협의 요건과 더불어 다양한 가능성에 놓여 있다.
4. 이 범위 내에서 의무는 최소 통지 의무에서부터 원주민의 이익을 어느 정도 수용할 수 있는 의무에 이르기까지 다양하다.
5. 상의 의무를 이행하지 못하면, 이는 특정 정부 조치에 대한 명령(또는 경우에 따라서 손해배상)에서부터 광범위한 구제책을 초래할 수 있으나, 일반적으로 절차에 앞서 협의하라는 명령을 받을 수 있다.[61]

이것은 이누이트에게 개발 거부권을 주는 것은 아니지만, 협의가 행정적 검토를 넘어 진실이어야 한다는 것을 의미한다. 이누이트 땅과 바다는 이미 기존의 조약인 누나부트 토지권리협정으로 보호되고 있어서 이미 조약에도 상의할 의무가 있다는 것이 중요하다.[62]

그 의무는 잠재적인 땅에 대한 원주민 권리 주장, 기존 원주민 권리 또는 현행 조약에 불리하게 영향을 미칠 수 있는 일부 정부의 조치에 달려 있다. 이런 요구사항은 상당히 쉬운 장치처럼 보일 수 있다. 원주민의 주장이 의무를 입증하기 위한 것만은 아니다. 하지만 하급 법원은 여전히 의무의 범위를 고심하고 있다. 비교적 부정적 효과가 적을 경우, 의무가 발생하지 않을 수 있다. 또한 정부의 조치가 다른 정부 부처에 위임된 경우에도 발생하지 않을 수 있다. 지방자치단체는 의무에 얽매이지 않으며 기업체와 같은 민간단체도 마찬가지이다. 그러나 상의해야 할 의무는 이누이트의 권리를 포함한 원주민을 보호하기 위해 정부에 부과된 중요한 요건이다. 상의하고 수용해야 할 의무와 관련된 캐나다 토착민 단체가 제기한 대부분 사례는 사실상 정부에 반하는 것이었다. 「자원의 지배자: 캐나다 자원 로드에 대한 운명과 어리석음 *Resource Rulers: Fortune and Folly on Canada's Road to Resources*」의 저자 빌 갤러거(Bill Gallagher)는 "원주민의 특권을 '지난 10년 동안 캐나다에서 보고된 가장 큰 사업 이야기'라고 부른다."[63]

국제법하에서 더욱 엄중하게 검토가 이루어지고 있다. 이는 토착민의 권리에 영향을 미치는 일련의 쟁점과 관련하여 "사전적이고, 정보에 입각한 자유로운 동의"의 의무이다. 이 필요요건은 원주민 권리에 관한 유엔 선언에 포함되어 있다.[64] 이 의무는 계획된 토착민의 재배치(제10조), 토착민에게 영향을 미칠 수 있는 입법이나 행정 조치의 채택 또는 이행(제19조), 또는 전통적인 땅의 사용(제32조)과 관련하여 특히 중요하다. 게다가 전통적인 땅이 "사전적이고, 정보에 입각한 자유로운 동의 없이 몰수, 빼앗김, 점령당하고, 사용되거나 훼손"되는 곳의 토착민들은 원칙적으로 그 땅이나 영토에서 가져간 것과 같은 보상이나 보상금 또는 반환받을 권리가 있다(제28조). 이 선언문의 기본 철학은 동의와 협의, 협력 그리고 기준이 충족되지 않은 경우는 기본적으로 보상한다는 주장도 가능하다. 세계 역사상 처음으로 토착민의 권리가 설득력 있고 법률적으로 점점 더 중요해지고 있는 국제 문서에 분명하게 표현되어 있다.

캐나다는 유엔 인권이사회와 총회에서 이 선언에 반대표를 던져서 토지이용 및 천연자원과 관련된 여타 엄격한 사항에 대해 "사전적이고, 정보에 입각한 자유로운 동의"의 조항에 우려를 표시했다. 캐나다는 그 후 선언에 동의하고 받아들였지만, 이 조항들에 대해서는 계속 의구심을 갖고 있다. 게다가 캐나다는 동의서에서 "이 선언문은 관습적인 국제법을 반영하지도 않고 캐나다 법을 바꾸지도 않는다" 고 명시하였다.[65] 그러므로 그 선언문이 캐나다 법정에서 어떤 영향을 미칠 수 있을지 명확하지 않다. 캐나다 최고법원은 이전의 경우에 캐나다 관습법의 일부로 관례적인 국제법을 인정했고, 입법과 헌법을 해석하기 위해 국제법을 사용했다.[66] 그 선언이 관습법에 더 일반적으로 적용되는지 여부는 논란거리이다. 그러나 선언이 모든 정도의 법적 조치에 더 많이 의존할수록 관습적이거나 일반적인 법이 될 가능성이 크다. 현재 캐나다 정부의 입장이 법에서 동의 요건을 강화하여 선언의 적용에 영향을 최소화할 가능성이 크다. 물론 연방정부의 입장은 바뀔 수 있다.

누나부트의 꿈

알렉시나 쿠블루(Alexina Kublu)나 베벌리 브라운과 같은 사람들이 아키트시라크 로스쿨을 계획하기 1, 2년 전에 혹은 실제로 실행에 옮겨지기 전에 나는 「캐나다 지리학 잡지*Canadian Geographic Magazine*」에서 눈길을 사로잡는 광고를 보았다. 메슈 스완(Matthew Swan)이 설립한 회사인 어드벤처 캐나다Adventure Canada가 추진하는 북극을 통과하는 유람선 여행이었다. 마가렛 애트우드(Margaret Atwood)가 이누이트를 포함한 북극 전문가들과 함께 승선할 예정이었다. 어머니와 나는 흥미로웠지만, 형편이 안된다고 생각해서 가지 않기로 했다. 당시 우리의 삶에서 북극이란 우리가 알고 있는 세계의 가장자리에 있는 먼 이국적인 장소였다. 많은 캐나다인처럼 우리는 한 가지 생각으로 북극에 애착을 느꼈지만, 진짜로 그곳에 가기까지 비용과 노력의 장벽이 너무 높다고 느꼈다. 나는 어떻든 전 세계의 대부분 사람과 마찬가지로 누나부트 설립을 모든 곳에 있는 토착민들의 자결권 모델로 이해했다. 나는 그것을 직접 볼 수 없어서 약간 유감스러웠다.

나는 거의 동시에 생생한 꿈을 꾸었다. 꿈 중 하나는 사람들과 함께 있는 것이었다. 꿈속에서 가파른 자갈 해변에 서 있었다. 뒤쪽으로 높은 회갈색 절벽이 어렴풋이 있고, 앞에는 넓은 회색 바다가 있었다. 먹구름이 하늘을 덮고 있다. 분위기는 칙칙하고, 으스스하고 심지어는 무섭기도 하였다. 마치 거기에 어떤 존재감을 느낀다 – 아마도 늑대일 수도 있고, 유령일 수도 있다. 내 뒤로 사람들이 걸어 다니고 있지만 나는 혼자다. 스스로 바라보기를, 마치 내가 갈매기나 매처럼 멀리서 맴돌고 있다. 매우 추웠는데, 눈이나 빙하를 본 것 같지는 않다. 나는 북극 어딘가에 있다는 것을 알고 있었지만, 내가 어디에 있고 왜 그곳에 있는지 알 수 없었다.

그 꿈의 이상한 점은 몇 년 후에 내가 정말 그 자갈 해변에 서 있었다는 것이다. 그곳은 비치섬이었고 어머니와 함께 어드벤처 캐나다를 통해서 러시아에서 만든 연구용 선박인 아카데믹 요페호*Academic Ioffe*를 타고 여행하고 있었다. 어머니 베티(Betty)는 2004년에 80번째 생일을 2년 넘기고 간절하게 어드벤처 캐나다와 함께 탐험과 여행을 하고 싶어 했다. 우리는 각자 혹은 함께 누나부트와 그린란드를 여행했다. 이상한 꿈을 꾸고 얼마 지나지 않아 북극을 직접 볼 수 있는 기회가 찾아왔다.

하지만 나는 북극이 한 가지 이상이라는 것을 알게 되었다. 내가 어드벤처 캐나다와 여행하면서 본 이상하고 아름다운 땅이 있다. 운 좋은 일부 관광객들이 보는 것과 내가 잠시 공유할 수 있었던 북극의 현실적인 삶이 있다. 심지어 이 현실도 산산조각이 났다. 나는 편안한 아파트에 좋은 월급과 많은 여행 기회를 갖고, 조금 힘들면 남쪽으로 도망가는 것을 포함하여, 그런 기회 속에서 칼루나트의 삶으로서 살았다. 그러나 아키트시라크 학생과 그 가족, 우리의 원로인 루시앙 우칼리안누크와 그의 가족, 그리고 이칼루이트에서 해변에 살던 나의 이누이트 이웃들 – 그들은 매우 다른 삶을 살았다. 나는 이런 불균형을 직접 겪었지만, 항상 어느 정도 낯선 사람이었고 앞으로도 그럴 것이다. 나도 그 땅과 사람, 공동체 그리고 동물들을 사랑하지만, 이누이트만큼은 아니다.

누나부트의 설립이 이누이트에게 한 걸음 더 나아가는 중요한 걸음이지만, 누나부트 토지권리협정에 따라 설립된 새 정부와 기타 기관은 대부분 이누이트를 지속적인 위기 상태로 만드는 주요 사회, 경제적 문제를 해결하지 못하고 있다. 이누이트는 다른 캐나다인보다 기대수명이 짧아서 평균적으로 15년 일찍 생을 마감한다. 전체 자살률은 전국 평균의 11배이다. 이누이트 소년과 젊은 남성의 자살률은 전국 평균의 30배까지 높다.[67] 호흡기 질환과 의도치 않은 부상 또는 사고의 비율도 나머지 지역 평균보다 몇 배 높다.[68] 아동 학대와 방치, 배우자 학대, 노인 학대 등의 가정 폭력이 전염병 수준이다. 대부분 공동체에 술과 불법 마약을 포함한 약물 남용이 걷잡을 수 없이 만연해 있다. 2006년 누나부트 아크틱 대학에 정신건강 훈련 프로그램이 도입되었지만, 그 후 지속되지 못했다. 이 지역에서 일하는 정신건강 전문가가 거의 없는데, 이누이트와 비이누이트 주민 대부분 처방된 항우울제나 불법 마약, 술을 통한 자가치료 외에는 전혀 보호받지 못한 상태로 내버려져 있다. 살인과 폭력 범죄 비율이 남쪽보다 훨씬 높고, 많은 젊은 이누이트 특히 소년과 젊은 남성들은 범죄 정의 시스템과 교정시설을 오가며 삶을 보낸다.

모든 공동체가 현재 유치원에서부터 12학년까지 교육시설을 갖추고 있지만, 교육수준이 낮고 졸업률도 극히 낮다. 아이들은 4학년까지 이누이트어로 초등교육을 받지만, 그 후에는 영어나 프랑스어로 바꾸어 들어야 한다. 그 결과, 많은 어린이가 이누이트어와 제2외국어로 말하기와 읽고 쓰기를 힘들어 한다. 전문대학이나 대학에 가는 것은 말할 것도 없고, 어린 이누이트 가운데 고등학교를 졸업하는 학생이 3분의 1이 되지 않는다.[69] 생활비가 남쪽보다 3~5배 높아서 빈곤율도 매우 높다. 남쪽에서 들어오는 건강한 음식 비용과 남쪽 산업의 먹이사슬 속에 지속적인 유기 오염으로 만들어진 "전통음식"의 유독성은 필수 영양을 충족시킬 수 없다는 것을 의미한다. 이 결핍은 비만과 당뇨, 심혈관 질환, 호흡기 질환, 암, 신경 질환 환자수를 증가시켰다. 2011년에 시행되어 2013년에 발표된 새로운 연구에서 누나부트가 캐나다에서 식량 불안정도가 가장 높고, 36.4%의 가정에서 안전한 음식을 먹기 어렵다고 보고되었다. 게다가 누나부트에 사는 아이들 중 56.5%는 매일 음식을 먹을 수 있을지 모르는 가정에서 살고 있다.[70] 이누이트는 호흡기 질환이나 정신 질환과 같은 가난과 관련이 있는 예방 가능한 질병으로도 고통받는다. 결핵은 여전히 많은 공동체에서 문제거리이며, 누나부트는 놀랍게도 폐암 비율이 세계에서 가장 높아서 캐나다 평균의 23배이다.[71] 모든 치료 비용의 절반은 공동체에서 이용할 수 없는 치료를 위해 항공편을 이용해서 이칼루이트나 남쪽으로 가는 교통비로 사용되지만, 북극의 의료서비스는 남쪽 도시에서와 같은 수준의 비율로 연방정부 자금 지원을 받고 있다. 다른 어떤 지역보다 출산율이 높지만, 유아 사망률도 전국 평균의 3배에 이른다.[72] 제2차 세계대전 이후 기숙학교로 아이들을 보낸 것과 북극의 한 지역에서 다른 지역으로 가족들을 재배치시킨 것은 세대를 넘어 전해지는 상처를 남겼다.

주택이 수요보다 훨씬 적어서 주택 공급이 위기 상황이다. 대부분 캐나다인들이 당연하게 여기는 기준보다 훨씬 낮은 수준으로 주택을 이용한다. 누나부트는 가구당 평균 인구수가 전국에서 가장 높다.[73] 겨울철 노숙은 얼어 죽는다는 것을 의미하는데, 노숙자는 북극 공동체의 심각한 문제이다. 이누이트는 북극을 떠나 더 많은 직업과 주택, 공공서비스를 이용할 수 있는 남쪽 도시를 여행할 수 있는 선택권을 많이 갖지 못한다. 엄두도 못 낼 정도로 항공 비용이 높고, 떠나는 사람들은 교육과 기술이 거의 없어서 고용 전망이 불투명한 채로 남쪽 도시 환경 속에서 심각한 소외감을 겪을 수 있다. 너무나 많은 이누이트가 자신과 아이를 위해 건강한 미래를 계획하거나 회복할 시간을 거의 갖지 못하고, 하나의 위기에서 다음 위기로 휘청거리며 살아간다.

누나부트는 이누이트가 여러 세대에 걸쳐 알고 있는 땅인 "우리의 땅"에 대한 꿈이다. 새로운 주의 설립으로 현대화와 남쪽 사람들의 북극 침입으로 야기된 여러 문제가 해결된 것은 아니다. 일부 사람은 이누이트가 자치 정부의

7.5 선박에서 바라본 배핀섬의 빙하

참여에 준비되지 않았다는 견해를 표명했고, 심지어 일부 이누이트도 이 같은 견해를 표현했다. 하지만 내 경험에 따르면 이런 관점은 너무 절망적이다. 사람들은 식민주의를 지속함으로써 식민주의를 고치지 않는다. 이누이트는 영국이나 캐나다가 북극을 지배하기 훨씬 전에 영토의 주인이었다. 누나부트는 변화하는 세계의 도전에 대한 독특한 반응을 보여 준다. 북극의 지속가능한 개발과 민족 자결권, 환경변화에 대해 계속되는 논쟁에 대한 실용적이고, 정치적이며, 경제적이고, 문화적이고, 정신적인 해결책은 무엇일까? 코넬리우스 누타라크(Cornelius Nutaraq)가 이것을 가장 잘 설명한 것 같다.

> 내 생각에 사람들은 어떤 것에 대해 즉시 모든 것을 아는 것이 아니다. 우리가 자라날 때, 무언가를 경험한다. 그 어떤 것도 바로 알 수 없다. 이것은 특히 우리의 삶에 영향을 미치는 것에 적용된다. 우리 땅에서 땅의 특성을 아는 것이 그리 쉽지 않다. 한겨울에는 몹시 춥다. 사람들은 땅에서 살아남는 방법을 알아야 하고, 그 땅에서 사는 법을 배워야 한다. 예를 들어, 생존하기 위해 먹이 사냥방법을 알아야 한다. 사냥을 위해서 알아야 할 것이 많다. 특히 공동체와 떨어져서 매우 추운 겨울에 혼자 있다면 여기서 살면서 배운 것을 따라야 한다. 이 땅에서 어떻게 살아남는지를 알아야 한다. 따뜻한 곳에 익숙해지면, 훨씬 더 깊은 추위를 느끼게 될 것이다.[74]

제8장.. 기후변화: Silaup Aulaninga

북극에서 기후변화는 미래 일이 아니라 지금 벌어지고 있는 일이다. 기후변화와 인권은 연관되어 있다. 북극곰만의 이야기가 아니다. 사람과 삶의 방식에 관한 이야기이다.

실라 와트-클라우티어(Siila Watt-Cloutier)[1]

북극의 선택

누나부트 주민 (그리고 나머지 사람들) 의 미래가 자원개발에 달려 있다면, 기후변화를 고려해야 한다. 여름철에 계절빙이 녹거나 팩 아이스가 얇아지지 않으면, 석유, 광물, 귀금속과 같은 자원은 지하나 해저에 갇혀 있을 것이다. 이 아이러니는 북극 주민들에게 지워지지 않을 것이다. 툰드라나 해저에서 광물과 석유, 가스, 기타 물질을 채굴하면서 에너지를 많이 소비할수록 지구온난화를 촉진하는 온실기체에 미치는 영향도 더욱 커진다. 특히 석유를 시추하여 다른 시장으로 운송하면, 캐나다는 (최근 앨버타 오일샌드의 경우처럼) 기후변화의 흔적을 해외로 보내는 것이다. 현재 석유 시장은 중국과 유럽, 미국, 인도, 브라질 순으로 규모가 크다. 아시아의 급속한 경제성장과 "선진국"의 지속적인 산업활동이 현재의 날씨와 대기, 해양을 변화시키고 있는 인간에 의한 지구온난화의 기초가 되었다. 한 가지 분명한 것은 지구의 온도 상승에 따라 북극의 온도가 더 빨리 상승한다는 것이다. 우리는 극지 생태계를 멈출 수 없는 "정의 피드백 순환"으로 밀어 넣게 될 것이다.

누나부트 사람들은 가난에서 벗어나기 위해 교육과 훈련, 직업, 그리고 자원이 필요하다. 자원개발이 유일한 길로 보인다. 하지만 광산과 유정은 양날의 검일 수 있다. 단기적으로는 고용이 늘고 로열티를 받을 수 있지만, 장기적으로는 어떠할까? 메리강 사업과 같은 광산의 수명은 보통 20년 정도밖에 되지 않는다. 석유 시추도 몇 십 년 정도이다. 자원이 고갈되면, 젊은 이누이트는 무엇을 할 것인가? 그들은 계속 사냥을 할 수 있을까? 땅에 대해 가르쳐 줄 원로가 여전히 존재할까? 여성의 기술이 계속 존중받을까? 그리고 땅과 바다는 어떨까? 여름에 얼음이 남아 있을까? 우리 주변에 여전히 물개와 북극곰이 있을까? 이것은 이누이트가 세대 간에 영향을 미칠 홉슨의 선택 Hobson's choice(선택의 여지가 없는 상황-역자 주)에 직면할 때 자신에게 묻는 질문이다.

2004년 11월, 북극 이사회(캐나다를 비롯한 북극 주변의 8개국 대표단과 다양한 원주민 집단으로 구성된 기구)와 국제 북극과학위원회는 당시까지 북극 기후변화에 관한 기존의 모든 자료를 철저히 분석하여 「온난해지는 북극의 영향에 대한 북극 기후 영향평가 보고서」를 발표하였다.[2] 북극의 기후변화에 관한 과학적 증거와 전통지식을 수집하는 데 4년 이상이 걸렸다. 보고서는 정책 입안자와 대중이 과학적 증거와 북극 원주민의 지식에 쉽게 접근할 수 있도록 고려한 방식으로 결과를 제시하였다. 다음은 10년 전에 그들이 찾아낸 내용이다.

> 빙하 코어와 오랜 과거의 기후 조건에 대한 또 다른 증거가 대기 중 이산화탄소 농도 증가가 전구 기온상승과 관련이 있다는 것을 보여 준다. 주로 화석연료(석탄, 석유, 천연가스)의 연소와 부차적으로 토지 개간과 같은 인간활동이 대기 중 이산화탄소, 메탄, 그 외 "온실"기체의 농도를 증가시켰다. 산업혁명 이후, 대기 중 이산화탄소 농도는 약 35% 증가하였으며, 지구 평균기온은 약 0.6℃ 상승하였다. 지난 50년간 관찰된 온난화 대부분이 인간활동에 기인한다는 국제적인 과학적 합의가 있다.
>
> 이산화탄소와 다른 온실기체의 지속적 배출로 기후가 심각하게 변화할 것으로 전망되며, 이번 세기에 지구 평균기온이 1.4~5.8℃ 상승할 것으로 추산된다. 기후변화는 대기와 해양순환 패턴의 변화, 해수면 상승, 강수 변동성 증가 등을 초래할 것으로 예상된다. 이와 함께 이런 변화는 해안에 자리한 공동체와 동·식물 종, 수자원, 인류의 건강과 웰빙에 광범위하게 심각한 영향을 미칠 것이다.
>
> 현재 전 세계 에너지의 약 80%는 화석연료의 연소로 얻어지며, 그에 따라 이산화탄소 배출량이 빠르게 증가하고 있다. 이산화탄소는 대기 중에서 수 세기 동안 머물기 때문에 당장 배출량을 줄이기 위한 공동 노력을 시작한다

하여도 이산화탄소 농도는 최소한 수십 년 후 정점에 도달한 뒤에 감소할 것이다. 그러므로 온난화 추세를 바꾸는 것은 장기적인 과정이며, 세계는 수세기 동안 기후변화와 그 영향에 어느 정도 노출될 것이다.[3]

보고서는 그런 영향을 완화하는 방법이나 적응 방법을 논하지 않았다. 북극의 기후변화에 관한 과학적이고 전통적인 지식에 초점을 맞추고 있다. 보고서는 북극에 미치는 기후변화의 불균형적 효과에 관하여 확인된 열 가지의 주요 사항을 다음과 같이 설명하였다.

1. 현재 북극의 기후는 빠르게 온난해지고 있으며, 더욱 큰 변화가 예상된다. 보고서는 기후변화가 21세기 말까지 북극에서 최대 7℃의 온난화를 초래할 수 있다고 예측한다.
2. 북극의 온난화는 해수면 상승, 툰드라 영구동토층의 해빙으로 방출되는 온실기체의 증가, 생물 다양성에 대한 전구적 위협 등 전 세계적으로 영향을 미친다.
3. 북극의 식생대의 변화 가능성이 매우 높아 광범위하게 영향을 끼칠 것이다. 수목한계선이 북쪽으로 이동하여 침입종(외래종), 산불, 농업 개발의 위험성이 커질 것이다.
4. 동물의 종 다양성 범위와 분포가 변할 것이다. 물개와 북극곰 서식지가 심각하게 영향을 받을 수 있다. 카리부와 다른 육상 동물은 목초지와 이동할 지역을 찾느라 심각한 스트레스를 받을 수 있다. 침입성 기생충과 그것들이 옮기는 질병이 북쪽으로 이동할 것이다.
5. 여러 해안 공동체와 시설이 폭풍에 더 노출되고 있다. 해수면 상승과 극단적인 날씨가 해안 홍수와 침식을 일으킬 것이다. 녹아 가는 툰드라도 해안선을 약화시킬 것이다. 해안 공동체는 이미 위협을 받고 있으며, 다른 곳으

로 이동해야 할 것이다.

6. 해빙 감소는 해양 운송과 자원에 대한 접근성을 향상시킬 가능성이 있다.
7. 땅이 녹으면, 교통, 건물, 기타 기반시설이 붕괴될 수 있다.
8. 원주민 공동체는 중요한 경제적, 문화적 영향에 직면하고 있다.
9. 자외선 복사가 강해져 인간과 식물, 동물에 영향을 미친다. 오존홀이 사라지지 않았고, 계절적으로 증가하는 것으로 보인다. 자외선 복사의 증가로 피부암과 백내장, 기타 건강상의 문제가 발생할 수 있다.
10. 여러 영향이 상호작용하여 사람과 생태계에 영향을 미친다.[4]

여기서 마지막 발견이 특히 중요하다. 여러 기후변화 효과는 상호작용할 뿐만 아니라 모든 다른 요인에 대한 영향을 증폭시킬 수 있는 방식으로 작용할 것이다. "정의 피드백 순환"은 이 과정의 일부이다. 대기와 해양이 온난해짐에 따라 온실기체의 배출이 증가할 것이고, 더 나아가 온난화 경향이 가속화될 것이다. 검푸른 해양과 갈색의 지표 경관이 태양복사 에너지를 더 많이 흡수하기 때문에 대기 밖으로 무해하게 방출되는 에너지양이 적어진다. 하얀 얼음과 눈의 알베도에 의한 반사효과가 줄어들고 더 많은 열이 대기 하층에 갇힌다. 수억 년 동안 툰드라와 북극 해저에 갇혀 있던 메탄이 이미 대기와 해양으로 방출되기 시작했다. 그런 기체는 이산화탄소보다 10~20배의 온실효과가 있다. 실제로 아주 단순하다. 열이 많을수록, 더 많이 녹는다. 더 많이 녹을수록, 열이 많아진다. 이 모든 것이 다양하게 상호작용하기 때문에 지구 전체에 영향을 미칠 급격한 온난화 효과의 가능성이 크다. 이누이트는 과거에 중대한 변화를 겪어 왔지만, 그런 모든 것보다도 기후변화가 가장 큰 도전이 될 것으로 보인다.

기후변화란 무엇인가?

인간이 만든 지구온난화에 대한 논쟁은 이미 해결된 것 같지만, 여전히 이 모든 것이 무엇에 대한 논쟁인지 잘 모르는 많은 사람들 사이에 혼란과 회의감을 불러일으키는 목소리가 있다. 게다가 우리는 마치 '치킨 리틀Chicken Little'의 청중처럼 하늘이 무너지고 있다는 말을 너무 많이 들어서 이와 같은 "논쟁"에 무관심하고 지쳐 있다. 가뭄과 폭염, 홍수, 2012년 미국 북동부 일부를 황폐화시킨 "슈퍼스톰 샌디Superstorm Sandy"와 같은 비정상적으로 강한 폭풍 등이 반복되면서 실제로 기후변화가 일어나고 있다는 사실을 부정하는 것은 더 이상 지지받지 못한다. 오늘날 대부분 사람들은 주로 인간이 기후변화를 일으킨다는 것을 받아들이고 있다. 그러나 과학과 기후변화 역사가 실제로 우리에게 무엇을 말해 주는지 의문을 갖는 것은 여전히 중요할 수 있다.

분명히 날씨가 기후변화의 영향을 받지만, 기후변화가 매일매일의 날씨에 관한 것은 아니다. 오히려 기후변화는 기온과 기압, 해수온도, 해수면의 수위 패턴의 변화와 수십 년에서 천 년까지 장기적으로 관찰되는 계절변동 등에 관한 것이다. 기후변화가 어떻게 작용하고, 어떻게 전 세계 생태계에 영향을 미칠 것인지에 대한 우리의 지식은 대부분 고대의 기후를 연구하는 고기후학에 기반을 둔다. 최근 몇 년 동안 과거 기후변화에 대하여 놀라울 정도로 정확한 지식이 발전하였으며, 이는 우리가 미래를 예측하는 데 도움이 된다.

기후변화는 적어도 직접적으로는 오염에 관한 문제가 아니다. 대기 중 오염물질은 다양한 원인에 의해 연기와 재, 먼지, 그을음, 배기가스 등으로 배출되는 미립자 형태로 발생한다. 이런 입자를 에어로졸이라고 부른다. 이것은 분명히 문제가 되며, 기후에 영향을 미친다. 그러나 기후변화의 주요 원인은 분자 수준에서 대기 화학적 특성을 변화시키는, 눈에 보이지 않는 온실기체 – 특히 이산화탄소, 메탄, 아산화질소, 수증기 – 의 배출이다. 온실기체는 지구의 대기가 태양 에너지를 열로 변환시키는 양을 증가시킨다. 이는 온실 안의 공기나 뜨거운 햇볕 아래 세워 둔 차 안의 공기에 대하여 유리나 투명한 비닐이 갖는 효과와 비슷하다. 유리나 투명한 비닐처럼 이런 기체들이 대기를 통해 우주로 빠져나가는 장파 에너지를 흡수하여 다시 지표면으로 되돌리는 것이다.

영국 기상청과 이스트앵글리아 대학 기후연구소CRU가 공동으로 수행한 연구와 미국 항공우주국NASA의 고더드 우주연구소와 미국 국립해양대기청NOAA의 국가기후자료센터NCDC가 미국에서 측정한 기온 간의 상관관계와 그림을 기반하여 보여 주는 지난 150년간 전구 평균기온이 0.65~1.6℃ 상승한 것은 명백한 사실이다.[5]

NOAA는 2013년에 "미국이 지난 2년 동안 피해액 10억 달러 이상인 기후나 날씨와 관련된 재난이 25건이 있었으며, 그로 인하여 총 1,150억 달러의 재산 피해와 1,019명의 생명을 앗아갔다고 보고하였다. 이에 따라 일반 시민이나 기업가, 자원 관리자 및 정책 결정자들은 기후 조건이 어떻게 그리고 왜 변하고 있고, 어떻게 대비할 수 있는지를 이해하는 데 도움이 되는 정보를 점점 더 많이 필요로 하고 있다"고 보고했다.[6] 제임스 한센(James Hansen)과 고더드 우주연구소의 다른 과학자들은 1980년대부터 기후가 심각하게 변할 것이라 예상해 왔다.[7] 최근 몇 년 동안 북유럽과 북아메리카 북동부에서의 강설을 동반한 추운 겨울이 기후변화에 대한 의심을 불러일으켰지만, 지구는 점점 더 뜨거워지고 있다. 이는 해수면 상승, 날씨의 극한 변동성과 극한 강도의 증가, 긴 여름과 짧아진 겨울, 강수 패턴의 충격적 변화, 빙하의 융해, 그리고 생물 서식지와 인간 거주지의 변화 등과 관련되어 있는 것으로 보인다. 이런 변화는 지역적으로나 국지적으로 보면 차이가 있으나 전 세계에서 일어나고 있다. 1900년 이후 평균기온이 2℃에서 4℃ 정도 상승한 북극보다 더 두드러진 곳은 없다. NOAA에 따르면,

2011년 8월, 북극 해빙의 평균면적은 1979년에 위성관측이 시작된 이래로 평균보다 28% 적었으며, 8월 면적으로는 두 번째로 적은 기록이었다. 해빙의 면적은 평균보다 215만km^2 적었고, 2007년 기록된 8월 최소 해빙 면적보다 16만km^2 넓었다.

워싱턴 대학 극지과학센터의 모델 분석에 따르면, 얼음 두께와 면적에 따라 달라지는 북극 해빙 체적이 2011년 8월 31일에 4,275km^3로 2010년 9월 15일의 최저치 기록을 깨고, 사상 최저치를 기록하였다. 2011년 8월의 평균 체적은 5,000km^3었다. 이 값은 1979~2010년 평균보다 62%, 1979년 최고치보다는 72% 낮다.[8]

2007년에 기록된 수준으로 얼음이 녹았던 2012년에 다시 기록이 깨졌다.

북극 보고서는 북극 지방의 광범위한 환경 관측을 고려하고 있으며 매년 갱신하고 있다. 2012년 보고서의 중요한 발견은 북극 전역에서 기록적인 해빙의 융해가 발생하였지만, 지표 기온을 융해의 주요 원인으로 본다면 이전 10년에 비해 주목할 만한 해가 아니었다는 것이다. 2012년 여름에 기록적으로 높은 기온과 빙상 대부분에 표면에서 융해가 발생하였던 그린란드는 예외였다. 2011년 10월부터 2012년 8월까지는 최근(2003~2010년)에 비해 중앙 북극에서의 양의(온난한) 기온편차가 비교적 작았다. 그러나 이런 완화된 조건에도 불구하고, 해빙면적과 육지의 적설면적, 영구동토층 온도에 대한 새로운 기록이 세워졌다.

여러 지표의 큰 변화가 기후와 생태계에 영향을 미치고 있으며, 이런 변화는 모두 30년 전부터 시작된 지속적인 온난화의 영향으로 북극 환경 시스템에서 발전한 탄력성의 증거이다. 이런 기세의 주요 근원은 해빙면적, 적설면적, 빙하, 그린란드 빙상의 변화가 상호작용하여 백야가 이어지는 여름에 지표 반사율을 전반적으로 낮추었기 때문이다. 즉 여름 햇빛을 반사하는 밝고 하얀 표면에서 해양이나 땅과 같이 햇볕을 흡수하는 어두운 표면으로 바뀌

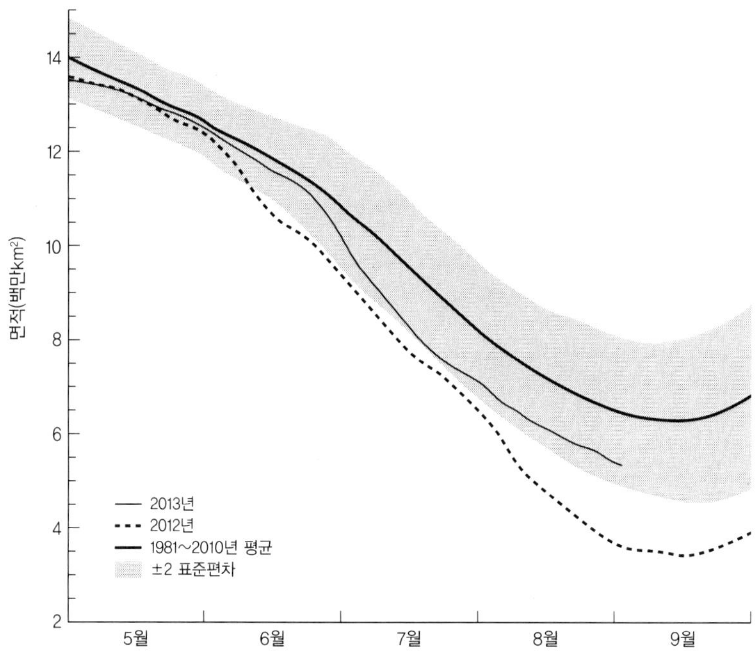

8.1 2012년 여름과 2013년 9월 2일까지의 여름철 일별 북극 해빙면적

고 있다. 이런 조건은 정의 피드백으로 북극 시스템 내에 열을 저장할 수 있는 양을 증가시켜 융해량을 높일 수 있다. 따라서 지속적인 지구온난화에 대한 예측에서 향후 몇 년간 북극에서 주요 변화가 발생할 가능성이 매우 높다는 결론에 도달하였다.

2012년 보고서의 두 번째 핵심은 북극 해양 환경 변화가 지상과 해양 생태계의 먹이사슬에 영향을 주고 있다는 것이다. 구별하기는 더 어렵지만, 이런 변화가 광범위한 고영양의 북극 종과 이동성 종에 미치는 불가피한 영향을 확인한 관측이 있다.[9]

2012년 북아메리카에서 여름의 기록적인 고온과 가뭄으로 대다수의 미국인과 캐나다인들은 기후변화가 현실임을 확신하게 된 것 같다.

어떻게 지구 기후가 온난해지고 있다는 것을 알 수 있을까?

전 세계에서 수천 개의 온도 측정치가 육지와 해양에서 매일 기록된다. 여기에는 기후 기준 관측소, 기상 관측소, 선박, 부이, 해양 자동 글라이더 측정치가 포함된다. 표면 관측은 위성관측으로 보완되기도 한다. 이런 관측치가 가공된 후 확률적, 계통적 오차를 검토한 후 최종적으로 결합되어 전구 평균기온 시계열을 만든다. 전 세계 여러 기관에서 자료를 처리하고, 온도 경향을 잘못 해석할 수 있는 관측 오차를 제거하기 위하여 다양한 기술을 사용한 전구 규모의 지표온도 변화 데이터 세트를 생산한다. 지구 온도 변화를 계산하는 모든 개별적인 방법에서 명백한 온난화 경향이 다른 별개의 관측에서도 확인되었다. 여기에는 모든 대륙에서 산악 빙하의 융해, 적설면적의 축소, 일러지는 봄철 개화시기, 호수와 강의 결빙기간 단축, 해양 열용량, 북극 해빙의 감소, 그리고 해수면상승 등이 해당한다.

어떻게 인간이 온난화의 주요 원인이라는 것을 알 수 있을까?

많은 증거를 통해서 인간활동이 최근 온난화의 주요 원인이라는 것을 확인할 수 있다. 이런 증거는 수십 년 동안 축적된 수백 개가 넘는 연구에서 도출되었다. 첫 번째는 온실기체가 어떻게 열을 가두는지, 기후 시스템이 온실기체 증가에 어떻게 반응하는지, 그리고 기타 인간과 자연 요인이 기후에 어떤 영향을 미치는지에 대한 기본적인 물리적 이해이다. 두 번째 증거는 지난 1,000년에서 2,000년 동안의 기후변화에 대한 간접적 추정치에 의한 것이다. 이런 추정치는 나이테나 산호와 같은 생물과 그 잔해에서 얻을 수 있다. 이는 기후변동에 대한 자연의 기록이다. 이런 지표에 따르면, 최근의 기온상승은 적어도 지난 1,000년 동안과 비교하여 분명히 이례적이다. 세 번째 증거는 인간의 특정 영향하에서 기후가 어떻게 작용하는지에 대한 컴퓨터 모델 결과와 실제 기후를 비교한 것을 기반으로 한다. 예를 들어, 과거 온실기체 증가를 기후 모델에 적용시키면, 모델은 육지와 해양 표면의 점차적인 온난화와 해양 열용량의 증가, 전 세계 해수면 상승, 그리고 해빙과 적설의 일반적

인 후퇴를 보여 준다. 이를 비롯하여 다른 기후변화 모델 결과도 관측과 일치한다.[10]

2013년 9월 27일, 기후변화에 관한 정부간 협의체IPCC는 최신 기후변화 분석과 종합에 대한 제5차 평가보고서를 발표하였다. 이 보고서는 이전의 평가와 기후변화 관련 회의에 대한 반응과 유사한 기후 회의론을 촉발했다. 예를 들어, 캐나다의 「글로벌 뉴스*Global News*」는 보고서에 앞서 자체 분석 결과를 발표하고 다음과 같이 비판하였다.

1. 지구는 지난 15~20년 동안 전혀 온난해지지 않았다.
2. 전구 기후모델은 심각한 결함이 있으며, 지난 15~20년 동안 온난화가 멈출 것을 예측하지 못하였다.
3. 2020년 여름에 지구에서 얼음이 사라질 것이라고 주장하는 과학자 중 일부는 2007년까지만 해도 즉시 얼음이 없어질 것이라고 주장했었다.
4. 북극의 빙상은 지난 5년 동안보다 더욱 강하며, 작년 얼음 총량보다 50% 이상 많다.
5. 남극의 빙상은 지난 33년간 확대되었으며, 현재는 사상 최고치에 가깝다.
6. 1900년대 초 이래로 태양이 가장 비활동적인 주기이고, 유럽을 얼어붙게 하고 지난 천 년 중 가장 추운 기간이었던 마운더 극소기와 유사한 장기간의 비활동적인 시기에 접어들고 있다는 징후가 증가하고 있다.
7. 최근 태평양이 약 20년 동안 지속될 수 있는 차가운 순환기에 접어들었다. 대서양도 몇 년 후에 뒤따를 것이다. 두 대양이 마지막으로 차가웠던 것은 1970년대였으며, '소빙기mini ice age'에 대한 공포가 다른 주요 간행물 중에 「타임」지의 표지를 장식하였다.
8. 홍수, 허리케인, 토네이도, 겨울 폭풍, 가뭄 및 기타 극한 현상은 자연의 일부이다. 주요 재해지역에서 인구가 급증하면서 지난 수십 년 동안 수십억

달러의 손해를 입힌 재해가 발생하였을 가능성이 훨씬 높다.

9. 올해 발생한 토네이도 수는 사상 최저이며, 폭풍 에너지 지수 값이 1970년대 후반 이후만큼 낮아 허리케인 시즌은 사실상 거의 존재하지 않는다.[11]

이 분석에는 기후 회의론자들의 주장이 대부분 편의적으로 열거되었기 때문에 「글로벌 뉴스」의 수석 기상학자와 다른 기후 회의론자들이 간과해 온 몇 가지 분명한 사실을 지적하는 것이 바람직하다.

1. 대기와 지표면의 온난화는 지난 15년 동안 둔화되었지만, 멈춘 것이 아니다. 실제로 지구의 온도는 이 기간에 0.05℃가량 상승하였다. 이런 느린 기온상승은 적어도 부분적으로 자연 변동성에 의한 것이며, 이것은 항상 고려되어야 한다. IPCC는 1880년부터 2012년 사이에 전반적인 전구 기온상승이 0.65℃에서 1.06℃ 사이라는 것을 확인했다. 이 상승이 보통 사람들(또는 일기예보 외에는 일반적으로 전문가가 아닌 사람과 기상학자)에게는 별것 아닌 것처럼 보일 수 있지만 중요한 사실이다.[12]
2. IPCC가 기후변화에 대한 과학적 근거를 바탕으로 한 제5차 평가보고서에서 자체적으로 지적했듯이 기후변화 모델은 완벽하지 않다. "20세기 후반의 더 빠른 온난화와 대규모 화산폭발 직후 냉각을 포함하여, 모델이 과거 전구 연평균 지표면 온도 상승의 일반적인 특징을 재현한다는 것에 대한 신뢰도가 매우 높다(사실상 확실함). 과거에 대한 모델 결과는 대부분 지난 10~15년 동안 관측된 지구온난화 완화 추세를 재현하지 못한다. 1998~2012년 동안의 모델과 관측치 간의 추세 차이는 강제력 오차에 의한 가능한 영향과 증가하는 온실기체의 강제력에 대한 반응을 과대평가하는 일부 모델과 함께, 내부 변동성에 의해 상당한 수준으로 발생한다는 데 중간 정도의 신뢰도가 있다. 전부는 아니지만, 대부분 모델이 지난 30년 동안 열대 대류

권에서 관측된 온난화 경향을 과대평가하고, 성층권 하부의 장기적인 냉각 추세를 과소평가하는 경향이 있다."[13] 즉, 일부 모델은 온실기체 배출의 지구온난화에 대한 대기 반응을 과대평가했을 수 있다. 그러나 IPCC가 자세히 설명하듯이 모델은 지속적으로 개선되고 있으며, "기후 시스템의 온난화는 분명하고, 1950년대 이래 관찰된 많은 변화는 수십 년에서 수백 년 동안 전례 없는 것이다. 대기와 해양이 따뜻해지고, 눈과 얼음의 양이 줄었으며, 해수면이 상승했고, 온실기체 농도가 증가했다. 지난 30년 동안은 1850년 이래로 이전의 어떤 10년보다 지구 표면이 연속적으로 따뜻해졌다. 북반구에서는 1983~2012년이 지난 1,400년 중 가장 따뜻한 30년이었을 가능성이 높다(50퍼센트 이상의 확률)."[14]

3. 저명한 기후 과학자들은 2007년까지 북극의 얼음이 없어질 것이라고 진지하게 제안하지 않았다. 그해 여름에 얼음이 상당히 줄었다. 2012년에 얼음 손실이 훨씬 더 광범위했다. 대부분의 기후 과학자들은 금세기 말까지 얼음이 없는 여름을 예측하는 것에 지나치게 보수적이었다. 이제 그것이 훨씬 더 빨리 일어날 수 있다.
4. 2013년에는 이전 해보다 얼음의 융해가 적었지만, 2007년 이후로 위성관측이 처음 기록된 1979년보다 얼음 면적이 여전히 훨씬 적다. 아이러니하게도 이 장의 최종 수정을 시작할 무렵, 북극환경관측소의 웹캠에 찍힌 북극의 거대한 물웅덩이를 보여 주는 사진들이 위성, 인터넷, 소셜 미디어 등을 통해 전 세계로 퍼졌다. 2013년 7월 22일이었다.[15] 2013년 5월, 백악관과 미국 정부 공무원들은 2015년에 북극에 얼음이 없는 여름을 맞게 될 것이라는 경고를 들었다. 2013년 여름 얼음면적은 평균에 가까웠지만, 북극해의 얼음면적과 표면 아래의 얼음 모두 축소되고 있다. 미국 국가안보 기관들이 우려를 표하게 되면, 우리가 뭔가 커다란 문제를 이야기한다고 생각한다. 「가디언*Guardian*」에 실린 한 기사에 따르면 미국 국가 과학재단이 "북

극해에 대한 연방 연구 조정 책임을 맡는 북극 연구정책 위원회Interagency Arctic Research Policy Committee, IARPC의 의장직을 맡고 있으며, NASA와 미국 국토안보부, 국방부도 위원회에 포함된다. … 기후변화에 대한 국방부 자체 연구에서 군 당국은 온난화와 북극 해빙이 녹는 것이 세계의 일부 지역에서 불안정성이나 갈등을 가속화하는 역할을 하는 것에 대해 우려하고 있다. 그리고 미국과 해외에서 인도적 지원이나 재난대응을 위해 민간 당국에 대한 국방 지원 요청이 증가할 수 있다. 국방부는 기후변화가 시설과 인프라, 훈련 및 테스트, 군사력에 미치는 영향에 적응해야 할 것이라 하였다."[16]

5. 「글로벌 뉴스」의 수석 기상학자가 보도한 바와 같이 남극대륙 빙상은 성장하고 있지 않으며, NASA의 2013년 9월 보고에 따르면, 해양 온난화로 인해 급격히 줄어들고 있다.[17]
6. 태양은 지금 11년 주기 중 가장 활동적인 단계이다. 활동적이든 아니든, 태양복사는 수십억 년 동안 현저하게 안정되었으며, 오늘날 기후변화에 많은 영향을 미치고 있는 것 같지 않다.
7. 태평양과 대서양은 엘니뇨나 라니냐와 같은 지역 효과를 제외하고는 "따뜻한" 혹은 "차가운" 시기가 없다. 모든 관측자는 해양 온도가 하강하지 않고 상승하고 있으며, 이것이 해수면 높이와 극한기후에 측정 가능한 영향을 미치고 있다는 데 동의한다.
8. 허리케인이나 토네이도와 같은 극한기상은 예측하기 어렵고, 언론은 종종 특정 폭풍이 기후변화 때문이라는 결론에 너무 빠르게 반응할 때가 있다. 그렇지만 지구 시스템에서 증가한 열에너지는 (물리학과 화학의 기본 문제처럼) 반드시 더 큰 기후 변동성과 불안정성을 야기할 것이다. 이는 결과적으로 더 빈번하고 심각한 기상현상으로 이어질 것이다.
9. 개별적 폭풍과 한 계절에서 다음 계절까지 폭풍이 발생하지 않는 것을 직

접적으로 기후변화 때문이라고 할 수 없다. 하지만 극한기상이 증가하고 있으며, 이런 경향은 온난한 대기, 해양과 관련이 있는 것으로 보인다.

우리가 기후변화에 대해 어떻게 생각하든지,

불확실성이 행동하지 않는 것을 정당화할 수 없다. 다른 것보다도 불확실성은 결과가 단순히 더 낫지 않고 예상보다 더 나쁠 수 있다는 것을 의미한다. 또한 현대사회는 – 불확실성에 직면하여 – 중요한 결정을 내리기 위해 항상 균형적인 과학적 증거에 의존한다. 흡연과 암 사이의 정확한 관계가 과학적으로 불확실했을 때조차 담배를 규제하였다. 기후변화에 대해 무반응을 주장하는 사람들은 기후 과학자들 대다수가 틀렸다고 확신하고 있다. 그들에게 균형적인 증거가 결정적으로 불리하다.[18]

왜 지구의 기온이 실제로 더 빨리 상승하지 않는가 하는 것은 미스터리이며, 기후 회의론자들에 영향을 미치고 있는 기후변화의 한 측면이다. 두 가지 이유가 있을 수 있다. 2000년부터 2009년 사이에 지구 평균온도는 거의 변화가 없었다. 동시에 "이 시기 대기 상부에서 관측된 에너지 불균형은 지구 시스템의 어느 곳에서 온난화가 일어나야 한다는 것을 보여 준다."[19] 열은 단순히 에너지의 한 형태이다. 시스템에 축적된 에너지가 해양이나 대기 어디에 저장되는지에 상관없이 기후에 영향을 미친다. 해양에 저장된 열은 물을 팽창시켜 해수면을 상승시킬 수 있다. 또는 강력한 폭풍과 급격한 조수, 그리고 허리케인과 같은 주요 기상현상을 더 빈번하게 유발할 수 있다. 뿐만 아니라 매년 여름 급격히 온난화되고 있는 그린란드 내륙을 제외하고 모든 곳의 지표면 기온의 차이가 크지 않지만, 북극과 남극에서 얼음이 녹고 있다. 그린란드에서는 기온상승이 육지 대부분을 덮는 빙하 고원을 녹이는 주요 원인이다. 북극 해빙의 융해 자체가 해수면을 상승시키지 않지만(얼음과 물은 같은 물질의 형태가 단순히 다른 것임), 내륙 빙하의 대규모 융해는 수천 또는 수백만 년 동안 육지에 저장된 담수가 해양으로 유입되면서 해수면을 상승시킨다.

최근 몇 년 동안 기온이 안정적이었던 한 가지 이유는 해양이 생각보다 훨씬 더 실질적으로 열을 저장하고 있기 때문이다.[20] IPCC 제5차 보고서는 다음과 같은 내용을 담고 있다. "해양의 온난화는 기후 시스템에 저장된 에너지 증가의 가장 큰 특징이며, 1971년과 2010년 사이에 축적된 에너지의 90% 이상이 해양에 저장되어 있다(높은 신뢰도). 1971년부터 2010년까지 해양 상층부(0~700m)가 따뜻해진 것은 거의 확실하며, 1870년대와 1971년 사이에도 따뜻해졌을 가능성이 크다.[21]

기온상승이 크지 않은 또 다른 이유는 자연과 산업 기원으로 발생하는 먼지와 재, 다른 입자 형태의 오염물질이 대기권 하부에 확산되어 태양 빛을 차단하는 스모그 층을 만들고 있기 때문일 수 있다. 이는 온난화 경향을 상쇄할 수 있다. 유럽과 북아메리카에서 오염 수준이 낮아졌지만, 지난 10~20년 동안 중국과 인도, 러시아, 기타 개발도상국에서 배출된 에어로졸의 양이 베이징의 스모그가 로스앤젤레스의 스모그에 영향을 미칠 수준까지 상당히 증가하였다! 온실기체도 증가하고 있지만, 오염층은 방패 역할을 하며, 대기권 하부에 도달하는 태양 에너지를 감소시킨다. 기후변화는 증발과 응결을 통해 대기 중 수증기의 양을 증가시킨다. 에어로졸의 증가로 응결핵이 더 많이 만들어진다. 이로 인해 운량이 많아지고, 이 또한 태양 에너지를 막는 역할을 할 수 있다. ('틈' 정도의) 시간에 대기권 하부에서의 기후변화를 탐지할 수 있는지에 상관없이, 기후변화는 일어나고 있다. 기후 회의론을 지지하는 유명한 오스트레일리아인조차도 대기 중 지구온난화의 중단이 기후변화가 멈추었다는 것을 의미한다고 주장하는 것이 아니라, 오히려 중국에서 석탄 연소 증가로 태양 빛을 차단하기에 충분한 오염이 발생하고 있다는 이론을 뒷받침하는 한센을 인용하였다.[22]

지난 20년은 사상 최고로 더운 해였고 상승 추세도 계속되고 있다. (모든 오염원에서 멀리 떨어진) 하와이 마우나로아 천문대에서 측정한 대기 중 이산화탄소 농도가 250만 년 전 마지막 빙하시대가 시작된 이래 처음으로 2012년과 2013년에 400ppm에 근접하거나 초과하였다. 얼마 전, 북극에서도 이 수준에 도달하였고, 이는 기후변화 지표가 극지방에 더 집중되어 있다는 것을 다시 한 번 보여 준다. 이런 변화는 남극에서도 탐지될 수 있고 대륙 주변의 빙상도 상당한 규모로 녹고 있지만, 오래된 두꺼운 얼음층 아래에 묻혀 있는 거대한 대륙이 남반구의 변화를 늦추고 있다. 45억 년 지구 역사상 대기 중 이산화탄소가 이렇게 급속하게 증가한 것을 (측정할 수 있는 한에서) 본 적이 없다. 250만 년 전에 시작된 플라이스토세에 (이유가 전부 밝혀지지는 않았지만) 탄소 수치가 오늘날과 비슷한 정도로 높았다. 지구의 기온은 250만 년 전에 수천 년에 걸쳐서 10℃ 정도 상승하였다.[23] 가까운 미래에 그런 극적인 변화가 일어날 것 같지 않다. 문제는 우리가 미지의 바다에 있고 무슨 일이 일어날지 정확하게 예측할 수 없다는 것이다.

일부 기후변화 회의론자들은 지구온난화가 일어나는 것은 인간의 개입이 아니라 자연순환의 결과라고 계속 주장한다. 이런 관점에서 보면, 우리가 할 수 있는 일은 많지 않으므로, 이것은 “일상적인 일”로 남을 수 있다. 2009년 말 코펜하겐 기후변화 회의 직전 (그리고 또한 2011년 더반 회의 직전)에 잉글랜드 이스트앵글리아 대학에서 해킹된 이메일이 공개된 ‘기후 게이트’로 증명되었듯이, 많은 과학자가 이 문제를 둘러싼 과학의 정치화에 영향을 받고 있다. IPCC에 의해 수집된 과학의 진실성에 대하여 우려하는 것도 기후과학에 대한 신용을 떨어뜨리려는 조직화된 캠페인 일부로 보인다. 토론의 강도가 커질수록 기후변화와 그로 인해 야기되는 문제에 대한 명백한 증거가 계속 증가하고 있지만, 합의에 도달하여 결정을 내리는 것이 훨씬 더 어려워진다는 것을 의미하기도 한다. 회의론은 훌륭한 과학에서 필수적인 요소이기는

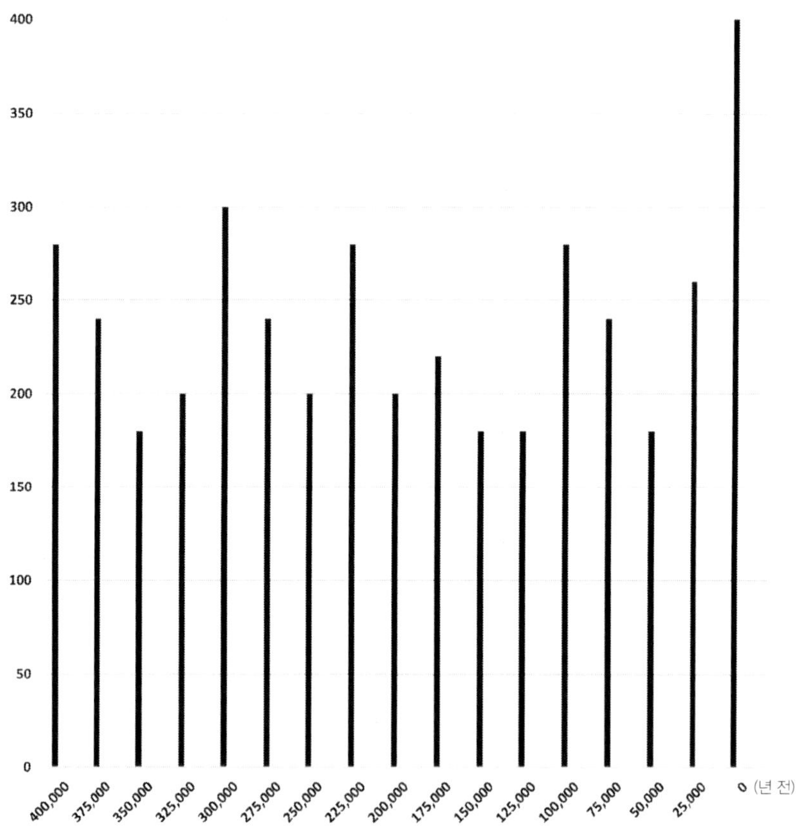

8.2 40만 년 전부터 현재까지 대기 중 이산화탄소 농도. 세로축은 이산화탄소 농도를 100만 분의 1(ppm)로 표시함. 과거 40만 년 동안 이산화탄소 농도는 아주 최근까지 300ppm 이상으로 올라가지 못했음. 2013년 7월에 400ppm을 돌파하였으며, 꾸준히 상승하고 있음.

하지만, 합리적인 과학적 증거를 정치적, 경제적 동기로 논쟁의 수렁으로 끌어들이는 것은 옳지 않다. 기후변화가 자연적으로 발생하고 있다고 하더라도, 이것이 환경과 그 변동에 취약한 사람들을 보호하기 위한 정치적, 경제적, 사회적 조치들을 배제하는 것은 아니다.

나 역시 북극에 가서 얼음이 녹고 기온이 따뜻해지는 것을 직접 보기 전까지 기후변화에 회의적이었다. 나는 과학 전문가와 이누이트 원로들이 말하는 것을 모두 들었다. 대기와 해양의 온도상승이 10년 전에 예측했던 것보다 훨씬 더 빠른 속도로 진행되고 있으며, 이런 온난화 대부분은 인간의 화석연료(석탄, 석유, 가스) 사용뿐만 아니라 인간활동에 따른 지구 대기의 화학적 변화와 직접 관련 있다는 것이 확실하다. 실제로, 2007년 IPCC와 2004년의 북극 기후영향평가 예측이 너무 보수적인 것 같다. 내가 보기에는 기후변화에서 어느 정도가 인간이 유발한 것인지 자연적인 것인지는 거의 차이가 없는 것 같다. 인간은 자연환경의 일부이다 – 자연에서 우리 자신을 분리하는 것은 잘못이며, 인간과 자연을 양분하는 것은 환상에 불과하다. 우리의 산업화와 도시화된 세계, 그리고 엄청나게 증가하고 있는 인구는 지속 가능하지 않다. 선택은 이제 정치, 경제, 사회, 문화의 문제이다. 우리는 우리의 세상을 자녀와 손자, 그리고 지구상의 다른 모든 삶을 위한 건강하고 아름다운 장소로 보존하려고 노력하고 있는가? 아니면 소수의 눈앞의 이익을 위해 남겨진 것을 계속 사용하고 있는가?

12,000년 동안의 기후변화

지난 1,000년 동안 지구의 기온은 약 2℃ 변했다. AD 850년부터 1350년까지 지구는 따뜻해졌다. 그리고 난 후, 기온이 하강하였는데 그 이유는 명확하게 밝혀지지 않았다. 이미 이런 기온하강이 바이킹과 이누이트가 북극으로 이동하는 데 어떻게 영향을 미치는지 살펴보았다. 기후 회의론자들은 기후변화가 인간활동에 의한 것이 아니라는 증거로 이런 변화를 지적한다. 중세 온난기와 소빙기의 뒤를 이은 것이 무엇인가? 결국 브라이언 페이건이 그의 인기 있는 저서 「뜨거운 지구, 역사를 뒤흔들다*The Great Warming: Climate Change and* *the Rise and Fall of Civilizations*」에서 말했듯이, "우리는 전에 이 일을 겪은 적이 있다."24

윌리엄 F. 러디먼(Ruddiman)은 그의 저서「인류는 어떻게 기후에 영향을 미치게 되었는가*Plows, Plagues, and Petroleum*」에서 매우 흥미로운 가설을 제시했다. 그는 인간이 한두 세기뿐만 아니라 농업, 특히 중국과 동남아시아에서 점진적으로 쌀 경작이 확대되면서 적어도 8,000년 동안 지구온난화에 기여했다고 말한다. 그 결과, 실제로 12,000년 동안의 홀로세(현세)는 다른 시기보다 더 길고 따뜻해졌다. 러디먼에 따르면, 인간이 약 8,000년 전부터 기후에 영향을 미치기 시작하지 않았다면, 우리는 이미 새로운 빙하시대로 진입했을지 모른다. 실제로 수천 년 동안의 기온을 그래프로 나타낸 홀로세는 놀라울 정도로 안정된 것으로 보인다. 전반적인 기온상승과 하강이 몇 차례 있었지만, 12,500년 전에 마지막 빙기가 끝나고 지구가 다시 따뜻해졌을 때 갑자기 추워졌고 그 후로는 그런 극적인 변화가 없었다. 이 7℃의 급격한 기온하강을 영거 드리아스Younger Dryas(툰드라에서 자라는 작은 꽃의 이름을 따서 명명됨)라고 부른다. 이 혹독한 "갑작스러운 추위"는 1,000년 동안 지속되어 약 11,500년 전에 끝났다. 이것은 거대한 대륙빙하가 녹아서 북대서양으로 흘러 들어간 차가운 호수에 의해 발생한 것으로 보이며, 멕시코만류로 알려진 따뜻한 컨베이어 벨트를 차단한 것으로 보인다. 그러나 러디먼은 얼음 시추 표본에서 수집된 데이터를 통하여 영거 드리아스가 끝난 이후 지구 기온의 안정성은 대부분 인간활동으로 발생한 이산화탄소와 메탄의 농도가 증가한 결과라는 것을 보여 준다. 이것은 수천 년 전에 또 다른 빙기의 조건을 만들어 냈어야 하는 급격한 기온하강에서 지구를 보호해 왔다. 좋은 소식은 우리가 무의식적으로 또 다른 빙하시대를 막은 것 같다는 것이다!

러디먼은 지난 1,000년 동안 지구 기온의 하강이 대규모 전염병이나 기근과 관련 있는 것 같다고 주장하였다. 그것은 인구 감소와 더 나아가 현저한 인간활동의 감소를 초래했다. 기온상승은 농업과 산업의 팽창으로 인구압을 수반한다. 그는 14세기 유라시아를 통한 흑사병 확산이 실제로 소빙기를 촉진시켰을 수 있다고 주장한다. 유럽과 중국, 동남아시아의 인구가 30% 이상 감소한 결과 농경지가 몰락했다. 버려진 농장 대신 숲이 증가하면서 더 많은 이산화탄소가 흡수되었다. 이산화탄소의 감소와 함께 기온이 떨어졌다. 소빙기의 가장 추운 시기는 약 250년 후에 시작되었으며, "신대륙"의 거대한 인구 붕괴 직후였다. 1500년부터 1750년까지 북·중·남아메리카의 대규모 인구 감소는 주로 유럽에서 질병의 유입에 의한 것이었다.

> 최대 90%의 원주민이 죽었다. 한 때 미시시피강 하류의 계곡에 자리 잡았던 모든 마을이 그 사이에 끝없이 펼쳐지던 옥수수밭과 함께 버려졌다. 수십 년 후, 북아메리카의 이전 거주에 대해 남아 있는 증거들이 거의 없어서 1800년대와 1900년대 초의 과학자와 역사학자들은 인구가 상대적으로 적었다고 추측했다. 오늘날, 최적의 추정은 약 5천만 명의 사람들이 유럽인과 접촉만으로 사망했다는 것이다. 이것은 산업화 이전 역사에서 가장 큰 전염병이었으며, 세계 인구에 비례하여 보면 사상 최악의 전염병이었다. 당시 지구상에 생존한 약 5억 명의 사람 중 10%인 5천만 명이 아메리카에서 사망했다.[25]

러디먼의 가설이 다른 과학 연구에서 지지를 받지 못했지만, 흥미로운 질문을 제기하고 있다. 인간이 현재 추정되는 것보다 훨씬 더 오랫동안 지구의 기후에 영향을 미쳤을까? 인구 급증과 감소가 기후에 극적인 영향을 미칠 수 있을까? 아니면 지구온난화와 냉각기들이 자연 순환과 더 관련이 있을까? 이런 질문을 던지고 조사하는 것은 분명 중요하다. 왜냐하면, 우리는 유럽과 다른 곳에서 산업화와 상업적 농업의 확장으로 약 150년 전에 시작된 또 다른 온난화를 마주하고 있다. 최근 온난화 기간이 지속적이지 않았다. 기후변화의 초기 시기와 같이 해마다 상당한 변동이 있었다. 그러나 전반적인 추세는

1850년 이후 전 세계적으로 육지와 해수면 온도가 평균 1℃ 정도 상승한 것이다.

인구

오늘날 전례 없이 인구와 자원의 이용이 늘면서 지구 시스템에 대한 인간의 영향이 급격하게 증가하였다. 인구는 소빙기의 기근과 전염병 이후 1800년 총 10억 명으로 회복되었다. 2011년 말 지구의 인구는 70억 명에 달했는데, 이는 불과 200년 만에 엄청나게 증가한 것이다. 1800년 전의 수만 년 동안 살았던 것보다 현재 더 많은 사람이 생존할 수 있다. 1950년 이후 20억에서 약 3배 이상 증가한 것이 가장 큰 폭의 상승이다. 이 행성에서 엄청난 인류의 증가와 그에 대한 기술적 이유가 기후변화와 관련된 문헌에서 충분히 강조되지 않았다. 인간이 초래한 혹은 인위적인 온난화의 존재를 의심하는 사람들은 인구 통계뿐만 아니라 그런 숫자를 지지하는 산업과 농업사회 기반시설도 살펴볼 필요가 있다. 지난 200년 동안 인구가 7배나 증가한 것은 인류 역사상 전례가 없는 일이다.

이렇게 많은 사람을 지탱하기에는 에너지 인프라가 지속 가능하지 않다는 것이 분명해지고 있다. 특히 석유는 이미 "정점"에 달했을지도 모르는 한정된 자원이다. 쉽게 접근할 수 있는 탄소 기반 에너지의 고갈은 가격 상승을 초래하고 앨버타 타르 모래나 셰일에서 천연가스를 "수압파쇄(셰일가스 시추기술; 석유자원 채취를 위해 셰일층에 고압으로 액체를 주입하는 것)"하는 것과 같은 더욱 어려운 자원을 이용해야 하거나 환경적으로 치명적인 피해를 입히는 석탄이나 다른 에너지 공급원으로 돌아가야 하는 것을 의미한다. 게다가 모든 화석연료는 아무리 "깨끗한" 것이라도 대기 중으로 온실기체를 방출할 것이다. 온실기체의 증가는 결국 지구의 기온을 상승시킨다. 결론은 어쩔 수 없는 것 같다. IPCC는 2007년 제5차 보고서에서 인위적인 요인이 현재 우리가 겪고 있는 지구온난화의 가장 유력한 원인이라고 밝혔다. 지구 기후 전문가들로 구성된 이 국제기구는 확률을 95%로 두고 있다. 세계의 기후 과학자들은 거의 예외 없이 지구온난화가 대부분 인간에 의해 야기되고 있다고 확신하고 있다.[26] 훌륭한 과학은 합의에 의해서가 아니라 진행 중인 논쟁과 아이디어에 대한 도전으로 이루어진다는 것이지만, 기후변화에 대한 인간활동의 중요성에 대한 현재 세계 전문가들의 일반적인 견해가 반드시 인정되어야 한다. 이스트앵글리아 대학 교수인 마이크 헐메(Mike Hulme)는 2009년 11월 해킹당하여 코펜하겐 회의 직전에 공개된 이메일에서 기후변화에 대해서 왜 우리가 동의하지 않는지에 대한 매력적인 이야기를 썼다. 과학자들은 무엇이 일어나고 있는가만을 우리에게 말해 줄 수 있다. 무엇을 할지 결정하는 것은 우리에게 달렸다.

핵심은 얼음이다. 현재 경험하고 있는 녹는 정도와 그린란드와 남극의 빙하에서 과학자들이 가져온 시추 코어를 통해서 얼음 자체가 지구온난화를 말해 주고 있다. 이 코어에서 매년 형성된 층을 조사하여 온실기체와 대기 중 오염물질, 그리고 수십만 년 이상의 기온을 추정할 수 있다. 이 빙하 코어는 깊은 해저에서 채취한 유사한 심해 코어와 같이 나이테처럼 그린란드에서 50만 년 동안 매년의 대기 화학, 오염, 기온에 대해 놀라울 정도로 정확한 정보를 담고 있다. 과거 기후에 대한 정보는 추측이 아니라 빙하 속에 보존된 고대 대기 화학물질의 상세한 관찰에 근거한 것이다. 이 상세한 기록은 호모 사피엔스가 아프리카에서 진화하거나 지구촌에 거주하기 전까지 거슬러 올라간다. NASA 고더드 우주연구소의 제임스 한센이 반복해서 경고했듯이,

여느 때와 다름없는 온실기체 배출은 의심할 여지없이 지구를 빙하가 없는

행성으로 만들 만한 규모의 지구온난화를 야기할 것이다. 빙하가 없다는 것은 해수면이 약 75m 상승한다는 것을 의미한다.

빙상이 하룻밤 사이에 붕괴되지 않는다. 그러나 고기후학자들이 지구의 역사에 근거하여 개발한 빙상의 반응시간에 대한 개념은 오해의 소지가 있다. 이런 빙상의 변화는 수천 년에 걸쳐 서서히 변한 강제력에 대한 반응이었다. 과거에는 빙상 반응이 꽤 빠른 속도로 일어나는 경우가 많았지만, 대륙 크기의 빙상 전체를 붕괴시키는 데는 1,000년 이상이 걸렸다.

인간은 자연이 가하는 힘보다 10배 이상 더 강력한 강제력을 가지고 기후 시스템을 망치기 시작하고 있다. 빙상이 인간의 강제력에 반응하는 데에는 수천 년이 걸리지 않을 것이다.[27]

기후변화에 대한 이누이트 지식

이누이트 노인과 사냥꾼들은 지난 20년 이상의 기간에 그들의 환경에서 중요한 변화를 알아챘다. 그들에겐 날씨가 우그기아나크투크*uggianaqtuq*해지고 있다. 즉, "예상치 못하거나 예기치 못한 방식으로 "뒤죽박죽되어" 일어난다." 폰드인렛의 코넬리우스 누타라크(Cornelius Nutaraq)에 따르면,

> 나는 지금 날씨가 그때와 달라진 걸 느껴요. … 바람이 더 자주 부는 것 같고 물이 잔잔한 기간이 더 짧아진 것 같아요. 내가 더 잘 느끼기 때문에 바람의 방향도 더 자주 바뀌는 것 같고요. 아마 그렇지 않을지도 모르지만, 그게 그것을 감지하는 방법이에요. 나보다도 나이가 더 많은 다른 사람들에게서도 이런 이야기를 들었어요. 그들 역시 바람이 더 자주 부는 것 같다고 했어요. … 지금 보니 날씨 변화가 더 빠르다고 생각해요. 때로는 구름이 보이기도 전에 바람이 불기도 해요.

… 지금은 눈이 덜 내려요. … 내가 어렸을 때는 미트티마타리크Mittimatalik(폰드인렛)에 가장 가까운 산니루트Sannirut에 이글루를 지을 만큼 훨씬 더 많은 눈이 내렸을 것이에요. … 언덕 꼭대기에서 아래로 경사면을 만들 수 있는 충분한 눈이 있었어요. 위에까지 계속 눈이 있었고요. 한 무리의 개들로 꼭대기까지 갈 수 있었어요. 그 지점에서 더 위로도 갈 수 있어요. 아래로 경사진 곳이면 어디라도 상관없이 이글루를 지을 수 있었어요. 지금은 더 이상 눈이 그만큼 없어요. 지금은 스노모빌을 사용하고 있어요. 나의 개들과 함께 갔던 방법으로 스노모빌을 꼭대기까지 타려고 했지만, 언덕 꼭대기에 닿을 정도로는 눈이 부족해서 실패했어요. 눈이 충분하지 않아 이글루를 만들 수 없어요. 미트티마타리크 주변 지역에도 지금은 눈이 많이 내리고 있지 않아요. … 눈이 많이 내리더라도 지금은 더 빠르게 굳을 거예요. 두꺼운 눈 층은 더 이상 없어요.[28]

8.3. 강풍과 파도가 우리 배가 폰드인렛에 도착하는 것을 막는다.

대부분의 원로와 마찬가지로 누타라크도 자신의 지식에 대해 겸손했으며 자신이 보거나 들은 것보다 더 많이 알고 있다고 주장하지 않았다. 다른 원로들도 비슷한 말을 한다. '북극 온난화의 영향에 대한 북극 기후 영향평가 보고서'에서 북극의 원주민들이 기후변화에 대한 질문을 받았다. 알래스카의 알류산열도와 프리빌로프Pribilof제도의 원주민부터 핀란드 북부의 사미에 이르는 원주민들이 기후가 어떻게 변하는지 설명했다.

샤리 폭스(Shari Fox)가 1995년에서 2004년 사이에 누나부트에서 광범위한 연구를 수행하였다. 네 개의 공동체(이칼루이트, 이글루리크, 베이커레이크, 클라이드리버)의 노인들과 면담하였다.[29] 가장 자주 관찰되는 것 중 하나는 바람에 대한 누타라크의 관찰과 비슷한 날씨의 변동성 증가였다.

> 날씨가 변했어요. 예를 들어, 어른들은 바람이 불 수 있다고 예측하지만, 바람이 불지 않아요. 종종 매우 잠잠해질 것 같다가도 갑자기 바람이 불어요. 그래서 어른들의 예측은 더 이상 정확하지 않고, 어른들이 보는 것에 따른 예측은 사실이 아니에요[쿠눌리우시(P. Kunuliusie), 클라이드리버, 2000].

> 제 부모님이 말하기로는 제가 어렸을 적 날씨에 취약한 시기에 날씨를 더 잘 예측할 수 있었대요. 구름이 만들어지는 것을 보고 바람이 어디에서 불어올지 알 수 있었다고 해요. 하늘을 보는 것, 특히 구름이 만들어지는 것과 별을 보고 예측하는 우리 능력과 믿음과는 달리 모든 것이 아버지와 사냥하던 시절부터 훈련된 것과는 반대인 것 같아요. 바람이 다시 꽤 강하게 불 수 있어요. 아주 예측할 수 없지요. 바람은 남쪽에서 남동쪽으로 바로 방향을 바꿀 수 있어요. 반면에 1960년대 이전에 사냥꾼으로 성장하던 시기에는 예측할 수 있었어요[나타라루크(L. Nutaraaluk), 이칼루이트, 2000].

> 내가 거기에서 살았을 때, 항상 날씨가 언제 나빠질지 구름을 보고 알았어요. 하지만 요즘 그 구름을 보고, 그들은 저녁 날씨가 항상 나쁜 것은 아니라고

말해요. 당신은 더 관심을 기울일 수 있고 날씨가 좋을 것이며, 저녁 내내 여전히 좋을 거예요. 우리가 이전에 사용했던 지표들이 항상 나타나는 것은 아니에요[누키크(J. Nukik), 베이커레이크, 2001].[30]

이런 변동성의 결과는 충격적이다. 날씨를 더 이상 예전처럼 예측할 수 없기 때문에 상황이 빠르게 위험해질 수 있다. 얼음이 더 일찍 녹고 늦게 얼기 때문에 봄과 가을에 사냥하고 이동할 수 있을 정도로 얼음이 두꺼웠던 곳이 현재는 위험하다. 매년 얇은 얼음 때문에 사냥꾼들이 죽는다. 눈 속에서 바람이 바뀌고 패턴이 바뀌는 것 또한 육지의 여행자들에게 위험한 상황을 초래할 수 있다.

그 당시에는 여러 층의 눈이 있었어요. 지금처럼 바람이 세게 불지 않고, 눈이 단단하지 않았어요. 하지만 요즘엔 눈이 정말 단단하고, 층을 구분하기가 힘들어요. 그리고 그런 눈으로 대피소를 만드는 것은 정말 힘들어요[카키마트(T. Qaqimat), 베이커레이크, 2001].[31]

사냥꾼과 여행자들은 어려움에 직면했을 때를 대비해 피난처와 음식, 물을 지닐 수 있도록 더 많은 장비가 필요하다. 수색과 구조 작업이 생사를 가를 수 있기 때문에 위성전화는 필수적인 장비가 되었다. 노인들은 더 이상 구름이나 바람의 방향, 하늘, 오로라, 그리고 심지어 별에 근거하여 날씨를 예측할 수 없기 때문에, 그들의 지식이 더 이상 중요하지 않으며 항상 존경받는 것도 아니다. 이것은 노인들의 문화적 역할에 영향을 미친다. 상실감과 심리적 고통도 초래한다. 또 다른 문제는 특히 누나부트의 유일한 내륙 공동체인 베이커레이크 근처에서 호수와 하천의 고갈과 낮은 수위가 어업 및 다른 야생 생물에 미치는 영향이다.

호수와 강물이 점점 줄고 있고, 많은 호수가 점점 얕아져서 심지어 어떤 곳에는 물이 남아 있지 않아요. 그것들은 더 이상 건강하지 않아요. 50년대에는 좋은 물이 많아서 이동할 수 있는 곳이 많았지만, 지금은 물이 그렇게 많지 않기 때문에 상황이 그리 좋지 않아요. 호수나 강에는 물이 많았고, 어디든 있는 물은 아주 깨끗했어요. 하지만 지금은 물속에 질병을 일으키는 것들이 있고, 물속에 있는 식량과 물속에 있는 것들을 먹는 것들에 실제로 영향을 미치고 있어요. 물속에 있는 것들과 그것들을 사용하는 것에 미치는 영향 때문에 수위가 낮아지는 것은 매우 위험해요. 우리가 물고기나 물 밖으로 꺼낸 것을 먹는 것처럼, 물이 예전만큼 건강하지 않고, 물이 더 적기 때문이죠[아툰갈라(N. Attungala), 베이커레이크, 2001].[32]

또한 그린란드 북서부 카낙의 이누이트가 심각한 문제를 제시했다.

변화가 극심해서 가장 추운 달인 2001년 12월에 그린란드 북서쪽에 있는 툴레에 폭우가 많이 내려서 해빙과 지표면 위에 두껍고 단단한 얼음층이 생겼어요. 해빙에 미치는 영향은 다음과 같이 설명할 수 있는데, 보통 해빙을 덮고 있는 눈은 닐락*nilak*(담수 얼음)이 되었고, 그 아래층은 푸카크*pukak*(결정화된 얼음)가 되었어요. 이것은 우리 썰매 개들의 발에 아주 나빴지요.

2002년 1월, 우리의 가장 바깥쪽의 사냥터들은 변화하는 바람과 해류 때문에 해빙으로 덮이지 않았어요. 단지 4, 5년 전만 하더라도 우리는 10월에 이 지역에 사냥하러 가곤 했거든요. 이런 조건들이 육지 동물에게 어떤 영향을 미칠지에 대해서 말하기는 어려워요. 올해는 북극토끼, 사향소, 카리부가 먹이를 먹는 곳을 보러 밖에 나간 적이 없어서 어떻다고 말할 수 없지만, 모든 것을 덮어 버린 얼음층 때문에 동물들이 먹이를 찾기 어려워질 거라고 추측할 수 있어요. 이런 상태에 대해 할 수 있는 일이 무엇인지 말하기도 어렵지요.

지난 5~6년 사이에 해빙 상태가 바뀌었어요. 얼음은 일반적으로 얇고 더 느린 속도로 작은 곶을 형성해요. 아카르네크*aakkarneq*(해류에 의해 얇아진 얼음)가 보통 때보다 더 빨리 출현하고요. 또한 전에는 유빙 가장자리에서부터 육지 쪽으로 서서히 깨졌던 해빙이 이제는 한꺼번에 붕괴돼요. 빙하는 눈에 띄게 줄어들고 있고 지명도 더 이상 그 땅의 모습과 일치하지 않아요. 예를 들어, 이전에 바다까지 뻗어 나갔던 서미아서스아크*Sermiarsussuaq*(더 작은 큰 빙하)는 더 이상 존재하지 않아요[우사카크 쿠야우킷소크(Uusaqqak Qujaukitsoq), 그린란드 북부의 카낙, 2004].[33]

일부 노인들이 제기하는 주장 중 가장 논란이 되는 것은 태양이 과거와 다른 위치에서 떠오르고 있고, 해마다 일찍 돌아온다는 것이다. 일몰에 대해서도 비슷한 주장이 제기되고 있다.[34] 여기서 무슨 일이 일어나고 있는 것일까? 한 가지 가능한 설명은 지축이 꽤 움직였다는 것인데, 그것은 불가능한 것 같

8.4 초여름, 이칼루이트 부근 툰드라의 물과 얼음

다. 이스마사의 다큐멘터리 영화 「이누이트의 경고*Qapirangajuk: Inuit Knowledge and Climate Change*」가 2010년 10월 23일 토론토에서 개봉된 이후 영화 제작자인 자카리아스 쿠누크(Zacharias Kunuk)와 이안 마우로(Ian Mauro)가 관객들에게 질문을 받았다. 태양에 대한 이런 주장은 연장자들의 말의 신뢰성을 떨어뜨리는데, 왜 그런 명백히 잘못된 진술이 이 다큐멘터리에 포함되었는지 일부 관객들이 알고 싶어 하였다. 영화 제작자들은 이누이트 노인들이 사과하거나 그들의 지식을 서양의 과학적 신념에 맞게 조정할 필요가 없다고 하였다.[35] 영화 개봉을 준비하면서 왜 노인들이 태양의 이상한 동태를 관찰했는지에 대한 연구가 이루어졌다. 해양 온난화의 결과로 대기 중 습도가 높아지면서 태양이 다른 시각에 다른 장소에서 뜨고 지는 것처럼 보이는 것으로 밝혀졌다. 누나부트 전역의 여러 공동체 출신 노인들이 관찰한 이 현상은 북극해의 광범위한 온난화의 첫 번째 증거 사례이다. 어른들 말이 맞다 – 이상하게 보이는 태양의 움직임이 실제로 기후변화와 직접 관련이 있는 것이다.

2004년 11월에 발표된 「북극 온난화의 영향에 대한 북극 기후 영향평가 보고서」는 철저하기는 하지만, 지금은 시대에 뒤떨어져 있다. 북극의 기후변화에 대한 보다 최근의 분석에서 비교적 보수적인 이 평가 보고서보다 변화가 훨씬 더 빠르고 더 과감하게 일어나고 있음이 밝혀졌다. 예를 들어, 전 지구적 기온상승은 이미 보고서에서 제시하는 것보다 0.6℃에서 거의 1℃ 가까이 더 큰 폭으로 보고되었다. 북극의 연평균기온은 2℃에서 5℃까지 급격히 상승하고 있다. 기온상승 폭은 21세기 중반까지 두 배로 커질 것으로 보이는데, 10년 전에는 아무도 예측하지 못했던 정도이다. 극지방의 해빙의 융해는 원래 예상했던 것보다 훨씬 더 빠른 속도로 진행되고 있으며, 북극해 제도를 통하는 일부 구간에서는 이미 얼음이 없는 여름이 발생하였다(2007년, 2011년, 2012년). 나는 2011년 8월에 이 장을 검토하면서 프랭클린이 죽었고 아문센이 교아(Gjoa)에서 항해했던 경로인 최남단 북서항로를 항해하는 배에 탔다.

랭커스터 해협을 통해 들어가 킹윌리엄섬의 교아해븐에서 멈췄다. 우리는 보퍼트해 가장자리의 쿠글루크투크Kugluktuk에 있는 코퍼마인강 어귀로 갔다. 얼음이 없었다.

지구온난화와 이누이트의 권리

기후변화에 의해 제시된 난제는 국가권력, 주권, 환경보호, 안보, 북극의 군사적 이용, 상업활동, 해양 교통, 인권에 대한 심각한 질문들을 포함한다. 캐나다는 주권과 안보에 대한 북극의 중요성을 서서히 깨닫고 있다. 2006년부터 캐나다 정부는 최소한 캐나다의 주권을 보호하기 위해 북극 문제에 더 많은 관심을 기울이겠다고 약속했지만, 그중 많은 부분이 이누이트에게 도움이 되지 않을 수 있는 군사활동과 상업 개발에 초점을 맞추고 있는 듯하다. 캐나다 연방정부는 쇄빙선, 주둔 군사력의 증가, 위성 감시, 그리고 기타 북극항로에 대한 캐나다의 권리가 국제사회에서 유지되고 인정되도록 보장하는 방안에 대해 논의하고 있다. 만약 북극이 녹지 않는다면, 이 중 어느 것도 캐나다나 국제사회에는 중요하지 않을 것이다. 캐나다의 정치 및 재계 지도자들은 공개적으로 관계 맺기를 꺼리는 것 같다. 실제로 정부 관리들과 석유 및 광산업은 북극이 녹고 있는 것을 환영하는 것 같다. 이는 석유와 가스 분야뿐만 아니라 다른 자원의 새로운 장을 개척하고, 어떤 다른 시장으로 그런 자원을 수출할 수 있기 때문이다. 막대한 석유와 가스의 매장량이 캐나다와 다른 나라에 경제적 이익이 될 것이라는 희망으로 대륙붕 조사를 계속하고 있다. 문제는 화석연료의 연소와 탄소배출량이 융해의 원인이라는 것이다. 상황은 아이러니한 수준을 훨씬 넘어선다. 정부와 재계 지도자들의 논리는 우회적이고 좌절감을 주며, 이누이트는 이런 결정에서 더 큰 발언권을 요구하고 있다.

누나부트와 노스웨스트 준주, 알래스카의 이누이트는 북극 기후변화의 심각성을 염려하여, 조지 W. 부시 행정부가 집권 중이던 2005년 미주인권위원회에 앞서 미국을 상대로 국제적 탄원을 시작했다. 미주인권위원회는 미주기구(OAS) 산하의 인권기구이며, 미국과 캐나다는 회원국이다. 탄원은 이누이트 환북극평의회의 전 의장인 실라 와트-클라우티어와 캐나다와 알래스카의 많은 이누이트가 제기하였다. 와트-클라우티어는 탄원 연설에서 다음과 같이 말했다.

> 이누이트는 고대의 사람들입니다. 우리의 생활방식은 자연환경과 동물에 의존합니다. 기후변화는 우리의 환경을 파괴하고, 우리의 문화를 약화시키고 있습니다. 하지만 우리는 사라지길 거부합니다. 우리는 세계화의 각주가 되지 않을 것입니다.
>
> 북극에서는 기후변화가 심각해지고 있습니다. 지금 우리에게 일어나고 있는 일은 곧 세계 다른 곳에서 일어날 것입니다. 우리 지역은 지구 기후변화의 "지표"입니다. 만약 여러분이 지구를 보호하기를 원한다면, 북극을 보고 이누이트가 말하는 것을 들어보십시오.[36]

인권 청원이나 소통은 지구온난화에 영향을 미치는 유럽이나 캐나다를 포함한 다른 나라를 상대로 한 또 다른 포럼에서 제기할 수 있었다. 중국과 인도는 산업화의 진전으로 화석연료 사용이 증가하면서 이산화탄소 배출이 빠르게 증가하는 나라이다. 브라질, 인도네시아, 아프리카 일부 지역의 삼림 벌채와 토지개간도 심각한 영향을 미치고 있다. 미국은 가장 큰 온실기체 배출국 중 하나이며(현재 중국이 가장 많은 온실가스를 배출하고 있음), 부시 행정부는 배출량을 줄이려는 국제적 노력에 동참하지 않아 북극 청원의 대상으로 선정되었다. 비록 미국의 노력에 대한 희망이 항상 지방과 지역 정치에 의해 모호해지지만, 민주당 정권이 선출된 이후 정치 현실은 기후변화와 에너지 안보 위협에 대해 더 많이 우려하는 듯하다. 미주인권위원회는 다른 원주민의 주장에 대한 중요한 선례 때문에 청원을 들어줄 수 있는 가장 좋은 기관으로 선정되었다.[37] 게다가 미주기구 산하에 있는 인권위원회와 미주인권재판소는 인권에 대하여 보다 일반적인 포괄적 접근법을 취해 왔다.[38]

미주인권위원회에 대한 청원은 사법적 근거나 사건의 가치에 대한 어떤 결정 없이 기각되었다. 2006년 11월 위원회는 와트-클라우티어와 다른 청원자들에게 보낸 편지에서, "제출된 정보로는 그런 사실들이 미국 인권선언으로 보호되는 권리 침해를 특성화하는 경향이 있는지 결정할 수 없다"고 말했다.[39] 그럼에도 불구하고 이 탄원은 이누이트가 이 문제를 얼마나 심각하게 생각하는지에 대한 인식을 불러일으켰다. 이누이트는 기후변화와 이누이트 권리의 관계에 대한 조사와 이해를 돕기 위한 증언을 들을 수 있는 청문회 개최를 요청했다. (탄원서가 사실상 기각된 이후) 매우 이례적으로 2007년 3월 5일 워싱턴 DC에서 청문회가 열렸다. 이누이트와 북극 기후 과학자들은 공개 포럼에서 우려를 표명할 수 있었다. 미주인권위원회는 이번 증언에서 비롯된 인권과 기후변화에 대한 보고서를 내놓겠다고 약속했지만, 아직 아무것도 나오지 않았다. 와트-클라우티어는 2007년 노벨 평화상 후보에 올랐지만, 결국 전 미국 부통령 앨 고어(Al Gore)와 IPCC가 기후변화에 대한 연구로 수상하였다.

청원에서 제기하는 인권침해는 이누이트가 누릴 수 있는 다음의 권리를 포함한다.

- 문화 혜택
- 땅의 사용과 권리보유
- 사유재산의 사용과 권리보유
- 건강 보전

• 삶의 보전, 육체적 온전함, 보장
• 생활 수단 보호
• 주거, 이동성 및 주택 불가침에 대한 보호[40]

이누이트는 미국이 1969년 미주인권협약[41]의 당사자가 아니었기 때문에 1948년 미국 인권선언[42]에 따라 적용했다. 그렇지만 미주인권위원회는 미주기구의 모든 구성원들이 조약을 비준했는지에 관계없이 선언문에 포함된 인권법으로 제한된다는 이유로 다른 인권 협정서에 포함된 권리에 근거한 주장을 듣게 될 것이다.

이누이트가 사유재산에 대한 권리와 건강, 생활, 생존권, 거주권, 이동성과 같이 인권을 보호받는 것뿐만 아니라 그들의 문화를 즐기고 행할 수 있게 하는 것은 기본적으로 땅과 얼음을 사용하고 누릴 수 있는 권리에 달려 있다.

> 수천 년 동안 이누이트는 미국과 캐나다, 러시아, 그린란드의 북극과 북극 주변의 땅을 점령하고 사용했다. 이누이트가 전통적으로 점유하고 사용했던 "땅"에는 땅과 연결된 계절빙, 그리고 다년빙, 팩 아이스가 포함되어 있다. 전통적으로 이누이트는 겨울철 대부분 시간을 땅과 연결된 얼음에서 이동하고, 야영하고, 사냥하면서 보냈다. 여름철에는 주요 단백질 공급원 중 하나인 물개를 사냥하기 위해 팩 아이스와 다년빙을 이용했다. 재산권에 대한 국제인권은 원주민 문화와 역사의 맥락에서 해석된다. 그러므로 이누이트는 전통적으로 점유하고 사용해 왔던 미국, 캐나다, 러시아, 그린란드의 북극과 북극 주변 지역의 땅과 얼음을 사용하고 누릴 수 있는 권리를 가지고 있다.[43]

세계 각지 원주민의 문화적 권리는 국제적 위원회와 재판소 등에 의해 잘 알려져 있다.[44] UN 인권위원회는 캐나다 원주민 지원자들을 대신하여 유엔 시민적, 정치적 권리에 관한 국제규약 제27조 해석에서 땅과 천연자원의 밀접한 관련성을 포함한 문화 보호의 중요성을 인정했다.[45] 제27조는 "민족, 종교 또는 언어적으로 소수민족이 존재하는 국가에서는 소수민족의 문화를 누리고, 그들의 종교를 믿고 행하며, 그들의 언어를 사용할 권리를 부정할 수 없다"고 말하고 있다.[46]

문화 보호와 토지이용 사이의 관련성은 미주인권위원회와 미주인권법원이 원주민과 그들의 문화, 그리고 그들의 땅 사이의 밀접한 관련성을 강조했던 아와스 팅니*Awas Tingni* 사건(아와스 팅니는 니카라과 마야 원주민 공동체이며, 정부를 상대로 토지권리를 주장한 사건–역자 주)에서도 명백히 인정되었다.[47] 위원회는 벨리즈의 마야인과 브라질의 야노마미인Yanomami이 관련된 다른 두 건에서도 같은 평가를 내렸다.[48] 미스키토Miskito 출신 니카라과 주민의 인권 실태에 관한 보고서에서 위원회는 "특별한 법적 보호가 미스키토인의 언어 사용과 종교의식, 그리고 일반적으로 문화적 정체성 보존과 관련된 모든 면에서 인정된다. 여기에는 특히 조상이나 공동체의 땅에 대한 문제를 포함하는 생산 조직과 관련한 측면이 추가되어야 한다. 이런 권리와 문화적 가치를 지키지 않는 것은 재앙이 될 수 있는 결과와 함께 강제 흡수로 이어진다."고 되풀이했다.[49]

그들의 문화와 얼음을 포함한 땅에 대한 이누이트의 권리는 자기 결정을 위한 광범위한 탐색의 일부이다. 이런 권리는 몇몇 인권 규약으로 보호된다. 캐나다는 1966년 유엔 시민적, 정치적 권리에 관한 국제규약과 1966년 유엔 경제·사회·문화적 권리에 관한 국제규약의 당사국이며, 이 규약은 모두 제1항에서 자결권을 보호한다.[50] 이 권리는 또한 유엔 원주민권리선언에서 이누이트를 포함한 원주민들을 위해 특별히 보호된다.[51]

캐나다는 2007년 9월 13일 오스트레일리아와 뉴질랜드, 미국과 함께 유엔 총회에서 이 선언에 반대표를 던진 4개국 중 하나였다. 이후 캐나다는 다른 세 국가와 마찬가지로 동의하였다.

캐나다는 2010년 11월 12일에 유엔 원주민권리선언 지지 성명서를 발표했다. 이 지지 성명은 캐나다에서 원주민과의 관계를 강화하고 국제적으로 원주민 문제에 대한 지속적인 연구를 지원할 수 있는 기회를 마련한다.

… 유엔총회는 2007년 9월 13일에 원주민권리선언에 대한 투표를 시행했다. 캐나다와 뉴질랜드, 오스트레일리아, 미국은 이 선언문 채택에 반대하였다. 선언문에 찬성표를 던진 일부 국가를 포함한 대부분 국가는 그들의 투표 내용을 설명하기 위한 성명을 발표했으며, 선언문은 구속력이 없으며 각 조항들을 다양하게 해석할 수 있다는 점을 강조했다.

캐나다의 유엔 상임이사는 투표 내용 설명에서 이 조항들이 미국에게 명확하고 실용적인 지침을 주지 못했다고 언급하면서 선언문 조항 중 일부에 대한 캐나다의 우려를 표했다. 특히 캐나다는 다음 문제를 지적했다.

- 땅과 영토 및 자원
- 거부권을 행사할 경우, 자유롭고 사전적으로 잘 알려진 동의
- 협상의 중요성을 인식하지 못한 자치정부
- 지적 재산권
- 군사 문제
- 원주민, 회원국 및 제3자의 권리와 의무 간 적절한 균형에 대한 필요성[52]

또한 이런 매우 제한적인 지지 성명서는 캐나다가 이 선언문을 관습적인 국제법으로 반영하거나 캐나다 법을 변경하는 것으로 인정하지 않는다고 주장한다.[53] 그러나 선언문에 포함된 많은 권리는 이미 잘 알려져 있고, 2007년 9월 유엔총회의 선언문에 대한 표결에 앞서 국내법과 국제법 모두에서 법적 구속력이 있는 원칙이었다. 캐나다 정부는 어디에서든 이런 법적 의무를 피할 수 없다. 만약 캐나다 정부가 국제인권법이 원주민들을 보호하지 않는다고 주장한다면, 명백한 잘못이다. 캐나다는 국제법과 캐나다 법에서 이미 인

정된 권리와 관련된 경우를 제외하고는 법적 구속력이 있는 선언문을 받아들이지 않는다고 주장하는 것이 더 좋을 것이다.

종종 자결권은 강행 규범으로써 국제법에서 가장 상위의 규범적 가치를 갖는 것으로 설명되었다.[54] 이것은 다른 모든 국제법보다 우선하는 권리이며 무시되거나 폐지될 수 없다는 것을 의미하고, 대학살, 고문, 인종 차별에 대한 법률과 비슷하다. 퀘벡의 분리 독립 판례에서 캐나다 대법원은 특히 자결권을 "국제법의 일반 원칙"이라고 일컬었다.[55] 토지권리, 원주민 권리, 자치권, 조약 권리는 캐나다 헌법으로 보호되거나 캐나다 정부에 의해 인정되었다.[56] 이누이트의 경우, 자결권은 회담, 합의, 자치정부에 대한 권리뿐만 아니라 땅과 얼음의 사용, 소유, 향유를 포함하고 있다. 이런 권리 중 다수는 1993년 누나부트 토지권리협정[57]뿐만 아니라 노스웨스트 준주의 이누비알루이트, 북부 퀘벡 누나비크의 누나빔미우트Nunavimmiut, 래브라도의 누나트시아부트Nunatsiavut의 권리를 보호하는 기타 토지권리협정하에서 보호된다. 캐나다 정부는 국제법뿐만 아니라 헌법상 자결권을 포함한 이누이트의 권리를 전적으로 보호할 의무가 있다.[58]

세계적 원주민의 관점

이누이트는 기후변화 문제를 환경문제나 국제법상의 주권 문제로 해석할 뿐만 아니라 인권문제로도 다루고 있다. 아마도 그들은 원주민과 비원주민 중에서 이런 주장을 할 수 있는 첫 번째 사람들일 것이다. 대부분 기후변화를 인권문제로 생각하지 않는다. 원주민 단체들은 이런 관점에서 기후변화에 대처하기 시작했다. 유엔 원주민 문제 상설포럼은 다음과 같이 도전과 기회를 강조하며 원주민 권리에 대한 쟁점으로서 지구온난화에 초점을 맞추고 있다.

- 아프리카 칼라하리 사막의 원주민은 물 때문에 정부에서 개발한 시추공 인근에서 살도록 강요되었고, 결과적으로 식생 감소를 초래하였으며, 전통적인 소와 염소의 사육 관습에 악영향을 미치는 기온상승과 사구의 확장, 풍속 증가 등으로 생존을 위하여 정부 지원을 받고 있다.
- 계절적으로 흐르는 물에 의존하는 수억 명의 농촌 주민들에게 영향을 미치는 히말라야 고지대에서의 융빙은 단기적으로는 수량을 늘리겠지만, 장기적으로 빙하와 적설량이 줄어들면서 수량이 감소할 것이다.
- 아마존에서 기후변화의 영향은 삼림파괴와 삼림 단절을 포함하며, 더 많은 탄소가 대기 중으로 방출되면서 상황을 악화시켜 더 큰 변화를 초래할 것이다. 2005년 아마존 서부에 가뭄으로 산불이 발생했고, 열대우림이 사바나로 바뀌면서 이 지역 원주민들의 생계에 큰 영향을 미친 것처럼 다시 발생할 가능성이 높다.
- 북극 원주민들은 북극곰과 바다코끼리, 물개, 카리부를 사냥하고, 순록을 몰고, 낚시와 채집에 의존하는데, 이는 현지 경제를 지탱하는 식량일 뿐만 아니라 문화적·사회적 정체성의 기초이다. 변하고 있는 얼음과 날씨 상태에서 이동에 대한 안정성과 날씨 예측성의 감소를 인지한 상태에서의 인간 건강과 식량 보장에 심각한 위협을 제기하는 종의 변화와 전통식량 공급원의 가용성이 원주민이 직면한 우려 사항이다.
- 핀란드와 노르웨이, 스웨덴에서는 겨울철의 비와 온화한 날씨 때문에 순록이 중요한 먹이인 이끼를 찾기 어려운 경우가 발생한다. 이것이 사미Saami 공동체의 문화, 생존 그리고 경제에 필수적인 순록을 크게 감소시킨다. 목동들은 어쩔 수 없이 순록에게 사료를 먹여야 하며, 장기적으로 경제적이지 않다.
- 방글라데시 주민들은 생계수단을 홍수로부터 지키기 위하여 물에 뜨는 채소밭을 만들고 있고, 베트남에서는 열대성 폭풍해일 피해를 줄이기 위해

공동체에서 해안을 따라 빽빽하게 맹그로브 숲을 조성하고 있다.

- 중남미와 카리브 지역의 원주민은 악천후에도 농업활동과 정착지의 취약성이 낮은 지역으로 이전하고 있다. 예를 들어, 가이아나의 원주민은 가뭄 시기에 사바나 거주지에서 우림으로 이동하고, 보통 작물의 경작에 습한 범람원에 주요 작물인 카사바를 심기 시작했다.
- 북미의 일부 원주민 집단은 발생할 수 있는 경제적 기회에 집중하면서 기후변화에 대응하고 있다. 예를 들어, 풍력과 태양 에너지를 사용하는 재생 에너지에 대한 수요가 증가하면, 거주지역이 화석연료 기반 에너지를 대체하고 온실기체 배출을 줄이는 재생 에너지의 중요한 생산지가 될 수 있다. 그레이트플레인스는 엄청난 풍력자원을 제공할 수 있고, 그 개발로 온실기체 배출을 줄이는 데 도움이 될 뿐만 아니라, 미주리강 수력발전 관리 문제를 완화시켜 전력 발전, 수송, 재생산을 위한 수위 유지에 도움이 될 수 있다. 또한 탄소 분리의 기회가 될 수 있다.[59]

중세 온난기(AD 900~1300년) 동안, 북아메리카 남서부와 중앙아메리카, 아프리카, 오스트레일리아의 광대한 지역이 수십 년 동안의 심각한 가뭄으로 황폐화되었다. 오늘날에 강우 패턴이 반복적으로 변화하여 형편이 좋았던 농업생산이 큰 영향을 받고 있다. 소말리아, 에티오피아, 에리트레아, 수단 등 아프리카 북동부의 심각한 가뭄 문제가 20세기 마지막 20년 동안 세계의 주목을 받았으며, 오늘날에도 여전히 큰 이슈이다. 이 가뭄은 인도양에서 몬순에 의한 강우대의 이동으로 발생한 것 같다. 이 지역에서 최근 몇 년간의 기근은 기후변화의 결과인 것 같다. 남수단과 다르푸르에서의 분쟁과 난민 위기는 심각한 기후변화가 가져올 수 있는 대혼란과 고통의 극단적인 예이다. 수단에서 가뭄이 계속되면, 유목민은 양과 소 사육을 위한 물을 충분히 확보할 수 없다는 것을 의미한다. 그들은 남부와 서부의 농촌지역을 급습하기 시작했고, 물 문제로 소작농과 경쟁했다. 이 문제는 수단 남부의 석유·가스 사업으로 더욱 악화되었고, 안보를 통제하기 위하여 정부 및 준군사적 지원을 요청하게 하였다. 유목민을 포함한 수단 북부 사람들은 회교도 경향인 반면, 남부 농민들은 토착 애니미즘 종교를 따르거나 기독교로 개종하는 경향이 있다. 정치, 자원개발, 종교, 토지이용이 중요하긴 하지만, 기후변화가 수단 남서부(현재 남수단)에서 고통을 야기한 촉매제 역할을 한 것 같다.

기후변화에 대한 태도를 완전히 호의적으로 뒤바꾼 21세기 초의 "대가뭄"과 2007년 정권 교체가 이루어질 때까지 오스트레일리아 정부는 국내외적으로 온실기체 배출에 대한 통제를 거부했다. 오스트레일리아 원주민과 토레스 해협의 섬 주민들, 특히 외딴 지역에 사는 사람들은 더 큰 "사이클론, 폭풍, 산불, 가뭄의 위기에 처해 있다. 특히, 많은 해안 기반시설은 폭풍과 홍수에 손상 위험이 높을 것이다. 해수면 상승과 해수 담수화 시스템의 침수로 토레스 해협의 섬 주민들이 즉각적으로 심각하게 우려된다."[60] 토레스 해협 주민들은 해수면 상승에 특히 취약한 섬에서 오스트레일리아 북동부 해안에 의지하여 살고 있다. 건강과 식량보장 문제도 다른 위기이다. 공동체가 여전히 자신들의 "지역(땅)" 내에서 생존을 위해 사냥과 채집을 하고 있는 해안과 중앙 사막의 원주민들은 이누이트와 유사한 난제에 직면하고 있다. 불행하게도 2013년에 정부가 바뀌면서 오스트레일리아는 앞으로 기후 회의론자와 부정론자의 영향을 받을 것으로 보인다.

지구온난화는 허리케인이나 태풍과 같은 극한기상 빈도와 심각성을 증가시킬 것으로 예상된다. 허리케인 카트리나와 같은 재난 피해자들이 정부를 상대로 국제적 인권 소송이 있을지 모른다. 해양의 온난화로 오스트레일리아와 동남아시아에서 더 극심하고 빈번하게 사이클론의 영향을 받을 수 있다. 방글라데시, 몰디브와 같은 저지대 국가에서는 해수면 상승과 폭풍해일 증가로 홍수가 이미 큰 문제이다. 극한기상과 해수면 상승이 결합되면, 해안의 마을은 노스웨스트 준주의 투크토야크투크Tuktoyaktuk나 알래스카의 시스마레프Shishmaref와 같이 이주해야 할 가능성이 매우 높다. 알래스카 키빌리나Kivilina 마을에 살고 있는 400여 명의 이누피아트는 이주나 침수를 위협하는 기후변화와 관련된 온실기체를 배출하는 24개 에너지 회사를 고소하였다. 현재 마을은 해빙이 사라지고 있는 축치해에서 점차 축소되고 있는 섬에 있으며, 극심한 폭풍에 노출되어 있다. 엑손 모빌, 브리티시 페트롤륨, 코노코필립스ConocoPhillips, 셰브론, 듀크 에너지와 또 다른 석탄회사와 14개 전력회사를 상대로 미국 샌프란시스코 지방법원에 소송을 제기했다. 그들은 안전한 곳으로 마을을 옮기기 위한 이주비용 4억 달러를 요구하고 있다.[61] 더 큰 도시에서도 더 높은 지대를 찾아야 하게 위협할 수 있다. 심지어 모든 국가가 태평양의 작은 저지대 국가처럼 버려져야 할지 모른다. 뉴질랜드는 키리바시, 투발루, 통가를 포함한 일부 태평양의 작은 국가들의 시민 재정착을 위하여 '태평양 이주 프로그램'을 만들었다. 지원자는 무기명 투표로 선발되며, 연령, 교육, 고용 가능성 등에 관한 엄격한 요구조건을 충족해야 한다.[62] 오스트레일리아와 뉴질랜드에서는 해수면 상승과 폭풍 증가를 피하려는 망명 신청자들이 크게 늘어날 것으로 예상할 수 있다.[63]

유럽과 북아메리카, 아시아의 주요 도시 중심지에서도 심각해질 것이다. 2011년 9월 캐나다 환경 및 경제에 관한 국가 원탁회의가 기후변화가 캐나다의 경제와 기반시설, 도시 생활에 미칠 영향에 대한 연구 결과를 발표했다.[64] 온실기체 배출량이 얼마나 빠르게 증가하고 캐나다가 기후변화 완화와 적응에 얼마나 많은 노력을 쏟는지에 따라 기후변화의 비용이 2020년 초반에 매년 약 50억 달러부터 21세기 중반에 약 430억 달러까지 이를 것으로 예측되었다. 해안에 미치는 영향은 노바스코샤, 뉴펀들랜드, 래브라도 등 대서양과 인접한 주와 프린스에드워드섬, 뉴브런즈윅뿐만 아니라 특히 브리티시컬럼비아에서도 심각할 수 있다. 1인당 영향이 가장 큰 곳은 한 곳을 제외한 모든 공동체가 해안에 있는 누나부트일 것이다. 예를 들어, 이칼루이트는 저지대이며 현재 세계에서 조수가 가장 높다. 해수면 상승과 조수 해일 증가는 심각한 홍수를 초래할 수 있다. 이칼루이트의 해변, 둑길과 주변 지역은 연구 결과가 나오기 며칠 전 우연히 고조위에 물에 잠겼다.

캐나다에서 위험에 처한 가장 큰 도시는 밴쿠버이다.

> 위험에 처한 주택은 대부분 브리티시컬럼비아에 있으며, 2050년대까지 약 8,900~18,700채가 위험에 노출되어 있다. 이미 브리티시컬럼비아에서 해양 홍수위험에 처한 육지면적이 다른 주나 준주에 비해 작다는 것이 확인되었다. 그러나 이 작은 지역에 다른 해안보다 훨씬 더 인구가 밀집되어 있다 ….
>
> 브리티시컬럼비아에 대한 결과는 신중하게 해석할 필요가 있다. 첫째, 홍수위험에서 토지와 주택을 보호하는 제방과 기타 해안 방어시설의 역할을 설명하지 않았다. 수km에 달하는 보호 제방이 있는 밴쿠버 대도시권의 경우, 기준선상 홍수위험이 있는 땅과 그 위의 주택은 대부분 제방으로 보호된

8.5 고조위에 둑길과 해변이 침수되었다.

다. 하지만 제방은 기후변화를 염두에 두고 설계되지 않았기 때문에, 기후변화에 따른 추가 위험이 우려된다. 둘째, 브리티시컬럼비아의 전문가 조언에 따르면, 제방을 고려하지 않았던 것처럼, 모델링 결과가 주의 수준(아마 규모의 순서에 따른)의 홍수 기준치 추정에 따라 홍수위험에 처한 주택 수를 과소평가할 가능성이 있다. 밴쿠버 대도시권의 범람원 지도로 판단하여 보면, 광범위한 제방 시스템이 없다면, 수만 가구가 홍수위험에 노출될 것이다. 다음과 같은 이유로 분석 결과가 위험 노출을 과소평가한 것일 수 있다. (1) 홍수를 모델링한 방법이 보수적이면 홍수를 침수지역의 인접 지역으로 제한할 수 있고, (2) 해안의 고도를 산출하는 데 사용한 데이터의 해상도가 제한적이었다. 이 방법은 전국 규모의 평가를 위해 어쩔 수 없이 단순화되었지만, 연구 결과는 밴쿠버 대도시권에 대한 보다 상세한 지역적 평가의 중요성을 강조한다.[65]

또 다른 걱정거리가 있다. 멕시코만류가 멈춰서 유럽을 중심으로 급속하고 거대한 전구적 냉각화가 발생할 수 있다. 카리브해에서 북대서양에 이르는 이 거대한 난류는 전 세계 해양순환 네트워크의 일부이다. 멕시코만류의 영향으로 고위도에 위치한 영국과 스칸디나비아 국가들이 상당히 온화한 날씨를 유지할 수 있다. 멕시코만류가 없다면, 영국의 기후는 오늘날 캐나다 북부와 비슷할 것이며, 영국의 농업은 파괴되고 기반시설과 에너지 수요가 심각하게 압박을 받을 것이다. 약 12,000년 전 영거 드리아스기의 출현으로 온난기가 끝났다. 가장 흔한 이론은 당시에 '애거시호Lake Agassiz'라고 이름 붙여진 거대한 호수의 차가운 담수가 북대서양으로 흘러들어왔다는 것이다. 오늘날의 오대호보다 몇 배 더 컸던 애거시호는 북아메리카 중부의 얼음층으로 막혔었다. 이 얼음은 호수가 댐을 지나 붕괴될 때까지 서서히 녹아, 허드슨만이나 세인트로렌스강, 혹은 둘 모두를 따라 갑작스럽게 북대서양으로 방출되었다. 이 엄청난 양의 차가운 담수가 남쪽으로부터 흘러오는 따뜻한 해수의 열염 효과를 방해하기 시작했다. 이 간섭이 멕시코만류의 심각한 붕괴를 야기하여, 1,000년 동안 북반구를 냉량하게 만들었을지 모른다. 약 1만 년 전 멕시코만류와 해양순환이 정상적인 패턴으로 제자리를 찾아간 후에야 수렵-채집 사회에서 농업, 도시, 결국 산업사회로의 변화와 더불어 인류 변화의 '긴 여름'이 시작되었다.

이런 변화는 10년 이내에 일어날 수 있다. 특히 인간에 의한 빠른 강제력으로 일어나는 기후변화는 반드시 점진적이지 않다. 온난화는 이미 그린란드의 빙하를 빠르고 방대하게 녹여 매년 여름 많은 양의 담수를 북대서양으로 쏟아 붓고 있다. 과학자들은 멕시코만류가 느려지거나 멈출 가능성에 동의하지 않으며, 현재 기후변화 예측모델에 반영되지 않았다. 북대서양 해류의 둔화조차도 북대서양의 기온, 날씨 패턴, 적설 및 해빙면적, 어업, 석유 및 가스 시추와 해상 운송, 농업 등 인류의 삶에 막대한 영향을 미칠 수 있다. 최근 유럽의 혹독한 겨울을 생각한다면, 이런 둔화는 이미 일어나고 있을 수 있다. 약 1300년에서 1850년 사이에 발생한 2℃ 이하의 냉각이 유럽 경제와 정치 구조에 엄청난 혼란을 일으켰다. 19세기와 20세기의 산업혁명과 농업혁명 동안 지구온난화의 출현으로 기온이 다시 상승하기 시작했다. 선사시대 환경에 대한 연구는 과거의 패턴이 어떤 징조라면, 간빙기의 "온난기"는 끝나야 하거나 오래전에 끝났어야 했다는 점을 시사한다. 그러나 이런 일이 일어나고 있다는 징후는 없다 - 오히려 그 반대이다.

인간의 선택

지구온난화인가 아니면 지구 냉각화인가? 허리케인과 폭풍, 토네이도, 가뭄, 여름의 혹서, 겨울의 난동을 포함한 극한기상의 빈도와 심각성이 커졌는가? 아니면 지구의 기온이 갑자기 떨어져 북반구가 추운 날씨로 다시 돌아가는가? 지구온난화를 일으키는 환경변화로 남반구에서는 (2014년 1월에 발생한) 기록적인 폭염을 겪은 반면, 북반구에서는 (여름에 북극 얼음이 녹으면서 제트기류가 변했기 때문에) 한파와 겨울 폭풍이 발생하는 것처럼 두 가지 환경변화가 결합되어 나타날 가능성이 크다. 인간이 배출하는 온실기체의 증가 정도는 다른 빙하기가 올 가능성이 극도로 낮다는 것을 의미한다. 2009년에 세계 각국이 정한 상승 상한인 2℃ 이하로 전구 기온 상승폭을 유지하는 것은 어려울 것이다. 온실기체는 대기 중에 오랫동안 남아 있으며, 중국과 인도에서 빠르게 증가하고 있지만, 누적된 영향으로 유럽과 미국은 단연코 가장 큰 원인 제공자이다. 캐나다는 1인당 온실기체 배출량이 많은 나라 중 하나이다. 전반적인 영향은 상대적으로 적지만, 타르 샌드에 대한 특별한 애착과 석유, 가스, 석탄에 대한 의존도가 높다. 캐나다는 전 세계 기후변화 확산에 큰 역할을 하고 있다. 2011년 12월 12일, 캐나다 정부는 교토의정서를 탈퇴함으로써 기후변화의 원인 제공에 대한 책임을 이행하지 않을 것임을 강조하였다 – 그렇게 한 최초이자 유일한 국가였다.[66]

아프리카와 아시아 태평양 지역에서도 기후변화의 영향을 크게 받고 있는 지역을 찾는 것이 어렵지 않지만, 북극에서는 기후변화의 영향이 가시적이다. 북극 온난화의 중요성은 개발도상국이 아닌 선진국에서 일어나고 있다는 점이다. 캐나다와 미국, 북유럽, 심지어 러시아도 변화의 과정을 늦추는 데 도움이 되는 충분한 자원을 갖고 있다. 불행하게도 모든 북극 주변 국가에서 화석연료의 채굴과 이용이 경제적 부의 주 원천이며, 북극에서 더 많이 찾기 위한 탐사로 고군분투하고 있다.

캐나다에게 자연과 인간 거주지에 미치는 기후조건의 영향이 북극 바다와 얼음에 대한 영유권을 주장하는 주권국가이자 북쪽에 살고 있는 시민, 특히 이누이트의 보호자로서 점점 더 중요해지고 있다. 따라서 단순히 이 문제들을 환경적, 정치적, 경제적 입장에서만 볼 수 없고 인간 관점에서 이해해야 한다. 캐나다는 일반적으로 육지와 바다에 대한 주권 통제에 의문을 제기하는 외부 사건에 대한 반응으로 주기적으로 북극에 관심을 표명하였다. 캐나다는 2008년과 2010년에 5개 주요 북극 인접국 – 러시아, 노르웨이, 미국, 덴마크(그린란드)와 캐나다 – 의 고위급 회담을 요청하였다. 이는 주권 주장과 기후변화에 대한 모든 협상은 북극 이사회와 그들을 대표하고 목소리를 낼 수 있는 다양한 단체를 통해서 이루어져야 한다고 주장하던 이누이트를 극도로 화나게 하였다. 미국 국무장관 힐러리 클린턴(Hillary Clinton)이 이누이트의 요구를 지지하여 캐나다는 다소 당황스러웠다. 이누이트와 관련지어 캐나다의 역사에 비추어 보면, 이것은 미래에 대한 확신을 심어주지 않는다.

이전에 얼음으로 뒤덮였던 해협이 8월, 9월, 심지어 보통 얼어 있던 10월과 11월에도 열려 있는 것은 자원개발과 관련한 경제적 문제가 점점 더 중요해지고 있다는 것을 의미한다. 이런 수로에 대한 정치적 주권 주장이 모든 북극 인접 국가, 특히 캐나다에게는 심각한 쟁점이라는 것을 의미하기도 한다. 하지만 이누이트와 그들이 의존하는 환경에서 얼음이 녹는다는 것은 위험하다. 얼음은 북극 서식처의 기반이다. 북극 얼음이 녹으면서 기후변화가 가속화된다. 기후변화에 대해 여전히 회의적인 사람들에게 북극과 북극의 얼음은 전반적인 상황을 볼 수 있는 큰 그림을 발견할 수 있는 곳이다.

제9장.. 북극곰에게 북극은 안전한가요?

다시 떠올리게 해줘
커다란 하얀 북극곰,
우뚝 선 하얀 몸,
눈 속의 까만 주둥이가 다가온다!
혼자 수컷이라고
그는 정말 믿었다
나에게 달려들었다
우나야(unaya) – 우나야

그는 나를 쓰러뜨렸다.
계속해서,
그리고 숨도 쉬지 않고 떠났다
작은 유빙에 숨어
쓰러졌다.
그는 경솔했고, 몰랐다
내가 그의 최후였다는 것을.

Let me recall the great white
Polar bear,
High up its white body,
Black snout in the snow, it came!
He really believed
He alone was a male
And ran toward me.
Unaya – unaya.

He threw me down
Again and again,
Then breathless departed
And lay down to rest,
Hid by a mound on a floe.
Heedless he was, and unknowing
That I was to be his fate.

Orpingalik[1]의 "My Breath"에서

누나부트는 캐나다의 일부인가요?

북극의 겨울은 암울한 생존의 시간이기도 하지만, 짧지만 태양Siqiniq이 떠 있을 때는 길고 아름다운 일출과 일몰이 있는 찬란한 낮의 시간이기도 하다. 길고 어두운 밤 하늘에는 커튼 같은 오로라*aqsarniit*로 가득 차기도 한다. 이누이트 전설에서 이 빛은 하늘을 가로지르며 바다코끼리 머리로 축구를 하는 죽은 자들의 영혼이라고 전한다. 이누이트는 이 불빛이 '휙' 소리를 내고, 휘파람 같은 소리로 지구에 더 가까이 다가올 수 있다고 믿는다. 불빛이 하늘을 가로질러 바스락거릴 때면, 커튼이 휩쓸며 머리를 베어 갈까 봐 아이들에게 밖에서 놀지 말라고 경고한다. 이칼루이트의 집에는 남쪽 프로비셔만을 향하여 작은 발코니 창문이 나 있었다. 그 방향으로 겨울 내내 오로라뿐만 아니라 태양도 볼 수 있었다. 때때로 한밤중에 일어나서 오로라가 나타났는지 확인하곤 했다. 오로라가 나타날 때면, 자동차를 준비하고 마을 공동묘지로 차를 몰았다. 공동묘지는 내가 살았던 곳에서 멀지 않은 툰드라 밸리Tundra Valley 주택단지가 자리한 절벽 아래 프로비셔만 해안가에 있다. 입구를 지나면 가로등이나 조명이 없어 빛의 공해에서 벗어날 수 있는 좋은 장소였다. 자동차 엔진과 전조등을 끄고 까만 하늘을 가로질러 반짝이는 섬세한 빛의 커튼을 쳐다보며 어둠 속에 서 있는 것은 등골이 오싹할 정도였다. 이칼루이트에 머무는 동안 그 빛이 더욱 눈부셨다. 대개 하얀 빛이었고, 아주 드물게 옅은 초록색이었다. 한 번은 밝은 보름달 앞에서 분홍과 보랏빛으로 굽이치기도 했다. 나는 그것들이 내는 소리를 전혀 들을 수 없었고, 지구로 내려오게 하려 휘파람을 불지도 않았다. 그냥 거기 서 있었다. 유령같이 희미하게 빛나며 조용히 굽이쳤고, 그 뒤의 하늘은 까맣고 은하수가 빛나고 있었다. 그러고 나서 오로라는 신비하게 사라졌을 것이다. 이때쯤이면 위를 쳐다보느라 목이 뻣뻣해졌고, 추위가 스며들기 시작했을 것이다. 그러면서도 자동차를 차량 난방기에 연결하지 않고 너무 오래 머무르고 있으면, 시동이 걸리지 않을지 모르는 두려움도 있었다. 영하 40℃에서는 내연기관이 쉽게 고장난다. 한 번은 특별히 장관을 이루는 쇼를 쫓아 미지의 길을 따라 모험적인 여정을 떠났을 때에 자동차가 움직일 수 없게 되었던 적이 있다. 사륜구동 SUV도 눈에 파인 1m 정도의 깊은 바퀴 자국에는 거의 무용지물이었다. 마침 육로로 사냥을 마치고 집으로 돌아가던 두 명의 이누이트 사냥꾼이 도와주었다. 그들은 나의 어리석음을 따뜻하게 꾸짖으면서 꺼내주었다. 기온은 영하 30℃였지만, 바람이 고요하여 차갑지 않았다. 추웠지만 아름다웠다.

지난 60년 동안, 복수심 때문에 북극에 변화가 일어났다. 제2차 세계대전 이후, 북극 전역에 장거리 조기경보 라인이 설치되면서 북극 정착과 급속한 식민지화가 계속되었다. 누나부트의 새로운 주도인 이칼루이트는 레절루트 베이에서 벌어졌던 것처럼, 군대 주둔을 위해 프로비셔만에 자리 잡았다. 이누이트의 이주는 캐나다에서만 일어난 것이 아니다. 그린란드 북부의 이누구이트도 툴레의 거대한 미국 기지로 도로를 내기 위하여 현재 위치인 카낙까지 더 북쪽으로 옮겨졌다. 미국인들이 동쪽의 그린란드에서부터 서쪽의 보퍼트해까지 공격적으로 북극을 이동하기 시작하면서 캐나다는 주권 문제로 계속 투쟁하였다. (미국과 소련의) 핵 잠수함이 북서항로에 잠복하고 있다고 믿었고 대륙 간 탄도 미사일이 북극 사방에서 겨눠졌으며, 대규모의 석유와 가스, 광산, 어업 개발은 국가 정부가 더 이상 북극을 오랫동안 지구상의 변두리에 머물던 광활한 황무지로 여기고 있지 않는다는 것을 보여 주는 것이었다. 한때, 거대한 야망과 북쪽의 신기루로 여겨지던 북서항로는 오늘날 야심찬 개발의 현장이자 국제 관계에서 잠재적 분쟁의 근원으로 부상하고 있다. 아직은 이 항로 중 상당 부분이 연중 대부분 기간에 접근하기 어렵지만, 점차 상황이 바뀌고 있다. 존 프랭클린 경, 존 레이 박사, 키트들라수아크, 심지어 누칼라크가 북극을 여행한 글과 오늘날 여름에 얼어붙지 않고 비교적 길게 뻗은 바다를 통해 쉽게 여행할 수 있는 상황을 비교하여 보면, 지구온난화가 극적으로 북극을 변화시키고 있다는 것이 분명하다.

아직은 캐나다의 북극 주권에 대한 이야기에서 이누이트의 역할이 충분히 인정되지 않고 있다. 1993년 누나부트 토지권리협정에서 캐나다 주권에 대한 이누이트의 기여를 인정하였음에도 불구하고,[2] 2명의 연방정부 대표와 다른 국제 전문가들은 계속해서 이누이트를 이해하지 못하거나 북극 문제에 대해 그들이 무엇을 말해야 하는지 이해하지 못하고 있다.

2010년 10월 오타와에서 북극 문제를 다루기 위하여 '캐나다 국제법 위원회 연례회의가 열렸다. 나는 여기서 이누이트의 입장을 이해하는 것이 어렵다고 절실하게 느꼈다. 강성 이누이트 대표단과 그린란드 대표자들이 있었지만, 국제법 전문가들과 이누이트 연사들은 마치 서로 다른 이야기를 나누는 것 같았다. 국제법 전문가들은 해양법, 주권, 안보, 자원개발에 초점을 맞춘 반면, 당시 캐나다 이누이트 국가대표기구인 이누이트 타피리트 카나타니 회장인 메리 사이먼(Mary Simon)과 전 누나부트 주지사 폴 오클리크(Paul Okalik) 등이 지속적으로 강조한 인간의 범주는 이누이트 외 다른 참가자들의 관심을 끌지 못하였다. 마치 두 관점이 번역되지 않은 서로 다른 두 언어로 표현되는 것 같았다. 하지만 이누이트 연사들은 대부분 이누이트 언어인 이누크티투트가 아닌 영어로 발표하였다. 실라 와트-클라우티어는 단순히 과학적, 정치적, 경제적 문제로서 뿐만 아니라 비이누이트가 인간으로서 기후변화에 집중하도록 노력한 비슷한 경험에 대해 이야기하였다.

> 나는 유엔 기후변화협약 당사국총회에 세 차례 참석했다. 사람들은 모든 종류의 편협한 기술적 문제에 대해 논쟁을 벌이면서 이 회의에서 저 회의로 급히 움직였다. 더 큰 그림, 문화적, 인간적 상황이 논의에서 사라지고 있다. 기후변화는 주위를 뛰어다니는 관료들에 대한 것이 아니다. 그것은 더 넓은 환경에서 가족, 부모, 자녀, 그리고 우리가 지역 공동체에서 이끌어가는 삶에

관한 것이다. 기후변화를 멈추려면, 우리는 이런 관점을 다시 찾아야 한다. 이누이트는 땅과 얼음, 그리고 눈의 사람으로 남아 이런 관련성을 이해하고 있다. 이것이 우리에게 기후가 원주민으로서 생존할 수 있는 권리의 문제인 이유이다. 어떻게 우리가 스스로를 지지하고 다른 사람들도 똑같이 할 수 있도록 힘이 될 수 있을까?[3]

이누이트와 그 조상들은 수천 년 동안 성공적으로 북극의 땅과 바다를 탐사하고, 발견하고, 정착해 왔다. 그러나 이런 예전부터 있었던 북극의 인간 존재가 영국인에 의해 국제법이나 국내법에서 주권 결정의 요인으로 인정되지 않았고, 1880년에 그 섬들에 대하여 공식적으로 주권이 이전되었을 때조차도 영국이나 캐나다 관료들의 마음에서는 인정되지 않았다. 물론 이누이트의 의견을 듣지도 않았다. 그러나 생존을 위하여 점차 북극에서의 여행과 생활에서 이누이트의 방식을 받아들이면서 유럽과 미국, 캐나다가 성공적으로 북극을 탐사할 수 있었다. 프랭클린 탐험대의 실종과 그들을 찾기 위한 탐색뿐만 아니라 누칼라크의 경우와 같은 형사재판, 북극에 주둔하는 캐나다 경찰 설립, 북극에서 이누이트의 퇴거와 재정착은 모두 캐나다의 지배권 확립과 주권 확보에 중요한 요소였다. 이누이트는 누나부트 키빌리크 지역의 엔나다이 호수에서부터 고위도 북극까지 캐나다인의 존재를 확립하기 위한 일차적 목적으로 정착지에 이주되거나 다른 정착지로 옮겨졌다.

1950년 이후, 훨씬 더 많은 수의 남쪽 "전문가"와 정부 관료, 자원 회사, 과학 연구자가 북극으로 이주했다. 한동안 나 역시 그런 사람 중 한 명이었다. 정부와 상업적 우선순위에 더해 우려하고 있는 이누이트에 대한 지속적인 압박이 여전히 문제이다. 북극으로 유입되는 남쪽 사람들은 이누이트에 대한 선입관을 가지고 있고, 때때로 이누이트의 반대에도 불구하고 이런 선입관을 버리지 않는다. 북극에서 거의 시간을 보내지 않거나 북극을 방문한 적이 없는 사람들은 현실과 거리가 먼 정책을 제안할 수 있다. 이는 2009년 유럽연합

이 물개 제품에 대한 수입을 금지한 것처럼, 해외에서 만들어지는 정치적 또는 상업적 정책의 경우 더욱 그렇다.[4] 캐나다 정부 관료들은 둔감할 수 있다. 가끔 캐나다의 나머지 사람들이 누나부트가 이 나라의 일부이고 이누이트가 캐나다 시민이라는 것을 인식하고 있는지 궁금해진다. 심지어 북극 문제를 부각시키려는 연방정부의 노력도 몇 가지 양립할 수 없는 안건을 이행하는 것 같다.

연방정부는 2010년 2월에 이칼루이트에서 G7 재무장관 회의를 개최했다. 이것이 대담한 행동처럼 보였지만, 적어도 누나부트 사람들에게는 세계에서 가장 강력한 나라들에 북극이 어떤 곳인지 보여 줄 수 있는 기회가 되었다. 에바 아리아크(Eva Aariak) 주지사와 엘리사피 슈티아피크(Elisapee Sheutiapik) 이칼루이트 시장이 누나부트 보건부 장관과 함께 실감나게 외국 정치인, 정부 관료, 외교관, 언론에게 캐나다 북극에서의 삶을 보여 줄 수 있는 기회를 얻었다. 방문객들이 개 썰매 여행에 초대받았다. 이누이트 가수인 루시 이들라우트(Lucy Idlout)는 가정폭력에 대한 노래를 불렀다. 모든 사람이 카리부, 북극곤들매기, 물개 고기, 그리고 다른 "전통음식"을 맛볼 수 있는 기회를 가졌다. 이에 물개 사냥을 반대하는 운동가들이 격분했고, 외교관들은 회의 장소에서 약간 당혹스러워 하였다.

> 국제동물복지기금IFAW을 위한 캐나다 물개 캠페인 책임자인 쉐릴 핀크(Sheryl Fink)는… "우리는 그들이 이누이트를 흉내 내어 캐나다의 모든 상업적 (물개) 사냥을 이누이트 사냥으로 묘사하고 있다는 것을 알고 있다."며, 비원주민 사냥이 훨씬 더 크고 더 낭비적인 사냥이라고 주장했다. "정부가 의도적으로 사용하는 전략이기 때문에 둘 사이의 경계가 모호해지는 것을 보면 좌절감을 느낀다."
>
> … 다른 일부 대사관과 마찬가지로 오타와의 유럽연합 사무소도 언급을 회피했다. 익명을 조건으로 발언한 일부 유럽 외교관은 혼란스럽다고 했다.

한 외교관은 "회의 장소가 어디인지를 알고, 어떤 메뉴가 있을지 어느 정도 알았다."고 말했다.[5]

그린란드는 외국인가요?

또 다른 이야기가 이누이트와 캐나다의 주권 관계가 얼마나 복잡할 수 있는지를 설명하는 데 도움이 될 것이다. 나는 2003년에 그린란드에서 단기 체류를 포함하여 북극 여행을 떠났다. 우리 배의 특별한 손님 중 한 사람인 케이프도싯 출신 키노야크 애시바크(Kenojuak Ashevak)는 훌륭한 그림과 조각으로 여러 차례 수상한 예술가이다.[6] 그녀는 2013년 세상을 떠나기 전까지 공동체에서 대단히 존경받는 원로였다. 그녀는 대부분의 다른 이누이트 여성 노인과 비슷하였다. 나이 든 이누이트 여자들이 입는 실용적인 옷과 흔한 머리 수건을 하고 있는, 작고 미소를 잃지 않는 조용한 여성이었다. 그녀는 영어를 거의(전혀) 쓰지 않았다. 그녀는 역시 케이프도싯 출신 동료이자 통역사인 무크쇼야 니비아크시(Mukshowya Niviaqsi)와 함께 여행했다. 여행이 끝나고 그린란드에서 출발한 전세기가 우리 셋을 이칼루이트에 내려주고 나머지 승무원과 승객들은 오타와로 향했다. 우리는 이칼루이트 공항에서 입국 심사관과 세관원을 맞닥뜨렸다. 나는 여권을 가지고 있었지만, 키노야크와 무크쇼야는 여권이 없었고 누나부트 신분증만 소지하고 있었다. 우리는 케이프도싯 출신의 저명한 캐나다 원로인 세계 정상급의 예술가와 동료가 캐나다 시민권 증명서를 가지고 있지 않아, 자신의 땅으로 들어갈 수 있어야 하는 이유를 설명하면서 작은 공항의 출입국 관리소에서 아주 불편한 시간을 보냈다. 나는 키노야크가 캐나다 훈장을 받은 북극에서 가장 위대한 이누이트 예술가 중 한 명이며, 그녀의 작품이 전 세계 미술관과 박물관에 전시되어 있다는 것을 설명하였다. 심지어 그녀의 작품이 캐나다 우표로 제작되기도 했다! 입국 심사관은 나에게 "그녀가 훌륭한 캐나다 예술가 중 한 명이라고 말하는 건 어떤가요?"라고 물었다. 나는 '그녀는 둘 다.'라고 답했다. 입국 심사관은 오타와와 전화 통화를 한 후에 둘을 불렀다. 기록을 위해 그들 신분증을 복사하고 난 후 자유롭게 이동할 수 있었다. 어느 순간 무크쇼야가 물었다. "우리나라에 누가 들어오는지를 결정하는 사람은 누구지?"

나는 몇 주 후, 동네 카페에서 우연히 그 입국 심사관과 마주쳤다. 그는 지역 박물관에 있는 키노야크의 작품 전시회를 보러 갔었고, 이제 손주들에게 들려줄 수 있는 이야기가 있다고 말했다. 아이러니하게도 키노야크와 무크쇼야는 캐나다법에 반하여 캐나다 여권 없이 캐나다에 들어왔는데, 정확하게 말하면 입국 심사관과 오타와에 있는 상사들이 원로 이누이트 여인과 동료를 위해 "규정을 확대해석"해서 가능한 것이었다. 그럼에도 불구하고 그 일은 우리 모두에게 무례하고 충격적이었다.

존 프랭클린 경은 당시 상업적 목적으로는 전혀 쓸모없었던 것으로 여겨진 항로를 발견하고 세상을 떠나면서 오늘날 역사적 순교자로 추앙받는다. 150년이 지나 북서항로의 항해가 가능해진 오늘날, 북극의 섬들을 통해서 이동하려 했던 그의 무모한 도전이 북서항로가 캐나다의 일부라는 주장에 중요하게 보인다. 존 레이 박사는 '에스키모'가 말해 준 대로 진실을 말했기 때문에 명성을 잃었다. 누칼라크는 뉴펀들랜드에서 여우 사냥꾼에게 이누이트의 법을 집행하였고, 개신교를 받아들였다. 그러고 나서 20세기 초 고위도 북극 전역으로 확대된 캐나다 사법망에 갇혔다. 엘리사피 카레타크는 엔나다이 호수에서 이주한 이후 엄마의 시련을 견뎌냈고, 관료주의적 요구, 캐나다 형법, 가족의 생존 간의 충돌을 다루는 다큐멘터리에서 자신의 이야기를 전했다.[7] 존 아마고알리크는 가족과 함께 허드슨만의 동쪽 해안에서 바람이 강한 레절루트베이의 평지로 이동하였고, 다큐멘터리 「북극의 나누크*Nanook of the North*」

그림 9.1 쿰벌랜드 해협의 케커톤Kekkerton섬에서 키노야크 애시바크

제작자의 이누이트 후손들은 그라이즈 피오르로 갔다. 키노야크는 훌륭한 캐나다 예술가이자 이누이트 예술가였으나, 이것이 그녀의, 공동체의, 누나부트의, 캐나다의 문화유산에 의미하는 바는 여전히 아주 복잡한 것 같다. 그리고 이제 이누이트는 기후변화라는 새로운 딜레마에 직면하고 있다. 그러나 또 다시 남쪽의 요구와 이론, 그리고 소위 해결책이라는 것이 항상 북극에서 살아온 사람들의 지식을 압도하는 모양이다.

북극의 나누크

북극곰은 기후변화의 대표적 상징이다. 이누이트는 북극곰을 나누크*nanuq*라고 한다. 해양생물학자에게는 '바다의 곰*ursus maritimus*'이다. 북극곰은 주로 물개를 사냥하는 해양 포유동물이며, 주로 물개를 잡아먹는 이누이트 사냥꾼과 직접적인 경쟁 관계이다. 수영을 잘하며, 해안에서 몇 km나 떨어져 수영하거나 유빙에서 행복하게 쉬고 있는 모습을 볼 수 있다. 사냥감을 찾기 위해 얼음과 땅, 일 년에 수백km 넘게 바다를 여행할 수 있고, 일생 동안 수천km를 이동한다. 극도로 굶주린 곰만 성장한 바다코끼리를 잡으려 하지만, 북극곰은 어느 것도 무서워하지 않는다. 확실히 사람은 아니다. 북극곰은 알래스카에 서식하는 회색곰과 불곰을 비롯한 남쪽의 친척 곰에 비해 크고 더 위험하다. 귀여운 새끼들이 유럽과 미국 동물원에서 살지만, 북극곰은 대개 길들이기 불가능하다. 몇 달간의 짧은 유아기가 지나면, 접근하는 것이 아주 위험하다. 국립공원 길가에서 먹이를 구걸하거나 밴쿠버 근교에서 쓰레기통을 뒤지는 흑곰은 비교적 성가신 작은 청소동물이다. 그럼에도 불구하고 이누이트가 친구로 심지어 반려동물로 북극곰을 기른다는 이야기가 있다.

> 일찍이 이누이트는 모든 종류의 동물을 반려동물로 키웠으며, 나는 북극곰을 반려동물로 키웠던 큐비크(Quviq)라는 남자를 기억한다. 그 곰은 가끔 집안에서도 머물렀다. 나는 그게 무서웠다. 어느 날, 그의 텐트가 손님으로 넘쳐 곰을 바깥으로 내보냈다. 큐비크의 개는 곰이 친숙했지만, 손님들의 개는 그렇지 않았고, 곰을 공격하여 끝내 죽이고 말았다. 나는 그 곰과 함께 자란 것을 좋게 기억한다. 어디든지 사람을 따라다니곤 했는데, 가끔, 특히 공놀이를 하고 싶어 할 때는 성가시다고 느낄 정도였다.[8]

북극곰은 전 세계적으로 약 25,000마리 정도 서식하고 있다(시베리아에 있는 곰의 개체 수는 잘 알려져 있지 않아 더 많을 가능성이 있다). 캐나다에 가장 집중적으로 분포하며 다양한 종이나 특정 생물형 군이 허드슨만 남부에서부터 북위 82도 너머 고위도 북극지방(그린란드 북부와 엘즈미어섬)까지 광범위하게 분포한다. 북극곰은 얼음이 두꺼운 곳에서는 물개를 찾기 어렵기 때문에 여러 해에 걸쳐 만들어진 팩 아이스 위를 돌아다니는 것을 좋아하지 않지만, 북극점 가까이에서 발견되기도 하였다. 이누이트와 같이 북극곰도 얼음 위, 아래에서 살고 번식하는 물개에 의존하기 때문에 생존을 위해서 해빙이 필요하다. 봄(4월)은 물개가 유빙에 새끼를 낳는 나티안*nattian*(물개 새끼) 시기이며, 곰과 인간 모두에게 사냥 최적기이다.

이누이트는 인간과 동물이 서로 모습을 바꿀 수 있다는 것을 상기시키는 인간의 형상을 한 이누아*inua*(영혼)가 만물에 깃들어 있다고 믿는다. 그러므로 동물이 돌변하여 (곰이나 바다코끼리처럼) 사냥꾼을 공격할지도 모를 뿐만 아니라 죽은 동물의 영혼이 계속 남아 있기 때문에, 식량을 얻기 위해 동물을 죽이는 것은 위험한 행동이다. 동물을 정중하게 대하지 않으면, 다른 동물들에게 사냥꾼이나 공동체에 잡히지 말라고 해서 인간에게 복수할지 모른다.

그림 9.2 북극점에서 450km 떨어진 LA급 고속 공격 잠수함인 호놀룰루 함USS Honolulu 우현에 접근한 북극곰. 감시병이 잠수함 함교에서 본 바에 따르면, 곰들은 배가 떠나기 전 거의 두 시간 동안 배를 탐색하였다.

마찬가지로 눌리아유크Nuliajuk의 자식들을 괴롭히면 그녀가 복수할지 모른다. 그러므로 사냥꾼은 물개를 잡고 존중의 의미로 죽은 물개의 입에 약간의 신선한 물을 부어 준다. 북극곰은 모든 동물 중에서 인간과 가장 가깝다고 여겨지며, 가장 존중받아야 한다. 아키트시라크 로스쿨의 전속 원로인 루시앙 우칼리안누크가 곰에 대해 이야기하거나 곰에 대해 나쁘게 말해서는 안 된다고 말하곤 했다. 곰은 우리 얘기를 들을 수 있고, 화가 나서 복수할지도 모른다. 이 생각은 (극지 연구원과 환경보호 활동가들을 포함하여) 남쪽에서 온 사람들에게 어리석게 들릴 수 있다. 하지만 북극곰은 청각이 예민하고, 빠르지만 아주 조용하게 움직일 수 있다. 곰의 주의를 끈다면, 알아차리기도 전에 달려들 수 있고, 아주 치명적일 수 있다. 심지어 물리적으로 곰이 없을 때 곰에 대해 이야기기하는 것조차 무례하고 위험하게 보일 수 있다.

키미트*qimmiit*(개)는 북극곰의 사촌쯤으로 여겨진다. 어느 쪽도 상대를 무서워하지 않는다. 곰은 보통 개를 잡아먹지 않으며, 줄에 묶인 썰매 개와 잘 노는 것으로 알려져 있다. 하지만 곰을 사냥할 때는 개가 매우 유용할 수 있다.

> 개들이 북극곰을 따라잡으면 곰 앞에서 짖기 시작하며 곰은 동요한다. 개들이 곰을 향해 짖을 때 일부는 북극곰을 물기도 하며 곰을 공포에 떨게 만들어 개에게 정신이 쏠리게 만든다. 그래서 북극곰은 자신을 작살로 사냥하는 사람에게 주의를 기울이지 않게 된다. 한 늙은 북극곰은 몇 번씩 반복해서 개에게 물렸고, 얼굴이 흉터로 가득 찼다. 늙은 곰은 도살당했을 것이고, 한 번 쓰이고 나서 다른 북극곰들이 있는 고향으로 돌아갔을 것이다.[9]

이누이트는 북극곰과 길고도 파란만장한 관계를 맺고 있다. 구전 역사자료는 키트들라수아크가 할 수 있던 것처럼, 북극곰과 사람이 서로 변할 수 있었던 때를 말해 준다. 키비우크와 같은 강력한 주술사들은 북극곰이 어려울 때 도움을 줄 수 있는 투른가이트*tuurngait*(정령)로 청할 수 있었다. 키비우크가 붕녀를 맞닥뜨렸을 때 도움이 필요하다고 깨달았다. 그녀는 착하고 아름다운 아르나티아크*arnatiaq*(여자)로 변장하고 그를 집으로 초대하였다. 그가 침대를 보는 동안, 그녀는 그의 옷을 건조대에 올려놓았다.

> 키비우크가 주위를 둘러보았다. 침대는 단단한 나무틀로 되어 있었지만, 좌우가 사람의 창자로 묶여 있었다.
>
> 그러고 나서 벽 아래에 동그랗게 놓여 있는 두개골들을 보게 되었다. 더 안 좋은 것은 그가 그것들을 알아봤다는 것이다. 예전에 바다에서 죽은 동료들의 두개골이었다.
>
> 두개골 중 하나가 그에게 말했다. "나처럼 되고 싶지 않으면, 여기서 빨리 나가!" 키비우크가 구하려고 했던, 바다에서 죽은 마지막 주술사였다.
>
> 키비우크는 다시 들을 필요도 없었다. 그는 건조대 위에 있던 옷과 부츠에 손을 뻗었다. 하지만 옷을 붙잡으려 하면 건조대가 공중에서 더 높이 움직였다. 손을 뻗고 뛰어 보기도 했지만, 옷을 잡을 수 없었다.
>
> "여기에 와서 나 좀 도와줘!" 그가 그 여자를 불렀다. 그러나 그녀는 밖에서 대답했다. "내가 그것들을 올려놓았으니까 네가 내려놔!"
>
> 그때 키비우크가 그에게 강력한 주술 도움을 주는 정령인 투룬가크*tuurngaq*를 불렀다. 큰 북극곰이었다. "나눌루크*nanurluk*(큰 북극곰)야! 가서 여자를 데리고 와!"
>
> 밖에서 크게 으르렁거리고 킁킁거리는 소리가 들려왔다. 문이 활짝 열리고 붕녀가 들어왔다. "여, 여기 네 부, 부츠랑 오, 옷이야," 그녀가 두려움에 떨며 말했다.[10]

자연에서 북극곰을 보는 것과 견줄 만한 것이 없다. 북극에서 이 놀라운 동물을 보고 사진도 찍을 수 있게 된 것은 나에게 잊을 수 없는 경험이었다. 가장 큰 것은 코부터 꼬리까지 3.5m 이상이었다. 그들은 땅보다 물 속에서 더 편안하게 있지만, 무기 없이 마주치는 어떤 불행한 사람보다도 더 빨리 달릴 수 있다. 이칼루이트에서 일할 때와 그 후에도 쉽게 북극곰을 볼 수 있는 고위도 북극 지역을 여행할 수 있었다. 털은 분명한 흰색이 아니고, 속이 텅 비어 반투명하다. 동물원이나 허드슨만 남부에 사는 곰은 주변 환경의 색 때문에 털이 노르스름하게 보인다. 북극에 사는 곰은 눈부시게 깨끗한 흰색을 띄는 경향이 있다. 또한 그들은 단독생활을 한다. 일단 수컷 곰이 어미와 헤어지면, 짝짓기 빼고는 다른 곰과 거의 접촉하지 않는다.

이 단독 행동에 예외가 있었다. 2011년에 교아해븐 근처를 여행할 때, 수컷 곰들이 모여 있는 놀라운 광경을 목격하였다. 작은 강어귀의 낮은 해안선을 따라 거의 25마리 정도가 있었다. 여섯 마리가 넘는 벨루가 고래를 실컷 먹고 있었다. 사체가 완전히 사라진 것으로 보아 한동안 거기에 있었던 것이 틀림없었다. 곰들은 잔뜩 먹고 난 며칠 동안 아주 거대하고 뚱뚱했다. 자연 잡지나 디스커버리 채널, 디즈니 다큐멘터리에 나오기에 적합한 북극곰들이 아니었

그림 9.3 벨루가 잔해를 먹고 있는 큰 수컷 북극곰. 교아해븐 근처에서 먹이를 먹던 25마리 곰 중 한 마리이다. 망원 렌즈로 촬영하였다.

다. 얼굴에는 동물 피와 먹고 남은 흔적들이 잔뜩 묻어 있었다. 두 쌍의 젊은 수컷들이 힘을 겨루기 위해 물가에서 다투고 있었다. 암컷 한 마리와 새끼 두 마리는 수컷들이 다 먹기를 기다리며, 해안가에서 수영하고 있었다.

암컷 곰은 한두 마리, 혹은 세 마리까지 새끼를 키운다. 한 마리 이상의 곰을 목격한다면, 거의 확실히 어미와 새끼들이다. 암컷은 새끼를 낳기 위해 겨울 동안 굴속에서 산다. 어린 새끼들은 태어날 때 아주 작고 털이 없으며 눈을 뜨지 못하여, 봄에 굴을 떠날 수 있을 만큼 충분히 자랄 때까지 어미의 털과 젖에 꼭 붙어 있다. 그러고 나서 어미와 2~3년 정도 함께 살면서 스스로 살아가는 방법을 배운다. 북극곰은 아주 똑똑하고, 호기심이 많고, 때로는 공격적이고, 언제나 장엄하고 위험하다.

북극곰이 위험에 처해 있나요?

2009년에 코펜하겐에서 국제자연보호연맹IUCN의 북극곰 전문가 회의가 있었다. 과학자들은 19종의 북극곰 중에서 8종은 감소하였고, 3종은 안정적이며, 1종은 증가하였고, 7종은 판단할 만한 자료가 부족하다고 보고하였다. 5종이 줄고, 5종이 안정적이고, 2종이 증가하였다고 했던 2005년 보고와 달라졌다. 회의에서 대표단은 지구온난화와 관련된 북극 생태계의 변화가 북극곰 보존에 가장 위협이라는 지난 회의의 결론을 재차 강조하였다.[11]

북극곰의 관리 및 보존은 일부 국내법과 국제법으로 다루어진다. 1973년 체결된 북극곰보호협정은 북극곰이 서식하는 5개국인 캐나다, 덴마크(그린란드), 노르웨이, 미국, 러시아가 서식지 보호와 항공기와 모터보트에서의 사냥 금지, 관리 및 연구의 조직화, 연구자료 상호교환 등을 포함하고 있다.[12] 다른 자원의 관리와 생명과 재산을 보호하기 위한 과학적 목적으로 북극곰이 살해될 수 있다. 전통방식을 사용하고 전통적 권리를 행사하는 지역 주민들도 곰을 사냥할 수 있다. 곰 사냥이나 수출은 허용되지만, 1975년, 유엔 멸종위기에 처한 야생동식물의 국제거래에 관한 협약에서 북극곰은 "위기종"으로 등록되었다.[13] 1994년에 미국은 1972년에 시행된 해양 포유류보호법에 따라 미국 사냥꾼들이 포획한 북극곰을 집으로 가져갈 수 있는 허가증을 발급하였다.[14]

그러나 최근 몇 년간 기후변화로 북극곰 서식지에 대한 우려로 접근이 더욱 어려워졌다.

> 하원의 천연자원 위원회와 에너지 독립과 지구온난화 특별위원회 위원인 인슬리(Inslee) 의원이 "북극곰은 스포츠로서의 사냥과 지구온난화로 인한 서식지 감소라는 두 가지 측면에서 인간에게 위협받고 있습니다."라고 말했다. "우리는 두 가지를 모두 다루어야 합니다."
>
> "북극곰과 다른 북극 종의 서식지가 지구온난화의 위협을 받고 있다는 분명한 과학적 증거가 있다. 이런 대체할 수 없는 종들이 점점 멸종위기에 처하기 때문에 그들을 보호하기 위하여 모든 노력을 기울이는 것은 우리의 책임이다"라고 미 의회의 동물친화 의원 모임의 로비온도(Lobiondo) 의원이 말하였다.[15]
>
> 전 세계적으로 북극곰은 21,500~25,000마리 정도 남아 있는 것으로 추산된다. 북극곰은 겨울철에 바다에서 주 먹잇감인 고리무늬물범과 다른 물개를 사냥하고, 봄철 해빙기에는 얼음이 다시 생기는 가을까지 육지에서 단식을 위해 필요한 지방을 저장해 둔다. 그러나 과학자들이 현재 해빙이 매년 더 일찍 사라지고 늦게 생긴다고 밝혔는데, 이는 북극곰이 사냥하는 기간이 줄고, 단식해야 하는 육상에서의 기간이 길어진다는 것을 의미한다. 이는 북극곰의 건강에 악영향을 미쳐 결국 생존 자체를 위협한다. 현재와 같은 속도로 얼음이 줄고 곰들이 계속 굶주리게 되면, 2012년에는 너무 말라 더 이상 번식할 수 없게 될지도 모른다.[16]

2012년이 지났지만, 여전히 북극곰은 번식하고 있는 것 같다. 내가 2003년부터 2011년까지 목격한 바로는 이런 예측이 너무 비관적인 것 같다. 북극에서 살고 있는 사람들은 지난 10~20년간 북극곰을 목격하는 경우가 상당히 증가하였다고 한다. 그럼에도 불구하고 국제동물복지협회와 세계야생동식물협회와 같은 환경단체들의 합동 캠페인으로 2008년 미국은 멸종 위기종 보호법에 따라 북극곰을 "멸종 위기종"으로 지정하였다.[17] 이 법의 시행으로 해양포유류보호법에 따른 허가제도가 폐지되었다. 미국 사냥꾼들이 포획한 곰을 집에 가져갈 수 없게 되었다. 게다가 미국은 북극곰이 국제적으로 "멸종 위기종"의 범주에 들어가도록 유엔에 로비하고 있다.

캐나다에서 북극곰은 2002년 멸종 위기종 보호법에 따라 "특별히 우려되는" 종으로 등록되었다. 이런 종은 "생물학적 특성과 확인되는 다른 위협 등으로 멸종위기에 처할지도 모른다."[18] 이누이트는 국제법과 국내법에 따라 북극곰을 사냥할 수 있다. 그리고 사냥이 지속가능한 방법으로 이루어지는 한 그들은 대형 사냥감 매니아들의 상업적 "스포츠" 사냥을 허용할 수 있다. 캐나다 주법과 준주법에서도 야생동물 보호가 적용된다. 누나부트에서는 누나부트 토지권리협정 제5조에 따라 동물의 사냥과 관리, 보존이 지켜진다. 이 규정에 따라 이누이트와 모든 캐나다인의 이익을 위하여 야생동물을 보호하기 위해 이누이트 단체 및 정부와 협력하도록 누나부트 야생동물관리위원회가 설립되었다. 2003년에 제정된 누나부트 야생동물 보호법이 북극곰을 포함한 모든 종을 규제하고 있다.[19]

1980년대부터 이누이트의 가이드와 북극곰 사냥은 이누이트 공동체의 중요한 수입원이다. 스포츠 사냥은 일자리가 부족하고 현금 소득이 불안정한 공동체에 곰 한 마리당 3만 달러를 벌어 줄 수 있다. 생계를 위한 곰 사냥 허가가 "추첨제"인 반면, 스포츠 사냥 허가는 여행 가이드에게 제한된 기준하에서 부여된다. 사용되지 않은 스포츠 사냥 허가는 생계를 위한 사냥을 위해 지역

주민들에게 주어진다. 일반적으로 생계를 위한 이누이트 사냥꾼은 허용된 범위의 모든 곰을 사냥할 것이다. 곰이 스포츠 사냥의 대상이 되는 이런 행위가 북극곰의 신성한 본질과 어떻게 일치시킬 수 있는지 의문을 갖는 외부인에게 비난받는다. 일부 공동체는 이런 모순을 심각하게 염려한다.

> 클라이드 리버의 일부 사냥꾼들은 스포츠 사냥과 실제로 보존 관리를 위한 노력이 사람과 북극곰 사이에 적절한 윤리적 관계를 유지하는 데 상반된다고 생각한다. 여기서 우려되는 것은 사람이 동물의 행동에 직접적으로 영향을 미칠 수 있다는 암시적 추정인데, 이 경우 (이누이트 신념에 따르면) 그들 스스로 훌륭한 사냥꾼이 되기 위해 허용된 범위보다 적은 수를 사냥하는 것이다. 한도를 정하는 것, 그리고 심지어 개체 수를 조사하는 것은 북극곰이 사람들이 자신의 기량을 자랑하고 결국 북극곰에게 무례하게 군다고 생각하게 할 것이다. 인간의 이런 부적절한 행동은 동물들을 인간에게 존중받을 수 있는 곳으로 떠나게 할 것이다.[20]

언론 보도는 북극곰의 생존에 대하여 더 끔찍하게 묘사한다.

> 북극 해빙이 늦게 만들어지면 매니토바 북부에서 일부 굶주리고 절망적인 북극곰들이 서로를 잡아먹게 될지 모른다. 과학자에 따르면, 처칠 부근에서 다 자란 수컷 북극곰이 새끼곰을 잡아먹은 사례가 8건 보고되었다. 4건은 매니토바 보호소에, 나머지 4건은 캐나다 환경부에 보고되었다. 11월 20일 처칠 야생동물 보호지역의 툰드라 관광에 참가한 일부 관광객이 수컷 곰이 새끼를 잡아먹는 것을 보고 몸을 떨며 울기 시작했다고, 프론티어스 노스 어드벤처Frontiers North Adventures 총괄 담당자인 지역 관광 사업가 존 군터(John Gunter)가 말했다.
>
> 그는 "커다란 수컷 곰이 어린 새끼를 어미와 떨어뜨리려고 새끼를 꾀어냈다."고 말하였다. "그러나 어미 북극곰은 그 상황을 보고 있는 동안에는 물론

큰 곰들이 떠난 후에도 새끼를 계속 지키려 하였다. 손님들이 그 광경을 지켜보는 것은 아주 힘겨웠고, 나도 그 이야기를 듣기 힘들었다. 그날은 확실히 절망적이었다."

매니토바 보호소는 최근 몇 년간 매년 한두 건씩 곰이 동족끼리 잡아먹는 행위에 대한 보고를 받는다. 북극 전역에서 곰에 대한 연구를 수행하고 은퇴한 캐나다 환경부 생물학자였던 이안 스털링(Ian Stirling)은 수컷이 단순히 암컷과 짝짓기를 하기 위해서가 아니라 새끼를 먹이로 삼아 죽인다는 증거가 있다고 하였다. 곰들이 겨울철에 살찌우는 데 필요한 물개를 잡는 데 이용되는 허드슨만의 해빙이 예전보다 몇 주나 지나서도 보이지 않는다고도 말하였다.

그러나 누나부트 랭킨인렛의 이누이트 대표는 이 사건은 특별한 일이 아니며, 이런 곰의 행동을 굶주리는 것과 연관짓는 것은 잘못이라고 말하였다.

키빌리크 이누이트협회 대표인 호세 쿠수가크(Jose Kusugak)는 "그게 남쪽 사람들을 아주 무식하게 보이게 한다."고 하며, "새끼를 잡아먹는 수컷 북극곰은 큰 화젯거리가 되고, 그들은 이걸 기후변화 등과 관련지으려 하기 때문에 이게 정상적으로 발생하는 것이라면, 그들은 어리석은 사람이 될 것이다."고 말했다.

쿠사가크도 기온이 평년보다 따뜻하다는 것은 해빙이 적절한 시기에 형성되지 않는다는 것을 뜻하는 것이어서 일부 공동체가 북극곰으로 인한 문제를 겪고 있는 것은 인정했다. 하지만 북극곰의 개체수가 줄고 있거나 기후변화로 다른 위협을 겪고 있다는 것에는 동의하지 않는다.[21]

이누이트 야생동물 담당자들과 사냥꾼들은 어미가 여러 마리의 새끼를 낳는 것을 비롯해 곰이 증가하고 있다고 보고하고 있다. 이는 곰의 개체 수가 양호하다는 표시이다. 곰이 위험하고 비용이 많이 드는 골칫거리가 될 정도로 공동체 가까이로 다가오고 있다.

"사냥꾼들은 야영지에서 북극곰을 볼 수 있다고 주장한다."고 이쿰마크(Ikummaq)가 말했다. "우리는 지금 많이 알고 있다. 20년 전에는 카리부 사냥 중에 곰을 마주치는 일이 전혀 없었다. 하지만 지난 6년 동안 사람과 북극곰이 마주치는 일이 지속적으로 발생하고 있다."

북극곰에 의한 재산피해 보고가 증가하고 있는 가운데, 누나부트 환경부는 사냥꾼들이 곰을 피할 수 있는 안전한 오두막과 식량 저장소를 만들고, 곰이 인간과 마주치는 상황을 줄일 수 있는 프로그램에 주시하고 있다. 지난 가을 아르비아트에서 대규모로 곰이 목격되어 화제가 되었으며, 환경부 야생동물 전문가인 사라 메딜(Sarah Medill)은 그것이 이 지역에서 문제가 된다고 말했다. 메딜은 "기본적으로 곰들이 공동체로 들어와서 고기와 물개가죽을 찾고 있으며, 먹이를 찾을 때, 먹이가 있었던 곳으로 다시 돌아가려는 경향이 있다."고 말했다.

또한 육지에서 먹이를 찾는 곰들이 사냥꾼에게 접근하고 있다. 이글루리크 부근에서는 곰들이 공동체 가까이에 있는 고기 저장소로 쳐들어간다고 메딜이 말했다. 곰들이 사람 주위를 더욱 편하게 생각하는 위험에 더해 사냥꾼은 경제적 손실도 직면하고 있다. 곰에게 고기를 빼앗겨 좌절하게 되고, 사냥에 더 많은 시간과 비용을 쓰게 된다. 또한 먹이를 찾아 돌아다니는 곰이 파괴한 오두막을 고치는 데도 시간과 비용을 써야 한다.[22]

일부 과학자들은 얼음이 녹으면서 곰들이 마을의 쓰레기 더미나 식량 저장소에서 먹이를 찾게 된다고 주장한다. 곰들은 얼음이 늦게 얼고 일찍 녹아서 육지에서 더 많은 시간을 보내게 될 것이 분명하다. 먹이를 찾아 쓰레기 더미를 뒤지는 곰에게는 쓰레기장과 식량 저장소, 돌아다니는 반려동물이 있는 공동체가 아주 편리한 고깃간이나 다름없다. 그러나 이런 행동이 반드시 곰이 굶주리고 있다는 것을 의미하지는 않는다. 오히려 아주 영리하고 기회주의적이라 할 수 있다. 그건 아마 이누이트들이 살찌고 건강한 곰을 자주 목격하는 것과 일치하는 것 같다. 처칠에서 그런 고통을 준 곰들이 "동족을 서로 잡아먹는 것"은 쉽게 발생하는 일이다. 수컷 곰들은 굶주리거나 암컷과 교미할 기회가 생기면, 새끼를 공격하고 죽일 것이다. 수컷 곰이 새끼를 잡아먹는다고 매년 보고된다. 교아해븐에서 봤던 것처럼 어미 곰들은 수컷과 멀리 떨어져서 잘 지내는 법을 알고 있다.

남쪽에서 온 북극곰 연구자, 보호 활동가, 관광객들이 받는 고통은 북극곰의 실상과 문화적 단절에서 오는 약간의 심미적, 정서적 반응일 것이다. 어미와 새끼 북극곰들은 연구와 보호 목적으로 약간의 금전적 지원을 약속한 과거 코카콜라 광고에서처럼 믿을 수 없을 정도로 촬영에 적합한 모습이다(광고에는 유치한 곰과 펭귄 캐릭터가 아니고 실제 곰이 등장한다).[23] 그러나 곰들은 마을 쓰레기장을 뒤지고 동네 어린이를 위협하고 있어서 그렇게 아름답지 않다. 유해동물이나 위협적인 존재로서의 곰은 사라지고 있는 북극의 장엄한 상징으로서의 곰과는 전혀 다른 이미지를 보여 준다. 끊임없이 공동체로 들어오는 곰은 사살되어야 한다. 모든 사람에게 고통스러운 일이지만 필수적이다. 단순히 곰은 너무 위험하다. 기후변화로 인간과 북극곰이 만나는 일이 증가하고, 둘 모두에게 문제를 일으키고 있다는 것은 의심의 여지가 없다. 하지만 이것이 반드시 곰의 멸종이 임박한 것이라는 이야기는 아니다.

이누이트가 보고하는 정보에서 북극곰 개체수가 감소하고 있지 않다는 불평에 국제기구들이 반응하기 시작하였다. 게다가 미국에서 곰 수입 허가를 폐지하는 것은 북극곰에게는 아무런 도움이 안되면서 경제적 어려움만 야기하고 있다. 일부 곰은 얼음이 녹아 위험에 처하게 될 수 있다. 특히 처칠 근처 서부 허드슨만에서 남쪽으로 가장 멀리 떨어진 집단들이 그런 경우이다. 심지어 이 남쪽 집단도 예전에 우려했던 것보다 더 많을 수 있다. 2012년 수행된 조사에서 남부 허드슨만 도처를 이동하는 곰들이 과거의 생각에 비해 더 많은 것으로 나타났다.[24] 처칠 근처에 먹이가 부족해지면, 이 곰들은 아르비아트와 랭킨인렛까지 북쪽으로 이동하여 지역 주민들에게 큰 문제를 일으킬 것이다. 국제자연보호연맹 종보전위원회의 북극곰 전문가 그룹이 수집한 자료에 따르면, (이 수치가 상황이 악화되고 있을지 모른다고 보여 주는 것을 염려하지만) 다른 북극곰 개체 수는 안정되거나 증가하고 있다.[25] 데이비스 해협에서 수행된 북극곰에 대한 추가 연구에서 지난 35년 동안 (아마 초기의 과도한 사냥에서 회복되고, 이 지역의 풍부한 고리무늬물범으로 인해) 개체 수가 지속적으로 증가하고 있고 이 지역은 (2,000마리가 조금 넘는) 건강한 곰의 포화점에 도달한 것 같다고 밝혀졌다.[26]

문제는 해빙에 대한 일반화 경향이다. 북극의 다년빙이 전례 없는 속도로 줄고 있다. 이는 북극에서 겨울 얼음이 연중 얼어 있는 두꺼운 다년빙에 비해 더 얇은 계절빙(가을에 얼어 봄에 녹는 얼음)이 되는 경향을 의미한다. 그러나 이와 같이 얇은 계절빙은 바로 물개와 북극곰이 좋아하는 얼음이다. 그러므로 실제로 다년빙의 감소와 계절빙의 증가는 적어도 단기적으로는 물개와 북극곰의 개체 수 증가에 도움이 될 수 있다. 게다가 곰은 적응을 잘하는 동물이다. 만약 얼음에서 사냥하기 어려워진다면, 곰들은 묶여 있는 벨루가 고래부터 마을 쓰레기장까지 먹이를 찾으러 땅 위로 올 것이다.

이스마 영화사는 2010년 10월에 다큐멘터리 영화 「이누이트의 경고」를 발표하였다.[27] 영화에서 다루어진 주제 중 하나는 기후변화가 북극곰에게 미치는 영향이다. 원로들은 육지에서 목격되는 북극곰의 수가 늘고, 봄과 가을에 얼음이 없는 기간이 길어진다고 말하지만, 북극곰의 수가 줄고 있지 않다는 생각을 되풀이하고 있다. 또한 그들은 안정제로 곰을 진정시켜 표식을 붙이는 남쪽의 야생동물 전문가들의 관례가 곰에게 해롭고 치명적일 수 있다며 비난한다. 북극곰을 추적하기 위해 곰에게 두른 무선 추적기가 달린 목걸이가 얼음에서 사냥 능력을 저하시킨다. 젊었을 때 뛰어난 기량의 북극곰 사냥꾼으로 유명한 이칼루이트의 원로 이누키 우키기아크시(Inookie

Uqigiuaqsi)는 얼음구멍을 통해서 물개를 잡기에는 북극곰의 목이 길다고 말한다. 그는 목걸이 때문에 곰이 굶어 죽는 것을 보았다.[28] 마르틴 키비(Martin Keavy)가 다음과 같이 말했다.

> 영화「이누이트의 경고」에서 원로들의 관찰은 과학자에게 심오한 방식으로 의문을 제기한다. … 일부 원로는 과학자의 행동이 북극 야생동물과 이누이트 공동체를 위험에 빠뜨리고 있다고 주장한다. 레절루트베이에서 너새니얼 칼루크(Nathaniel Kalluk)가 관찰한 바에 따르면, 무선 추적기를 단 북극곰은 숨을 쉬러 구멍으로 올라온 물개를 효과적으로 사냥하지 못한다. 마찬가지로 레절루트베이의 사이먼 이들라우트(Simon Idlout)도 청각이 예민한 곰들이 과학자들의 헬리콥터 소음 피해를 입는다고 언급하였다. 다시 말해서 곰들의 사냥능력은 해빙의 감소가 아니라 여러 종류의 위협을 받기 때문에 과학자들이 육상에서 지역 공동체의 이누이트에게 점점 더 많은 문제를 일으킨다. … 팽니텅의 원로인 제임시 마이크(Jamesie Mike)는 "표식이 붙여진 곰은 더욱 공격적으로 행동한다."고 말했다. 과학자들은 그들이 '취약한' 북극 환경을 보호할 정책으로 이어질 자료를 만들고 있다고 생각할지 모르지만, 사이먼 이들라우트는 그들이 사실상 야생동물 학대에 관한 중요한 이누이트 법을 어기고 있다고 지적하였다. 팽니텅의 이누시크 나샬리크(Innusiq Nashalik)는 "오직 책에서만 곰을 알고 곰과 소통해 본 적이 전혀 없는 남쪽 사람들에게 곰들이 지속적으로 괴롭힘을 받고 있다. 우리가 우리의 야생동물들을 잘 알고 있다."고 말했다.[29]

그럼에도 불구하고, 이누이트와 북극곰 전문가들은 장기적으로 해빙의 융해가 미칠 영향을 우려하고 있다. 얼음이 어는 것이 더 늦어지고, 녹는 것은 일러지고 있다. 2010년에는 12월 초까지도 이칼루이트 근처 프로비셔만에 얼음이 얼지 않았고, 봄에는 5월부터 유빙 가장자리가 불안전해졌다. 배핀섬 남쪽에서도 전례 없는 얼음이 얼지 않은 기간이었다. 보다 남쪽의 북극 지역에서는 이런 변화가 여름을 보내기 위해 겨울과 봄에 살을 찌워야 하는 곰의 능력에 분명히 영향을 미친다. 고통을 받는 북극곰에 대한 이야기와 사진은 주로 매니토바 북부의 처칠에서 나온다. 또한 처칠은 이누이트가 아닌 사람들이 가장 가까이에서 곰을 보고 공부하는 지역이자 관광객들이 곰을 보러 오는 장소이다. 더 북쪽의 상황은 상당히 다르다. 원로들은 기후변화에 적응하는 곰과 인간 모두의 영리함을 믿는다. 과학자, 연구자, 이누이트가 야생동물에 대한 우려뿐만 아니라 사람도 고려하면서 보호 문제에 함께 협력한다면 더욱 바람직할 것이다.

동물 보호

북극곰의 수와 상태에 대한 이누이트의 지식이 북극에서 멀리 떨어진 선의의 보호 활동가들에게 잘 전해지지 않은 것과 곰에 대한 이누이트의 의존성을 마음대로 무시하는 것이 문제이다. 이누이트는 수년 동안 자신의 땅을 자신의 지식으로 관리하는 능력을 직접적으로 방해하며 야생동물 관리를 강요하는 남쪽 사람들을 상대해야 했다. 20세기 초에 이누구이트가 엘즈미어섬에서 사냥하기 위해 스미스 해협을 건너는 것을 막으려고 사향소 사냥이 금지되었다. 그 결과 그라이즈 피오르와 레절루트베이로 이주당한 이누이트는 식량을 위해 사향소를 잡을 수 없게 되었다. 카리부 사냥의 제한으로 그들이 식량 섭취가 방해받았지만, 1950년대 캐나다 북부 툰드라 지대 기근의 원인이 되었던 심각한 카리부 감소를 막지 못했다. 허드슨베이사와 캐나다 정부는 이누이트에게 여우 모피 덫을 조장하였고, 이로 인해 이누이트는 오래된 사냥터를 포기하고 전통 기술도 잃게 되었다. 1930년대 이후 남쪽의 경제 문제로 여우 모피 산업이 붕괴되면서 이누이트는 굶주리게 되었다. 최근의 모피 반대

운동을 포함한 모피 패션의 변화가 사람들에게 극심한 고통을 야기하였지만, 동물 개체수 보호에는 아무런 역할을 하지 못하였다. 현재 진행 중인 물개가죽 수출에 대한 분쟁도 또 다른 사례이다.

나는 대서양 동쪽 해안에서 매년 물개 사냥이 벌어지는 것을 옹호하고 싶지 않다. 이 문제의 옳고 그름은 잘 알려져 있고, 다른 곳에서 광범위하게 논의되어 왔다. 그러나 유럽의회는 이 논쟁의 결과로 2009년 5월 물개가죽 상품의 수입을 금지하였다. 이 금지조치는 이누이트에게 심각한 문제이다. 금지조치는 이누이트 사냥꾼에게 부분적으로 예외가 적용되지만, 이 차이가 물개 상품 구입자나 유럽이나 다른 곳의 물개 판매 반대자들에게 항상 명확하게 전달되는 것은 아니다. 또한 이 금지조치는 이누이트의 사냥과 문화와는 완전히 이질적인 활동을 일률적으로 다루는 경향이 있다. 2009년 EU의 금지조치는 다음과 같이 명시하였다.

> 유럽의회 제1차 독회의 합의에 따라 의회는 물개 상품 시장을 제한하는 규정을 채택하였으며, 덴마크, 루마니아, 오스트리아 대표단은 기권하였다.
>
> 보다 구체적으로, 이 규정은 이누이트와 기타 원주민 공동체가 전통적으로 사냥한 물개 상품과 그들의 생계에 도움이 되는 곳에서만 물개 상품 시장을 허용한다. 이 조항은 알래스카와 캐나다, 그린란드, 러시아의 이누이트 지역에 사는 원주민들에게만 적용된다. 이런 조건은 수입품의 수입 시점 또는 수입 지점에서 적용되어야 한다.[30]

나티크*nattiq*(고리무늬물개)는 대부분 이누이트의 생활 기반이다. 물개에서 고기, 호롱불을 켜는 기름, 뼈, 끈과 실을 만들 가죽, 옷을 만들 물개 모피를 얻을 수 있다. 모든 부위가 사용된다. 게다가 물개가죽 수출과 판매 또는 수출용으로 물개 가죽옷을 만드는 것은 이누이트 경제에 중요하다. 아키트시라크로스쿨 졸업생인 아주 피터는 저명한 물개 가죽 패션디자이너이기도 하다.

그녀가 만든 옷은 전통과 현대의 아름다운 융합으로 국제적으로 인정받는다. 그녀는 오랜 기간 캐나다에서 살았지만, 그린란드 출신이다. 그녀는 물개 상품, 이누이트의 물개가죽 사용, 북극 문화에 대하여 (2012년 캐나다 훈장을 받은) 강력하고 분명한 지지자가 되었다.

나의 조상들의 고장은 아주 넓다. 그곳은 놀라운 곳이고, 자랑스럽다. 북극에 사는 이누이트는 그린란드와 캐나다, 미국, 시베리아 등과 모두 관련 있다. 우리는 모두 같은 언어인 이누크티투트를 말하고, 자연, 야생동물, 그리고 사람에 적용되는, 그래서 우리가 수백 년 동안 어떻게 북극에서 공존해 왔는지를 보여 주는 동일한 원칙을 갖고 있다. 그린란드 사람들이 이곳으로 와서 북극곰을 사냥한다. 그것들은 우리의 북극곰이 아니라 단지 우리 지역에 있을 뿐이고, 다른 지역이 덴마크 영토나 캐나다 영토로 불린다 하더라도 다른 이누이트도 가서 사냥하고 낚시를 한다. 그런 영토는 우리가 관계를 맺은 지 오랜 후에 생겼다.

지속 가능성과 자원의 관점에서 우리는 다른 지역, 다른 사람들과 동물을 공유한다. 사실, 동물이 자기 스스로를 희생할 때 당연히 공유해야 할 의무가 있다. 우리 문화에서는 공유를 통해 동물들에게 존중을 표하지 않는다면, 그들이 다른 데로 갈 것이라고 믿는다. 우리는 스스로를 위해서 지역이나 동물을 가지고 다투지 않는다. 우리는 항상 합의하려고 노력한다. …

물개 수입에 대한 유럽의 금지조치는 우리 공동체에 치명적인 영향을 미칠 것이다. 이누이트 가정은 식량과 사냥에 필요한 총알을 사기 위해 30~50달러를 써야 하고, 물개가죽으로 돈을 얻는다. 그 돈은 멀리 떨어진 공동체에 사는 이누이트 가정과 큰 차이가 있다. 비행기나 배로 운반되는 아이들이 먹을 우유 4리터를 사려면 12~15달러를 써야 할 만큼 식량이 비싸다. 그 금지조치는 매우 슬픈 일이며, 우리 생활방식에 실질적인 영향을 미칠 것이다.

누나부트에서 우리가 가진 가장 지속가능한 자원은 우리 민족이다. 북극은 아주 넓은 방대한 지역이며 광물 등 많은 기회가 있지만, 우리의 재산은 아이들이다.

나는 아이들과 손주들이 화목하게 살고 우리가 가진 믿을 수 없을 만큼 방대한 영토를 즐길 수 있게 책임을 다하고 있다. 우리는 정말 스스로 북극에 사는 것이 얼마나 축복받은 일인지를 기억해야 한다. 만약 모든 세계가 우리가 자연과 그곳에 사는 동물과 사람을 존중하는 전통적 방식으로 북극을 생각한다면, 그것은 아주 인상적일 것이다.[31]

전 캐나다 총독 미카엘 장(Michaëlle Jean)은 전통 칼인 울루로 물개 고기를 자르고 날고기를 먹는 사진이 공개되고 나서 거센 비난을 받았다.[32]

슈퍼마켓에서 비닐로 잘 포장된 음식을 사는 데 익숙한 북아메리카나 유럽의 도시 거주자들에게 식량을 얻기 위한 전통 사냥은 충격적인 광경일 것이다. 눈에 피가 묻어 있다. 사체에서 조심스럽게 가죽이 벗겨지고, 내장이 쏟아져 나오고 갈비뼈와 척추가 드러난다. 살아 숨 쉬던 생명체가 죽었다. 이누이트의 관점에서 보면, 그 동물은 먹잇감으로 스스로를 맡긴 것이다. 그 영혼은 계속 살아갈 것이고, 한 생명체에서 다른 것으로 몇 번이고 계속 변할 것이다. 인생은 서로 연결되어 있다. (인간이든 북극곰이든) 사냥꾼과 (물개든, 북극곰이든, 때로는 사람이든) 사냥감들은 각자의 생존을 위해 필수적이다. 동물의 죽음은 잔인하거나 비인간적이지 않다. 그건 선물이다.

우리는 먹고살기 위해 모여서 사냥을 하던 우리 조상들과 단절되어 있다. 우리는 더 이상 조상들의 과거 이야기나 전설을 믿지 않으며, 그것은 아이들에게나 어울리는 "동화"라고 무시한다. 원주민들은 종종 스스로가 어린아이인 것처럼 취급된다. 물개 사냥 반대 활동가들은 생존을 위해 사냥하고 고기를 먹는 것이 필수적이었던 우리의 야만적인 과거의 잔재처럼 그들이 보고 있는 것에 넋이 나가 겁을 먹은 것처럼 보인다. 그러나 이런 과거를 잊음으로써 얼마나 많은 손해를 보고 모두가 얼마나 많은 돈을 썼는지를 잊고 있다. 자급자족하며 먹고사는 사냥꾼들은 동물을 존중하지 않으면, 사냥감이 사라질 것임을 알고 있다. 사냥꾼이 배우는 교훈은 사냥기술뿐만 아니라 성격과 정신적 고결에 관한 문제도 있다. 사냥꾼이 인내심이 없고 겸손하지도 관대하지도 않다면, 그와 가족들은 굶주릴 것이다. 우리가 잡아먹는 동물들도 모든 살아있는 것과 마찬가지로 영혼이 있다. 나는 물개나 북극곰 사냥에 많은 관심을 쏟지만, 우리가 먹는 쇠고기와 닭고기, 양고기, 돼지고기가 나오는 공장형 농장과 도살장은 별로 조명되지 않는 상황을 이해할 수가 없다. 당장의 생존을 위해 육지나 바다와 친숙한 이누이트는 살아있는 모든 것들 간의 관계를 인식한다. 나와 같은 도시 거주자들은 우리 삶이 지구가 우리에게 주는 것에 달려 있다는 사실을 거의 인식하지 못한다. 이누이트와 같은 전통적 사냥꾼들은 가정교육에 필수적인 부분으로서 자연보호와 환경 건전성을 배운다. 동물 사냥에 대한 우리의 환경적 우려와 반응이 선의에서 한 것이라 하지만 우리는 더 이상 그런 관계가 없다.

그림 9.4 브리티시컬럼비아, 빅토리아에서 막 보트를 타려는 (왼쪽부터) 루시앙 우칼리안누크, 샌드라 오미크, 시마투크 "샘" 이토르체아크(Symatuk "Sam" Itorcheak). 루시앙과 샘은 그 후 사망하였다.

캐나다 남부와 미국, 유럽에 사는 대부분 사람들에게 기후변화에 대한 중요한 문제는 "북극곰에게 북극이 안전한가?"인 것 같다. 이 책의 표지에 있는 외로운 곰이 그런 불안함을 잘 보여 준다. 그러나 북극이 이누이트에게도 안전한지에 대한 문제는 별 관심이 없다. 북극곰이나 물개가 중요하지 않다는 것은 아니다. 중요하다. 기후변화가 바로 지금 곰이나 물개 수를 감소시킬 것 같지는 않지만, 북극의 장기적인 온난화에 곰과 물개, 사람은 불가피하게 적응해야 할 것이다. 바다코끼리와 같은 다른 종들은 또 다른 더 큰 위험에 처할 수 있다. 북극곰과 사람은 지능이 높고 잘 적응하는 것으로 알려져 있다. 그러나 북극 생태계 전체가 기후변화로 극심하게 변하고 있다는 것을 두려워할 만한 충분한 이유가 있다. 북극곰, 물개, 바다코끼리, 고래, 물고기, 그리고 사람은 서로 한 종의 위험이 다른 모든 종에 필연적으로 영향을 미치는 상호 연결된 생태계에서 살아간다. 북극이 이누이트에게 안전하지 않다면, 물개나 북극곰도 모두 안전하지 않다. 우리 또한 안전하지 않다.

제10장.. 메신저: Tusaqtittijiit

나는 이누이트 문화에 대해 잘 몰랐다. 어린 시절, 집에 공예품이 가득한 것을 당연하게 여겼고, 그것에 의문을 갖지 않았다. 나는 이글루나 썰매 개, 사냥이나 물개 잡는 것, 조각이나 콧노래에 대해 아무것도 몰랐다.

하이디 랭길(Heidi Langille)[1]

북극의 기후변화와 주권, 인권은 얼음과 바다, 땅, 인간의 삶을 포함하여 모든 삶에 대하여 끝없이 이어지는 이야기의 일부이다. 물개, 북극곰, 바다코끼리, 그 밖의 해양 동물과 사람들이 수천 년 동안 북극의 해빙 위에서 살아왔다. 북반구는 15,000년 전의 거대한 빙상으로 덮여 있었고, 지금도 여전히 그런 것이 영향을 미치고 있다. 호수, 산, 계곡은 얼음으로 뒤덮였고, 빙하가 후퇴하면서 암석과 흙으로 이루어진 거대한 퇴적물이 남았다. 땅은 얼음이 녹으면서 무게가 줄어들어 서서히 상승하고 있다. 북아메리카와 유럽, 아시아는 그 거대한 빙상의 잔재이다. 그린란드는 얼음의 순환에서 마지막으로 남겨진 혈혈단신의 모습이다.

얼음이 말을 할 수 있다. 빙산이 빙하에서 떨어져 나가면서 탁탁 소리를 내고 '쾅!' 하는 소리를 낸다. 떨어지는 얼음에서는 유리잔처럼 쨍그랑 하는 소리가 나고, 우리가 살짝 언 바다를 천천히 이동할 때 작은 얼음이 보트에 부딪혀 '쿵' 소리를 낸다. 배가 부서진 팩 아이스를 지날 때는 부서진 얼음들이 휘젓는 소리가 거대한 세탁기 소리처럼 들린다.

얼음은 움직인다. 빙하는 빙산의 거대한 계곡을 따라 아주 천천히 아래로 움직인다. 요즘 그런 이동이 단거리경주가 되었다. 빙산은 데이비스 해협을 통해 북대서양까지 천천히 잔잔하게 항해하는데, 그곳의 선박과 연안의 석유굴착장비와 공동체, 심지어 멕시코만류에도 큰 피해를 입힐 수 있다. 타이타닉은 그린란드 빙하에서 떨어져 나온 빙산에 충돌하여 침몰했다.

폰드인렛에서는 매년 얼음이 어는 시기에 빙산이 해빙에 갇히곤 한다. 겨울철에는 공동체에서 그 빙산을 바로 담수로 이용할 수 있다. 빙하로 만든 차는 약한 박하 맛이 있다. 해빙은 소금물에서 만들어지지만, 얼면서 점점 소금이 침출되어 담수가 된다. 종종 해빙 표면에 녹아 있는 물을 마시기도 한다. 얼음은 항상 흰색이 아니다. 얼음 속의 미네랄과 반투명한 표면을 통해 굴절되는 빛은 짙은 청록색부터 옅은 옥색의 섬세한 범위의 색을 만들어 낸다. 빙

그림 10.1 그린란드 일룰리사트항의 얼음

하와 빙산은 모두 먼지로 검어질 수 있다. 나는 한 번도 본 적이 없지만 짙은 붉은색으로 바뀔 때도 있다.

얼음은 위험하다. 빙하는 갑자기 빙산을 물로 밀어낼 수 있고, 빙산은 경고 없이 굴러 떨어질 수 있다. 둘 모두 사람에게 치명적일 수 있다. 얼음 위를 여행하려면, 항상 무게를 견딜 만큼 얼음이 두껍다는 것이 보장되어야 한다. 차가운 북극해에 빠지면 저체온증으로 몇 분 안에 죽을 수 있다. 갑자기 균열이 나타날 수 있고, 얼음 한 덩어리가 팩에서 분리되어 그 위의 누군가를 오도 가도 못하게 할 수 있다. 본의 아니게 여행자는 누군가에게 발견되기까지 며칠 동안 표류할 수 있다.

이누이트는 얼음에 대한 그들의 지식으로 언제쯤 여행이나 사냥하기에 얼음이 충분히 두꺼워지는지를 판단한다. 그러나 얼음은 물개가 구멍을 낼 수 있을 만큼 충분히 얇아야 한다. 사냥꾼은 물개가 숨 쉬는 구멍인 알루*allu*를 찾아 먼 거리를 이동한다. 그곳에서 사냥꾼은 물개가 숨을 쉬러 나타날 때까지

그림 10.2 블랙 카본이나 검댕으로 얼룩진 빙산

때로는 몇 시간 동안이나 몸을 굽히고 지켜보고 있을 것이다. 사냥꾼은 작은 구멍 위에 하얀 깃털을 하나 놓아둔다. 물개가 숨을 내쉬면 깃털이 흔들린다. 그러면 사냥꾼은 물개가 얼음 아래로 가라앉기 전에 미늘이 달린 작살머리 카키바크*kakivak*와 줄로 낚아채도록, 재빠르게 소총이나 창을 준비한다. 해빙은 생존을 위해 물개를 찾는 북극곰의 주요 서식지이기도 하다. 북극곰도 역시 숨을 쉬기 위해 불행하게 바깥으로 나온 물개를 기다리면서 몇 시간 동안 구멍*alluit* 근처에서 웅크리고 있을 것이다. 사람들은 고기와 가죽을 얻기 위해 북극곰을 사냥하지만, 북극곰도 기회가 되면 사람을 사냥할 것이다. 각자 서로를 존중해야 한다.

2009년 11월, 원로인 지미 나쿨라크(Jimmy Nakoolak)와 10대 주피 앙구틸루크(Jupi Angootealuk)가 북극곰을 사냥하러 허드슨만 북쪽의 코랄하버Coral Harbour를 출발하였다. 그들은 썰매 개 대신 스노모빌에 개 썰매인 콰

무티크*qamutik*를 매달았다. 1950년대, 1960년대를 거치면서 개들이 도살되어 이누이트는 더 이상 썰매 개들을 많이 이용하지 않는다. 두 사냥꾼의 스노모빌이 고장 났고, 그들은 걸어서 육지로 돌아가야 했다. 노인은 앙구틸루크에게 소총과 탄약을 가지고 있으라고 충고하였다. 그러고 나서 얼음을 시험했다. 안전했어야 했지만, 그렇지 않았다. 얼음에 금이 가고 또다시 갈라져 두 남자를 갈라놓았다. 나쿨라크는 간신히 해안으로 돌아왔지만, 앙구틸루크는 허드슨만으로 떠내려가는 유빙 위에 발이 묶인 채 남겨졌다. 며칠 후 캐나다 공군 수색대가 그를 구조했고, 동상에 걸리고 굶주렸지만 다른 데는 괜찮았다. 하지만 그에게 소총이 없었더라면 다른 이야기가 되었을 것이다. 그가 유빙에서 어미 곰과 새끼 곰 두 마리를 만났는데, 그들은 이 이상하게 생긴 물개(앙쿠틸루크)에 아주 호기심이 많았고, 분명 식사거리를 찾고 있었다. 앙쿠틸루크는 어미의 몸에서 딱 붙어 있는 새끼들을 떼어놓고, 어미를 쏘아야 했다. 만약 두 사냥꾼이 곰을 갖고 성공적으로 돌아왔다면, 고기와 모피는 모두가 공유했을 것이다. 마찬가지로, 두 남자가 스노모빌 대신 개를 이용했다면, 그들은 분명 더 안전했을 것이다. 썰매 개들은 고장 나지 않는다. 또한 개는 곰을 무서워하지 않고, 공격하거나 적어도 다른 데로 주의를 돌렸을 것이다. 하지만 얼음이 11월이면 있어야 할 정도보다 훨씬 더 얇았다. 코랄하버의 이누이트는 이런 차이를 기후변화의 결과라고 확신한다. 이 극적인 이야기가 전 세계에서 화제가 되었다. 마을의 영웅이 되어 코랄하버로 돌아온 어린 앙쿠틸루크만큼 북극곰 새끼들에 대해서도 많이 염려하고 있다.[2] 북극 환경에 사는 이누이트와 북극곰, 물개, 개, 그리고 모든 종은 사람이든 동물이든 누구도 우월하지 않은 공생 관계를 유지하면서 오랫동안 살아왔다. 모든 영혼은 평등하며, 모두 존중되어야 한다.

그러나 어린 이누이트가 모두 북극에 사는 것은 아니고, 원로들에게 기술을 배우는 것도 아니다. 오타와와 몬트리올, 에드먼턴, 위니펙에 이누이트의

그림 10.3 그린란드 일룰리사트의 그린란드 개*qimmiq*(허스키)과 강아지들

도시 공동체가 있다. 그 가정들은 적어도 1950년대에 북극 전역에서 도시로 이주했고, 매우 유동적이다. 이전에 피터 워드(Peter Ward)로 알려진 키비아크도 그들 중 한 명이다. 일부 이누이트 아이들이 백인 위탁가정과 학교에 보내기 위한 실험적 시도로 1960년대에 오타와로 보내졌다. 그중 일부는 돌아오지 않았다. 또 다른 아이들은 혼혈 가정 출신이고, 부모들이 북쪽에서 남쪽으로 이주하는 것에 영향을 받는다. 아키트시라크 로스쿨 학생 중 두 명은 오타와에서 자랐고, 1999년에 누나부트가 설립된 후 북극으로 돌아왔다. 한 사람은 그들의 언어와 문화를 되찾는 데 상당히 성공했지만, 다른 한 사람은 그렇지 못했다. 아키트시라크 졸업생 중 몇몇은 다시 남쪽으로 이주했는데 다시 돌아올 것 같다. 그들이 어디에 있든지, 누나부트, 가족, 친구들과 긴밀한 관계를 유지하고 있다.

정확한 수치를 알 수 없지만, 오타와에 있는 이누이트 공동체는 약 1,000명에 이른다.[3] 이누이트는 이누이트 선제 프로그램Inuit Head Start program과 툰가수빙가트 이누이트 커뮤니티센터Tungasuvvingat Inuit Community Centre와 같이 공동체의 요구에 부응하는 지역 단체를 설립하였다. 오타와에 살고 있는 이누이트 대부분은 이누이트 타피리트 카나타미, 누나부트 툰가비크사, 그리고 그곳에 사무실이 있는 국립 이누이트 단체를 통해 정치 활동에 참여한다. 일부 이누이트는 오타와와 누나부트를 정기적으로 왕래한다. 오타와에서 이칼루이트까지 비행기로 세 시간 정도 걸리며, 하루에 두세 차례 왕복 항공편이 있다. 많은 이누이트가 열성적인 아이스하키 팬이며, (가능하다면) 좋아하는 팀을 보기 위해 토론토나 몬트리올로 응원을 간다. 북아메리카 프로 아이스하키 리그의 유일한 이누이트 선수인 내슈빌 프레더터스Nashville Predators 조딘 투투(Jordin Tootoo)의 첫 경기가 있던 날, 남쪽으로 가는 비행기에는 테네시로 향하는 아이스하키 팬들로 가득했다!

캐나다 남부의 도시 공동체에 있는 많은 이누이트도 다른 도시 원주민과 같은 문제를 겪고 있다. 소외감과 혼란, 교육 부족, 직업 능력 부족, 그리고 실제 도시의 일부로서나 "고향"이 아닌 빈민가에서 자란 경험 등이 대표적이다. 하지만 이런 상황이 바뀌고 있다. 오타와에 있는 이누이트는 도시화된 공동체에 살고 있지만 진정한 이누이트로서 그들의 언어와 문화를 다시 배우고 있다. 반드시 "북극에서" 사냥하고 낚시하는 것이 "진짜 이누이트"가 된다는 것을 의미하는 것은 아니지만, 많은 이누이트가 북극을 여행하는 동안 그런 기술을 다시 배우고 있다. 이누이트는 이누크티투트를 배우거나 다시 배우는 것 외에도 북춤, 콧노래, 그 외의 진정한 이누이트 활동을 통해 문화적 정체성을 키우고 있다. 그들이 "캐나다 원주민과 그들을 위한 토지"와 같이 주목받았던 1939년 대법원 법정이 열린 이후, 연방정부는 캐나다 헌법 제91조 24항에 따라 연방정부 책임의 일부로서 "에스키모"나 이누이트를 인정해야 한다.[4] 하지만 에드먼턴의 키비아크나 다른 사람들이 나아지려는 노력에 비해,

도시의 이누이트는 여전히 주목받지 못하고 있다.

이 책에서 누나부트의 이누이트에 초점을 맞추고, 노스웨스트 준주의 이누비알루이트, 퀘벡주 북부 누나비크의 누나빔미우트Nunavimmiut, 래브라도 누나치아부트Nunatsiavut의 이누이트에 대한 이야기는 적지만, 많은 이누이트가 그들의 경제적 상황이나 고용, 교육이 가능하다면, 그들의 지역과 남쪽 사이를 이동한다는 사실을 잊지 않는 것이 중요하다. 나는 아직도 첫 목적지가 항상 "쇼핑몰"이었던 이누이트와 함께 남쪽으로 가는 비행기를 탔던 신나는 일을 기억한다! 이누이트 공동체가 범이누이트의 정체성을 되찾으면서 캐나다와 북극 전역의 다른 지역과 다시 연결되고 있다. 지방, 영토, 문화를 공유하는 국가 사이의 지리적 경계가 다시 열리기 시작하고 있다. 이 책에서 보여 주려고 노력한 것처럼 이누이트는 항상 위대한 여행가이자 이야기꾼이었으며, 이 독특한 특성이 강하게 남아 있다. 이누이트가 사는 모든 북극은 이누이트 공동체와 영토의 연관성뿐만 아니라 다양성을 인정하는 누나아트 Nunaat(넓은 땅)로 알려져 있다.

기후변화가 북극을 극적으로 변화시키고 있다는 것은 의심의 여지가 없다. 지구상의 다른 어떤 곳보다 북극에서 기온이 빠르게 상승하고 있다. 모든 생명체의 장기적인 전망이 불확실하다. 융빙은 지구 전체에 영향을 미치는 핵심적인 생태계 문제이다. 이누이트의 말을 귀담아듣는다면, 해결책을 찾을 수 있을지 모르지만, 문제는 북극에서 비롯된 것이 아니라는 사실이다. 유엔의 기후변화에 관한 정부간 협의체IPCC는 너무 보수적이고, 보고서 발표 기간이 오래 걸려 비판받을 수 있지만, 일반적으로 대부분 과학자는 IPCC의 과학적 권리를 인정한다. 그러나 IPCC는 북극 주민들의 주요 기반시설에 골칫거리를 일으키고, 방대한 양의 메탄을 방출시킬 수 있는 영구동토층 해빙의 증가와 같은 북극이 직면한 모든 잠재적 문제를 다루고 있지 않다. 게다가 IPCC는 그린란드와 남극의 얼음이 녹았을 때 발생할 수 있는 모든 영향을 다루고 있지 않다.[5] 사람은 영리하며 지략이 뛰어나서 북극곰처럼 살아남을 것이다. 그러나 현재 일어나고 있는 변화는 북극의 모든 생명에 실제 스트레스를 주고 있으며, 이미 지구 전체에 문제를 일으키기 시작하였다.

어떤 면에서 지금 북극의 삶은 과거 이누이트의 삶보다 편하지만, 다른 면에서는 더 위험해지고 있다. 얼음이 얇아지고 있고, 그래서 매년 사냥꾼들이 가족과 공동체를 부양하기 위해 노력하다 실종된다. 원로의 지식을 점점 덜 신뢰하게 되면서 원로에 대한 존경심도 떨어졌다. 한편 많은 이누이트 젊은이가 방황한다. 지금 그들의 세계에 침투한 남쪽의 현대적 방식에 대처할 수 없고, 과거의 전통적 방식도 더 이상 편하지 않다. 나는 지난 겨울, 이칼루이트에서 두 번의 장례식에 참석했다. 둘 다 젊은 이누이트 남자의 장례식이었다. 하나는 자살이었고, 하나는 끔찍한 스노모빌 사고였다. 두 남자 모두 일자리가 있고, 어린아이가 있었다. 나는 그 젊은 남자들을 직접 알지 못하지만, 그들의 부모를 알고 있었고, 자살 희생자의 아버지와 특히 가까운 사이였다. 두 장례식 모두 비통하였다. 장례식을 많이 치러 본 젊은 성직자는 그를 대신하여 용서를 구함으로써 젊은 자살 희생자 유족들의 죄책감을 전하려 노력하였다. 그 말은 단순하면서도 단호했다. 나는 교회에서 묘지까지 이어진 행렬의 이동을 기억한다. 하늘, 눈, 얼음이 아주 고르게 희끗희끗한 1월 말의 옅은 회색빛 하루였다. 거센 바람이 눈보라를 일으켰다. 날씨는 추웠다. 언 땅을 파내 무덤을 만들고, 얼음 먼지와 눈으로 나무 관을 뒤덮었던 해안가 근처에 굴착기가 서 있었다. 아주 하얗게 얼어붙은 만을 배경으로 무덤이 얼마나 춥고 외로워 보였는지 절실히 느꼈다. 그 상실감과 비탄이 고통스러웠고, 유족들은 상상하지 못할 정도로 힘겨워했다. 다시는 오로라를 보러 묘지에 가지 않았다.

지도, 우표, 화물선, 비행기, 교회, 경찰서, 금광, 유전 및 가스전 탐사, 위성 TV, CBC 노스North 라디오 채널, 그리고 지금의 인터넷은 북극에서 칼루나

그림 10.4 이칼루이트 묘지

트 문화의 산물이자 통신수단의 새 분야를 보여 준다. 여전히 계속되고 있는 식민지적 침범의 지표이다. 국제적 환경에서 캐나다 주권의 합법성 추구는 마치 항해할 수 있는 수로처럼 얼음으로 막힌 해협에 집착하지만, 우리는 여전히 문명의 거품에 둘러싸여 있으며 그 대가는 말 그대로 우리 아래에서 녹아내리고 있다. 이런 세상에서 낡은 경계가 무슨 의미인가? 아이러니하게도 얼음이 녹고 바다에서 항해가 가능해지면서 국가와 자원개발 옹호자들은 새로운 경계를 적극적으로 지지하고 있지만, 동시에 이누이트를 한 국가나 공동체에 묶어 두던 오랜 식민지적 장벽도 사라지고 있다. 아주 피터가 말한다. "우리는 가상의 경계로 나누어진 하나의 민족이다. 내가 왜 이걸 말하는가? 우리가 북극에 많은 관심을 보이기 때문이다. 자원과 국제법 등에 관한 다양한 이야기가 있다. 그런 것은 우리와 관계없다. 기후변화조차도 우리에겐 이질적이다. 내가 스스로에게 말하는 건, 여기가 우리 뒷마당이라는 것이다. 우리는 오랫동안 여기에서 살아왔고, 살고 있다. 우리는 다른 사람들을 어떻게 대하는지와 자연에 대하여 우리만의 법이 있다."[6]

캐나다 북극의 이미지는 "강력하고 자유로운 진정한 북극"이라는 캐나다 비전의 핵심이다. 이눅슈크*Inuksuk*보다 더 캐나다를 상징할 만한 것이 무엇이 있을까? 2010년 밴쿠버 올림픽조직위원회는 분명 그렇게 생각하였다. 캐나다 서부 해안이 수많은 유능한 예술가와 아름다운 전통 디자인을 배출한 원주민의 고향이라는 점에도 불구하고, 그들은 이누이트의 상징을 선택했다. 이눅슈크는 누나부트 준주의 깃발에서 두드러진다. 캐나다의 모토는 또한 소극적인 논쟁거리인데, "바다에서 빛나는 바다까지From Sea to Shining Sea"를 "바다에서 바다로, 바다로From Sea to Sea to Sea"로 바꾸어야 한다는 것이다. 캐나다가 둘이 아닌 세 개의 대양으로 둘러싸인 나라임을 인정하자는 것이다. 캐나다는 지구상 어떤 나라보다도 해안선이 가장 길고, 그중에서도 가장 긴 부분은 단연코 북극에 있다.

이눅슈크는 이누이트 법으로 땅을 나타내는 물리적 표시이다. 소유권을 나타내는 울타리가 아니라 이정표나 선구자적인 역할을 한다. 이눅슈크라는 단어는 "사람처럼"을 의미한다. 아이들에게 이눅슈크에도 인간과 마찬가지로 존중되어야 할 이누아*inua*(영혼)가 있기 때문에 그걸 무너뜨리면 안 된다고 가르친다. 툰드라 전역에 길게 이어지는 수천 개의 이눅슈크가 있다. 낚시나 사냥하기에 좋은 곳을 안내할 수도 있고, 앞에 이어지는 길이 식량이 없는 황무지라고 경고하는 것일 수도 있다. 그것들은 결코 경계를 표시하지 않는다. 이누이트는 넓은 지역에 살고 이동하지만, 한 국가와 국가 사이에 분명한 국경이 없었다. 국경이 필요 없었다.

북극권arctic circle은 최소 6개국의 국경을 가로지른다. 그린란드와 누나부트 사이를 이동하는 이누이트에게 이런 국경이 무엇을 의미할까? 그들이 절대 가지고 다녀야 한다고 생각지 못한 여권을 요구하는 것, "우리의 땅"과 그것이 의미하는 것에 대한 논쟁, 그러고 나서 경직된 관료주의를 앞서는 상식으로 규칙을 확대해석하고자 했던 당황한 직원? 기후변화로 얼음이 얼지 않는 기간이 길어지고 녹는 시기가 불안정한 지금, 이누이트와 비이누이트 모두 북극에 대한 책무와 그들이 서로와 그 땅에 어떻게 연관될 것인지를 재평가할 필요가 있다. 이런 조정의 한 부분은 우리가 지구 환경을 어떻게 생각하는지와 관련이 있다. 기후변화는 이누이트와 비이누이트 모두 우리 세계에서 예상해 왔던 경계를 다시 그리고 있다. 이누이트는 우리 대부분이 처한 환경보다 북극의 극한 환경에 더 가까이 있고, 북극은 지구상 어디에서보다 빠르게 온난화되고 있어서 그들은 변화가 일어나는 것을 더욱 일찍 보고, 무엇이 일어나는지 더 잘 알고 있다. 그들이 진정한 "기후변화의 목격자이자 전달자 *silaup aalaruqpalianigata tusaqtittijiit*"이다.

이누이트어인 이누크티투트로 "환경"은 실라sila이며, "날씨"와 같은 의미로 쓰일 수 있다. 기후변화 또는 실라웁 아울라닌가*silaup aulaninga*("우리 날씨가 변하고 있다")는 우리에게 실라의 제한된 의미를 넘는 생각을 필요로 한다. 실라르유아크*silarjuaq*는 "하늘", "우주", "공기의 강력한 정신"을 의미한다. 우리는 큰 그림인 *실라르유아크*를 이해하는 방향으로 움직이기 시작해야 한다. 우리는 그러기 위해서 실라의 다른 의미인 "지능"이나 실라투니크*silatuniq*인 "지혜"를 알아야 한다. 티모시 르뒤크(Timothy Leduc)는 그의 저서 「기후, 문화, 변화*Climate, Culture, Change*」에서 제이피티 아르나카크(Jaypeetee Arnakak)의 다음 글귀를 인용하였다.

> 나는 이 *sila*와 이누이트 샤머니즘이 고통과 금식을 통해 그 깊고 넓음에 이르는 방법을 진정으로 믿는다. 현상적 자기가 가라앉고 평온함과 명쾌함을

> 얻는 것은 고통을 통해서이다. 자연은 무관심하다. "좋음"과 "나쁨", "선"과 "악" 등 우리의 제한적인 개념에는 관심이 없다. 이런 통찰력은 우리를 죽일 수도, 무한한 창조성에서 우리를 해방시킬 수도 있다.[7]

이어서 르뒤크는 이것이 비이누이트뿐만 아니라 이누이트에게 무엇을 의미하는지 설명한다.

> 샤먼의 *Silatuniq*는 공동체가 "경제적으로가 아니라 근본적으로 윤리적인" Sila 관계를 맺도록 하지만, 아르나카크는 이 *Silatuniq*가 일상생활에 지배적인 문화적 추정과 모순일 수 있는 어려움을 분명히 했다. 문화적 추정, 식민지적 압박, 기후 영향의 확대 등 좁은 역학관계 외에도 이 논의는 네 번째 역학관계가 *Sila*의 북극 온난화에 대한 학제적이고 다문화적인 연구 범위를 제한하고 있음을 시사한다. 사회적 맥락으로 형성된 지식을 위한 샤먼 또는 정신적인 지혜에 대한 서구의 합리적 거절.[8]

과학적 지식은 물질적인 무언가를 넘어서 현실에 개방되어야 하는데, 현대 과학자는 대부분 그렇게 하길 꺼린다. 또한 우리는 이누이트 지혜에 대한 거부와 그것이 무엇인지를 낭만화하려는 경향을 모두 피해야 할 필요가 있다. *Silatuniq*는 신세대의 비전이 아니다. 아주 오래된 것이고, 단어의 뒷부분인 *tuniq* 또한 이누이트가 도착하기 전에 그 땅에 살던 고대인인 이누이트 이전 도싯 문화에서 온 사람의 이름이다. *Silatuniq*는 아마도 툴레 문화나 유럽인이 도착하기 전에 그곳에 오래 살았던 고대인들인 투니이트의 지혜일 것이다.

최종 빙기까지 거슬러 올라간 시기부터 시베리아 북극에 살고 있는 사람들은 *sila*와 상호작용하는 법을 배워야 했다. 이누이트를 포함한 그들의 후손들은 북극을 이동하는 동안 이런 지식을 전했다. 이 지식은 그들 주변의 모든 것, *sila*, 또는 환경에 대한 면밀한 관찰과 지적 평가가 포함되어야 한다. "이

두 개념의 관계에 대한 어원적 설명은 지혜가 개인의 환경에 대한 지식을 근거로 한다는 결론보다 더욱 복잡할 것이다. 그러나 실제로 이것은 사실인 것 같다."[9] 면밀한 관찰에 기반을 둔 이 지식은 항상 아주 실용적이고, 냉철하며, 적응할 수 있어야 했다. 실수할 여지가 없다. 북극곰은 당신이 경험이 풍부한 이누이트 사냥꾼인지, 텍사스에서 사냥하러 온 사람인지, 밴쿠버에서 여행을 온 호의적인 관광객인지, 헌신적인 환경운동가인지, 과학자인지, 마을 쓰레기장 근처에서 노는 아이인지 상관하지 않는다. 곰에게 당신은 셋 중 하나이다. 호기심의 대상, 위협적인 존재, 아니면 먹잇감이다.

그러나 북극곰을 이해하는 것이 단지 실용적인 지식이나 관찰에 관한 것만이 아니다. 그것은 마찬가지로 우주와 정신 모두로서 *silarjuak*에 더 가깝게 하는 *silatuniq*, 즉 지혜를 더욱 필요로 한다. 북극곰은 *nanuq*라고도 하며, 생물학적, 문화적뿐만 아니라 정신적 의미도 있다. 훌륭한 샤먼들은 스스로 곰으로 변할 수 있었고, 곰은 사람이 될 수 있었다. 북극에서 가장 무서운 영혼은 종종 곰의 모습으로 나타난다. 이런 물질적 연관성뿐만 아니라 정신적인 감각은 근본적으로 북극곰에 대한 환경적 지식이나 상업적 이미지와 다르다. 이누이트는 이 전통과 이야기를 신화로 믿지 않고, 존중받아야 하거나 두려워해야 할 또 다른 현실의 메신저로 생각한다. 그들은 오직 고통으로 배울 수 있고, 파괴되고, 해방될 수 있는 "위대한 외로움"의 일부분이다.[10]

이누이트 콰이마야투캉기트Inuit Qaujimajatuqangit(이누이트 전통지식)가 단지 문화적 전통이나 생태적 지식에 관한 것만은 아니다. "원로들이 항상 알아 왔고, 앞으로도 계속 알고 있을 지식"이다. 이런 지식이나 지혜는 이누이트나 다른 원주민에게만 국한되어서는 안 된다. 오랫동안 잊혔을지라도 도시에 사는 우리의 삶에도 직접 영향을 미친다. 내가 얻은 지식의 기본적인 교훈은 "자연"을 벗어나서는 "인간"이 없다는 것이다. 겸손함과 협동은 동물, 식물, 땅, 얼음, 날씨, 우주 – *sila* – 와의 관계에 대한 것과 같은데, 이것들이 의견

일치 의사결정이나 대안적인 분쟁 해결과 더불어 젊은 이누이트가 잊기 쉬운 것에 대한 것이기 때문이다. 문명과 황야는 모두 우리 조상들의, 그리고 지구의 가깝고 먼 미래에 대한 지식과 지혜에서 우리를 인위적으로 분리하는 사람들의 개념이다.

키비우크의 이야기는 북극의 위대한 오디세이이다. 북극에서 원로들은 이 이야기를 다시 말하고 있고, 나는 남쪽의 독자들이 그것을 알기 위해 찾아오기 바란다. 이야기는 칼루나트의 땅을 향하여 남쪽으로 떠난 낯선 여행으로 끝난다. 샤먼인 키비우크는 거위의 본성처럼 아이와 함께 남쪽으로 날아간 그의 거위 부인을 찾기 위해 "세계의 틈"을 통해 여행한다.

> 키비우크와 그의 아내가 재회했다는 소리도 있고, 아내가 사람의 몸으로 돌아갈 수 없었다는 얘기도 있다. 어떤 사람들은 그녀가 그를 맞이하러 나왔지만, 사람으로 돌아가기 위해 불러야 했던 노래와 작은 부적을 잊어버렸다고 이야기한다. 그리고 지금은 너무 늦었다. 그녀는 거위의 모습으로 남아 있었고, 때가 되자, 다시 아이들과 북쪽으로 날아갔다.
>
> 키비우크는 지금 따뜻한 남쪽 땅에 갇혀 있다. … 존(휴스턴)이 니비우바크 마크니크(Niviuvak Marqniq)에게 키비우크가 아직 살아있는지 물었을 때, 그녀가 대답하였다, "그는 틀림없이 살아있을 것이다. 만약 그렇지 않았다면, 내가 그 얘기를 들었을 거다."
>
> 샘슨 퀴낭나크(Samson Quinangnaq)는… 그의 얼굴이 돌로 변했다고 했다. 마들렌 이발루(Madeleine Ivalu)는 그의 영혼이 아직 지구에 살아있지만, 점점 움직이기 어려운 상태가 되었다고 하였다. 그의 몸이 석회화되었고, 관절이 뻣뻣해졌다. 그는 따뜻한 여름에는 약간씩 움직였지만, 추운 겨울에는 거의 움직이지 않았다. 얼굴이 이끼로 뒤덮여 있어서 사람들이 그를 볼까봐 바깥으로 나오기를 부끄러워했다. 올리 이티누아르(Ollie Ittinnuar)는 그가 한 동물에서 다른 동물로 항상 변하면서 살아있다고 말한다. 그가 다시 돌아올 것인지 물었을 때, 니비우바크 마크니크는 그가 돌아오지 않을 것이라고

말했다. 왜냐고? "여기는 그에게 너무 추워!"

샘슨 쿼낭나크는 키비우크가 죽을 때는 더 이상 숨 쉴 공기가 없을 것이고, 지구상 생물이 모두 멸종될 것이라고 하였다. 하지만 지금, 그는 여전히 살아 있고, 우리에게 이 지구에서 어떻게 좋은 삶을 살 수 있는지 가르쳐 주는 바가 많다.[11]

키비우크의 교훈에는 아이들에게 친절하고, 동물을 존중하고, 악령을 경계하는 것만이 아니라 "일을 처음부터 바로 하는 것"도 있다.[12] 이는 "북극에서는 두 번의 기회가 없기 때문"이다.[13] 이 원칙은 다른 사람을 존중하고, 물질적 또는 육체적인 것을 넘어 현실에서 움직여야 한다. 그것은 지구가 가르쳐 주는 것에 충실함을 의미한다.

캐나다 사람 대부분은 미국-캐나다 국경 가까이 분포하는 좁은 지대에 살고 있다. 만약 캐나다의 지리적 중심지가 어디냐고 묻는다면, 대다수 캐나다인은 매니토바의 위니펙이라고 답할 것이다. 사실은 대부분 사람이 느끼는 것보다 북쪽에 있는 누나부트 지역의 베이커레이크이다. 최근까지도 캐나다 시민 대부분이 북위 60도선 이북의 캐나다 땅과 바다에 대한 급격한 식민지화를 거의 모르고 있다. 1999년 누나부트 준주가 생기면서 약간의 관심을 끌었지만, 우리와 미국의 이웃을 연결하는 농업, 산업, 도시에서 수백km 이상 떨어진 그런 곳을 여행하는 캐나다 사람은 거의 없었다. 누나부트와 북극은 캐나다 정부가 수년간 무관심하던 것에서 벗어나 관심을 다시 받고 있음에도, 여전히 캐나다 정치, 경제, 문화적 사안에서 멀리 떨어져 있고, 이국적인 지위에 있다. 국제법에 따라 북극에서 캐나다의 주권을 확립하기 위한 경쟁은 선교사와 허드슨베이사 직원, 캐나다 경찰, 그리고 이미 알려진 세계에서 다른 곳으로 가는 항로를 찾는 유럽 탐험가의 흔적에 이어 야심찬 북극 "전문가", 지도 제작자, 과학자와 정부 관료들의 손에 거의 달려 있다. 이누이트의 말을 들을 필요가 있다.

캐나다 북극의 역사를 이해하려면 기후와 땅, 바다, 야생동물, 그리고 이누이트와 비이누이트 모두를 포함한 사람들 간의 상호작용을 세심하게 살펴야 한다. 국가적, 국제적 수준에서 주권에 대한 추상적 개념과 변화하는 북극의 기후에 대한 걱정이 오랜 기간 지리적 공간에서 살아온 사람들의 이야기 속 현실로 만들어지고 있다. 북극 주권에 대한 땅과 자연, 사람 및 영적 현실을 인식하여야 그런 현실에 대한 비현실적인 요구를 방지하는 데 도움이 될 수 있다.

캐나다의 북극 주권에 대한 가장 강력한 주장은 "실효적 점유"이다. 이런 목적을 달성하기 위해서 군대의 증가와 북극해 제도를 통한 해상 여행의 감시 강화가 필요할 뿐만 아니라 수색과 구조 능력도 강화되어야 한다. 국제 인권법이 포함된 현대 국가의 주권 또한 건강한 환경에 살고 있는 사람들의 건강한 공동체를 구축하는 것이다. 이누이트 타피리트 카나타미, 누나부트 툰가비크사, 누나부트 정부, 이누이트 환북극평의회와 많은 다양한 조직과 개인들이 지속적으로 말해 왔던 것처럼 주권은 가정에서부터 시작된다. 주권은 건강한 공동체에서 건강한 사람들과 함께 시작된다.

이칼루이트에서 아키트시라크의 북부 책임자로 일하던 동안, 이누이트가 엄청난 난제를 겪고 대응하는 능력에 끊임없이 감명받았다. 로스쿨은 누구에게나 어렵지만, 이 학생들은 때로는 매우 어려우면서 고통스러운 선택을 해야 했다. 초기에 북쪽과 남쪽의 논평자들이 고개를 저으며 가능성에 많은 의심을 품었지만, 프로그램을 시작한 학생들은 대부분 잘 마쳤다. 졸업식이 열린 2005년 6월 21일은 누나부트 모두에게 자랑스러운 날이었다.

개인의 성공이 중요하지만, 그런 것은 적어도 지난 60년 동안 쌓인 구조적 문제를 해결하지 못한다. 누나부트의 설립이 이누이트 협상가들에게는 대성공이었지만, 북극에서 식민주의를 종결시킨 것은 아니다. 어떤 면에서 보면 그것을 더 뚜렷하게 만들었다. 연방정부는 1993년 누나부트 토지권리협정에

따라 필요한 서비스를 위해 쓰일 재정을 마련하는 데 중과실이라고 할 수 있을 정도로 지체하였다.[14]

남쪽에서 온 사람들에게 북극은 멀리 떨어져 있고 무서워 보이지만, 이런 느낌은 단지 관점의 문제이다. 기후와 지리, 생물, 인간 등 모든 지구 시스템은 반드시 상호작용한다. 지구(가이아Caia)가 하나의 살아있는 생명체라는 제임스 러브록(James Lovelock)의 이론에 우리가 동의하든 아니든, 이 지구가 전체로서 작용한다는 것에는 의심의 여지가 없다.[15] 적어도 지난 1만 년 동안 우리는 지구 표면의 거의 모든 곳에서 살 수 있게 빠르게 진화해 온 환경을 누려 왔고, 이제 그 최후의 운명을 잘 통제할 것이다. 산업화한 현대 시민인 우리는 스스로를 환경과는 별개이고, 우월하다고 배워 왔다. 하지만 틀렸다는 것이 점점 명백해지고 있다. 우리는 (적어도 일부는) 이런 생활방식이 주는 발전 기회와 편리함을 당연하게 여기는 도시 중심에서 살고 있지만, 이 산업화된 도시 사회가 만들어 내는 명백하고 극적인 환경변화를 인식하지 못하는 것 같다. 우리는 물속에 있는 물고기와 같다. 그런 것들이 주위를 둘러싸고 있기 때문에 우리가 있는 곳을 보지 못한다. 내가 도시 중산층의 삶을 떠나 북극에서 잠시 살기로 했던 것이 이런 가정에 의문을 제기하고 부분적으로 벗어날 수 있는 데 도움이 되었다. 그러나 우리가 자연에 접근하는 방식에 의문을 제기할 수도 제기하지 않을 수도 있지만, 삶의 방식이 너무나 사치스러운 방식으로 지구를 변화시키고 있기 때문에 왜 많은 사람이 이를 알아차리지 못하는지 의문이다. 대부분 도시 생활을 정상인 것처럼 생각하지만, 사실 그것은 지구 생태계에 새롭고 아주 인위적인 부산물이다. 맥키논(J.B. MacKinnon)이 밴쿠버의 집 근처 연못에서 삶의 풍요로움을 관찰하며 보낸 하루를 말한 것처럼 말이다.

자연 세계의 위기는 어떤 다른 원인 못지않게 인식도 그중 하나이다. 전 세계에서 많은 사람이 도시로 이주하여, 점차 피드백 순환이 명백해지고 있다. 우리는 도시에서 자연에 관심을 기울이지 않는 경향이 있다. 우리 대부분에게 기업 로고와 유명 인사의 뉴스에 대한 익숙함이 동네의 새나 식용 야생식물에 대한 지식보다 일상생활에서 더 실용적이다. … 한 친구는 내가 동네 연못에서 목격한 광경이 인터넷상에서 사람들의 관심을 끌 가능성이 높다고 주목하였다. 나는 공중에서 빠른 속도로 부딪힌 독수리 두 마리와 그중 한 마리가 물에 빠지는 것을 알아차리지 못한 행인을 찍은 사진 시리즈와 오리를 사냥하는 독수리를 주제로 한 온라인 영상을 많이 볼 수 있었다. 그중 하나는 조회수 15만 번 이상 기록한 것이었다.[16]

하지만 자연은 여전히 여기에 있고, 우리가 상상하는 것보다 훨씬 더 가까이 있다. 내가 사는 대도시인 밴쿠버에서 가까운 도시공원에서 코요테가 우는 소리를 들을 수 있고, 흑곰이 일상적으로 도시 외곽의 쓰레기통을 뒤진다. 쿠거와 사슴이 브리티시컬럼비아의 도시 중심가를 돌아다니며, 라쿤이나 스컹크 같은 동물이 도시에 사는 해충을 잡아먹는다. 동물들은 종종 짜증나고 당황스러운 방법으로 우리에게 적응하는 방법을 배워 왔다. 전 세계의 모든 도시 중심가에는 이와 비슷하게 사람 이외의 거주자가 있다. 북극에서는 북극곰이 작은 공동체의 쓰레기더미를 자주 찾아오는 단골손님이 되었고, 늑대가 이칼루이트 외곽을 순찰한다고 알려져 있다. 북극의 모든 공동체에서 까마귀 무리가 지역을 감시한다. 인간은 지구상 어디에서도 자연의 세계를 무시하거나 파괴할 수 없다. 이 점은 북극에서 지구와 하늘, 얼음, 물에 대하여 막대함과 고립감을 느낄 때 훨씬 분명해진다. 북극의 외딴 지역을 여행할 때, 경외감에 대한 사색에 빠지기 쉽다. 하지만 곰을 예의주시하여야 한다. 곰은 우리를 그저 고어텍스를 입은 거대한 물개로 바라볼 뿐이다.

누나부트는 캐나다 현대 지도에서 지리적으로 거대한 피라미드 모양이며, 캐나다 전체 국토 면적의 1/5을 차지하고, 해안선이 아주 길다. 그러나 북극에 유럽이나 캐나다 사람들이 등장하기 훨씬 전부터 누나부트 사람들이 문화적으로 화합된 공동체를 형성했다는 것을 기억하는 것이 중요하다. 이 결합은 동질적이지 않다. 비록 이누이트가 같은 언어로 말하고, 공통의 문화를 공유하지만, 지역 차이가 상당하다. 북극 동부(현재 누나부트, 누나비크, 누나지아부트)의 이누이트는 법적으로 "캐나다인"이겠지만, 사회적 또는 문화적으로는 "캐나다인"일 수도 아닐 수도 있다. 주권에 대한 법적 개념은 문화, 언어, 사회적 상호작용, 인간 역사와 분리될 수 없다. 결국 문화적, 언어적, 사회적 현실은 법적인 의미에서 주권의 역사적 발달로 완전해진다. 대부분 이누이트 원로는 시민권을 갖고 있는 자신의 국가 캐나다와 거의 관련 없다고 느낄지 모르지만, 자식과 손주들은 관련 있다고 느낀다. 이런 이누이트 젊은 세대는 그들의 문화와 오늘날 살아야 하는 정치·경제 구조 사이의 괴리감을 훨씬 잘 알고 있을 것이다.

누나붐미우트Nunavummiut(누나부트 준주에 거주하는 주민-역자 주)의 정체성 일부는 캐나다 사람들의 가치에 대한 거절(예를 들어, 정당이 입법부에 작용하는 것을 공개적으로 허용하는 데에 대한 거부)과 "우리 땅"에 대한 캐나다인의 주권을 받아들이는 것으로 이루어져 있다. 특히 많은 이누이트가 캐나다 군대나 경찰로 복무하며, 캐나다가 북극 땅과 바다에 대한 주권을 확립하는 데 도움을 주었다. 또한 이런 일을 통하여 일부 사람들은 현대 북극의 형성에 이누이트로서뿐만 아니라 캐나다인으로서 그들의 역할을 깊이 깨닫고 있다. 주권과 같은 이질적인 법적 개념에도 불구하고, 누나부트는 고대 지리적, 문화적 공간에 대한 역사적 연속성과 법적 개념의 영향에 대한 이 공간의 취약성을 모두 보여 준다. 또한 어떤 것이 "전통적"이고, 어떤 것이 "현대적"인지에 대한 경계를 흐리게 하며, 이누이트 문화와 이누크티투트 언어가 변해 온 방식을 보여 준다. 누나부트의 이누이트는 알래스카나 그린란드, 심지어는 노스웨스트 준주의 이누이트와 상당히 다르다. 이는 일부 역사적 배경과 관련이 있다. 문화의 연속성은 원로의 가르침을 통해 이어질 수 있지만, 누나부트 사람들도 조상들과 같지 않다. 캐나다 대부분 원주민과 달리 이누이트는 "그 땅"에 있었던 시절부터 언제든지 살아있는 지식 도서관의 전통적인 이누이트 생활방식에 접근할 수 있었다. 주권의 정당성에 대한 결정적 증거인 누나부트 지도를 만드는 것도 누나부트 토지권리 영역(누나부트 준주) 내의 지역과 경계 바깥에 있는 지역(캐나다 서부 북극이나 그린란드) 모두에 문화적 정체성을 유지하고 전파하였다. 그러나 이 경계선을 가로지르는 공통적인 연결고리가 여전히 남아 있다.

학생들이 나를 포함한 남쪽 교수에게서 배운 것처럼, 나도 여행을 하는 동안 아키트시라크 학생들과 누나부트에 있는 친구들에게서 많은 것을 배웠다. 그곳에 머무는 것이 부분적으로 나에게 대단한 모험이었고, 내 삶의 방식에 대해 재평가하는 고통스러운 시간이기도 했다. 쉽지 않았다. 하지만 우리는 쉬운 것에서 배우지 않는다. 로스쿨에서 일했던 것이 전통적인 의미로는 좋은 경력이 아니었지만, 나는 먼 길을 돌아 캐나다로 돌아왔다. 7년 전, 이 책을 쓰기 시작했을 때, 진심으로 이것이 나에 대한 이야기가 되지 않기를 바랐다. 그러나 이 놀라운 장소와 그곳에 사는 사람들에게 약간이라도 문을 열어줄 수 있는 유일한 방법이 글과 사진으로 내 눈을 통해 다른 사람들이 그것들을 보게 하는 것이라는 걸 깨닫게 되었다.

나의 북극 교육이 이누이트와 비이누이트의 경계에 대한 명확한 설명은 아니었다. 북극의 다른 모든 경계처럼 그 경계도 침투할 수 있다. 그만큼 열심히 들어야 하고, 남쪽이 기대하는 것 뒤에 있는 거품을 버리려고 노력해야 한다. 이런 노력은 가끔 잘못된 것을 행하고, 말하고, 오해받고, 이해되지 않는 것을 의미하기도 한다. 육체적이고 지적일 뿐만 아니라 감정적이고 정신적인 여행도 필요하다. 캐나다와 북극 이웃들은 이누이트와 다른 북극 원주민에게서 환경에 대한 책무에 대해 더 많이 배워야 한다. 루시앙 우칼리안누크와 다른 원로들이 가르쳐주었듯이 마음을 열지 않고 듣지 않으면 배울 수 없고, 좋은 삶을 살 수 없다. 이누이트는 기꺼이 그들의 지식과 이야기, 땅을 공유할 의향이 있다. 그렇지만 무시당할 생각은 없다. 우리는 북극을 경계가 아닌 모두의 미래로 영혼들이 모두를 이끌 수 있는 이정표와 전달자의 공간으로 바라볼 필요가 있다.

북극에는 기후변화와 이누이트 권리, 캐나다 주권에 대한 논쟁 이전에 풍부하고 다양한 지리와 역사가 있다. 공간과 시간 사이의 교차점 중 많은 부분이 열정과 죽음, 무지, 상실로 가득 차 있다. 또한 아주 아름답다. 북극에는 파타 모가나Fata Morgana라고 불리는 사막의 신기루와 같은 자연 현상이 있다. 종종 멀리 있는 물체가 어렴풋이 보이거나 작은 빙산이 고층 빌딩처럼 우뚝 서 보이게 하는 빛의 굴절이다. 배가 공중에 떠 있는 것처럼 보일 수 있고, 흔적 없이 사라질 수도 있다. 숨어 있던 태양이나 달이 지평선 바로 너머에서 갑자기 피어오르다 뜨기 직전에 다시 사라질 수도 있다. 보이는 게 다가 아니다.

심지어 오로라가 재주를 부리지 않을 때에도 가장 황량한 풍경이 계속해서 피어나는 꽃의 아름다운 작은 기적을 가릴 수 있다. 차갑고 어두운 눈만 있던 길고 어두운 겨울이 분홍과 보랏빛으로 서서히 밝아질 수 있다. 봄에 유빙 가장자리를 여행하는 것은 어느 열대 산호초처럼 풍부한 동식물의 해양 세계 위에 서서 움직이는 것이다. 모험심이 강한 여행자나 야생의 아름다움을 찾는 이에게 북극은 벨루가들이 카나리아처럼 노래하고, 큰부리바다오리라고 불리는 새들이 작은 고래처럼 쉽게 바다로 뛰어드는 곳이다. 북극은 "남쪽"에 사는 대부분 사람에게 현대 세계지도의 가장자리에 있는 이국적인 공간이다. 영국과 프랑스를 포함한 유럽계 캐나다인에게는 광대한 배후지의 정복과 통제에 대한 우리의 신념이 한 문화로서, 한 민족으로서, 통일된 국가로서가 아닐지라도, 주권 국가로서 우리가 누구인지 결정해 왔다. 이는 다시 북극점을 포함한 북극의 법적 주권에 대한 확실한 주장을 수립하려는 캐나다의 바람을

그림 10.5 바일롯섬의 태양

부채질한다.

이누이트에게는 여기가 집이다.

부록

부록 1..

이누이트 환북극평의회, 북극 주권에 관한 환북극 이누이트선언

우리, 이누이트 누나아트Inuit Nunaat의 이누이트들은 다음과 같이 선언한다.

1. 이누이트와 북극

1.1 *이누이트는 북극에 산다.* 이누이트는 북극으로 알려진 광대한 환북극의 땅, 바다, 얼음에 산다. 우리는 북극해 해안의 해양 및 육상 동식물에 의존한다. 북극은 우리의 집이다.

1.2 *이누이트는 먼 옛날부터 북극에서 살아왔다.* 태곳적부터 이누이트는 북극에 살고 있다. 환북극 지역인 이누이트 누나아트의 우리의 집은 그린란드부터 캐나다, 알래스카, 러시아 추코트카Chukotka의 해안까지 뻗어 있다. 우리가 북극 땅과 물을 사용하고 차지한 것은 역사가 기록되기 이전부터이다. 북극에 대한 우리 고유의 지식, 경험과 언어는 우리 삶의 방식과 문화의 토대이다.

1.3 *이누이트는 민족이다.* 이누이트는 광범위한 환북극 전역에 살지만, 우리는 한 민족으로 연합되어 있다. 우리의 단결심은 덴마크/그린란드, 캐나다, 미국, 러시아를 대표하는 이누이트 환북극평의회가 발전시키고 널리 알렸다. 한 개인으로서, 우리는 모든 사람의 권리를 누린다. 여기에는 다음과 같은 다양한 국제기구와 기관에서 인정된 권리들이 포함된다. *국제연합헌장Charter of the United Nations*, *경제적·사회적 및 문화적 권리에 관한 국제규약International Covenant on Economic, Social and Cultural Rights*, *시민적·정치적 권리에 관한 국제 규약International Covenant on Civil and Political Rights*, *비엔나선언과 행동계획Vienna Declaration and Programme of Action*, 국제연합인권이사회Human Rights Council, 북극이사회Arctic Council, 미주기구Organization of American States.

1.4 *이누이트는 원주민이다.* 이누이트는 모든 원주민의 권리와 책임을 갖는다. 여기에는 다음과 같은 국제법적 및 정치적 기구와 단체에서 인정하는 권리가 포함된다. 국제연합 원주민 문제에 관한 상임포럼*UN Permanent Forum on Indigenous Issues, UNPFII*의 권고사항, 국제연합 원주민 권리에 관한 전문가 기구*UN Expert Mechanism on the Rights of Indigenous Peoples, EMRIP*, *2007년 국제연합 원주민권리선언UN Declaration on the Rights of Indigenous Peoples, UNDRIP* 외.

국민으로서의 권리 중 핵심은 *자결권*이다. 정치적 지위를 자유롭게 결정하고, 경제적, 사회적, 문화적, 언어적 발전을 자유롭게 추구하며, 천연의 부와 자원을 자유롭게 쓰는 것은 우리의 권리다. 국가는 우리의 자결권 실현을 존중하고 장려할 의무가 있다(예를 들어, *시민적·정치적 권리에 관한 국제규약CCPR* 제1조 참조).

원주민으로서 우리의 권리는 *국제연합 원주민권리선언UNDRIP*에서 인정된 다음의 권리들을 포함하며, 이 모든 권리들은 북극의 주권과 주권적 권리와 관련 있다. 자결권과 정치적 지위를 자유롭게 결정하고, 언어와 개발을 포함한 경제, 사회, 문화를 자유롭게 추구할 수 있는 권리(제3조); 자치권이나 자치행정(제4조); 각 주와 체결한 조약, 협정 및 기타 건설적인 협의의 인정, 준수 및 집행권(제37조); 국가의 정치, 경제, 사회, 문화생활에 전적으로 참여할 권리를 갖는 동시에 우리의 뚜렷한 정치, 법, 경제, 사회, 문화 제도를 유지하고 강화할 권리(제5조); 우리의 권리에 영향을 미치는 문제에 대한 의사결정에 참여할 권리와 우리 고유의 의사결정 기관을 개발 및 유지할 권리(제18조); 우리의 토지, 영토, 자원을 소유, 사용, 개발 및 통제할 권리와 우리의 토지, 영토 또는 자원에 영향을 미치는 사업이 우리의 통제와 정보에 근거한 허가 없이 진행되지 않도록 보장하는 권리(제25-32조); 평화와 안보에 대한 권리(제7조); 우리 환경의 보존과 보호에 대한 권리(제29조).

1.5 *이누이트는 북극의 원주민이다.* 세계인의 한 사람으로서, 그리고 원주민으로서 우리의 지위, 권리, 책임은 북극 고유의 지리적, 환경적, 문화적, 정치적 맥락에서 행사된다. 이는 이누이트 환북극평의회(제2조)에서 부여된 영구적인 참가자격을 통해 이누이트에게 직접적이고 참여적인 역할을 부여한 8개국 북극이사회에서 인정되었다.

1.6 *이누이트는 북극권 국가의 시민이다.* 북극권 국가(덴마크, 캐나다, 미국, 러시아)의 시민으로서, 우리는 국가의 헌법, 법률, 정책 및 공공 부문 제도하에서 모든 시민에게 제공되는 권리와 책임을 갖는다. 이런 권리와 책임은 국제법의 적용을 받는 개인으로서 이누이트의 권리와 책임을 약화시키지 않는다.

1.7 *이누이트는 북극권 국가의 원주민 시민이다.* 북극권 국가 내의 원주민으로서, 우리는 국가의 헌법, 법률, 정책 및 공공 부문 제도하에서 모든 원주민에게 제공되는 권리와 책임을 가진다. 이런 권리와 책임은 국제법의 적용을 받는 개인으로서 이누이트의 권리와 책임을 약화시키지 않는다.

1.8 *이누이트는 북극권 국가의 주요 정치적 하부 단위(국가, 주, 준주, 지방) 각각의 원주민 시민이다.* 북극권 국가, 주, 준주, 지방 내의 원주민으로서, 우리는 하부 단위의 헌법, 법률, 정책 및 공공 부문 제도하에서 모든 원주민에게 제공되는 권리와 책임을 갖는다. 이런 권리와 책임은 국제법의 적용을 받는 개인으로서 이누이트의 권리와 책임을 약화시키지 않는다.

2. 북극에서 자주권의 진화 특성

2.1 "주권"은 공동체나 국가의 절대적이고 독립적인 지휘권을 대내외적으로 언급할 때 자주 사용해 온 용어이다. 그러나 주권은 논쟁의 여지가 있는 개념이며, 고정된 의미를 가지고 있지 않다. 유럽연합과 같은 다양한 통치 모델이 발달하면서, 주권의 오랜 관념이 무너지고 있다. 주권들은 사람들의 권리를 인정하는 창의적인 방법으로 연방국가 내에서 중복되고, 자주 나누어진다. 러시아, 캐나다, 미국, 덴마크/그린란드에 사는 이누이트에게 주권과 그 문제는 우리의 삶, 영토, 문화, 언어에 대해 자결권을 행사할 권리를 가지는 북극 원주민으로서 인정받고 존중받기 위한 긴 투쟁의 역사적 맥락에서 조사되고 평가되어야 한다.

2.2 우리의 자결권에 대한 인식과 존중은 우리가 살고 있는 북극 국가에서 다양한 속도와 방식으로 발전하고 있다. 2008년 11월 국민투표에 따라 그린란드에서는 자치 지역이 크게 확대될 것이고, 그중 그린란드어(칼라리수트Kalaallisut)가 유일한 공용어가 될 것이다. 캐나다에서는 네 가지 토지권리협정이 이누이트 권리의 핵심 구성요소 중 일부이다. 이 협정의 이행을 두고 논쟁이 있는 동시에 그것들은 자결권과 주권 관련 문제 및 주권과 중요한 관련이 있다. 알래스카에서는 *알래스카 원주민권리확립 법령Alaska Native Claims Settlement Act, ANCSA*과 *알래스카 국익 토지 보존법Alaska National Interest Lands Conservation Act, ANILCA*으로 인정된 권리를 명확히 하고 시행하는 데 많은 노력이 필요하다. 특히, 생계형 사냥과 자치권은 충분히 존중되고 수용되어야 하며, 그 권리를 보유하고 실행하는 것을 지연시키는 문제가 논의되고 해결되어야 한다. 러시아 추코트카에서는 매우 제한된 수의 행정 절차가 이누이트 권리를 인정하기 시작하였다. 이런 진전은 주, 지방, 지역사회의 다양한 상황에 알맞은, 창조적인 통치 방식을 향후에 구축하는 데 토대를 제공할 것이다.

2.3 환북극에서 자결권을 행사함에 있어서 우리는 혁신적이고 창의적인 사법적 합의를 계속 발전시키고 있다. 이런 합의는 원주민의 권리와 책무, 우리와 살고 있는 다른 사람들과 공유하는 권리와 책무, 국가의 권리와 책무와 적절하게 균형을 이룰 것이다. 북극에서 우리의 권리를 행사하기 위하여 우리는 계속 이웃과, 그리고 이웃 사이에서 타협과 화합을 도모한다.

2.4 국제 및 기타 기구들은 원주민의 자결권과 정부간 문제에서 대의권을 점점 더 많이 인

식하고 있으며, 내부통치 문제를 넘어 대외관계로까지 발전하고 있다(참조 예: *시민적·정치적 권리에 관한 국제규약ICCPR* 제1조; *국제연합 원주민권리선언UNDRIP* 제3조; *북유럽 사미족 조약Nordic Saami Convention 초안* 제17조, 제19조; *누나부트 토지권리협정* 제5.9조).

2.5 이누이트는 토론과 협상 테이블에서 직접적이고 의미 있는 자리를 차지하는 북극이사회의 상임 참가자이다(참조: 북극이사회 설립에 관한 1997년 오타와 선언).

2.6 5개 북극 연안 국가(노르웨이, 덴마크, 캐나다, 미국, 러시아)가 주권 분쟁을 해결하기 위하여 국제적 메커니즘과 국제법을 적용해야 할 필요가 있다고 인정했음에도[참조: *2008년 일룰리사트선언Ilulissat Declaration*], 북극 주권에 대한 논의에서 이들 국가는 이누이트의 권리를 증진하고 보호하는 국제기구의 존재를 언급하지 않았다. 또한 북극 주권 논의에 북극이사회 심의와 비슷한 정도로 이누이트를 포함하는 것에 소홀했다.

3. 이누이트, 북극, 주권: 앞날을 생각하며

행동의 기반

3.1 북극 주민과 국가의 활동, 주민과 국가 간 상호작용, 국제 관계의 수행은 법적 원칙을 기반으로 해야 한다.

3.2 북극 주민과 국가의 활동, 주민과 국가 간 상호작용, 국제 관계의 수행은 전지구의 환경적 안보의 필요성, 분쟁의 평화적 해결의 필요성, 북극 주권 및 주권 문제와 자결권 문제 사이의 불가분적 관계를 기본적으로 존중해야 한다.

활동적인 동반자로서의 이누이트

3.3 북극 주권 및 주권 문제와 이누이트의 자결권 및 기타 권리 문제 사이의 불가분적 관계는 북극의 국제적 관계를 수행하는 데 있어 동반자로서 이누이트의 존재와 역할을 국가가 받아들일 것을 요구한다.

3.4 북극 생태계에 대한 이누이트의 고유한 지식부터 자원개발제안 검토과정에서 지속가능성을 적절히 강조해야 할 필요성까지, 다양한 요소들이 이누이트와 협력하여 북극에서 국제 관계를 수행하는 데 실질적인 이점을 준다.

3.5 이누이트의 합의, 전문지식, 관점은 전지구의 환경적 안보, 지속가능한 개발, 병력무장, 상업적 어업, 해상 운송, 인간 건강, 사회경제적 개발과 같은 북극 관련 국제적 현안을 진전시키는 데 필수적이다.

3.6 국가는 북극과 자원에 점점 더 집중하고, 기후변화로 인해 북극으로의 접근이 지속적으로 쉬워지고 있기 때문에, 모든 북극 주권과 관련 문제, 예를 들어 누가 북극을 소유하는지, 누가 북극을 횡단할 권리를 가지는지, 누가 북극을 개발할 권리를 가지는지, 북극이 점

점 더 크게 마주하게 될 사회환경적 영향을 누가 책임질 것인지 등을 논의하는 데 있어 활동적인 동반자로서 이누이트를 포함하는 것이 핵심적이다. 우리는 이런 사항을 논의할 수 있는 고유한 지식과 경험이 있다. 북극 주권에 대한 모든 미래의 논의과정에 활동적인 동반자로서 이누이트를 포함하는 것은 이누이트 공동체와 국제사회 모두에게 이익이 될 것이다.

3.7 전지구, 초국가, 토착 정치에 이누이트가 광범위하게 참여하기 위해서는 토착 경제, 문화, 전통의 보호와 장려를 위하여 국가과 새로운 협력 관계를 구축해야 한다. 협력 관계는 이누이트의 사회경제적 웰빙을 향상시키고, 우리의 환경 안보를 보호하는 한에 있어서 북극의 천연자원 부의 산업발전이 진행될 수 있다는 것을 인정해야 한다.

국제적 협력의 필요성

3.8 특히 기후변화의 역학과 영향, 지속가능한 사회경제적 개발의 입장에서 북극과 관련한 국제적 교류와 협력 강화가 절실히 요구된다. 북극권 국가, 북극권 외의 국가, 북극 원주민 대표들이 함께 참여하는 지역 기관은 국제적 교류와 협력을 위한 유용한 메커니즘을 제공할 수 있다.

3.9 전지구의 환경적 안보를 추구하기 위해서는 기후변화의 위협에 대한 조직화된 전지구적 접근법, 인간이 만들어 내는 탄소 배출량 증가를 억제하기 위한 엄격한 계획, 북극지역과 공동체에서 기후변화에 대한 광범위한 적응 프로그램이 필요하다.

3.10 기후변화 문제의 규모는 북극권 국가와 시민들이 온실가스 배출 억제와 감축을 위한 국제적인 노력에 전적으로 참여하고, 국제 규약과 조약 가입에 영향을 미친다. 이런 국제적인 노력, 규약과 조약은 원주민의 전폭적인 참여와 협력 없이는 성공할 수 없다.

건강한 북극 공동체

3.11 온난해지는 북극에서 경제적 기회를 위하여 국가는 다음을 목표로 행동해야 한다. (1) 지속가능한 경제적 활동, (2) 위해한 자원개발 방지, (3) 국가 및 국제 표준과 최저기준을 충족하는 이누이트의 생활 기준 달성, (4) 우리가 정착하고 견뎌 왔던 곳에서 원주민을 제압하고 소외시킬 수 있는 갑작스럽고 광범위한 인구이동 방지.

3.12 북극 주권과 주권적 권리의 태도, 계획, 향유는 모두 북극의 건강하고 지속가능한 지역사회를 필요로 한다. 이런 의미에서, "주권은 가정에서 시작된다."

미래를 위한 오늘의 메커니즘 구축

3.13 우리는 이누이트 환북극평의회, 북극이사회와 같은 기구와 *국제연합해양법협약United Nations Convention on the Law of the Sea, UNCLOS*의 결빙해역 조항과 같은 국제기구의 북극 특정 항목, 국제연합 원주민 문제에 관한 상임 포럼, 국제연합 원주민의 권리와 기본적 자유에 대한 특별 보고관 사무소, *국제연합 원주민권리선언*과 같은 국제적 메커니즘의

북극 관련 업무를 구축함으로써 북극에서 우리의 자결권을 행사할 것이다.

4. 북극 주권에 관한 환북극 이누이트선언

4.1 2008년 11월 6~7일, 캐나다 누나비크 쿠우유아크Kuujjuaq에서 열린 첫 번째 이누이트 지도자 회의에서 그린란드, 캐나다, 알래스카 이누이트 지도자들이 북극 주권을 논의하기 위해 모였다. 국제 이누이트의 날인 11월 7일, 우리는 북극주권 심의에 대한 우려를 단합하여 표명하고, 이런 우려를 해결하기 위한 선택 사항을 검토하였으며, 북극 주권에 대한 공식적인 선언문을 만드는 것에 강력히 뜻을 함께하였다. 북극 연안 5개국을 대표한 장관들에 의한 2008년 북극 주권에 대한 일룰리사트 선언이 이누이트가 국제법, 토지 청구권, 자치행정 과정에서 얻은 권리를 확인하는 데 있어 충분하지 않았다는 점에 우리는 주목하였다.

4.2 북극에서 국제관계의 수행과 국제적 분쟁의 해결은 북극권 국가나 다른 국가 단독의 영역이 아니다. 마찬가지로, 북극 원주민들의 이해범위 안에도 있다. 다층적 통치 제도와 원주민 기구와 같은 북극 국제기관의 발달은 주권과 주권적 권리에 대한 북극권 국가의 의제와 외교 분야에서 국가가 주장하는 전통적 독점을 뛰어넘어야 한다.

4.3 북극의 주권과 주권적 권리에 대한 문제는 북극에서 자결권 문제와 불가분의 관계가 되었다. 따라서 이누이트와 북극권 국가는 북극의 미래를 설계하기 위하여 밀접하고 건설적으로 협력해야 한다.

우리, 이누이트 누나아트의 이누이트는 이 선언에 충실하며, 이누이트의 권리, 역할, 책임이 완전히 인정되고 수용되는 협력 관계를 구축하기 위하여 북극권 국가 등과 협력한다.

그린란드, 캐나다, 알래스카, 추코트카의 이누이트를 대신하여, 2009년 4월 이누이트 환북극평의회에서 채택됨.

[이누이트 환북극평의회 의장 패트리샤 코크란(Patricia A.L. Cochran), 알래스카 부의장 에드워드 이타(Edward S. Itta), 추코트카 부의장 타티아나 아치르지나(Tatiana Achirgina), 캐나다 부의장 두에인 스미스(Duane R. Smith), 그린란드 부의장 아칼루크 린게(Aqqaluk Lynge) 서명]

부록 2.. 이누이트 환북극평의회, 이누이트 누나아트의 자원개발 원칙에 관한 환북극 이누이트선언

서문

북극의 엄청난 자원적 부, 북극의 광물과 탄화수소에 대한 국제적 수요 증가, 기후변화와 기타 북극이 직면한 환경적 압력과 난제의 범위와 정도를 인지하고,

*국제연합 원주민 권리선언*으로 인정되고, 토지권리합의법land rights settlement legislation, 토지 청구권 협정, 자치정부, 정부간 및 헌법적 합의를 포함한 다양한 법적 정치적 기구와 방법에 규정되고, *북극 주권에 관한 환북극 이누이트선언*에서 주장한 이누이트의 핵심 권리를 염두에 두고,

이전 세대 이누이트의 독창성과 유연성, 지혜를 존중하고, 모든 이누이트 세대의 변화에 적응할 수 있는 능력을 확신하며, 미래에 이누이트에게 물질적이고 문화적인 행복을 주기로 결심하며, 우리, 이누이트 누나아트의 이누이트는 다음과 같이 선언한다.

- 건강한 지역 공동체와 가정은 건강한 환경과 건강한 경제 모두를 필요로 한다.
- 경제적 발전과 사회문화적 발전이 반드시 병행되어야 한다.
- 이누이트의 경제·사회·문화적 자급자족의 증진은 이누이트의 정치적 자기결정권 증진에 필수적이다.
- 역사 이래 현재까지 재생 가능한 자원이 이누이트를 지속시켜 왔다. 미래 세대의 이누이트는 영양·사회·문화·경제적 목적으로 계속 북극 식량에 의존할 것이다.
- 책임이 따르는 비재생 자원 개발은 이누이트의 현재와 미래 세대의 행복에 중요하고 지속적으로 기여할 수 있다. *이누이트 누나아트* 통치구조 아래 관리되는 비재생 자원 개발은 민간 부문(고용, 소득, 사업)과 공공 부문(공공소유 토지수익, 세수, 사회기반시설)을 통해 이누이트의 사회경제적 발전에 기여할 수 있다.
- 자원개발 속도는 이누이트에게 엄청난 영향을 미친다. 적당한 균형을 맞추어야 한다. 이누이트는 지속적이고 다양한 경제 성장을 얻을 수 있지만, 환경의 질적 저하와 외부 노동력의 유입을 막기에 충분한 속도로 자원을 개발하기를 원한다.
- 자원개발은 경제적 이익의 기회뿐만 아니라 환경·사회적 영향도 초래된다. 영향과 이익을 따져보면, 가장 크고 지속적인 영향을 받는 사람들이 가장 큰 기회를 가져야 하며, 의사결정 과정에서 중요한 위치를 차지해야 한다. 이 원칙은 *이누이트 누나아트*와 나머지 세계 사이에, 그리고 *이누이트 누나아트* 내에 적용된다.
- 모든 자원개발은 이누이트의 생활기준과 사회 여건 개선에 적극적으로, 상당히 기여해야

하며, 특히 비재생 자원개발은 교육과 다른 형태의 사회적 개발, 물질적 사회기반시설, 비추출 사회기반시설에 기여함으로서 경제적 다양화를 촉진하여야 한다.

- 이누이트는 기초적인 환경·사회적 책임과 이누이트의 장기적 이익과 관련한 정책 결정을 포함하여 *이누이트 누나아트* 자원의 지속가능한 개발에서 자원개발자, 정부, 지역 공동체와 전적으로 협력하는 것을 환영한다.

더욱 상세히, 우리는 선언한다.

1. 진실성, 명확성, 투명성

1.1 세계의 민족과 그들의 사회·문화·경제적 시스템은 더욱 상호 연결되고, 변화의 속도는 가속화되고, 세계가 직면한 난제는 복잡화되어, 인간 활동과 관련한 위험요소가 증가하고 있다.

1.2 이러한 상황에서 번영하기 위해서 전세계의 민족과 국가는 이누이트 문화와 관습에 알맞은 접근방식인 진실성, 명확성, 투명성과 협력하여 그들의 관계를 수행하여야 한다.

1.3 자원개발과 관련한 우리의 핵심적 이해와 입장, 목적을 선언하는 것이 이누이트와 전세계 공동체에 이익이 된다는 것을 인정하고자 하는 것이 우리의 희망이다.

1.4 본 선언의 초점이 비재생 자원개발에 있지만, (1) 비재생 자원과 재생가능한 자원의 적절한 사용을 둘러싼 문제는 불가분적인 관계에 있고, (2) 본 선언에서 정한 원칙이 다양한 방법으로 재생가능한 자원의 이용에 적용 가능함을 이해하여야 한다.

2. 국제연합 원주민 권리선언

2.1 *이누이트 누나아트*의 자원개발은 반드시 *국제연합 원주민 권리선언*에 근거해야 한다.

2.2 *국제연합 선언*은 원주민의 자기결정권을 인정한다. 이누이트는 그 권리 아래에서 우리의 정치·사회·경제·문화적 발전을 종합하여 자유롭게 결정할 권리가 있다. *이누이트 누나아트*의 자원개발은 우리의 자기결정권과 *국제연합 선언*의 많은 다른 조항들을 직접적으로 보증한다.

2.3 자기결정권을 포함한 원주민으로서 우리의 권리는 이누이트와 비이누이트 주민을 모두 포함한 통치구조에서 실용적인 방법으로 행사될 수 있다. 어떤 특정 지역 이누이트의 자기결정권이 어떤 수준이나 형태로 달성되었든, *이누이트 누나아트*의 자원개발은 그 지역의 이누이트의 자유롭고, 우선시되는, 정보에 근거한 동의에 의해서만 진행되어야 한다.

2.4 민간 부문 자원개발자와 정부 및 자원개발 공공관리를 담당하는 공공기관은 모든 것을 *국제연합 선언*과 일치하도록 실시해야 한다. *국제연합 선언*에 대한 존중은 개방적이고 투

명해야 하며, 독립적이고 공정한 검토 대상이어야 한다.

3. 북극 주권에 관한 환북극 이누이트선언

3.1 *이누이트 누나아트*의 자원개발은 2009년 4월 이누이트 환북극평의회가 채택한 *북극 주권에 관한 환북극 이누이트선언*에 기초해야 한다.

3.2 *북극 주권에 관한 환북극 이누이트선언*은 국제법과 국내법 아래 북극 원주민으로서 이누이트 권리의 인지와 법규의 중요성을 포함하여 *이누이트 누나아트*에서 자원개발과 통치방식에 관련한 많은 원칙을 확인하였다.

4. 정책 결정 및 의사결정 협력자로서 이누이트

4.1 *북극 주권에 대한 환북극 이누이트선언*의 핵심은 *이누이트 누나아트*에 영향을 주는 정책 결정과 의사결정에서 이누이트가 적극적이고 동등한 협력자여야 한다는 요건이다.

4.2 자원개발에 관하여 이누이트와의 협력은 상황에 따라 특성이 다를 것이지만, 협력의 정신과 실체는 공공부문 통치구조와 민간부문 기업 모두로 확대되어야 한다.

4.3 협력은 *이누이트 누나아트* 자원개발에 직접적인 영향을 받는 지역 주민사회 이누이트의 의미 있고 적극적인 참여가 포함되어야 한다.

4.4 협력은 합작투자, 지분 참여를 촉진하기 위한 상업적 방법과 허가, 임대 계약, 기타 유사 수단을 통한 토지 및 자원권 발행과 같은 수단의 사용을 통하여 이누이트 사업과 기업의 능력과 포부를 성장시켜야 한다.

4.5 이누이트는 하나 이상의 인접한 이누이트 지역에 주요 환경적 영향과 기타 영향을 미치는 이누이트 한 지역의 주요 자원개발 계획 승인에는 이누이트 지역 간 정보 및 의견 교환에 충분한 기회를 준다는 것을 확실히 하기 위하여, *이누이트 누나아트* 내부 협의 메커니즘을 만들고 시행해야 할 필요성을 인식한다.

5. 전 세계적 환경 안보

5.1 이누이트와 다른 사람들은 – 그들 기관과 국제기구를 통해서 – 전 세계적 환경 안보의 관점에서 그들 행동의 위험과 이익을 평가해야 할 공동의 책임을 가진다.

5.2 *이누이트 누나아트*의 자원개발은 온실기체 배출을 제한하기 위한 전 세계·국가·지역적 노력을 손상시키지 않고 그것에 기여해야 하며, 항상 기후변화의 현실에서 보아야 한다.

5.3 기후변화 적응을 위한 방법을 시행하는 것에서 국가와 국제사회는 기후변화 적응 방안에 비용을 지불하는 것과 *이누이트 누나아트*와 지역 공동체의 연료 관련 사회기반시설의

개선에 전념해야 한다.

5.4 자원개발 계획은 북극 야생생물의 생존에 대한 기후변화 관련 스트레스를 악화시켜서는 안 된다.

5.5 전 세계적 환경 안보에 대한 위험을 최소화하기 위하여, 북극 자원개발의 속도를 신중히 고려해야 한다.

6. 건강한 환경의 건강한 지역사회

6.1 인간 공동체와 개인의 신체적 · 정신적 건강은 자연환경의 건강과 구분할 수 없다.

6.2 *이누이트 누나아트*의 자원개발 제안은 인간의 필요성을 중심에 두고 전체적으로 평가되어야 한다.

6.3 *이누이트 누나아트*의 자원개발은 *이누이트 누나아트*의 지역 공동체와 개인의 신체적 · 정신적 건강을 증진시켜야 한다.

6.4 자원개발은 이누이트의 식량안보를 저해하지 않고 강화시켜야 한다.

6.5 북극의 건강한 지역사회는 현대적 맥락에서 주거, 교육, 보건, 사회복지 제공 기반시설을 포함한 핵심 사회기반시설과 공공부문 활동과 민간 부분 기업가 활동 모두를 용이하게 하는 핵심 교통 및 정보통신 네트워크의 구축, 유지, 개선이 요구된다.

7. *이누이트 누나아트*의 경제적 자족성과 지속가능한 자원개발

7.1 이누이트는 *이누이트 누나아트*의 자원의 장기적인 개발을 통해 이용 가능한 경제적 기회를 활용하고자 한다.

7.2 *이누이트 누나아트*의 자원개발은 지속가능해야 한다. 미래에 이누이트가 그들의 요구를 충족시킬 수 있는 능력을 저하시키지 않고, 오늘날 이누이트의 요구에 부응해야 한다.

7.3 자원개발 계획의 제안자는 제안한 개발이 지속가능하다는 것을 입증해야 할 부담을 진다.

7.4 자원개발 구상의 지속가능성을 결정하는 데, 최선의 이용 가능한 과학적 지식과 이누이트 지식 및 기준을 정하고 적용하여야 한다.

7.5 국제 표준 기구는 이누이트로부터 직접적이고 의미 있는 의견을 구하고 얻어야 한다. 연안 및 토지관리 제도와 같은 국가, 지방, 지역 단체는 효과적이고 투명하며 책임감을 가지도록 설계되고 운영해야 하며, 그렇게 함으로써 항상 이누이트 대중의 신뢰를 얻고 유지하여야 한다.

7.6 기속가능성 기준은 자원개발 제안에 직접적으로 영향을 받는 지역사회에 대한 입증된

지원이 필요하다는 것을 강조해야 한다.

8. 영향평가, 방지 및 완화

8.1 재산권이나 정부 권리부여 제도가 있지만, *이누이트 누나아트*에서 재생 불가능한 자원 개발을 계속할 수 있는 독립되거나 제한이 없는 "권리"는 없다. 계획은 이누이트에 의해 철저히 조사되어야 하며, 이누이트와 폭넓은 대중에게 이익이 될 것임을 증명해야 한다.

8.2 토지 및 연안 관리제도는 (1)특정 계획에 적용할 수 있는 개발을 위한 토지 규정을 정하는 장기 토지이용 계획과 (2)특정 계획으로 가능한 영향을 측정하는 강력한 영향평가 과정을 포함해야 한다.

8.3 관리, 토지이용 계획, 영향평가 제도는 기존 및 잠재적 계획의 누적 영향을 다루어야 하며, 신중한 상황에서는 허용된 계획의 수와 범위를 제한해야 한다.

8.4 넓은 지리적 영역에 대한 영향평가는 중요하고 관리 수단을 필요로 하며, 특정 계획 제안에 앞서 완료되도록 권장되어야 한다.

8.5 영향평가는 계획된 기간과 계획이 완료되거나 폐기된 이후에 예상되는 모든 잠재적인 환경·사회·경제·문화적 영향을 검토해야 한다.

8.6 *환경과 개발에 관한 리우 선언*의 관련 조항에 따라, 사전예방 원칙과 오염자 부담 원칙은 계획의 준비, 평가, 실행 및 환원 등 모든 과정에 적용되어야 한다.

8.7 거주지와 영향을 받는 토지 및 물의 환원과 복구는 철저히 계획되어야 하고, 계획 실행 전과 실행기간 동안 충분히 자금이 지원되어야 한다.

8.8 *이누이트 누나아트*의 모든 개발은 북극 상황을 충분히 고려한, 가장 발달되고 까다로운 환경 기준을 준수해야 한다(예를 들어, 광산 운영과 연안 탄화수소 개발은 북극의 육지나 바다로는 하나도 배출하지 않아야 한다).

8.9 연안으로의 유출을 방지하고 육지와 바다로의 유독물질 배출을 제거하는 무엇보다 중요하다. 방지 노력은 비용을 회피하여 큰 이익을 주는 투자로 간주해야 한다.

8.10 육지와 바다의 유출과 오염, 광산 비상사태에 대한 대응은 최고의 기술 수준을 충족해야 하며, 이누이트가 완전히 참여한 입증된 정화 기술에 입각하여야 한다.

8.11 북극 해역에서 유출 대응에 대한 제안은 얼음이 얼고, 녹고, 다시 언 상황들에서 유출된 기름을 수습할 수 있는 기업의 능력에 대한 입증된 설명이 포함되어야 한다. 이러한 입증 없이 자원개발을 허용하는 것은 근본적으로 무책임한 일이 될 것이다.

8.12 북극 해역에서 효과적인 기름유출 방지와 대응은 선박 운항에 대한 적극적인 감시와 사고 발생 시 신속하고 효과적인 비상 대응이 필요하다. 관련한 책임이 있는 공공 당국과 개

발자들은 항로표지, 선박 운항관리, 선박 이행 점검, 보안 고려사항, 비상 대응능력 및 전반적인 항구와 항만 기반시설의 투자를 늘리는 데 전념해야 한다.

8.13 북극 해양 조타수에 대한 기준과 요건은 신중하게 고안되고 엄격하게 적용되어야 한다.

8.14 연안 석유 조사 및 개발로 인한 육지와 해상 및 해양 지역의 오염에 대한 국제적 책임과 보상 제도가 수립되어야 한다.

8.15 최소한의 기준으로서 북극이사회의 '북극 연안 석유 및 가스 가이드라인' 준수

9. 이누이트 생활수준 개선 및 이누이트 통치 확대

9.1 이누이트는 새로운 자원개발 제안이 물질적 행복을 향상시키는 데 기여할 것으로 기대한다. 이러한 기대는 관련한 국제적 원주민 권리 및 인권법과 기준의 핵심적인 특징, 이누이트가 살고 있는 북극 4개국의 근본적인 헌법 구조와 정치적 가치, 공정성과 이성의 적용에 뿌리를 잘 내리고 있다.

9.2 토지권리합의법과 토지권리협정, 자치정부, 정부간 및 헌법적 조항 등 다양한 메커니즘을 통해 이누이트는 *이누이트 누나아트*의 통치에 대한 중요한 수단과 통제 수준을 얻었다. 이러한 메커니즘 대부분은 계획, 제안 검토, 규제기관을 포함한 전문 자원관리 기관에 이누이트가 참여하도록 한다.

9.3 이러한 경향은 주로 이누이트의 노력과 결정의 결과이지만, 종종 북극 4개국에 의해 그리고 그 안에서 유익하고 규범적인 것으로 지원받고 환영받았다.

9.4 따라서 자원개발 제안은 더 많은 이누이트 자치를 지향하는 추세를 고려해야 하며, 가능한 한 그것을 증진시켜야 한다.

9.5 자원개발의 모든 과정에서 얻게 되는 공공부문 수익은 다음의 우선순위에 따라 공정하고 가시적인 방법으로 분배되어야 한다: (1) 계획되지 않았거나 의도하지 않은 환경적 결과에 대한 안전보장 제공 (2) 공동체와 지역의 부정적 영향에 대한 보상 (3) 공동체와 지역 생활수준의 향상과 전반적인 복지에 기여 (4) 이누이트 통치 제도와 구조의 재정 건전성과 안정성에 기여. *이누이트 누나아트* 이누이트의 타당한 요구가 충족된 다음에만 공공부문 수익이 중앙정부 재원으로 분배되어야 한다.

9.6 모든 수준의 이누이트 고용은 *이누이트 누나아트*의 자원개발 활동에서 최대화되어야 한다.

9.7 자원개발 속도와는 관계없이, 이누이트는 자원개발 제안에서 직접적이고 실질적인 근로소득 혜택을 얻어야 한다. 그에 맞춰 이누이트 교육기금이 캐나다, 그린란드, 러시아, 미국 각각에서 공공부문 투자로 설립되어야 한다.

10. 역동적인 이누이트 문화의 활성화 및 수용

10.1 원주민과 관련한 많은 국제법 원칙과 기준은 인간의 문화적 다양성의 발전과 보존이 모든 인류의 책임이자 이익이라는 강한 신념에 뿌리를 두고 있다. *국제연합 원주민권리선언*은 원주민들이 그들의 언어, 전통지식, 문화적 유산과 표현을 유지, 통제, 보호, 개발할 권리가 있다는 것을 인정한다.

10.2 이누이트 문화는 뿌리 깊으며 역동적이다. 이누이트는 자원개발 제안이 이누이트 문화를 파괴하거나 압도하기보다는 그것을 지원하고 강화하는 방법으로 계획되고 추진되어야 한다는 것을 확실히 하기 위해 노력한다.

10.3 이누이트는 너무 야심차거나, 시기가 좋지 않거나, 자원개발 제안의 주요 과정이 특히 그런 계획이 이누이트가 필요로 하는 기술, 기량, 훈련 및 사업 기회를 주지 못하면서 비이누이트의 대규모 유입을 촉발하여 잘못 계획되고 시행되어 야기될 수 있는 과도한 억압과 부정적 영향으로부터 이누이트 문화를 보호하기 위해 노력한다.

10.4 *이누이트 누나아트*의 정부, 공공기관 및 민간 부분 행위자들은 이러한 약속을 공유해야 한다.

우리, *이누이트 누나아트*의 이누이트는 이 선언에 명시된 *이누이트 누나아트*의 자원개발 원칙에 전념한다. 이누이트는 *이누이트 누나아트*의 자원을 지배, 관리, 개발 또는 사용하는 데 임무가 있거나 역할을 찾는 모든 사람이 이 선언의 내용과 정신 안에서 스스로 수행하도록 요청하며, 이를 요구할 권리가 있다.

[2011년 5월 11일, 이누이트 환북극평의회에 의해 채택됨. 이누이트 환북극평의회 의장, 마칼루크 린지; 알래스카 부의장, 짐 스토츠; 추코트카 부의장, 타티아나 아치르지나; 캐나다 부의장, 두에인 스미스; 그린란드 부의장, 칼 크리스티안 올슨이 서명함.]

부록 3.. 유엔, 유엔 원주민 권리선언

총회,

유엔헌장의 목적과 원칙, 그리고 그 헌장에 따라 국가의 의무 실행에 대한 선의에 따라,

다를 수 있고, 자신을 다르다고 여길 수 있고, 그리고 그렇게 존중받을 수 있는 모든 민족의 권리를 인정하는 한편 원주민이 모든 다른 민족과 동등하다는 것을 확인하고,

모든 민족은 문명과 문화의 다양성과 풍요로움에 기여하며, 이것이 인류의 공동 유산을 구성한다는 것 또한 확인하고,

국가의 기원이나 인종, 종교, 종족 또는 문화적 차이에 근거를 두고 민족이나 개인의 우월성에 근거하거나 옹호하는 모든 교리, 정책 그리고 실행은 인종차별주의적이고, 과학적으로 잘못된 것이고, 법적으로 무효하며, 도덕적으로 비난받을 만하고 사회적으로 공평하지 않다는 것도 확인하고,

원주민 민족은 그들의 권리 행사에 있어서 어떤 종류의 차별도 받아서는 안 된다는 것을 재차 확인하고,

원주민 민족이 그중에서도 그들의 토지와 영역 그리고 자원의 식민지화와 강탈로 인해 특히 자신의 필요와 이해관계에 따라 발전할 수 있는 권리를 행사할 수 없는 역사적 부당함(불평등)으로 고통을 받아왔다는 것을 우려하고,

자신의 정치적, 경제적 그리고 사회적 구조와 자신의 문화, 정신적 전통, 역사 그리고 철학, 특히 자신의 토지와 영토 그리고 자원에 대한 그들의 권리로부터 파생되는 원주민의 생존권을 존중하고 증진하는 것이 시급하다는 것을 인정하고,

원주민이 정치적, 경제적, 사회적 그리고 문화적 증진을 위해, 그리고 어디서든지 간에 모든 형태의 차별과 억압을 종식시키기 위해 조직적으로 단결하고 있다는 사실을 환영하며,

자신과 자신의 토지, 영토 그리고 자원에 영향을 미치는 개발을 원주민 민족이 통제하는 것이 그들로 하여금 자신의 제도와 문화 그리고 전통을 유지하고 강화할 수 있게 해 주고, 자신의 염원과 필요에 따라 개발을 촉진할 수 있게 해 준다는 것을 확신하며,

원주민의 지식, 문화 그리고 전통적 행위에 대한 존중이 지속가능한, 공정한 발전과 환경의 적절한 운영에 기여한다는 것을 인정하고,

원주민의 토지와 영토의 비무장화가 평화, 경제와 사회적 발전과 개발, 세계의 국가와 민족 사이의 이해와 우호 관계에 기여한다는 것을 강조하며,

아이의 권리와 부합하여, 아이들의 양육, 훈련, 교육 그리고 행복에 대한 공동 책임을 유지할 수 있는 원주민 가족과 공동체의 권한을 특히 인정하며,

국가와 원주민 사이의 조약, 협정과 다른 건설적인 합의에서 확인된 권리가 어떤 경우에는 국제적 우려, 관심, 책임 그리고 성격의 문제가 된다는 것을 고려하고,

또한 조약, 협정과 다른 건설적인 합의 그리고 그것들이 나타내는 관계가 원주민과 국가 사이의 강화된 동반자 관계를 위한 기초가 된다는 것을 고려하고,

비엔나 선언과 실행계획Vienna Declaration and Programme of Action은 물론 유엔헌장, 경제적·사회적 및 문화적 권리에 관한 국제규약International Covenant on Economic, Social and Cultural Rights, 그리고 시민적 및 정치적 권리에 관한 국제규약International Covenant on Civil and Political Rights은 모든 민족이 자유롭게 자신의 정치적 지위를 결정하고 자유롭게 자신의 경제적, 사회적 그리고 문화적 발전을 추구할 수 있는 자결권의 근본적인 중요성을 확인시켜 준다는 것을 인정하고,

본 선언의 그 어느 것도 어느 민족이든 간에 국제법에 따라 행해지는 그들의 자결권을 주지 않기 위해 사용될 수 없다는 것을 명심하며,

본 선언에 명시된 원주민의 권리에 대한 인정이 국가와 원주민 사이에 공평성, 민주주의, 인권 존중, 무차별과 선의에 의거한 조화롭고 협력적인 관계를 증진할 것이라는 것을 확신하며,

국제기구하에 있는 원주민들에게 적용될 때 국가가 그들의 모든 의무를, 특히 인권과 관련된 것을 준수하고, 관련된 민족과 협의하고 협력하여 효과적으로 실행할 것을 권장하며,

유엔은 원주민의 권리를 증진하고 보호하는 데 중요하고 지속적인 역할을 한다는 것을 강조하며,

본 선언은 원주민의 권리와 자유를 인정하고 증진하고 보호하기 위해 그리고 이 분야에서 유엔의 관련 활동을 개발하는 데 추가적인 중요한 조치라고 믿으며,

원주민 개개인은 차별 없이 국제법이 인정하는 모든 인권을 부여받고, 원주민은 민족으로서 자신의 존재와 행복 그리고 필수적인 발전에 꼭 필요한 집단적 권리를 가지고 있다는 것을 인정하고 재확인하며,

원주민의 상황이 지역별로, 국가별로 다르고, 국가적, 지역적 특성과 다양한 역사적, 문화적 배경의 중요성이 고려되어야 한다는 것을 인정하며,

다음의 유엔 원주민 권리선언을 동반자 관계와 상호 존중의 정신으로 추구해야 할 성취의 기준으로 엄중히 선언한다.

조항 1

원주민은 유엔헌장과 세계인권선언 그리고 국제인권법에서 인정된 대로 모든 인권과 기본

자유를 집단적으로 또는 개인적으로 누릴 권리가 있다.

조항 2
원주민과 개인은 자유롭고, 모든 다른 민족과 개인과 동등하며 어떠한 차별도 받지 않고, 자신의 권리, 특히 자신의 토착적인 기원이나 정체성에 근거를 둔 권리를 행사할 권한을 가지고 있다.

조항 3
원주민은 자결권을 가진다. 그 권리에 의해 그들은 자신의 정치적 지위를 자유롭게 결정하고 자신의 경제적, 사회적 그리고 문화적 발전을 추구한다.

조항 4
원주민은 그들의 자결권을 행사함에 있어 자신의 자치 기능을 위한 재원을 조달하는 방법과 수단은 물론 자신의 내부와 지역적 문제와 관련된 문제에 있어서 자율권 또는 자치권을 가진다.

조항 5
원주민은 그들이 원할 경우, 국가의 정치적, 경제적, 사회적 그리고 문화적 삶에 온전히 참여할 수 있는 권리를 유지하는 한편, 자신의 별개의 정치적, 법적, 경제적, 사회적 그리고 문화적 기구를 유지하고 강화할 권리를 가진다.

조항 6
각 원주민은 국적에 대한 권리를 가진다.

조항 7
1. 원주민은 인간으로서 삶과 신체적, 정신적 온전성 그리고 자유와 안전에 대한 권리를 갖는다.
2. 원주민은 별개의 민족으로 자유롭고 평화롭고 안전하게 살 집단적 권리를 가지고 있으며, 강제로 한 집단의 아이들을 다른 집단으로 이동시키는 것을 포함한, 어떠한 폭력적 행위나 종족(집단)학살도 당하지 않아야 한다.

조항 8
1. 원주민과 개인은 자신의 문화가 강압적으로 동화되거나 파괴를 당하지 않을 권리를 가지고 있다.
2. 국가는 다음 사항들을 예방하고 보상하기 위한 효과적인 방법을 제공해야 한다.
   (a) 별개의 민족으로서 그들의 온전성 또는 문화적 가치나 인종적 정체성을 빼앗으려는 목적이나 영향을 가진 모든 행동
   (b) 그들의 토지와 영토 또는 자원을 빼앗으려는 모든 행위
   (c) 그들의 권리의 어떠한 것이라도 위반하거나 약화시키려는 목적이나 영향을 가진 강제 인구이동의 모든 형태

(d) 강요된 동화나 통합의 모든 형태
(e) 그들을 겨냥한 인종적 또는 민족적 차별을 촉진하거나 조장하려고 계획된 선전의 모든 형태

조항 9
원주민과 개인은 관련 공동체나 국가의 전통과 관습에 따라 원주민 공동체나 국가에 속할 권리를 가진다. 그 권리를 행사하는 데 있어 어떠한 종류의 차별도 있으면 안 된다.

조항 10
원주민을 그들의 토지나 영토에서 강제로 쫓아내서는 안 된다. 관련 원주민 민족의 자유로운, 사전의 그리고 고지에 입각한 동의 없이 재배치가 되어서는 안 되며, 정당하고 공정한 보상에 대한 합의 후에 행해져야 하며, 가능한 곳에서는 귀환을 선택할 수 있어야 한다.

조항 11
1. 원주민은 자신의 문화적 전통과 관습을 행하고 재활성화시킬 권리를 가지고 있다. 여기에는 유적지와 사적지, 문화재, 디자인, 의식, 기술 그리고 시각 예술과 공연 예술과 문학과 같은 자신 문화의 과거, 현재 그리고 미래의 표명을 유지하고 보호하고 발전시킬 수 있는 권리가 포함된다.
2. 국가는 원주민의 자유로운, 사전의, 고지에 입각한 동의 없이 또는 그들의 법, 전통 그리고 관습을 위반하면서 취해진 그들의 문화적, 지적, 종교적 그리고 영적 자산에 대해 원주민과 함께 개발한, 반환을 포함할 수 있는, 효과적인 방법을 통해 보상해야 한다.

조항 12
1. 원주민은 자신의 영적, 종교적 전통과, 관습 그리고 의식을 표현하고, 실행하고, 발전시키고 가르칠 권리를 가지고 있으며; 자신의 종교적, 문화적 유적지를 유지하고 보호하고 비밀리에 출입할 수 있는 권리를 가지며; 의식에 사용할 물건을 사용하고 통제할 권리를 가지며; 사람의 유해를 본국 송환할 수 있는 권리를 가진다.
2. 국가는 관련된 원주민과 협의하에 개발된 공정하고 투명하며 효과적인 방법을 통해 자신이 소유하고 있는 의식에 사용하는 물건과 사람의 유해에 대한 접근과 송환(또는 둘 중 하나)을 할 수 있게 해야 한다.

조항 13
원주민은 자신의 역사, 언어, 구전 전통, 철학, 문자, 그리고 문학을 재활성화시키고, 사용하고, 발전시키고, 미래 세대에게 전해 줄 권리를 가지며, 공동체와 장소 그리고 사람에 대한 자기 자신의 이름을 유지할 권리를 갖는나.
국가는 이 권리가 보호될 수 있게 하고, 원주민이 필요한 경우 통역을 준비하거나 다른 적절한 수단을 통해 정치적, 법적 그리고 행정적 절차를 이해하고 이해될 수 있도록 하기 위한 효과적인 조치를 취해야 한다.

조항 14

1. 원주민은 자신의 언어로, 교육과 학습에 대한 자신의 문화적 방법에 적합한 방식으로 교육을 제공하는 자신의 교육 시스템과 기관을 설립하고 통제할 권리를 갖는다.
2. 원주민 개인, 특히 어린이는 차별 없이 국가가 제공하는 모든 수준과 형태의 교육을 받을 권리가 있다.
3. 국가는 원주민과 협의하에 공동체 밖에 살고 있는 사람을 포함한 원주민 개인, 특히 아이가 가능한 경우 자신의 문화 속에서 그리고 자신의 언어로 제공되는 교육을 받을 수 있도록 효과적인 조치를 취해야 한다.

조항 15

1. 원주민은 교육과 공적 정보에 적절하게 반영되어야 하는 자신의 문화, 전통, 역사, 그리고 염원의 존엄성과 다양성에 대한 권리를 갖는다.
2. 국가는 관련된 원주민과의 협의와 협력하에 편견과 싸우고 차별을 없애고, 원주민과 사회의 모든 다른 부분 사이에 관용과 이해 그리고 좋은 관계를 촉진할 수 있는 효과적인 조치를 취해야 한다.

조항 16

1. 원주민은 자신의 언어로 자신의 미디어를 설립할 권리를 가지며, 차별 없이 모든 형태의 비원주민 미디어에 접근할 권리를 갖는다.
2. 국가는 국영 미디어가 원주민 문화의 다양성을 적절한 절차에 따라 반영하도록 확실히 해야 한다. 국가는 표현의 완전한 자유를 보장하는 것에 대한 편견 없이, 개인 소유 미디어가 원주민 문화의 다양성을 충분히 반영할 수 있도록 권장해야 한다.

조항 17

1. 원주민 개인과 민족은 적용 가능한 국제 노동법과 국내 노동법하에 확립된 모든 권리를 온전히 누릴 수 있는 권리를 갖는다.
2. 국가는 원주민과 협의와 협력하에 원주민 아이를 경제적 착취로부터 보호하고, 위험하거나 또는 아이의 교육에 방해가 되거나, 또는 아이의 건강이나 육체적, 정신적, 영적, 도덕적 또는 사회적 발달에 해로울 것 같은 일을 수행하는 것으로부터 보호하기 위한 특별한 조치를 취해야 하며, 그들의 특별한 취약성과 그들의 자율권을 위한 교육의 중요성을 고려해야 한다.
3. 원주민 개인은 노동, 그리고 그중에서도 고용이나 임금에 있어서 어떠한 차별도 받지 않을 권리를 갖는다.

조항 18

원주민은 자신의 원주민 의사결정 제도를 유지하고 발전시키는 것은 물론, 자신의 절차에 따라 자신이 선출한 대표자를 통해 자신의 권리에 영향을 줄 수 있는 문제의 결정을 내리는 데 참여할 권리를 갖는다.

조항 19

국가는 원주민에게 영향을 줄 수 있는 입법적 또는 행정적 조치를 채택하고 실행하기 전에 그들의 자유로운, 사전의 그리고 고지에 입각한 동의를 얻기 위해 자신의 대표 기관을 통해 관련된 원주민과 선의로 협의하고 협력해야 한다.

조항 20

1. 원주민은 자신의 정치적, 경제적 그리고 사회적 시스템 또는 제도를 유지하고 발전시키며, 생존권과 발전에 대한 자신의 방법을 안전하게 누리고, 모든 그들의 전통적 그리고 다른 경제적 활동에 자유롭게 종사할 수 있는 권리를 갖는다.
2. 생존권과 발전에 대한 자신의 방법을 박탈당한 원주민은 정당하고 공정한 보상을 받을 자격이 있다.

조항 21

1. 원주민은 차별 없이 그들의 경제적, 사회적 조건, 그중에서도 교육, 고용, 직업 훈련과 재훈련, 주택, 위생, 건강과 사회 보장 연금을 포함하는 경제적, 사회적 조건의 개선에 대한 권리를 갖는다.
2. 국가는 그들의 경제적, 사회적 조건의 지속적인 개선을 보장하기 위한 효과적인 조치와, 적절한 경우 특별 조치를 취해야 한다. 원주민 원로, 여성, 젊은이, 아이 그리고 장애인의 권리와 특별한 요구에 특별한 관심을 기울여야 한다.

조항 22

1. 본 선언을 실행하는 데 있어서 원주민 원로, 여성, 젊은이, 아이 그리고 장애인의 권리와 특별한 요구에 특별한 관심을 기울여야 한다.
2. 국가는 원주민과 협력하여 원주민 여성과 아이가 모든 형태의 폭력과 차별로부터 온전히 보호받고 보장받을 수 있도록 하기 위한 조치를 취해야 한다.

조항 23

원주민은 발전에 대한 자신의 권리를 행사하기 위한 우선권과 전략을 결정하고 개발할 권리를 갖는다. 특히, 원주민은 그들에게 영향을 주는 건강, 주택 그리고 다른 경제적, 사회적 프로그램을 개발하고 결정하는 데 적극적으로 참여하며, 가능한 한 자신의 기관을 통해 그런 프로그램을 관장할 수 있는 권리를 갖는다.

조항 24

1. 원주민은 자신의 전통적인 의약에 대한 권리를 가지며, 자신의 (생명 유지에) 필수적인 약용식물, 동물 그리고 광물의 보전을 포함하여 자신의 건강 실천을 위한 행위를 유지할 권리를 갖는다. 원주민은 또한 아무런 차별 없이 모든 사회적, 건강 서비스를 이용할 권리를 갖는다.
2. 원주민은 달성 가능한 가장 높은 수준의 신체 및 정신 건강을 누릴 수 있는 동등한 권리를

갖는다. 국가는 이 권리의 온전한 실현을 점진적으로 성취하기 위한 필요 수단을 취해야 한다.

조항 25

원주민은 자신이 전통적으로 소유했거나 다른 방법으로 차지하고 사용했던 토지, 영토, 영해, 연해 그리고 다른 자원에 대한 자신의 특별한 영적 관계를 유지하고 강화할 권리를 가지고 있으며, 이런 점에서 미래세대에 대한 자신의 책임을 유지시킬 권리가 있다.

조항 26

1. 원주민은 그들이 전통적으로 소유했고, 차지했거나 다른 방법으로 사용했거나 획득한 토지, 영토 그리고 자원에 대한 권리를 갖는다.
2. 원주민은 그들이 다른 방법으로 취득한 것은 물론 전통적인 소유권 또는 다른 전통적인 거주나 사용에 의해 그들이 소유하고 있는 토지, 영토 그리고 자원을 소유하고, 사용하고, 개발하고 통제할 권리를 갖는다.
3. 국가는 이런 토지와 영토 그리고 자원에 대해 법적으로 인정하고 보호해야 한다. 그런 인정은 당연히 관련된 원주민의 관습, 전통 그리고 토지 임대법을 존중하여 행해져야 한다.

조항 27

국가는 원주민과 협의하에 공평하고, 독립적이고, 공정하고, 공개적이며 투명한 과정을 확립하고 실행해야 하며, 원주민의 법, 전통, 관습 그리고 토지 임대법을 당연히 인정하고, 전통적으로 소유하였거나, 다른 방법으로 차지하였거나 사용한 것을 포함해서 토지와 영토 그리고 자원에 대한 원주민의 권리를 인정하고 판결해야 한다. 원주민은 이런 과정에 참여할 수 있는 권리를 가진다.

조항 28

1. 원주민은 보상에 대한 권리를 가지며, 여기에는 그들이 전통적으로 소유했거나 다른 방법으로 점거했거나 사용했다가 자신의 자유로운, 사전의, 그리고 고지에 입각한 동의 없이 몰수당했거나, 취해졌거나, 점령되었거나, 사용되었거나, 피해를 입은 토지, 영토 그리고 자원에 대한 반환 또는 이것이 가능하지 않을 경우, 적절하고 공명정대한 보상이 포함될 수 있다.
2. 관련된 원주민이 다른 방법으로 자유롭게 동의하지 않는다면, 보상은 품질과 크기 그리고 법적 지위에서 동등한 토지, 영토 그리고 자원의 형태 또는 금전적 보상이나 다른 적절한 보상의 형태가 되어야 한다.

조항 29

1. 원주민은 환경의 보존과 보호 그리고 자신의 토지나 영토 그리고 자원 생산 능력에 대한 권리를 갖는다. 국가는 차별 없이 그런 보존과 보호를 위해 원주민을 위한 지원 프로그램을 설립하고 실행해야 한다.

2. 국가는 위험물질의 저장이나 폐기가 원주민의 자유로운, 사전의 그리고 고지에 입각한 동의 없이 그들의 토지나 영토에서 행해지지 않도록 효과적인 조치를 취해야 한다.
3. 국가는 또한 원주민의 건강을 추적 관찰하고 유지하고 회복시키기 위한 프로그램이 그런 물질에 의해 영향을 받은 사람들에 의해 개발되고 실행된 대로, 적절한 절차에 따라 실행되도록 필요에 따라 효과적인 조치를 취해야 한다.

조항 30

1. 군사적 행동은 관련된 공동의 이익에 의해 정당화되지 않거나 그렇지 않으면 관련된 원주민과 자유의사에 의해 합의하거나 원주민에 의해서 요청된 경우가 아니라면 원주민의 토지나 영토에서 진행되어서는 안 된다.
2. 국가는 군사적 행동을 위해 원주민의 토지나 영토를 사용하기 전에 적합한 절차를 통해, 그리고 특히 그들의 대표 기구를 통해 관련된 원주민과 효과적인 협의를 해야 한다.

조항 31

1. 원주민은 인적 그리고 유전적 자원, 씨, 의약품, 동물과 식물군의 특성들에 대한 지식, 구전 전통, 문학, 디자인, 스포츠 그리고 전통적인 게임과 시각과 공연 예술을 포함하는 자신의 과학, 기술 그리고 문화의 표현은 물론 자신의 문화유산, 전통지식 그리고 전통적인 문화적 표현을 유지하고 통제하고 개발할 권리를 갖는다. 그들은 또한 문화유산, 전통지식 그리고 전통적인 문화적 표현과 같은 자신의 지적 자산을 유지하고, 통제하고, 보호하고 개발할 권리를 갖는다.
2. 원주민과 협의하에 국가는 이런 권리의 행사를 인정하고 보호할 효과적인 조치를 취해야 한다.

조항 32

1. 원주민은 자신의 토지나 영토 그리고 다른 자원을 개발하기 위한 우선순위와 전략을 결정하고 개발할 권리를 갖는다.
2. 국가는 특히 광물, 물 또는 다른 자원들의 개발, 사용 또는 채굴과 관련하여 원주민의 토지나 영토 그리고 다른 자원에 영향을 미치는 프로젝트를 승인하기 전에 그들의 자유롭고, 고지에 입각한 동의를 얻기 위해 그들의 대표 기구를 통해 관련된 원주민과 협의하고 선의로 협력해야 한다.
3. 국가는 그런 활동에 대해 공명정대한 보상을 제공하기 위한 효과적인 제도를 제공해야 하며, 부정적인 환경적, 경제적, 사회적, 문화적 또는 영적 영향을 완화시키기 위한 적절한 조치가 취해져야 한다.

조항 33

1. 원주민은 자신의 관습과 전통에 따라 자신의 정체성 또는 회원자격을 결정할 권리를 갖는다. 이것이 그들이 살고 있는 국가의 시민권을 취득할 수 있는 원주민 개인의 권리를 손상시키지 않는다.

2. 원주민은 자신의 절차에 따라 자신의 기구의 구조와 회원자격을 결정할 권리를 갖는다.

조항 34

원주민은 자신의 제도적 구조와 자신의 독특한 관습, 영성, 전통, 절차, 관례, 그리고 존재하는 경우 사법적 시스템이나 관습을 국제 인권 기준에 따라 촉진하고 발전시키고 유지할 권리를 갖는다.

조항 35

원주민은 자신의 공동체에 대한 개인의 책임을 결정할 권리를 갖는다.

조항 36

1. 원주민, 특히 국경으로 나누어진 원주민은 국경 너머의 다른 민족은 물론 자기 자신의 구성원과 영적, 문화적, 정치적, 경제적 그리고 사회적 목적을 위한 활동을 포함하는 연락, 관계 그리고 협력을 유지하고 발전시킬 권리를 갖는다.
2. 국가는 원주민과의 협의와 협력하에 그 행위를 쉽게 할 수 있도록 하기 위한 효과적인 조치를 취해야 하며, 이 권리의 이행을 보장해야 한다.

조항 37

1. 원주민은 국가 또는 그들의 후임자와 맺은 조약과 협정 그리고 다른 건설적인 협의를 인정, 준수 그리고 집행할 권리를 가지며, 국가로 하여금 그러한 조약, 협정 그리고 다른 건설적인 협의를 지키고 존중하도록 요구할 권리를 갖는다.
2. 본 선언의 그 어느 것도 조약, 협정 그리고 다른 건설적인 협의에 포함된 원주민의 권리를 축소하거나 제거하는 의미로 해석되어서는 안 된다.

조항 38

국가는 원주민과 협의와 협력하에 본 선언의 목적을 성취하기 위한 법적 조치를 포함하는 적절한 조치를 취해야 한다.

조항 39

원주민은 본 선언에 포함되어 있는 권리를 누리기 위해 국가로부터 그리고 국제적 협력을 통해 재정적, 기술적 원조를 받을 권리를 갖는다.

조항 40

원주민은 국가 또는 다른 당사자과 갈등과 분쟁 해결을 위한 공명정대한 절차를 진행하고 신속하게 결정을 내릴 수 있는 권리를 가지며, 자신의 개인적 그리고 집단적 권리의 모든 침해에 대한 효과적인 치유방안에 대한 권리를 가진다. 그러한 결정은 관련된 원주민의 관습, 전통, 규칙 그리고 법률 시스템과 국제 인권을 당연히 고려해야 한다.

조항 41

유엔 시스템의 조직과 전문기관, 그리고 다른 정부간 조직은 특히 재정적 협력과 기술적 지원을 동원함으로써 본 선언의 규정들을 온전히 실현하는 데 기여해야 한다. 원주민에게 영향을 주는 이슈에 원주민의 참여를 보장하는 방법과 수단이 확립되어야 한다.

조항 42

유엔과 원주민 문제 영구적 포럼Permanent Forum on Indigenous Issues을 포함하는 유엔의 조직, 그리고 국가 단위의 기관을 포함하는 전문기관과 국가는 본 선언의 규정에 대한 존중과 온전한 적용을 촉진해야 하며, 이 선언의 효율성을 따라가야 한다.

조항 43

이 선언에서 인정된 권리는 전 세계 원주민의 생존, 존엄성 그리고 행복을 위한 최소 기준을 구성한다.

조항 44

이 선언에서 인정된 모든 권리와 자유는 남녀 원주민 개인에게 동등하게 보장된다.

조항 45

본 선언의 그 어느 것도 원주민이 현재 소유하고 있거나 미래에 취득할 수 있는 권리를 약화시키거나 없애는 것으로 해석되어서는 안 된다.

조항 46

1. 본 선언의 그 어느 것도 어떤 국가, 민족, 집단 또는 사람이 유엔헌장에 반하는 어떤 행동에 관여하거나 수행할 권리가 있다(고 암시하)는 것으로 해석하거나, 또는 독립 주권국들의 영토 보전이나 정치적 통합을 전체적으로 또는 부분적으로 분할하거나 손상시키는 어떠한 행동도 허가하거나 조장할 수 있는 것으로 해석되어서는 안 된다.
2. 본 선언에서 열거된 권리를 행사하는 데 있어, 모든 사람의 인권과 근본적인 자유는 존중되어야 한다. 본 선언에서 제시된 권리 행사는 법에 의해 그리고 국제 인권 의무(규정)에 따라 결정된 규제에만 적용받는다. 모든 규제는 차별이 없으며, 오로지 다른 사람의 권리와 자유에 대한 당연한 인정과 존중을 보장하기 위한 목적을 위해서 그리고 민주사회의 공정하고 가장 강력한 요구조건을 충족시키기 위해서만 필요하다.
3. 본 선언에서 열거된 규정들은 공평성(공정성), 민주주의, 인권에 대한 존중, 평등, 무차별, 좋은 통치와 선의의 원칙에 따라 해석되어야 한다.

주석

제1장

1) Bennett and Rowley, eds, *Uqalurait*, 310.
2) Scoffield, "Arctic Ice Melt in 2012 Was Fastest, Widest in Recent History."
3) Gillis, "Ending Its Summer Melt, Arctic Sea Ice Sets a New Low That Leads to Warnings."
4) Naam, "Arctic Sea Ice."
5) Brahic, "Arctic Ice Low Heralds End of Three-Million-Year Cover."
6) United Nations, Intergovernmental Panel on Climate Change, *Fifth Assessment Report: Climate Change 2013: The Physical Science Basis: Summary for Policymakers*, 12.
7) Austin, "Tourists Rescued after Nearly Two Days Stranded in Canadian Arctic."
8) Sandra Omik와 페이스북으로 대화, 2013.6.30.
9) Nash, Wilderness and the American Mind, 389.
10) Waldie, "Signs of Warming Earth 'Unmistakable.'"
11) Gillis, "The Threats to a Crucial Canopy."
12) *Agreement between the Inuit of the Nunavut Settlement Area and Her Majesty* the Queen in Right of Canada [Nunavut Land Claims Agreement].
13) Baikie, "Inuit Perspectives on Recent Climate Change."

제2장

1) Aupilaarjuk et al., *Interviewing Inuit Elders*, 13.
2) Kunuk, dir., *Atanarjuat*; Kunuk and Cohn, dirs, *The Journals of Knud Rasmussen*; Cousineau and Ivalu, dirs, *Before Tomorrow.*
3) Fossett, *In Order to Live Untroubled*, 9-10.
4) McGhee, "When and Why Did the Inuit Move to the Eastern Arctic?" 155-63.
5) Hamilton, "The Medieval Norse on Baffin Island."
6) 앞의 책.
7) Pringle, "Vikings and Native Americans."
8) Armstrong, "Vikings in Canada?"
9) Gregg, dir., *The Norse.*
10) Sutherland, "Dorset-Norse Interactions in the Canadian Eastern Arctic."
11) Butler, "Cold Comfort."
12) Canadian Broadcasting Corporation, "Silence of the Labs."
13) Radford and Thompson, dirs, *Inuit Odyssey.*

14) MacDonald, *The Arctic Sky*, 97-8.
15) Kalluak, *Unipkaaqtuat Arvianit*, 11-20.
16) Inuit Circumpolar Council, *A Circumpolar Inuit Declaration on Sovereignty in the Arctic.*
17) Arctic Institute of North America, "Tusaqtuut."
18) Government of Nunavut, Office of the Language Commissioner, *Official Languages Act*, rsnwt 1988, c. O-1, http://langcom.nu.ca/nunavuts-officiallanguages/official-languages-act.
19) Government of Nunavut, Office of the Languages Commissioner, *Nunavut's* Official Languages.
20) Brody, *The Other Side of Eden*, 284-5.
21) Spalding and Kusugaq, *Inuktitut*, 111-12.
22) Bennett and Rowley, eds, *Uqalurait*, 3.
23) 앞의 책.
24) Alia, "Inuit Names," 252-3.
25) 앞의 책, 252.
26) Kunuk, dir., *Kiviaq v. Canada.*
27) Bennett and Rowley, eds, *Uqalurait*, 4.
28) Houston, dir., *Nuliajuk.*
29) Kappianaq and Nutaraq, *Inuit Perspectives on the 20th Century*, vol. 2, *Travelling and Surviving on Our Land*, 79.
30) Rasmussen, *Across Arctic America*, 30-1.

제3장

1) Rogers, *Northwest Passage.*
2) Cameron and Groves, *Bones, Stones and Molecules*; Flannery, *The Weather Makers*; and Gibbons, "Clocking the Human Exodus out of Africa."
3) Sankararaman et al., "The Date of Interbreeding between Neandertals and Modern Humans."
4) Hofreiter, "Drafting Human Ancestry."
5) O'Rourke and Raff, "The Human Genetic History of the Americas."
6) Meltzer, *First Peoples in a New World*, esp. chs 4-6, 95-207, 명확한 결론이 없는 증거에 대한 철저한 검토를 포함함.
7) Broecker, "Was the Medieval Warm Period Global?"
8) Behringer, *A Cultural History of Climate*, 74-84; Fagan, *The Great Warming*; and Xing, "Paleoclimate of China."
9) McGhee, *The Last Imaginary Place*, 54.
10) Spalding and Kusugaq, "tuniq," 이누이트어로 발행됨, 168.
11) Martin, *Stories in a New Skin*, 29.
12) 나 혼자만의 추측은 아님. Agger and Maschner, "Medieval Norse and the Bidirectional Spread of Epidemic Disease between Europe and Northeastern America."
13) Magnusson and Palsson, trans, *The Vinland Sagas.*
14) Phelpstead, ed., *A History of Norway and the Passion and Miracles of the Blessed Olafr*, 3.
15) Rink, *Tales and Traditions of the Eskimo*, 319.

16) Folger, "Viking Weather," 59.

17) *Legal Status of South-Eastern Territory of Greenland (Nor. v. Den.)*, 1932 PCIJ (ser. A/B), no. 53 (order of Aug. 3), http://www.worldcourts.com/pcij/eng/decisions/1932.08.03_greenland.htm.

18) Inookie Adamie, Eber, *Encounters on the Passage*, 3-4(재인용)

19) Ross, *A Voyage of Discovery*, 172-5, Fleming, Barrow's Boys, 47-8(재인용)

20) Sabine, ed., *North Georgia Gazette and Winter Chronicle*, 1.

21) William Edward Parry as "Amicus," letter, 앞의 책, 56.

22) 이 이전은 긴급명령에 의해 이루어졌으며, 다음에서 확인됨. *Imperial Colonial Boundaries Act*, 1895, Regnal. 58 and 59 Vict., c. 34; Kindred, et al., *International Law Chiefly as Interpreted and Applied in Canada*, 455.

23) Beattie and Geiger, *Frozen in Time*, 141.

24) Rae, "The Arctic Expedition."

25) Rae, *John Rae's Correspondence with the Hudson's Bay Company on Arctic Exploration, 1844-1855*, 286-7.

26) McGoogan, *Lady Franklin's Revenge*, 339.

27) Dickens, "The Lost Arctic Voyagers," 362; McGoogan, *Fatal Passage*, 227.

28) Rae, "The Lost Arctic Voyagers."

29) Walker, dir., *Passage*. 영화의 줄거리는 다음을 참조. http://www.onf-nfb.gc.ca/eng/collection / film/?id=54861.

30) 1999년 그가 죽기 직전에, 사먼 니콜라스 카유티누아크는 이 이야기를 토미 앙구티타우루크에게 말했음. Eber, *Encounters on the Passage*, 76-8.

제4장

1) Rasmussen, *Across Arctic America*, 381.

2) Van Deusen, *Kiviuq*, 3.

3) 투루가르유크와 아르나카크에서 안나 카피아나크가 이야기하고 라스무센이 들은 것과 유사한 버전의 이야기. eds, *Unikkaaqtuat Qikiqtaninngaaqtut*, vol. 1, *Arctic Bay and Igloolik*, 99-105.

4) Houston, dir., *Kiviuq*; *Kiviuq's Journey* website, http://www.unipka.ca.

5) 작가 John Houston과의 대화, 2012.8.31.

6) Van Deusen, *Kiviuq*, 343-7.

7) Aupilaarjuk et al., *Interviewing Inuit Elders*, 193.

8) Kimmaliadjuk, "The Goose-Wife Told by Theresa Kimmaliadjuk."

9) "Comments from Nunavut Elders on Storytelling."

10) Van Deusen, *Kiviuq*, 348.

11) 앞의 책, 337.

12) 앞의 책, 336.

13) 앞의 책, 157; Mariano Aupilardjuk, "Comments from Nunavut Elders on Storytelling."

14) Tulugarjuk and Arnakak, eds, *Unikkaaqtuat Qikiqtaninngaaqtut*, vol. 1, *Arctic Bay and Igloolik*, 6.

15) Dick, *Muskox Land*, 99.

16) Mary-Rousseliere, *Qitdlarssuaq*, 42.

17) Rasmussen, *People of the Polar North*, 27.
18) Tulugarjuk and Arnakak, eds, *Unikkaaqtuat Qikiqtaninngaaqtut*, vol. 1, *Arctic Bay and Igloolik*, 6.
19) Kunuk, dir., *Atanarjuat.*
20) Wissink, "The Qitdlarssuaq Chronicles, Part 1," 2.
21) Rasmussen, *People of the Polar North*, 28.
22) Mary-Rousseliere, *Qitdlarssuaq*, 42.
23) Rasmussen, *People of the Polar North*, 29.
24) 앞의 책, 32.
25) 앞의 책, 33-4.
26) Smith and Szucs, dirs, *Vanishing Point.*
27) Wissink, "The Qitdlarssuaq Chronicles, Parts 1-4."
28) Mary-Rousseliere, *Qitdlarssuaq*, 160-1.
29) Ehrlich, *This Cold Heaven*, 53.
30) Rasmussen, *Across Arctic America*, 21-5.
31) 앞의 책, 381-6.

제5장

1) Bennett and Rowley, eds, *Uqalurait*, 431.
2) Nansen, "Preface," v.
3) O'Fallon and Fehren-Schmitz, "Native Americans Experienced a Strong Population Bottleneck Coincident with European Contact."
4) Aupilaarjuk et al., *Interviewing Inuit Elders*, 98.
5) Pelly and Minty, "Dundas Harbour."
6) Bernier, *Master Mariner and Arctic Explorer*, 343-4.
7) MacMillan, *Paris 1919*, 44-9.
8) Heron, *The Workers' Revolt in Canada, 1917-1925.*
9) King, *Defiant Spirits.*
10) Titley, *A Narrow Vision*, 50.
11) *Northwest Game Act*, sc 1917, c. 36, rsc 1927, c. 141, http://www.justice.gov.nt.ca/Legal/documents/AuthoritiesVol1-21.pdf.
12) Pelly, *Sacred Hunt*, 106.
13) Aupilaarjuk et al., *Interviewing Inuit Elders*, 34.
14) Reaney, "Pond Inlet Graves Moved."
15) "La mort violente de l'oncle Victor, dans l'Extreme Nord canadien."
16) Briggs, "To the Ragged Edge of the World (Devon Island 1998)."
17) Grant, *Arctic Justice*, 229.
18) 앞의 책, 154.
19) 앞의 책, 159.
20) "RCMP Annual Report for the Year Ending March 1924," 앞의 책, 163.
21) *Reference re Secession of Quebec*, [1998] 2 SCR 217, http://scc-csc.lexum.com/decisia-scc-csc/

scc-csc/scc-csc/en/item/1643/index.do.

22) *Constitution Act*, 1982, being Schedule B to the *Canada Act 1982* (uk), 1982, c. 11, s. 35(1), http://www.canlii.org/en/ca/const/const1982.html.

23) 앞의 책, s. 35(2), s. 35(3).

24) George, *Lament for Confederation*, Henderson, *First Nations Jurisprudence and Aboriginal Rights*, 17(재인용)

25) Borrows, *Canada's Indigenous Constitution*, 282-3.

26) *Alaska Native Claims Settlement Act*, [1971] 43 usc 1601, c. 33, http://www.law.cornell.edu/uscode/text/43/chapter-33.

27) Government of the United States, *Treaty Concerning the Cession of the Russian Possessions in North America by His Majesty the Emperor of All the Russias to the United States of America*.

28) *Rupert's Land Act*, 1868, 31-32 Vict., c. 105 (uk), http://caid.ca/RupLan Act1868.pdf, confirmed in the *Imperial Colonial Boundaries Act*, 1895, 58-59 Vict., c. 34 (uk), http://www.legislation.gov.uk/ukpga/1895/34/pdfs/ukpga_18950034_en.pdf.

29) Currie, *Public International Law*, 229.

30) 앞의 책, 237.

31) 앞의 책, 241.

32) Secretariat of the Antarctic Treaty, *The Antarctic Treaty*.

33) *Agreement Governing the Activities of States on the Moon and Other Celestial Bodies*, 1979.12.5., 1363 UNTS 3.

34) Parliament of Canada, Senate, *Debates*, 1907.2.20., 271.

35) Byers and Lalonde, "Who Controls the Northwest Passage?"; Killaby, "'Great Game in a Cold Climate'"; Pharand, *Canada's Arctic Waters in International Law*.

36) *North Sea Continental Shelf Cases (Federal Republic of Germany v. Denmark and v. Netherlands)*, [1969] ICJ Rep. 3.

37) *Fisheries Case (United Kingdom v. Norway)*, [1951] ICJ Rep. 116; United Nations, *United Nations Convention on the Law of the Sea*.

38) *Corfu Channel Case (United Kingdom v. Albania)*, [1949] ICJ Rep. 4.

39) Pharand, *Canada's Arctic Waters in International Law*, 224.

40) 앞의 책.

41) 앞의 책, 225.

42) Byers, "Canada's Arctic Nightmare Just Came True."

43) Dawson, "Canada Suspends Military Operations Near Disputed Hans Island."

44) Government of Canada, Fisheries and Oceans Canada, "United Nations Convention on the Law of the Sea."

45) Stewart, "(Almost) Everyone Agrees."

46) Suthren, *The Island of Canada*, 326.

47) United Nations, *United Nations Convention on the Law of the Sea*, art. 234.

48) Government of Canada, Transport Canada, *Arctic Waters Pollution Prevention Act*, RSC 1985, c. A-12, http://www.tc.gc.ca/eng/marinesafety/debs-arcticacts-regulations-awppa-494.htm.

49) Canadian Coast Guard, "Northern Canada Vessel Traffic Services Zone (NORDREG)."

50) Inuit Circumpolar Council, *A Circumpolar Inuit Declaration on Sovereignty in the Arctic.* 전문은 부록 1 참조.

51) *Agreement between the Inuit of the Nunavut Settlement Area and Her Majesty the Queen in Right of Canada* [Nunavut Land Claims Agreement].

52) Byers, *Who Owns the Arctic?* 126.

53) 앞의 책, 50-1.

54) Inuit Tapiriit Kanatami, *An Integrated Arctic Strategy.*

55) Lackenbauer, *The Canadian Rangers.*

56) Tobias, *Living Proof,* 53; the Nunavut Planning Commission website, http://www.nunavut.ca.

57) Pharand, *Canada's Arctic Waters in International Law*, 252.

58) *Legal Status of Eastern Greenland (Den. v. Nor.)*, 1933 PCIJ (ser. A/B), no. 53(Apr. 5), http://www.worldcourts.com/pcij/eng/decisions/1933.04.05_greenland.htm.

59) 이 문제를 잘 검토하려면, 다음을 참조. Spector, "Western Sahara and the Self-Determination Debate."

60) *Advisory Opinion on the Western Sahara*, [1975] ICJ Rep. 12, paras 152, 162.

61) *United Nations International Covenant on Civil and Political Rights*, 1966.12.19., 999 unts 171 (1976.3.23. 발효), art. 1; *United Nations International Covenant on Economic, Social and Cultural Rights*, 1966.12.19., 993 UNTS 3 (1976.1.3. 발효), art. 1.

62) United Nations, *United Nations Declaration on the Rights of Indigenous Peoples*, art. 3. 전문은 부록 3 참조.

63) 앞의 책, art. 1.

64) Daschuk, *Clearing the Plains.*

65) Saul, "Listen to the North," 4.

66) 앞의 책, 3.

67) "Harper on Arctic."

68) Flaherty, dir., *Nanook of the North.*

69) Saul, *A Fair Country*, 286.

제6장

1) Inuit Circumpolar Council, *A Circumpolar Inuit Declaration on Sovereignty in the Arctic*, art. 2.1. 전문은 부록 1 참조.

2) Mowat, *Walking on the Land*, 13.

3) 2003년 누나부트 아르비아트에서 열린 아히아르미우트 원로 잡, 에바 무퀸니크, 루크, 메리 아나우탈리크가 함께 한 워크숍 "생존과 주술사의 힘Angakkuunig"을 바탕으로, 아히아르미우트의 이주에 대한 훌륭한 검토를 위하여 다음을 참조. Laugrand, Oosten, and Serkoak, "Relocating the Ahiarmiut from Ennadai Lake to Arviat (1950-1958)".

4) Mowat, *Walking on the Land*, 49.

5) Tassinan, dir., *Broken Promises.*

6) 앞의 책.

7) Tester and Kulchyski, *Tammarniit (Mistakes)*, 236.

8) 앞의 책, 139.

9) Amagoalik, *Changing the Face of Canada*, 18-19.
10) Marcus, *Out in the Cold*, 18.
11) 앞의 책, 17.
12) Tester and Kulchyski, *Tammarniit (Mistakes)*, 140.
13) Amagoalik, *Changing the Face of Canada*, 19.
14) Tester and Kulchyski, *Tammarniit (Mistakes)*, 145.
15) 앞의 책, 140.
16) McGrath, *Long Exile*, 186.
17) Tester and Kulchyski, *Tammarniit (Mistakes)*, 152.
18) Amagoalik, *Changing the Face of Canada*, 28, 31.
19) Government of Canada, Royal Commission on Aboriginal Peoples, *The High Arctic Relocation*, 30.
20) McGrath, *Long Exile*, 216-20.
21) Marcus, *Relocating Eden*, 98.
22) 저자인 Martha Flaherty와 사적으로 대화, 2014.1.15.
23) Tassinan, dir., *Broken Promises*.
24) 앞의 책.
25) *Agreement between the Inuit of the Nunavut Settlement Area and Her Majesty the Queen in Right of Canada [Nunavut Land Claims Agreement]*.
26) Government of Canada, Royal Commission on Aboriginal Peoples, *The High Arctic Relocation*.
27) Government of Canada, Aboriginal Affairs and Northern Development Canada, "Government of Canada Apologizes for Relocation of Inuit Families to the High Arctic."
28) George, "Special Claim for Nunavut's Ennadai Lake Relocatees Moves Ahead."
29) 저자인 John Amagoalik와 사적으로 대화, 2005.4.
30) Grygier의 *A Long Way from Home*과 1950년대 초, 퀘벡에 있는 요양소에서의 한 이누이트 남자와 소년, 그리고 그들의 경험에 관한 감동적인 영화인 Pilon 감독의 *Ce qu'il faut pour vivre*를 참조.
31) Erasmus, "Interview with Elisapee Karetak," 3.
32) Qikiqtani Truth Commission, "Analysis of the rcmp Sled Dog Report" and "Qimmiliriniq: Inuit Sled Dogs in Qikiqtaaluk," *Thematic Reports and Special Studies, 1950 to 1975*, 7-66, 323-82.
33) 캐나다 기숙학교에 대한 문헌은 많고 계속 생산되지만, 이누이트가 겪은 경험에 초점을 맞춘 것은 상대적으로 적음. Pauktuutit Inuit Women's Association of Canada, *Sivumuapallianiq*; Truth and Reconciliation Commission of Canada, *Canada, Aboriginal Peoples, and Residential Schools; Interim Report*; "Northern National Event"; Fontaine, *Broken Circle*; Haig-Brown, *Resistance and Renewal*; Miller, *Shingwauk's Vision*; Milloy, *A National Crime*; and Regan, *Unsettling the Settler Within*.
34) Truth and Reconciliation Commission of Canada, *Canada, Aboriginal Peoples, and Residential Schools*, 77-9.
35) Government of Canada, Aboriginal Affairs and Northern Development Canada, "Prime Minister Harper Offers Full Apology on Behalf of Canadians for the Indian Residential Schools System."

36) Qikiqtani Truth Commission, *Community Histories, 1950 to 1975.*
37) 이스마사의 피터 이르니크의 비디오 증언, *Truth and Reconciliation*에서 발췌. 허가를 받아 재구성함.
38) Amagoalik, *Changing the Face of Canada*, 43.
39) Kreelak, dir., *Kikkik E1-472.*

제7장

1) Bennett and Rowley, eds, *Uqalurait*, 118.
2) Kingwatsiaq, "Country Food Shouldn't Be Sold,"Gombay, *Making a Living*, 15(재인용)
3) Cone, *Silent Snow.*
4) Munro, "'Unprecedented' Ozone Hole Opens over Canadian Arctic."
5) Mercer, *Claiming Nunavut, 1971-1999*, 21.
6) 앞의 책, 22-3.
7) 1867년 이래 헌정사에 대한 유용한 요약은 다음을 참조. Dodek *The Canadian Constitution.*
8) Reid, *Louis Riel and the Creation of Modern Canada*; and Waiser and Stonechild, *Loyal to Death.*
9) Daschuk, *Clearing the Plains*, 79-158.
10) *Indian Act*, rsc 1985, c. I-5 (개정; 1876년 제정), http://laws.justice.gc.ca/eng/acts/I-5.
11) 브리티시컬럼비아 중심부에서 원주민, 백인, 중국인이 접촉하고 충돌한 것에 대한 자세한 내용은 찾기 어려움. 이 시기를 다룬 대부분의 역사는 광부들과 식민자들의 침입에 대한 원주민의 저항을 거의 또는 전혀 언급하지 않음. 지역의 믿을 만한 역사이지만, 원주민의 저항에 대해서는 희박하게 언급된 Barman, *The West beyond the West* . 또한, 다음 문헌도 참조. Forsythe and Dickson, *The Trail of 1858*; Griffin, *Radical Roots*, esp. ch. 7, 91-104.
12) Ladner and Simpson, *This is an Honour Song*; and Swain, *Oka.*
13) *Agreement between the Inuit of the Nunavut Settlement Area and Her Majesty the Queen in Right of Canada [Nunavut Land Claims Agreement].*
14) Government of Canada, Aboriginal Affairs and Northern Development Canada, *Statement of the Government of Canada on Indian policy (The White Paper, 1969).*
15) 예를 들면, Cardinal, *The Unjust Society.*
16) *The James Bay and Northern Quebec Agreement*, 1975.2.13., http://www.gcc.ca/pdf/LEG000000006.pdf.
17) *Alaska Native Claims Settlement Act*, [1971] 43 usc 1601, c. 33, http://www.law.cornell.edu/uscode/text/43/chapter-33; Jones, *Alaska Native Claims Settlement Act of 1971 (Public Law 92-203).*
18) Amagoalik, *Changing the Face of Canada*, 73-4.
19) Alfred, *Wasáse*, 122.
20) Rasmussen, *Across Arctic America*, 126-7.
21) 이누크티투트 음절의 영어 번역에 대한 정보는 다음을 참조. http://www.translitteration.com/transliteration/en/inuktitut/canadianaboriginal-syllabics.
22) *Bill C-38 Civil Marriage Act*, or *An Act Respecting Certain Aspects of Legal Capacity for Marriage for Civil Purposes*, SC 2005, c. 33(Bill C-38이라고도 불림).
23) Bell, "Nunavut's mp Says Yes to Same-Sex Marriage."
24) Williamson, "'Arnaasiaq' and 'Angutaasiaq' People Deserve Love and Tolerance."

25) Tait, "Chevron, Statoil Set a Course for Arctic Exploration."
26) *CBC News*, "Oil Companies Seek to Drill in Deep Beaufort Sea."
27) Varga, "Oil and Gas Pose Big Questions for Baffin Region Inuit," 1.
28) Macalister, "Greenland Halts New Oil Drilling Licences."
29) *Nunavut Land Claims Agreement*, art. 12.
30) 앞의 책, arts 12.2.6, 12.2.24.
31) 앞의 책, arts 12.2.24 to 12.2.27.
32) 앞의 책, art. 12.2.2.
33) 앞의 책, art. 12.2.3.
34) 앞의 책, art. 12.5.
35) 앞의 책, art. 12.3.
36) 앞의 책, art. 12.6.
37) *CBC News*, "Sabina Buys Bathurst Inlet Port and Road Project."
38) Bathurst Inlet Port and Road Project, *NWT Community Consultation*.
39) Bathurst Inlet Port and Road Project, "Executive Summary."
40) Herman, "Port and Road Project Delay."
41) Nunavut Impact Review Board, *Final Hearing Report*.
42) Thorpe et al., *Thunder on the Tundra*. Flanders et al., *Caribou Landscape Vulnerability Mapping for the Proposed Bathurst Inlet Port and Road*. 두 번째 보고서에 접근할 수 있도록 허가해 준 공동저자 데이비드 글래더스에게 감사를 전함.
43) Government of Canada, Aboriginal Affairs and Northern Development Canada, "Government of Canada Approves Baffinland Mary River Project."
44) Nunavut Impact Review Board, *Final Hearing Report*, x.
45) 이어지는 메리강 프로젝트에 관한 정보는 별도 주석으로 표시되지 않는 한, 5일간의 NIRB 공청회에서 제시된 구두 증언들을 들으며 저자가 작성한 메모를 바탕으로 함.
46) 배핀랜드 철광회사의 발표 요약은 다음을 참조. Baffinland, "NIRB Final Hearings for Mary River Project."
47) 에누아라크 교수는 NIRB 공청회에서 아크틱대학 대표가 아닌 민간인 자격으로 연설하였음.
48) Qikiqtani Inuit Association, *The Mary River Project Inuit Impact and Benefit Agreement*.
49) 밴쿠버에서 저자인 Mukshowya Niviaqsi와 대화, 2012.9.5.
50) IsumaTV, *Zacharias Kunuk with Lloyd Lipsett*. 쿠누크의 작품에 대한 정보는 다음을 참조. Evans, *Isuma*; the IsumaTV website, http://www.isuma.tv/hi/en.
51) Jordan, "Baffinland Iron Mines Sharply Scales back Mary River Project."
52) Waldie, "Baffinland ceo Says No to Northwest Passage."
53) Inuit Circumpolar Council, *A Circumpolar Inuit Declaration on Resource Development Principles in Inuit Nunaat*. 전문은 부록 2 참조.
54) Bennett and Rowley, eds, *Uqalurait*, 118.
55) *CBC News*, "Arctic Leaders."
56) *Qikiqtani Inuit Association v. Canada (Minister of Natural Resources), Attorney General of Canada, Nunavut (Minister Responsible for the Arctic College), the Commissioner of Nunavut*, 2010 NUCJ 12, http://www.nunatsiaqonline.ca/pub/docs/QIA_decision.pdf.

57) The Nunavut Court of Justice, *Constitution Act*, 1982, being Schedule B to the *Canada Act 1982* (uk), 1982, c. 11, s. 35(재인용); *Haida Nation v. British Columbia (Minister of Forests)*, [2004] 3 SCR 511, [2005] 1 CNLR 72; *Little Salmon/Carmacks First Nation v. Yukon (Director, Agriculture Branch, Department of Energy, Mines and Resources)*, 2008 YKCA 13, [2008] 4 CNLR 25; and *Mikisew Cree First Nation v. Canada (Minister of Canadian Heritage)*, [2005] 3 SCR 388, [2006] 1 CNLR 78.

58) Qikiqtani Inuit Association, *Tallurutiup Tariunga Inulik.*

59) Galloway, "Ottawa Sets up Arctic Marine Park."

60) *Constitution Act*, 1982, being Schedule B to the *Canada Act 1982* (UK), 1982, c. 11, s. 35.

61) Newman, *The Duty to Consult*, 16. See also *Taku River Tlingit First Nation v. British Columbia (Project Assessment Director)*, 2003 SCC 74, [2004] 3 SCR 550.

62) *Mikisew Cree First Nation v. Canada (Minister of Canadian Heritage)*, [2005] 3 SCR 388, [2006] 1 CNLR 78.

63) Yaffe, "Resource Sector about to Witness New Era of Native Empowerment."; Gallagher, *Resource Rulers.*

64) United Nations, *United Nations Declaration on the Rights of Indigenous Peoples*, esp. arts 10, 19, 28, 29, 32, 선언의 전문은 부록 3 참조.

65) Government of Canada, Aboriginal Affairs and Northern Development Canada, "Backgrounder."

66) Taracena, "Implementing the *Declaration*"; Joffe, "Canada's Opposition to the *UN Declaration.*"

67) Branswell, "Death, Suicide Rates among Inuit Kids Soar over Rest of Canada."

68) Inuit Tapiriit Kanatami, *Health Indicators of Inuit Nunangat within the Canadian* Context, 1994-1998 and 1999-2003.

69) Nunavut Tunngavik Incorporated, *Backgrounder.*

70) Tarasuk, Mitchell, and Dachner, *Household Food Insecurity in Canada, 2011.*

71) Inuit Tapiriit Kanatami, *Inuit and Cancer.*

72) Inuit Tapiriit Kanatami, *Health Indicators*; Statistics Canada, "Infant Mortality Rates, by Province and Territory."

73) Government of Canada, Department of Justice, *Background Information.*

74) Kappianaq and Nutaraq, Inuit Perspectives on the 20th Century, vol. 2, *Travelling and Surviving on Our Land*, 160-1.

제8장

1) Watt-Cloutier and Hassan, "Planet Earth."

2) Arctic Climate Impact Assessment, *Impacts of a Warming Arctic*, "Executive Summary," 2.

3) 앞의 책.

4) 앞의 책, 10, 11.

5) Stott, "Global-Average Temperature Records."

6) National Oceanic and Atmospheric Administration (NOAA), "Climate."

7) 예를 들면, Hansen et al., "Global Climate Changes as Forecast by Goddard Institute for Space

Studies Three-Dimensional Model," 9341-64.

8) NOAA, "Globe Had Eighth Warmest August on Record."

9) NOAA, *Arctic Report Card.*

10) NOAA, National Climatic Data Center, *Global Climate Change Indicators.*

11) Farnell, "Why the IPCC Climate Change Report Is Flawed."

12) United Nations, Intergovernmental Panel on Climate Change (IPCC), *Fifth Assessment Report: Climate Change 2013: The Physical Science Basis: Summary for Policymakers*, 3.

13) IPCC, *Fifth Assessment Report: Climate Change 2013: The Physical Science Basis*, ch. 9, 3.

14) IPCC, *Fifth Assessment Report: Climate Change 2013: The Physical Science Basis: Summary for Policymakers*, 3.

15) North Pole Environmental Observatory, webcam, 2013.7.22., http://psc.apl.washington.edu/northpole/NPEO2013/webcam2.html.

16) Ahmed, "White House Warned on Imminent Arctic Ice Death Spiral."

17) National Aeronautic and Space Administration, "Warm Ocean Rapidly Melting Antarctic Ice Shelf from Below."

18) Homer-Dixon and Weaver, "Climate Uncertainty Shouldn't Mean Inaction."

19) Meehl et al., "Model-Based Evidence of Deep-Ocean Heat Uptake during Surface-Temperature Hiatus Periods."

20) Harvey, "Climate Change Slowdown Is Due to Warming of Deep Oceans, Say Scientists."

21) IPCC, *Fifth Assessment Report: Climate Change 2013: The Physical Science Basis: Summary for Policymakers*, 4.

22) Lloyd, "Twenty-Year Hiatus in Rising Temperatures Has Climate Scientists Puzzled."

23) Mohan, "Carbon Dioxide Levels in Atmosphere Pass 400 Milestone, Again."

24) Fagan, *The Great Warming*, 230.

25) Ruddiman, *Plows, Plagues, and Petroleum*, 137-8.

26) IPCC 홈페이지의 방대한 문서 참조. http://www.IPCC.ch.

27) Hansen, *Storms of My Grandchildren*, 250-1.

28) Kappianaq and Nutaraq, *Inuit Perspectives on the 20th Century*, vol. 2, *Travelling and Surviving on Our Land*, 152-3.

29) Fox, "When the Weather Is Uggianaqtuq."

30) Arctic Climate Impact Assessment, *Impacts of a Warming Arctic*, ch. 3, 82.

31) 앞의 책.

32) 앞의 책, ch. 3, 83.

33) 앞의 책, ch. 3, 84.

34) Leah Aqpik, Uqigjuaqsi Adamie Inookie, and Qaunaq Mikkigak, "Tusaqtuut"(북아메리카 북극연구소에서의 구두발표); Houston, dir., *Diet of Souls*; Kunuk and Mauro, dirs, *Qapirangajuk.*

35) Both the screening of the film *Qapirangajuk* and the follow-up commentary were streamed live from Toronto. See the discussion of what the filmmakers discovered in the making of the film at http://www.youtube.com/watch?v=kOha0liL0w4. 더 많은 정보는 다음을 참조. http://www.isuma.tv/inuit-knowledge-and-climate-change.

36) Inuit Circumpolar Council, "Inuit Petition Inter-American Commission on Human Rights to

Oppose Climate Change Caused by the United States of America"; Inuit Circumpolar Council, *Petition to the Inter-American Commission on Human Rights Seeking Relief from Violations Resulting from Global Warming Caused by Acts and Omissions of the United States.*

37) Inter-American Commission on Human Rights, *Mary and Carrie Dann v. United States*, 2002, case no. 11.140, resolution no. 75/02; Inter-American Commission on Human Rights, *Maya Indigenous Communities of the Toledo District (Belize Maya)*, 2004, case no. 12.053, resolution no. 40/04; Inter-American Commission on Human Rights, *Yanomami Community v. Brazil*, 1985, case no. 7615, resolution no. 12/85; Inter-American Court of Human Rights, *Mayagna (Sumo) Awas Tingni Community v. Nicaragua*, 2001, ser. C, no. 79.

38) Osofsky, "Complexities of Addressing the Impacts of Climate Change on Indigenous Peoples through International Law Petitions," 325.

39) 앞의 책, 314.

40) Inuit Circumpolar Council, *Petition to the Inter-American Commission on Human Rights*, paras 75-95.

41) Organization of American States, *American Convention on Human Rights.*

42) Inter-American Commission on Human Rights, *American Declaration of the Rights and Duties of Man.*

43) Inuit Circumpolar Council, *Petition to the Inter-American Commission on Human Rights*, para. 18.

44) *United Nations International Covenant on Civil and Political Rights* (*ICCPR*), 1966.12.19., 999 unts 171 (1976.3.23. 발효).

45) *Chief Bernard Ominayak and the Lubicon Lake Band v. Canada*, 1990 unhrc, doc. ccpr/C/38/D/167/1984.

46) ICCPR, art. 27.

47) Inter-American Court of Human Rights, *Mayagna (Sumo) Awas Tingni Community v. Nicaragua*, 2001, ser. C, no. 79.

48) Inter-American Commission on Human Rights, *Maya Indigenous Communities of the Toledo District (Belize Maya)* (2004), case no. 12.053, resolution no. 40/04; Inter-American Commission on Human Rights, *Yanomami Community v. Brazil* (1985), case no. 7615, resolution no. 12/85.

49) Inter-American Commission on Human Rights, Report on the Situation of Human Rights of a Segment of the Nicaraguan Population of Miskito Origin, 76. Inuit Circumpolar Council, *Petition to the Inter-American Commission on Human Rights*, para. 75(재인용)

50) *ICCPR*, art. 1; *United Nations International Covenant on Economic, Social and Cultural Rights*, 1966.12.19., 993 UNTS 3 (1976.1.3. 발효), art. 1.

51) United Nations, *United Nations Declaration on the Rights of Indigenous Peoples*, art. 3.

52) Government of Canada, Aboriginal Affairs and Northern Development Canada, "Backgrounder."

53) 캐나다의 지지 성명은 오스트레일리아, 미국과 유사함. 뉴질랜드의 성명은 마오리족의 권리에 관한 국제법과 국내법을 확인하는 것으로 이 선언을 받아들임.

54) 자결권에 대한 방대한 문헌이 있음. 일부 사례는 다음을 참조. Anaya, *Indigenous Peoples in*

International Law; Brownlie, *Principles of Public International Law*; Cassese, *Self-Determination of Peoples*; Charlesworth and Chinkin, *The Boundaries of International Law*; Henderson, *Indigenous Diplomacy and the Rights of Peoples*; Joffe, "Canada's Opposition to the *UN Declaration*"; Knop, *Diversity and Self-Determination in International Law*; and Venne, *Our Elders Understand Our Rights*.

55) *Reference re Secession of Quebec*, [1998] 2 SCR 217, http://scc-csc.lexum.com/decisia-scc-csc/scc-csc/scc-csc/en/item/1643/index.do.

56) *Constitution Act*, 1982, being Schedule B to the *Canada Act 1982* (UK), 1982, c. 11, s. 35; Government of Canada, Aboriginal Affairs and Northern Development Canada, *The Government of Canada's Approach to Implementation of the Inherent Right and the Negotiation of Aboriginal Self-*Government; and Borrows, *Canada's Indigenous Constitution*.

57) *Agreement between the Inuit of the Nunavut Settlement Area and Her Majesty the Queen in Right of Canada [Nunavut Land Claims Agreement]*.

58) Christie, "Aboriginal Nationhood and the Inherent Right to Self-Government."

59) United Nations, Permanent Forum on Indigenous Issues, "Climate Change."

60) Davis, "Climate Change Impacts to Aboriginal and Torres Strait Islander Communities in Australia," 498.

61) *Native Village of Kivalina and City of Kivalina v. ExxonMobil Corporation et al.*, [2008] 28 USC 1331, 2201, http://www.climatelaw.org/cases/country/us/kivalina/Kivalina%20Complaint.pdf.

62) Government of New Zealand, Department of Immigration, "How Do I Qualify for Residence under the 2012 Pacific Access Category?"

63) McAdam, *Climate Change, Forced Migration, and International Law*.

64) National Round Table on the Environment and the Economy (Canada), *Paying the Price*.

65) 앞의 책, 69.

66) Curry and McCarthy, "Canada Formally Abandons Kyoto Protocol on Climate Change."

제9장

1) Wiebe, *Playing Dead*, 125.

2) *Agreement between the Inuit of the Nunavut Settlement Area and Her Majesty* the Queen in Right of Canada [Nunavut Land Claims Agreement].

3) Watt-Cloutier, "Presentation by Sheila Watt-Cloutier, Chair, Inuit Circumpolar Conference, Eleventh Conference of Parties to the un Framework Convention on Climate Change, 몬트리올, 2005.12.7."; Osofsky, "Complexities of Addressing the Impacts of Climate Change on Indigenous Peoples through International Law Petitions," 336(재인용)

4) Regulation (EC) no. 1007/2009 of the European Parliament and of the Council of 16 September 2009 on Trade in Seal Products, http://eur-lex.europa.eu/smartapi/cgi/sga_doc?smartapi!celexplus!prod!CELEXnumdoc&lg=EN&numdoc=32009R1007.

5) Curry and Clarke, "Canada Using Inuit as Political Tool at Summit, Critics Say."

6) Feeney, dir., *Eskimo Artist*.

7) Kreelak, dir., *Kikkik E1-472*.

8) Elizabeth Nutarakittuq; Bennett and Rowley, eds, *Uqalurait*, 48(재인용)

9) Peter Tatigat Arnatsiaq; Bennett and Rowley, eds, *Uqalurait*, 44(재인용)

10) Van Deusen, *Kiviuq*, 25.

11) Polar Bears International, *Polar Bear Facts and Information.*

12) *Agreement on Conservation of Polar Bears*, 노르웨이 오슬로, 1973.11.15., http://sedac.ciesin.org/entri/texts/polar.bears.1973.html.

13) United Nations, *United Nations Convention on International Trade in Endangered Species of Wild Fauna and Flora*.

14) *Marine Mammal Protection Act*, [1972] 16 USC, c. 31, http://www.nmfs.NOAA.gov/pr/laws/mmpa/text.htm.

15) International Fund for Animal Welfare, "Animal Welfare and Conservation Groups Urge Congress to Protect Polar Bears from Trophy Hunting."

16) World Wildlife Federation, Conservation Action Network, "Polar Bear Seas Protection Act Gains Cosponsors."

17) *Endangered Species Act*, [1973] 7 USC 136, 16 usc 1531, http://www.fws.gov/endangered/laws-policies/index.html.

18) *Species at Risk Act*, SC 2002, C. 29, S. 2 (1), http://laws.justice.gc.ca/eng/S-15.3/index.html.

19) *Nunavut Wildlife Act*, SNU 2003, c. 26, http://www.canlii.org/en/nu/laws/stat/snu-2003-c-26/latest/snu-2003-c-26.html.

20) Wenzel and Dowsley, "Economic and Cultural Aspects of Polar Bear Sport Hunting in Nunavut, Canada," 43.

21) *CBC News*, "Hungry Polar Bears Resorting to Cannibalism."

22) Windeyer, "Influx of Bears a Nuisance across Nunavut."

23) 세계자연기금(WWF)와 협업하여 북극곰에 대한 기후변화의 영향을 강조한 코카콜라의 2011년 크리스마스 캠페인. 긴 버전 영상은 다음을 참조. http://www.youtube.com/watch?v= hSBDFifNDuA.

24) Waldie, "Healthy Polar Bear Count Confounds Doomsayers."

25) IUCN/SSC Polar Bear Specialist Group, "Summary of Polar Bear Population Status per 2010."

26) Peacock et al., "Population Ecology of Polar Bears in Davis Strait, Canada and Greenland."

27) Kunuk and Mauro, dirs, *Qapirangajuk.*

28) "Tusaqtuut."(북아메리카 북극연구소에서의 구두발표).

29) Martin, *Stories in a New Skin*, 1-2.

30) Regulation (ec) no. 1007/2009 of the European Parliament and of the Council of 16 September 2009 on Trade in Seal Products, http://eur-lex.europa.eu/smartapi/cgi/sga_doc?smartapi!celexplus!prod!CELEXnumdoc&lg=EN&numdoc=32009R1007.

31) Peter, 런던 Canada House, Canadian High Commission에서의 연설.

32) Potter, "Row Erupts over Governor General's Seal Taste."

제10장

1) Patrick et al., "'Regaining the Childhood I Should Have Had,'" 79.

2) Kennedy, "Missing Canadian Teenager Survives Three Days on Ice Floe." (이 논문에서 두 이누이트의 이름을 잘못 인용한 것으로 보임.)

3) Patrick et al., "'Regaining the Childhood,'" 72.

4) Re Eskimos (sub nom. Re Term "Indians"), [1939] 2 DLR 417, [1939] SCR 104.

5) "Fiddling While the World Warms."

6) Peter, speech presented at Canada House, Canadian High Commission, London.

7) Leduc, *Climate, Culture, Change*, 36.

8) 앞의 책, 37.

9) Martin, *Stories in a New Skin*, 5.

10) Igjugarjuk of the Padlermiut (Caribou Inuit); Rasmussen, *Across Arctic America*, 83-4(재인용); Leduc, *Climate, Culture, Change*, 34(재인용)

11) Van Deusen, *Kiviuq*, 308, 310.

12) 앞의 책, 337.

13) Philip Paniaq, cited in ibid., 336(재인용)

14) *Agreement between the Inuit of the Nunavut Settlement Area and Her Majesty* the Queen in Right of Canada [Nunavut Land Claims Agreement].

15) Lovelock, *Gaia*.

16) MacKinnon, *The Once and Future World*, 77.

참고문헌

Abate, Randall S., and Elizabeth Ann Kronk, eds. *Climate Change and Indigenous Peoples: The Search for Legal Remedies.* Cheltanham, UK: Edward Elgar, 2013.

Abele, Frances, Thomas J. Courchene, Leslie F. Seidle, and France St Hilaire, eds. *The Art of the State.* Vol. 4, *Northern Exposure: Peoples, Powers and Prospects in Canada's North.* Montreal: Institute for Research on Public Policy, 2009.

Abram, David. *Becoming Animal: An Earthly Cosmology.* New York: Pantheon, 2010.

Agreement between the Inuit of the Nunavut Settlement Area and Her Majesty the Queen in Right of Canada [Nunavut Land Claims Agreement]. 1993. http://www.nucj.ca/library/bar_ads_mat/Nunavut_Land_Claims_Agreement.pdf.

Agger, William A., and Herbert Maschner. "Medieval Norse and the Bidirectional Spread of Epidemic Disease between Europe and Northeastern America: A New Hypothesis." In *The Northern World, AD 900-1400*, ed. Herbert Maschner, Owen Mason, and Robert McGhee, 321-37. Salt Lake City: University of Utah Press, 2009.

Ahmed, Nafeez. "White House Warned on Imminent Arctic Ice Death Spiral." *Guardian* (London), 2 May 2013. http://www.guardian.co.uk/environment/earthinsight/2013/may/02/white-house-arctic-ice-death-spiral.

Alfred, Taiaiake. *Wasase: Indigenous Pathways of Action and Freedom.* Peterborough, ON: Broadview, 2005.

Alia, Valerie. "Inuit Names: The People Who Love You." In *Hidden in Plain Sight: Contributions of Aboriginal Peoples to Canadian Identity and Culture*, ed. David Newhouse, Cora Voyageur, and Dan Beavon, 251-66. Toronto: University of Toronto Press, 2005.

- *Names and Nunavut: Culture and Identity in the Inuit Homeland.* New York: Berghahn, 2009.

Amagoalik, John. *Changing the Face of Canada: The Life Story of John Amagoalik.* Ed. Louis McComber. Iqaluit, NU: Nunavut Arctic College, 2007.

Anaya, S. James. *Indigenous Peoples in International Law.* 2nd ed. Oxford: Oxford University Press, 2004.

Arctic Climate Impact Assessment. *Impacts of a Warming Arctic.* Cambridge, UK: Cambridge University Press, 2004. http://www.acia.uaf.edu/default.html and http://amap.no/acia.

Arctic Institute of North America. "Tusaqtuut: The Peoples' Time for Sharing." Seminar

with South Baffin (Uqqurmiut) Inuit elders, University of Calgary, 5 November 2010.
Armstrong, Jane. "Vikings in Canada?" *Maclean's Magazine*, 20 November 2012. http://www2.macleans.ca/2012/11/20/a-twist-in-time.
Aupilaarjuk, Mariano, Marie Tulimaaq, Akisu Joamie, Emile Imaruittuq, and Lucassie Nutaraaluk. *Interviewing Inuit Elders: Perspectives on Traditional Law.* Ed. Jarich Oosten, Frederic Laugrand, and Wim Rasing. Iqaluit, NU: Nunavut Arctic College, 1999.
Austin, Henry. "Tourists Rescued after Nearly Two Days Stranded in Canadian Arctic." *NBC World News*, 27 June 2013. http://worldnews.nbcnews.com/_news/2013/06/27/19169774-tourists-rescued-after-nearly-2-days-stranded-in-canadianarctic? lite.
Baffinland. "nirb Final Hearings for Mary River Project." 11 September 2012. http://www.baffinland.com/uncategorized/nirb-final-hearings-for-mary-riverproject/?lang=en.
Baikie, Caitlyn. "Inuit Perspectives on Recent Climate Change." *Skeptical Science*, 27 September 2012. http://www.skepticalscience.com/Inuit-Climate-Change.html.
Balog, James. *Extreme Ice Now: Vanishing Glaciers and Changing Climate - A Progress Report.* Washington, DC: National Geographic Society, 2009.
Banerjee, Subhankar, ed. *Arctic Voices: Resistance at the Tipping Point.* New York: Seven Stories Press, 2012.
Barman, Jean. *The West beyond the West: A History of British Columbia.* 3rd ed. Toronto: University of Toronto Press, 2007.
Bathurst Inlet Port and Road Project. "Executive Summary." In *Draft Environmental Impact Statement*, i-xix. ftp://ftp.nirb.ca/02-REVIEWS/ACTIVE%20REVIEWS/03UN114-BIPR/02-REVIEW/07-DRAFT%20EIS/01-DEIS/Executive%20 Summaries/Executive%20Summary%20-%20English.pdf.
- *NWT Community Consultation.* 28 May 2013. http://www.miningnorth.com/wp-content/uploads/2013/05/BIPR-NWT-May-28-2013.pdf.
Beattie, Owen, and John Geiger. *Frozen in Time: The Fate of the Franklin Expedition.* Vancouver: Greystone, 1987.
Behringer, Wolfgang. *A Cultural History of Climate.* Cambridge, UK: Polity, 2010.
Bell, Catherine, and Robert K. Paterson. *Protection of First Nations Cultural Heritage: Laws, Policy and Reform.* Vancouver: UBC Press, 2009.
Bell, Jim. "Nunavut's mp Says Yes to Same-Sex Marriage: gn Won't Do Gay Weddings until Federal Law Passes." *Nunatsiaq News*, 22 April 2005. http://www.nunatsiaqonline.ca/stories/article/nunavuts_mp_says_yes_to_samesex_marriage.
Bennett, John, and Susan Rowley, eds. *Uqalurait: An Oral History of Nunavut.* Montreal and Kingston: McGill-Queen's University Press, 2004.
Bernier, Joseph E. *Master Mariner and Arctic Explorer: A Narrative of Sixty Years at Sea from the Logs and Yarns of Captain J.E. Bernier.* Ottawa: Le Droit, 1939.
Borrows, John. *Canada's Indigenous Constitution.* Toronto: University of Toronto Press, 2010.
Brahic, Catherine, "Arctic Ice Low Heralds End of Three-Million-Year Cover." Editorial. *New Scientist*, 31 August 2012. http://www.newscientist.com/article/mg21528802.200-

arctic-ice-low-heralds-end-of-3millionyear-cover.html.
Brandt, Anthony. *The Man Who Ate His Boots: The Tragic History of the Search for the Northwest Passage*. New York: Knopf Doubleday, 2010.
Branswell, Helen. "Death, Suicide Rates among Inuit Kids Soar over Rest of Canada." *Globe and Mail*, 18 July 2012. http://www.theglobeandmail.com/news/national/death-suicide-rates-among-inuitkids-soar-over-rest-of-canada/article4426600.
Briggs, Sandy. "To the Ragged Edge of the World (Devon Island 1998)." N.d. http://www.tinoxygentungsten.com/Arctic/Sledding1.htm.
Brody, Hugh. *The Other Side of Eden: Hunters, Farmers, and the Shaping of the World*. New York: North Point, 2000.
- *The People's Land: Whites and the Eastern Arctic*. Harmondsworth, UK: Penguin, 1975.
Broecker, Wallace S. "Was the Medieval Warm Period Global?" *Science*, 23 February 2001, 1497-9.
Brownlie, Ian. *Principles of Public International Law*. 6th ed. Oxford: Clarendon, 2003.
Bunyan, Ian, Jenni Calder, Dale Idiens, and Bryce Wilson. *No Ordinary Journey: John Rae, Arctic Explorer, 1813-1893*. Montreal and Kingston: McGill-Queen's University Press, 1993.
Burt, Page. *Barrenland Beauties: Showy Plants of the Canadian Arctic*. Yellowknife, NT: Outcrop Northern Publishers, 2004.
Butler, Don. "Cold Comfort: Recognition for Research into Viking Presence in the Arctic Comes Too Late for a Fired Ottawa Archeologist." *Ottawa Citizen*, 22 November 2012, C1.
Byers, Michael. "Canada's Arctic Nightmare Just Came True: The Northwest Passage Is Commercial." *Globe and Mail*, 20 September 2013. http://www.theglobeandmail.com/commentary/canadas-arctic-nightmare-just-came-true-the-northwestpassage-is-commercial/article14432440.
- *Who Owns the Arctic? Understanding Sovereignty Disputes in the North*. Vancouver: Douglas and McIntyre, 2009.
Byers, Michael, and Suzanne Lalonde. "Who Controls the Northwest Passage?" *Vanderbilt Journal of Transnational Law*, October 2009, 1133-1210.
Cameron, David W., and Colin P. Groves. *Bones, Stones and Molecules: "Out of Africa" and Human Origins*. London: Elsevier Academic Press, 2004.
Canadian Broadcasting Corporation. "Silence of the Labs." *The Fifth Estate*, season 39, episode 10, 10 January 2014.
Canadian Coast Guard. "Northern Canada Vessel Traffic Services Zone (nordreg)." N.d. http://www.ccg-gcc.gc.ca/eng/MCTS/Vtr_Arctic_Canada.
Cardinal, Harold. *The Unjust Society*. 1969. Reprint, Vancouver: Douglas and McIntyre, 1999.
Cassese, Antonio. *Self-Determination of Peoples: A Legal Reappraisal*. Cambridge, UK: Cambridge University Press, 1995.

CBC News. "Arctic Leaders: Lancaster Sound Plans in Conflict." 19 April 2010. http:www.cbc.ca/news/canada/north/story/2010/04/19/lancaster-sound-seismic.html.

- "Hungry Polar Bears Resorting to Cannibalism." 3 December 2009. http://www.cbc.ca/news/canada/manitoba/hungry-polar-bears-resorting-to-cannibalism-1.817518.

- "Oil Companies Seek to Drill in Deep Beaufort Sea: Imperial Oil Canada, Exxon Mobil and bp Jointly File for Arctic Offshore Drilling." 27 September 2013. http://www.cbc.ca/news/canada/north/oil-companies-seek-to-drill-in-deepbeaufort-sea-1.1871343.

- "Sabina Buys Bathurst Inlet Port and Road Project." 11 January 2012. http://www.cbc.ca/news/canada/north/story/2012/01/11/north-sabina-bathurstinlet.html.

Charlesworth, Hilary, and Christine Chinkin. *The Boundaries of International Law*: A Feminist Analysis. Manchester, UK: Manchester University Press, 2000.

Christie, Gordon. "Aboriginal Nationhood and the Inherent Right to Self-Government." Research paper for the National Centre for First Nations Governance. May 2007. http://fngovernance.org/ncfng_research/gordon_christie.pdf.

- ed. *Aboriginality and Governance: A Multidisciplinary Approach*. Penticton, BC: Theytus, 2006.

Coates, Ken S. *A Global History of Indigenous Peoples: Struggle and Survival*. Basingstoke, UK: Palgrave MacMillan, 2004.

Coates, Ken S., P. Whitney Lackenbauer, William R. Morrison, and Greg Poelzer. *Arctic Front: Defending Canada in the Far North*. Toronto: Thomas Allen, 2008. "Comments from Nunavut Elders on Storytelling." In Kiviuq's Journey. http://www.unipka.ca/quotes.html.

Cone, Marla. *Silent Snow: The Slow Poisoning of the Arctic*. New York: Grove, 2005.

Cousineau, Marie-Hélène, and Madeline Ivalu, dirs. *Before Tomorrow*. Feature film. Isuma Productions, 2008.

Couture, Pauline. *Ice: Beauty, Danger, History*. Toronto: McArthur and Company, 2005.

Cruikshank, Julie. *Do Glaciers Listen? Local Knowledge, Colonial Encounters, and Social Imagination*. Vancouver: UBC Press, 2005.

Currie, John. *Public International Law*. Toronto: Irwin Law, 2001.

Curry, Bill, and Campbell Clarke. "Canada Using Inuit as Political Tool at Summit, Critics Say: Government Accused of Attempting to Overturn eu's Ban of Seal Hunt through Promotion of Seal Products at G7 Meeting." *Globe and Mail*, 2 February 2010. http://www.theglobeandmail.com/news/politics/canada-usinginuit-as-political-tool-at-summit-critics-say/article1453893.

Curry, Bill, and Shawn McCarthy. "Canada Formally Abandons Kyoto Protocol on Climate Change." *Globe and Mail*, 12 December 2011. http://www.theglobeand mail.com/news/politics/canada-formally-abandons-kyoto-protocol-on-climatechange/article 4180809.

Dahl, Jens, Jack Hicks, and Peter Jull. *Nunavut: Inuit Regain Control of Their Lands and Their Lives*. Copenhagen, Denmark: International Work Group for Indigenous Affairs, 2000.

Daschuk, James. *Clearing the Plains: Disease, Politics of Starvation, and the Loss of Aboriginal*

Life. Regina, SK: University of Regina Press, 2013.

Davis, Megan, "Climate Change Impacts to Aboriginal and Torres Strait Islander Communities in Australia." In *Climate Change and Indigenous Peoples: The Search for Legal Remedies*, ed. Randall S. Abate and Elizabeth Ann Kronk, 493-507. Cheltanham, UK: Edward Elgar, 2013.

Dawson, Tyler. "Canada Suspends Military Operations Near Disputed Hans Island." 7 June 2013. http://o.canada.com/news/261064.

de Coccola, Raymond, with Paul King. *Ayorama: That's the Way It Is*. 1955. Reprint, Ottawa: Novalis, 2007.

Delgado, James P. *Across the Top of the World: The Quest for the Northwest Passage*. Vancouver: Douglas and McIntyre, 1999.

- *Dauntless St. Roch: The Mounties' Arctic Schooner*. Victoria, BC: Horsdal and Schubart, 1992.

Diamond, Jared. *Collapse: How Societies Choose to Fail or Succeed*. New York: Penguin, 2005.

Dick, Lyle. *Muskox Land: Ellesmere Island in the Age of Contact*. Calgary: University of Calgary Press, 2001.

Dickens, Charles. "The Lost Arctic Voyagers." *Household Words* 10, no. 245 (2 December 1854): 361-5.

Dickson, Frances Jewel. *The DEW Line Years: Voices from the Coldest Cold War*. Lawrencetown Beach, ns: Pottersfield, 2007.

Diubaldo, Richard J. *Stefansson and the Canadian Arctic*. Montreal and Kingston: McGill-Queen's University Press, 1978.

Dixon, Homer, ed. *Carbon Shift: How Peak Oil and the Climate Crisis Will Change Canada (and Our Lives)*. Toronto: Vintage Canada, 2010.

Dodek, Adam. *The Canadian Constitution*. Toronto: Dundurn, 2013.

Dorais, Louis-Jacques. *The Language of the Inuit: Syntax, Semantics and Society in the Arctic*. Montreal and Kingston: McGill-Queen's University Press, 2010.

Douglas, Chris, Leena Evik, Myna Ishulutak, Gavin Nesbitt, and Jeela Palluq, eds. *Inuktitut Essentials: A Phrasebook*. Iqaluit, NU: Pirurvik, 2009.

Eber, Dorothy Harley. *Encounters on the Passage: Inuit Meet the Explorers*. Toronto: University of Toronto Press, 2008.

- *When the Whalers Were Up North: Inuit Memories from the Eastern Arctic*. Montreal and Kingston: McGill-Queen's University Press, 1989.

Ehrlich, Gretel. *This Cold Heaven: Seven Seasons in Greenland*. New York: Vintage, 2001.

Ehrlich, Paul, and Anne H. Ehrlich. *The Dominant Animal: Human Evolution and the Environment*. Washington, DC: Island Press and Shearwater Books, 2008.

Emerson, Charles. *The Future History of the Arctic*. Philadelphia, PA: PublicAffairs, 2010.

English, John. *Ice and Water: Politics, Peoples, and the Arctic Council*. Toronto: Allen Lane, 2013.

Erasmus, Naomi. "Interview with Elisapee Karetak." *Indigenous Times* 1, no. 1 (Fall 2004):

2-7.
Evans, Michael Robert. *The Fast Runner: Filming the Legend of Atanarjuat.* Lincoln: University of Nebraska Press, 2010.
- *Isuma: Inuit Video Art.* Montreal and Kingston: McGill-Queen's University Press, 2008.
Fagan, Brian. *The Great Warming: Climate Change and the Rise and Fall of Civilizations.* New York: Bloomsbury, 2008.
Farnell, Anthony. "Why the IPCC Climate Change Report Is Flawed." *Global News*, 29 September 2013. http://globalnews.ca/news/868787/why-the-IPCC-climatechange-report-is-flawed.
Feeney, John, dir. *Eskimo Artist: Kenojuak.* Documentary. National Film Board of Canada, 1963.
"Fiddling While the World Warms: Assessments of Climate Change Must Come Faster and More Frequently." Editorial. *Scientific American*, October 2013, 12.
Flaherty, Robert J., dir. *Nanook of the North: A Story of Life and Love in the Actual Arctic.* Feature film. Revillon Freres, 1922.
Flanders, David, Anne Gunn, Petr Cizek, and David Gladders. *Caribou Landscape Vulnerability Mapping for the Proposed Bathurst Inlet Port and Road.* Submitted by the Canadian Arctic Resources Committee to the Nunavut Impact Review Board as part of the cacr Technical Presentation, December 2009.
Flannery, Tim. *Here on Earth: An Argument for Hope.* Melbourne, Australia: Text Publishing Company, 2010.
- *The Weather Makers: The History and Future Impact of Climate Change.* Melbourne, Australia: Text Publishing Company, 2005.
Fleming, Fergus. *Barrow's Boys: The Original Extreme Adventurers.* London: Granta Books, 2001.
Folger, Tim. "Viking Weather: Greenland's Changing Face." *National Geographic*, June 2010, 48-67.
Fontaine, Theodore. *Broken Circle: The Dark Legacy of Indian Residential Schools - A Memoir.* Vancouver: Heritage House, 2010.
Forsythe, Mark, and Greg Dickson. *The Trail of 1858: British Columbia's Gold Rush Past.* Madeira Park, BC: Harbour, 2007.
Fossett, Renee. *In Order to Live Untroubled: Inuit of the Central Arctic, 1550 to 1940.* Winnipeg: University of Manitoba Press, 2001.
Fox, Shari. "When the Weather Is Uggianaqtuq: Linking Inuit and Scientific Observations of Recent Environmental Change in Nunavut, Canada." PhD diss., University of Colorado, 2004.
Franklin, Jane. *As Affecting the Fate of My Absent Husband: Selected Letters of Lady Franklin Concerning the Search for the Lost Franklin Expedition, 1848-1860.* Ed. Erika Behrisch Elce. Montreal and Kingston: McGill-Queen's University Press, 2009.
Freeman, Milton M.R., Robert J. Hudson, and Lee Foote, eds. *Conservation Hunting: People*

and Wildlife in Canada's North. Edmonton: Canadian Circumpolar Institute, 2005.
Fu, Congbin, Zhihong Jiang, Zhaoyong Guan, Jinhai He, and Zhongfeng Xu, eds. *Regional Climate Studies of China*. Berlin, Germany: Springer-Verlag, 2008.
Gallagher, Bill. *Resource Rulers: Fortune and Folly on Canada's Road to Resources*. Waterloo, ON: Bill Gallagher, 2012.
Galloway, Gloria. "Ottawa Sets up Arctic Marine Park." *Globe and Mail*, 6 December 2010. http://www.theglobeandmail.com/news/politics/ottawa-notebook/ottawa-sets-up-arctic-marine-park/article1826548/?service=mobile.
George, Dan. *Lament for Confederation*. Performance with drums and chanting, Empire Stadium, Vancouver, 1 July 1967.
George, Jane. "Special Claim for Nunavut's Ennadai Lake Relocatees Moves Ahead." *Nunatsiaq News*, 4 April 2013. http://www.nunatsiaqonline.ca/stories/article/65674 special_claim_for_nunavuts_ennadai_lake_relocatees_moves_ahead.
Gibbons, Ann. "Clocking the Human Exodus out of Africa." *Science Now*, 21 March 2013. http://news.sciencemag.org/sciencenow/2013/03/clocking-thehuman-exodus-out-of.html.
Gillis, Justin. "Ending Its Summer Melt, Arctic Sea Ice Sets a New Low That Leads to Warnings." *New York Times*, 19 September 2012. http://www.nytimes.com/2012/09/20/science/earth/arctic-sea-ice-stops-melting-but-new-record-low-isset.html?_r=0.
- "The Threats to a Crucial Canopy: Deaths of Forests May Weaken Controls on Heat-Trapping Gas." *New York Times*, 1 October 2011.
Gombay, Nicole. *Making a Living: Place, Food and Economy in an Inuit Community*. Saskatoon, SK: Purich, 2010.
Gore, Al. *Our Choice: A Plan to Solve the Climate Crisis*. New York: Rodale and Melcher Media, 2009.
Government of Australia. *Statement on the United Nations Declaration on the Rights of Indigenous Peoples*. 3 April 2009. http://www.un.org/esa/socdev/unpfii/documents/Australia_official_statement_endorsement_UNDRIP.pdf.
Government of Canada. *Canada's Northern Strategy*. http://www.northernstrategy.gc.ca/index-eng.asp.
Government of Canada, Aboriginal Affairs and Northern Development Canada. "Backgrounder: Canada's Endorsement of the United Nations Declaration on the Rights of Indigenous Peoples." 12 November 2010. http://www.aadnc-aandc.gc.ca/eng/1292353979814/1292354016174.
- *Conciliator's Final Report: Nunavut Land Claims Agreement Implementation Planning Contract Negotiations for the Second Planning Period*. 1 March 2006. http://www.aadnc-aandc.gc.ca/eng/1100100030982/1100100030985.
- "Government of Canada Apologizes for Relocation of Inuit Families to the High Arctic." 18 August 2010. http://www.aadnc-aandc.gc.ca/eng/1100100015397/1100100015404.
- "Government of Canada Approves Baffinland Mary River Project." 3 December 2012. http://www.aadnc-aandc.gc.ca/eng/1354555214335/1354555258461.

- *The Government of Canada's Approach to Implementation of the Inherent Right and the Negotiation of Aboriginal Self-Government.* 1995. http://www.aadnc-aandc.gc.ca/eng/1100100031843/1100100031844.
- "Prime Minister Harper Offers Full Apology on Behalf of Canadians for the Indian Residential Schools System." 11 June 2008. http://www.aadnc-aandc.gc.ca/eng/1100100015644/1100100015649.
- *Statement of the Government of Canada on Indian policy (The White Paper, 1969).* http://www.ainc-inac.gc.ca/ai/arp/ls/pubs/cp1969/cp1969-eng.asp.

Government of Canada, Department of Justice. *Background Information: Nunavut and the Nunavut Legal Services Board.* October 2002. http://canada.justice.gc.ca/eng/rp-pr/aj-ja/rr03_la14-rr03_aj14/p2.html.

Government of Canada, Environment Canada. "Conservation of Polar Bears in Canada." 2012. http://www.ec.gc.ca/default.asp?lang=En&xml=9FAB1921-CE0F-4B9A-90CE-B4ED209842DF.

Government of Canada, Fisheries and Oceans Canada. "United Nations Convention on the Law of the Sea." http://www.dfo-mpo.gc.ca/international/media/bk_unclos-eng.htm.

Government of Canada, Royal Commission on Aboriginal Peoples. *The High Arctic Relocation: A Report on the 1953-55 Relocation.* Ottawa: Canada Communication Group, 1994.

Government of New Zealand. *Statement of Acceptance of United Nations Declaration on the Rights of Indigenous Peoples.* N.d. The full text is contained in Pita Sharples, "Supporting un Declaration Restores NZ's Mana," 20 April 2010, http://www.beehive.govt.nz/release/supporting-un-declaration-restores-nz039smana.

Government of New Zealand, Department of Immigration. "How Do I Qualify for Residence under the 2012 Pacific Access Category?" 30 July 2012. http://www.immigration.govt.nz/migrant/stream/live/pacificaccess/residence.

Government of Nunavut, Department of Environment, Environmental Protection Division. *Inuit Qaujimajatuqangit of Climate Change in Nunavut: A Sample of Inuit Experiences of Recent Climate and Environmental Changes in Pangnirtung and Iqaluit, Nunavut.* November 2005. http://env.gov.nu.ca/sites/default/files/South%20Baffin%20English.pdf.

Government of Nunavut, Office of the Languages Commissioner. Nunavut's *Official Languages.* N.d. http://www.langcom.nu.ca/nunavuts-official-languages.

Government of the United States. *Announcement of U.S. Support for the United Nations Declaration on the Rights of Indigenous Peoples: Initiatives to Promote the Government-to-Government Relationship and Improve the Lives of Indigenous Peoples.* N.d. http://usun.state.gov/documents/organization/153239.pdf.

- *Treaty Concerning the Cession of the Russian Possessions in North America by His Majesty the Emperor of All the Russias to the United States of America.* 30 March 1867. http://memory.loc.gov/cgi-bin/ampage?collId=llsl&fileName=015/llsl015.db&recNum=572.

Grace, Sherrill E. *Canada and the Idea of North.* Montreal and Kingston: McGill-Queen's

University Press, 2001.
Grant, Shelagh D. *Arctic Justice: On Trial for Murder, Pond Inlet,* 1923. Montreal and Kingston: McGill-Queen's University Press, 2002.
- *Polar Imperative: A History of Arctic Sovereignty in North America.* Vancouver: Douglas and McIntyre, 2010.
Gregg, Andrew, dir. *The Norse: An Arctic Mystery.* Documentary. Broadcast by the Canadian Broadcasting Corporation on the television program The Nature of Things, 13 June 2013.
Griffin, Harold. *Radical Roots: The Shaping of British Columbia.* Vancouver: Commonwealth Fund, 1999.
Griffiths, Tom. *Slicing the Silence: Voyaging to Antarctica.* Sydney, Australia: University of New South Wales Press, 2007.
Grygier, Pat Sandiford. *A Long Way from Home: The Tuberculosis Epidemic among the Inuit.* Montreal and Kingston: McGill-Queen's University Press, 1994.
Haig-Brown, Celia. *Resistance and Renewal: Surviving the Indian Residential School.* Vancouver: Arsenal Pulp, 1988.
Hallendy, Norman. *Tukiliit: The Stone People Who Live in the Wind - An Introduction to Inuksuit and Other Stone Figures of the North.* Vancouver: Douglas and McIntyre, 2009.
Hamilton, Andrew. "The Medieval Norse on Baffin Island." 8 February 2013. http://www.counter-currents.com/2013/02/the-medieval-norse-on-baffin-island.
Hansen, James. *Storms of My Grandchildren: The Truth about the Coming Climate Catastrophe and Our Last Chance to Save Humanity.* New York: Bloomsbury, 2009.
Hansen, James, I. Fung, A. Lacis, D. Rind, S. Lebedeff, R. Ruedy, G. Russell, and P. Stone. "Global Climate Changes as Forecast by Goddard Institute for Space Studies Three-Dimensional Model." *Journal of Geophysical Research* 93, no. D8 (20 August 1988): 9341-64.
Harper, Kenn. *Give Me My Father's Body: The Life of Minik, the New York Eskimo.* 1986. Reprint, Vermont: Steerforth, 2000.
"Harper on Arctic - 'Use It or Lose It': Canada Will Build up to Eight Arctic Patrol Vessels to Reassert the Country's Northern Sovereignty, Prime Minister Stephen Harper Said in Esquimalt Yesterday." *Victoria Times Colonist,* 10 July 2007. http://www.canada.com/topics/news/story.html?id=7ca93d97-3b26-4dd1-8d92-8568f9b7cc2a&k=73323.
Hartley, Jackie, Paul Joffe, and Jennifer Preston, eds. *Realizing the UN Declaration on the Rights of Indigenous Peoples: Triumph, Hope, and Action.* Saskatoon, SK: Purich, 2010.
Harvey, Fiona. "Climate Change Slowdown Is Due to Warming of Deep Oceans, Say Scientists." *Guardian* (London), 22 July 2013. http://www.guardian.co.uk/science/2013/jul/22/climate-change-slowdown-warming-oceans.
Hayes, Derek. *Historical Atlas of the Arctic.* Vancouver: Douglas and McIntyre, 2003.
Henderson, James Youngblood. *First Nations Jurisprudence and Aboriginal Rights: Defining the Just Society.* Saskatoon, SK: Native Law Centre, University of Saskatchewan, 2006.
- *Indigenous Diplomacy and the Rights of Peoples: Achieving UN Recognition.* Saskatoon, SK:

Purich, 2008.

Hensley, William L. Iggiagruk. *Fifty Miles from Tomorrow: A Memoir of Alaska and the Real People.* New York: Picador, 2009.

Herman, Lyndsay. "Port and Road Project Delay: Port Relocation Puts the Breaks on Proposed Bathurst Inlet Port and Road." 13 July 2013. *Northern News Services.* http://nnsl.com/northern-news-services/stories/papers/jul15_13baf41.html.

Heron, Craig, ed. *The Workers' Revolt in Canada*, 1917-1925. Toronto: University of Toronto Press, 1998.

Hofreiter, Michael. "Drafting Human Ancestry: What Does the Neanderthal Genome Tell Us about Hominid Evolution? Commentary on Green et al. (2010)." *Human Biology* 83, no. 1 (February 2011): 1-11.

Homer-Dixon, Thomas, and Andrew Weaver. "Climate Uncertainty Shouldn't Mean Inaction." *Globe and Mail,* 7 October 2013. http://www.theglobeandmail.com/globe-debate/uncertainty-shouldnt-mean-inaction/article14707217.

Houston, James. *Canadian Eskimo Art.* Ottawa: Minister of Northern Affairs and National Resources, 1954.

- *Confessions of an Igloo Dweller: The Story of the Man Who Brought Inuit Art to the Outside World.* Toronto: McClelland and Stewart, 1995.

- *Kiviok's Magic Journey: An Eskimo Legend.* Don Mills, ON: Longman Canada, 1973.

Houston, John, dir. *Diet of Souls.* Documentary. Triad Film Productions, 2004.

- dir. *Kiviuq.* Feature film. Drumsong Communications and Kiviuq Film Productions, 2006.

- dir. *Nuliajuk: Mother of the Sea Beasts.* Feature film. Triad Film Productions, 2001.

Howard, Heather A., and Craig Proulx, eds. *Aboriginal Peoples in Canadian Cities: Transformations and Continuities.* Waterloo, ON: Wilfrid Laurier University Press, 2011.

Huebert, Rob. "U.S. Arctic Policy: The Reluctant Arctic Power." In *The Fast-Changing Arctic: Rethinking Arctic Security for a Warmer World*, ed. Barry Scott Zellen, 189-226. Calgary: University of Calgary Press, 2013.

Hulan, Renee. *Northern Experience and the Myth of Canadian Culture.* Montreal and Kingston: McGill-Queen's University Press, 2002.

Hulme, Mike. *Why We Disagree about Climate Change: Understanding Controversy, Inaction and Opportunity.* Cambridge, UK: Cambridge University Press, 2009.

Hutchins, Peter W. "Power and Principle: State-Indigenous Relations across Time and Space." In *Aboriginal Title and Indigenous Rights: Canada, Australia and New Zealand*, ed. Louis A. Knafla and Haijo Westra, 214-28. Vancouver: UBC Press, 2010.

- *Ilulissat Declaration.* 28 May 2008. http://www.oceanlaw.org/downloads/arctic/Ilulissat_Declaration.pdf.

Ingstad, Helge, and Anne Stine Ingstad. *The Viking Discovery of America: The Excavation of a Norse Settlement in L'Anse aux Meadows, Newfoundland.* New York: Checkmark, 2001.

Inter-American Commission on Human Rights. *American Declaration of the Rights and*

Duties of Man. 1948. http://www.cidh.oas.org/Basicos/English/Basic2. American%20 Declaration.htm.

- *Report on the Situation of Human Rights of a Segment of the Nicaraguan Population of Miskito Origin.* 1983. http://www.cidh.oas.org/countryrep/Miskitoeng/toc.htm.

International Fund for Animal Welfare. "Animal Welfare and Conservation Groups Urge Congress to Protect Polar Bears from Trophy Hunting." 15 May 2007. http://www.ifaw.org/united-states/node/11416.

Inuit Circumpolar Council. *A Circumpolar Inuit Declaration on Resource Development Principles in Inuit Nunaat.* 11 May 2011. http://inuitcircumpolar.com/files/uploads/icc-files/Declaration_on_Resource_Development_A3_FINAL.pdf.

- *A Circumpolar Inuit Declaration on Sovereignty in the Arctic.* April 2009. http://inuitcircumpolar.com/files/uploads/icc-files/declaration12x18vicechairssigned.pdf.

- "Inuit Petition Inter-American Commission on Human Rights to Oppose Climate Change Caused by the United States of America." Press release. 7 December 2005. http: //www.inuitcircumpolar.com/index.php?Lang=En&ID=316.

- *Petition to the Inter-American Commission on Human Rights Seeking Relief from Violations Resulting from Global Warming Caused by Acts and Omissions of the United States.* Submitted 7 December 2005. http://www.inuitcircumpolar.com/files/uploads/icc-files/FINALPetitionICC.pdf.

Inuit Tapiriit Kanatami. *Health Indicators of Inuit Nunangat within the Canadian Context, 1994-1998 and 1999-2003.* 13 July 2010. https://www.itk.ca/publication/health-indicators-inuit-nunangat-within-canadian-context.

- *An Integrated Arctic Strategy.* January 2008. http://www.itk.ca/sites/default/files/Integrated-Arctic-Stratgey.pdf.

- *Inuit and Cancer: Fact Sheets.* February 2009. https://www.itk.ca/publication/inuit-and-cancer-fact-sheets.

IsumaTV. *Truth and Reconciliation.* Video interviews with Inuit residential school survivors. http://www.isuma.tv/hi/en/truth-and-reconciliation.

- *Zacharias Kunuk with Lloyd Lipsett, Formal Intervention, NIRB Technical Hearing, July 23, 2012, Igloolik, Part 1/2 3:13 English Version.* Video. http://www.isuma.tv/en/jons-working-channel/zacharias-kunuk-nirb-presentationenglish-part-1-0.iucn/ssc Polar Bear Specialist Group. "Summary of Polar Bear Population Status per 2010." 11 May 2010. http://pbsg.npolar.no/en/status/status-table.html.

Jenness, Diamond. *The People of the Twilight.* 1928. Reprint, Chicago, IL: Phoenix Books and University of Chicago Press, 1959.

Joffe, Paul. "Canada's Opposition to the *UN Declaration*: Legitimate Concerns or Ideological Bias?" In *Realizing the UN Declaration on the Rights of Indigenous Peoples: Triumph, Hope, and Action*, ed. Jackie Hartley, Paul Joffe, and Jennifer Preston, 70-9. Saskatoon, SK: Purich, 2010.

Jones, Richard S. *Alaska Native Claims Settlement Act of 1971 (Public Law 92-203): History and Analysis Together with Subsequent Amendments.* 1 June 1981. http://www.alaskool.org/projects/ancsa/rePorts/rsjones1981/ancsa_history71.htm.

Jordan, Pav. "Baffinland Iron Mines Sharply Scales back Mary River Project." *Globe and Mail*, 11 January 2013. http://www.theglobeandmail.com/globeinvestor/baffinland-iron-mines-sharply-scales-back-mary-river-project/article7227358.

Kalluak, Mark. *Unipkaaqtuat Arvianit: Traditional Inuit Stories from Arviat.* Vol. 2. Iqaluit, NU: Inhabit Media, 2010.

Kunuk, Zacharias, dir. *Atanarjuat: The Fast Runner.* Feature film. Isuma Productions and National Film Board of Canada, 2001.

- dir. *Kiviaq v. Canada.* Documentary. Kunuk-Cohn Productions and Isuma Productions, 2006. Press kit at http://www.catbirdproductions.ca/wp-content/files_mf/1255722069 kiviaq_presskit.pdf.

- dir. *Nanugiurutiga (My First Polar Bear).* Documentary. IsumaTV, n.d. http://www.isuma.tv/hi/en/isuma-productions/nanugiurutiga-my-first-polar-bear.

Kunuk, Zacharias, and Norman Cohn, dirs. *The Journals of Knud Rasmussen.* Feature film. Isuma Productions, 2005.

Kunuk, Zacharias, and Ian Mauro, dirs. *Qapirangajuk: Inuit Knowledge and Climate Change.* Documentary. Isuma Productions, 2010.

Kappianaq, George Agiaq, and Cornelius Nutaraq. *Inuit Perspectives on the 20th Century.* Vol. 2, Travelling and Surviving on Our Land. Ed. Jarich Oosten and Frédéric Laungrand. Iqaluit, NU: Nunavut Arctic College, 2001. http://traditionalknowledge.ca/english/pdf/Travelling-And-Surviving-On-Our-Land-E.pdf.

Kennedy, Maeve. "Missing Canadian Teenager Survives Three Days on Ice Floe: Search Team Finds Teenager Jupi Nakoolak 'in Decent Shape' after Drifting in -15C Temperatures with Polar Bears." *Guardian* (London), 10 November 2009. http://www.theguardian.com/world/2009/nov/10/canada-teenager-alive-on-ice.

Kenney, Gerard. *Dangerous Passage: Issues in the Arctic.* Toronto: Natural Heritage Books, 2006.

Killaby, Guy. "'Great Game in a Cold Climate': Canada's Arctic Sovereignty in Question." *Canadian Military Journal* (Winter 2005-06). http://www.journal.forces.gc.ca/vo6/no4/north-nord-01-eng.asp.

Kimmaliadjuk, Theresa. "The Goose-Wife Told by Theresa Kimmaliadjuk." In *Kiviuq's Journey.* http://www.unipka.ca/Stories/Goose_Wife.html.

Kindred, Hugh M., et al. *International Law Chiefly as Interpreted and Applied in Canada.* 7th ed. Toronto: Montgomery, 2006.

King, Ross. *Defiant Spirits: The Modernist Revolution of the Group of Seven.* Vancouver: Douglas and McIntyre, 2010.

Kingwatsiaq, Pilitsi. "Country Food Shouldn't Be Sold." Letter to the editor. *Nunatsiaq News*, 10 August 2001.

Knafla, Louis A., and Haijo Westra, eds. *Aboriginal Title and Indigenous Rights: Canada,*

Australia and New Zealand. Vancouver: UBC Press, 2010.

Knop, Karen. *Diversity and Self-Determination in International Law*. Cambridge, UK: Cambridge University Press, 2002.

Kolbert, Elizabeth. *The Arctic: An Anthology*. London: Granta, 2007.

Kreelak, Martin, dir. *Kikkik E1-472*. Documentary. Inuit Broadcasting Corporation, 2003.

Kulchyski, Peter, and Frank James Tester. *Kiumajut (Talking Back): Game Management and Inuit Rights, 1900-70*. Vancouver: UBC Press, 2007.

"La mort violente de l'oncle Victor, dans l'Extrême Nord canadien." 5 July 2010. http://www.benoitlaporte.com/2320/la-mort-violente-de-l%E2%80%99onclevictor-dans-l%E2%80%99extreme-nord-canadien.

Ladner, Keira L., and Leanne Simpson. *This Is an Honour Song: Twenty Years since the Blockades*. Winnipeg: Arbeiter Ring, 2010.

Lambert, Andrew. *Franklin: Tragic Hero of Polar Navigation*. London: Faber and Faber, 2009.

Lackenbauer, P. Whitney. *The Canadian Rangers: A Living History*. Vancouver: UBC Press, 2013.

Larsen, Henry. *The Northwest Passage, 1940-1942 and 1944: The Famous Voyages of the Royal Canadian Mounted Police Schooner "St. Roch."* Winnipeg: Royal Canadian Mounted Police, 1984.

Laugrand, Frédéric, and Jarich Oosten. *Inuit Shamanism and Christianity: Transitions and Transformations in the Twentieth Century*. Montreal and Kingston: McGill-Queen's University Press, 2010.

Laugrand, Frédéric, Jarich Oosten, and David Serkoak. "Relocating the Ahiarmiut from Ennadai Lake to Arviat (1950-1958)." In *Orality in the 21st Century: Inuit Discourse and Practices: Proceedings of the 15th Inuit Studies Conference*, ed. B. Collignon and M. Therrien, 1-34. Paris, France: inalco, 2009. http://www.inuitoralityconference.com/art/Laugrand.pdf.

Leduc, Timothy B. *Climate, Culture, Change: Inuit and Western Dialogues with a Warming North*. Ottawa: University of Ottawa Press, 2010.

Lepage, Marquise, dir. *Martha of the North*. Documentary. Les Productions Virage and National Film Board of Canada, 2008.

Lloyd, Graham. "Twenty-Year Hiatus in Rising Temperatures Has Climate Scientists Puzzled." *The Australian*, 30 March 2013. http://www.theaustralian.com.au/news/features/twenty-year-hiatus-in-rising-temperatures-has-climate-scientistspuzzled/story-e6frg6z6-1226609140980.

Lopez, Barry. *Arctic Dreams: Imagination and Desire in a Northern Landscape*. Toronto: Bantam, 1986.

Loukacheva, Natalia. *The Arctic Promise: Legal and Political Autonomy of Greenland and Nunavut*. Toronto: University of Toronto Press, 2007.

Lovelock, James. *Gaia: A New Look at Life on Earth*. Oxford: Oxford University Press, 1979.

- *The Vanishing Face of Gaia: A Final Warning.* London: Allen Lane, 2009. Macalister, Terry. "Greenland Halts New Oil Drilling Licences." *Guardian* (London), 27 March 2013. http://www.theguardian.com/world/2013/mar/27/greenland-halts-oil-drilling-licences.

MacDonald, John. *The Arctic Sky: Inuit Astronomy, Star Lore, and Legend.* Toronto and Iglulik, NU: Royal Ontario Museum and Nunavut Research Institute, 2000.

MacKinnon, J.B. *The Once and Future World: Nature as It Was, as It Is, as It Could Be.* Toronto: Random House, 2013.

MacMillan, Margaret. *Paris 1919: Six Months that Changed the World.* New York: Random House, 2003.

Magnusson, Magnus, and Hermann Palsson, trans. *The Vinland Sagas: The Norse Discovery of America - Graenlendinga Saga and Eirik's Saga.* London: Penguin, 1965.

Malaurie, Jean. *Ultima Thule: Explorers and Natives in the Polar North.* New York: Norton, 2003.

Mancini Billson, Janet, and Kyra Mancini. *Inuit Women: Their Powerful Spirit in a Century of Change.* Lanham, md: Rowman and Littlefield, 2007.

Mann, Michael E. *The Hockey Stick and the Climate Wars: Dispatches from the Front Lines.* New York: Columbia University Press, 2012.

Marcus, Alan Rudolph. *Out in the Cold: The Legacy of Canada's Inuit Relocation Experiment in the High Arctic.* Copenhagen, Denmark: International Work Group for Indigenous Affairs, 1992.

- *Relocating Eden: The Image and Politics of Inuit Exile in the Canadian Arctic.* Hanover: University Press of New England, 1995.

Martin, Keavy. *Stories in a New Skin: Approaches to Inuit Literature.* Winnipeg: University of Manitoba Press, 2012.

Mary-Rousselière, *Guy. Qitdlarssuaq: The Story of a Polar Migration.* Trans. Alan Cooke. Winnipeg: Wuerz, 1991.

Maschner, Herbert, Owen Mason, and Robert McGhee, eds. *The Northern World, AD 900-1400.* Salt Lake City: University of Utah Press, 2009.

McAdam, Jane. *Climate Change, Forced Migration, and International Law.* Oxford: Oxford University Press, 2011.

McGhee, Robert. *Ancient People of the Arctic.* Vancouver: UBC Press, 1996.

- *The Arctic Voyages of Martin Frobisher: An Elizabethan Adventure.* Montreal and Kingston: McGill-Queen's University Press, 2001.

- *The Last Imaginary Place: A Human History of the Arctic World.* Toronto: Key Porter, 2004.

- "When and Why Did the Inuit Move to the Eastern Arctic?" In The *Northern World, AD 900-1400,* ed. Herbert Maschner, Owen Mason, and Robert McGhee, 155-63. Salt Lake City: University of Utah Press, 2009.

McGoogan, Ken. *Fatal Passage: The Untold Story of John Rae, the Arctic Adventurer Who Discovered the Fate of Franklin.* Toronto: HarperPerennial Canada, 2001.

- *Lady Franklin's Revenge: A True Story of Ambition, Obsession and the Remaking of Arctic*

History. Toronto: HarperCollins, 2005.

McGrath, Melanie. *The Long Exile: A True Story of Deception and Survival among the Inuit of the Canadian Arctic*. London: Fourth Estate, 2006.

McGregor, Heather E. *Inuit Education and Schools in the Eastern Arctic*. Vancouver: UBC Press, 2010.

Meehl, Gerald A., et al. "Model-Based Evidence of Deep-Ocean Heat Uptake during Surface-Temperature Hiatus Periods." *Nature Climate Change* 1 (18 September 2011): 360-4. http://www.nature.com/nclimate/journal/v1/n7/full/nclimate 1229.html.

Meltzer, David J. F*irst Peoples in a New World: Colonizing Ice Age America*. Berkeley: University of California Press, 2009.

Mercer, Stephen A. *Claiming Nunavut*, 1971-1999. Victoria, BC: Trafford, 2008.

Miller, J.R. *Shingwauk's Vision: A History of Native Residential Schools*. Toronto: University of Toronto Press, 1996.

Milloy, John S. *A National Crime: The Canadian Government and the Residential School System, 1879 to 1986*. Winnipeg: University of Manitoba Press, 1999.

Mohan, Geoffrey. "Carbon Dioxide Levels in Atmosphere Pass 400 Milestone, Again." *Los Angeles Times*, 20 March 2013. http://articles.latimes.com/2013/may/20/science/la-sci-sn-carbon-dioxide-400-20130520.

Monbiot, George. *Feral: Rewilding the Land, the Sea and Human Life*. London: Allen Lane, 2013.

Morrison, William R. *Showing the Flag: The Mounted Police and Canadian Sovereignty in the North, 1894-1925*. Vancouver: UBC Press, 1985.

Mowat, Farley. *Canada North Now: The Great Betrayal*. Toronto: McLelland and Stewart, 1967.

- *The Desperate People*. 1959. Reprint, Toronto: Key Porter, 2005.
- *The People of the Deer*. 1952. Reprint, Toronto: Bantam, 1981.
- *Walking on the Land*. Toronto: Key Porter, 2000.

Munro, Margaret "'Unprecedented' Ozone Hole Opens over Canadian Arctic." *National Post*, 2 October 2011. http://news.nationalpost.com/2011/10/02/unprecedented-ozone-hole-opens-over-canadian-arctic.

Murphy, David. *The Arctic Fox: Francis Leopold McClintock*. Toronto: Dundurn, 2004.

Naam, Ramez. "Arctic Sea Ice: What, Why and What Next." *Scientific American*, 21 September 2012. http://blogs.scientificamerican.com/guest-blog/2012/09/21/arctic-sea-ice-what-why-and-what-next.

Nansen, Fridtjof. "Preface." In *The People of the Twilight*, by Diamond Jenness, i-xii. Chicago, IL: Phoenix Books and University of Chicago Press, 1959.

Nash, Roderick Frazier. *Wilderness and the American Mind*. 4th ed. New Haven, CT: Yale University Press, 2001.

National Aeronautic and Space Administration. "Warm Ocean Rapidly Melting Antarctic Ice Shelf from Below." 12 September 2013. http://www.nasa.gov/content/goddard/warmocean-rapidly-melting-antarctic-ice-shelf-from-below/#.UkoKdr5rapo.

National Oceanic and Atmospheric Administration. *Arctic Report Card: Update for 2012 - Executive Summary.* 21 January 2013. http://www.arctic.NOAA.gov/report card/exec_summary.html.

- "Climate." http://www.NOAA.gov/climate.html.

- "Globe Had Eighth Warmest August on Record." 15 September 2011. http://www.NOAAnews.NOAA.gov/stories2011/20110915_globalstats.html.

National Oceanic and Atmospheric Administration, National Climatic Data Center. *Global Climate Change Indicators.* 30 July 2010. http://www.ncdc.NOAA.gov/indicators.

National Round Table on the Environment and the Economy (Canada). *Paying the Price: The Economic Impacts of Climate Change for Canada.* September 2011. http://coastal change.ca/download_files/external_reports/NRTEE_(2011)_%20ClimateProsperity_1.pdf.

Newbury, Nick. *Iqaluit.* Iqaluit, NU: Royal Canadian Legion Branch No. 168 and Nortext, 2009.

Newhouse, David, Cora Voyageur, and Dan Beavon, eds. *Hidden in Plain Sight: Contributions of Aboriginal Peoples to Canadian Identity and Culture.* Toronto: University of Toronto Press, 2005.

Newman, Dwight G. *The Duty to Consult: New Relationships with Aboriginal Peoples.* Saskatoon, SK: Purich, 2009.

Newman, Peter C. *Company of Adventurers: How the Hudson's Bay Empire Determined the Destiny of a Continent.* Toronto: Penguin, 2005.

Nunavut Impact Review Board. *Final Hearing Report.* Report on Mary River Project, Baffinland Iron Mines Corporation. File no. 08MN053. September 2012.

Nunavut Tunngavik Incorporated. *Backgrounder: Thomas Berger's Final Report on the Implementation of the Nunavut Land Claims Agreement.* 5 April 2006. http://www.tunngavik.com/blog/2006/04/05/backgrounder-thomas-bergers-finalreport-on-the-implementation-of-the-nunavut-land-claims-agreement.

O'Fallon, Brendan D., and Lars Fehren-Schmitz. "Native Americans Experienced a Strong Population Bottleneck Coincident with European Contact." *Proceedings of the National Academy of Sciences* 108, no. 51 (20 December 2011). http://www.pnas.org/content/108/51/20444.full.

Organization of American States. *American Convention on Human Rights.* 1969. http://www.oas.org/juridico/english/treaties/b-32.html.

O'Rourke, Dennis H., and Jennifer A. Raff. "The Human Genetic History of the Americas: The Final Frontier." *Current Biology* 20, no. 4 (23 February 2010): R202-R207. http://www.sciencedirect.com/science/article/pii/S0960982209020661.

Osofsky, Hari M. "Complexities of Addressing the Impacts of Climate Change on Indigenous Peoples through International Law Petitions: A Case Study of the Inuit Petition to the Inter-American Commission on Human Rights." In *Climate Change and Indigenous*

Peoples: The Search for Legal Remedies, ed. Randall S. Abate and Elizabeth Ann Kronk, 313-37. Cheltenham, UK: Edward Elgar, 2013.

Paehlke, Robert C. *Some Like It Cold: The Politics of Climate Change in Canada*. Toronto: Between the Lines, 2008.

Parks, Jennifer. *Canada's Arctic Sovereignty: Resources, Climate and Conflict*. Edmonton: Lone Pine, 2010.

Patrick, Donna, Julie-Ann Tomiak, Lynda Brown, Heidi Langille, and Mihaela Vieru. "'Regaining the Childhood I Should Have Had': The Transformation of Inuit Identities, Institutions, and Community in Ottawa." In *Aboriginal Peoples in Canadian Cities: Transformations and Continuities*, ed. Heather A. Howard and Craig Proulx, 69-86. Waterloo, ON: Wilfrid Laurier University Press, 2011.

Pauktuutit Inuit Women's Association of Canada. *Sivumuapallianiq: Journey Forward: National Inuit Residential Schools Healing Strategy*. Iqaluit, NU: Pauktuutit Inuit Women's Association of Canada, 2007.

Peacock, E., M.K. Taylor, J. Laake, and I. Stirling. "Population Ecology of Polar Bears in Davis Strait, Canada and Greenland." *Journal of Wildlife Management* 77 (2013): 463-76.

Pelly, David F. *Sacred Hunt: A Portrait of the Relationship between Seals and Inuit*. Vancouver: Greystone, 2001.

Pelly, David F., and Dennis Minty. "Dundas Harbour: Keeping Watch over the Northwest Passage." *Above and Beyond: Canada's Arctic Journal* (July/August 2013): 15-18.

Peter, Aaju. Speech presented at Canada House, Canadian High Commission, London, Summer 2009.

Petrone, Penny, ed. *Northern Voices: Inuit Writing in English*. Toronto: University of Toronto Press, 1992.

Pharand, Donat. *Canada's Arctic Waters in International Law*. Cambridge, UK: Cambridge University Press, 1988.

Phelpstead, Carl, ed. *A History of Norway and the Passion and Miracles of the Blessed Olafr*. Trans. Devra Kunin. London: Viking Society for Northern Research, University College, 2001.

Pielou, E.C. *A Naturalist's Guide to the Arctic*. Chicago, IL: University of Chicago Press, 1994.

Pilon, Benoit, dir. *Ce qu'il faut pour vivre - The Necessities of Life*. Feature film. Les Films Séville and Arico Film Communication, 2008.

Polar Bears International. *Polar Bear Facts and Information*. N.d. http://www.polarbearsinternational.org/bear-facts.

Potter, Mitch. "Row Erupts over Governor General's Seal Taste." *Toronto Star*, 26 May 2009. http://www.thestar.com/news/canada/article/640588.

Pringle, Heather. "Vikings and Native Americans." *National Geographic*, November 2012. http://ngm.nationalgeographic.com/2012/11/vikings-and-indians/pringletext.

Qikiqtani Inuit Association. *The Mary River Project Inuit Impact and Benefit Agreement: A*

Plain Language Guide. 6 September 2013. http://www.isuma.tv/en/DID/news/mary-river-project-iiba.
- *Tallurutiup Tariunga Inulik: Inuit Participation in Determining the Future ofvLancaster Sound*. February 2012. http://www.qia.ca/apps/authoring/dspPage.aspx?page=lancaster.

Qikiqtani Truth Commission. *Community Histories, 1950 to 1975*. Toronto: Inhabit Media, 2013.
- *Thematic Reports and Special Studies, 1950 to 1975*. Toronto: Inhabit Media, 2013.

Radford, Tom, and Niobe Thompson, dirs. *Inuit Odyssey*. Documentary. Clearwater Films, 2012.

Radmore, Caludia Coutu, ed. *Arctic Twilight: Leonard Budgell and Canada's Changing North*. Toronto: Blue Butterfly, 2009.

Rae, John. "The Arctic Expedition." Letter. *Times* (London), 23 October 1854, 7.
- *John Rae's Correspondence with the Hudson's Bay Company on Arctic Exploration, 1844-1855*. Ed. E.E. Rich. London: Hudson's Bay Record Society, 1953.
- "The Lost Arctic Voyagers." *Household Words* 10, no. 248 (23 December 1854): 233-7.

Rasmussen, Knud. *Across Arctic America: Narrative of the Fifth Thule Expedition*. 1927. Reprint, Fairbanks: University of Alaska Press, 1999.
- *The People of the Polar North: A Record*. Ed. G. Herring. Philadelphia, PA: J.B. Lippincott, 1908.

Reaney, Brent. "Pond Inlet Graves Moved." *Northern News Services*, 13 September 2004. http://www.nnsl.com/frames/newspapers/2004-09/sep13_04grv.html.

Regan, Paulette. *Unsettling the Settler Within: Indian Residential Schools, Truth Telling, and Reconciliation in Canada*. Vancouver: UBC Press, 2010.

Reid, Jennifer. *Louis Riel and the Creation of Modern Canada: Mythic Discourse*. Santa Fe: University of New Mexico Press, 2008.

Rink, Henrik. *Tales and Traditions of the Eskimo*. 1875. Reprint, London: C. Hurst, 1974.

Robbins, Lisa L., et al. "Baseline Monitoring of the Western Arctic Ocean Estimates 20% of Canadian Basin Surface Waters Are Undersaturated with Respect to Aragonite." *PLOS ONE* 8, no. 9 (2013). http://www.plosone.org/article/info%3Adoi%2F10.1371%2F journal.pone.0073796.

Rogers, Stan. *Northwest Passage*. Song. http://www.mp3lyrics.org/s/stan-rogers/northwest-passage.

Ross, John. *A Voyage of Discovery ... for the Purpose of Exploring Baffin's Bay and Inquiring into the Probability of a North-West Passage*. London: John Murray, 1819.

Rothwell, Donald R., and Tim Stephens. *The International Law of the Sea*. Oxford: Hart, 2010.

Rowley, Graham W. *Cold Comfort: My Love Affair with the Arctic*. Montreal and Kingston: McGill-Queen's University Press, 1996.

Royal Canadian Mounted Police. *Reports and Other Papers Relating to the Two Voyages of the RCMP Schooner "St. Roch" through the North West Passage from (1) Vancouver, B.C. to*

Sydney, N.S. (1940-42) (2) Dartmouth, N.S. to Vancouver, B.C. (1944) under the Command of Regimental Number 10407, Staff Sergeant H.A. Larsen (now Sub-Inspector). Ottawa: King's Printer, 1945.

Ruddiman, William F. *Plows, Plagues, and Petroleum: How Humans Took Control of Climate.* Princeton, NJ: Princeton University Press, 2010.

Sabine, Edward, ed. *North Georgia Gazette and Winter Chronicle.* 2nd ed. London: John Murray, 1822.

Saint-Pierre, Marjolaine. *Joseph-Elzéar Bernier: Champion of Canadian Arctic Sovereignty.* Trans. William Barr. Montreal: Baraka, 2009.

Sandiford, Mark, dir. *Qallunaat: Why White People Are Funny.* Documentary. National Film Board of Canada, 2006.

Sankararaman, S., N. Patterson, H. Li, S. Pääbo, and D. Reich. "The Date of Interbreeding between Neandertals and Modern Humans." *PLOS Genetics* 8, no. 10 (2012). http://www.plosgenetics.org/article/info%3Adoi%2F10.1371%2Fjournal.pgen.1002947.

Saul, John Ralston. *A Fair Country: Telling Truths about Canada.* Toronto: Penguin, 2008.

- "Listen to the North: Cramming Northerners' Needs into a Southern Model Just Isn't Working." *Literary Review of Canada* l17, no. 8 (October 2009): 3-5.

Scoffield, Heather. "Arctic Ice Melt in 2012 Was Fastest, Widest in Recent History." *Toronto Star*, 19 September 2012. http://www.thestar.com/news/canada/article/1259382-arctic-ice-melt-in-2012-was-fastest-widest-in-recent-history.

Secretariat of the Antarctic Treaty. *The Antarctic Treaty.* 1961. http://www.ats.aq/index_e.htm.

Sharples, Pita. "Supporting un Declaration Restores NZ's Mana." 20 April 2010. http://www.beehive.govt.nz/release/supporting-un-declaration-restores-nz039smana.

Sissons, Jack. *Judge of the Far North: The Memoirs of Jack Sissons.* Toronto: McLelland and Stewart, 1968.

Smith, Stephen A., and Julia Szucs, dirs. *Vanishing Point.* Documentary. Meltwater Media and the National Film Board of Canada, 2012.

Spalding, Alex, and Thomas Kusugaq. *Inuktitut: A Multi-Dialectal Outline Dictionary.* Iqaluit, NU: Nunavut Arctic College, 1998.

Spector, Samuel J. "Western Sahara and the Self-Determination Debate." *Middle East Quarterly 16*, no. 3 (Summer 2009): 33-43. http://www.meforum.org/2400/western-sahara-self-determination.

Statistics Canada. "Infant Mortality Rates, by Province and Territory." Table. http://www.statcan.gc.ca/tables-tableaux/sum-som/l01/cst01/health21a-eng.htm.

Steckley, John L. *White Lies about the Inuit.* Peterborough, ON: Broadview, 2008.

Steele, Harwood. *Policing the Arctic: The Story of the Conquest of the Arctic by the Royal Canadian (Formerly North-West) Mounted Police.* Toronto: Ryerson, 1935.

Stewart, Patrick M. "(Almost) Everyone Agrees: The US Should Ratify the Law of the Sea Treaty." *The Atlantic*, 10 June 2012. http://www.theatlantic.com/interna tional/archive/

2012/06/-almost-everyone-agrees-the-us-should-ratify-the-law-ofthe-sea-treaty/258301.

Stott, Peter. "Global-Average Temperature Records." Met Office, United Kingdom. N.d. http://www.metoffice.gov.uk/climate-change/guide/science/explained/temprecords.

Struzik, Edward. *The Big Thaw: Travels in the Melting North.* Mississauga, ON: John Wiley, 2009.

Struzik, Edward, and Mike Beedell. *Northwest Passage: The Quest for an Arctic Route to the East.* London: Blandford, 1991.

Sutherland, Patricia D. "Dorset-Norse Interactions in the Canadian Eastern Arctic." In *Identities and Cultural Contacts in the Arctic: Proceedings from a Conference at the Danish National Museum, Copenhagen, November 30 to December 2, 1999,* ed. Martin Appelt, Joel Berglund, and Hans Christian Gulløv. Copenhagen, Denmark: Danish National Museum and Danish Polar Center, 2000. http://www.civilization.ca/research-and-collections/research/resources-for-scholars/essays-1/archaeology-1/patricia-sutherland/dorset-norse-interactions-in-thecanadian-eastern-arctic.

Suthren, Victor. *The Island of Canada: How Three Oceans Shaped Our Nation.* Toronto: Thomas Allen, 2009.

Suzuki, David, and Dave Robert Taylor. *The Big Picture: Reflections on Science, Humanity, and a Quickly Changing Planet.* Vancouver: Greystone, 2009.

Swain, Harry. *Oka: A Political Crisis and Its Legacy.* Vancouver: Douglas and McIntyre, 2010.

Tait, Carrie. "Chevron, Statoil Set a Course for Arctic Exploration." In "Report on Business," *Globe and Mail,* 13 January 2012.

Tape, Ken D. *The Changing Arctic Landscape.* Fairbanks: University of Alaska Press, 2010.

Tassinan, Patricia V., dir. *Broken Promises: The High Arctic Relocation.* Documentary. Nutaaq Media and the National Film Board of Canada, 1995.

Taracena, Connie. "Implementing the *Declaration:* A State Representative Perspective." In *Realizing the UN Declaration on the Rights of Indigenous Peoples: Triumph, Hope, and Action,* ed. Jackie Hartley, Paul Joffe, and Jennifer Preston, 60-75. Saskatoon, SK: Purich, 2010.

Tarasuk, Valerie, Andy Mitchell, and Naomi Dachner. *Household Food Insecurity in Canada, 2011.* Toronto: proof, 2013. http://nutritionalsciences.lamp. utoronto.ca/wp-content/uploads/2013/07/Household-Food-Insecurity-in-Canada-2011.pdf.

Tester, Frank James, and Peter Kulchyski. *Tammarniit (Mistakes): Inuit Relocation in the Eastern Arctic, 1939-63.* Vancouver: UBC Press, 1994.

Theberge, John, and Mary Theberge. *The Ptarmigan's Dilemma: An Exploration into How Life Organizes and Supports Itself.* Toronto: McClelland and Stewart, 2010.

Thorpe, Natasha, Naikak Hakongak, Sandra Eyegetok, and Kitikmeot Elders. *Thunder on the Tundra: Inuit Qaujimajatuqangit of the Bathurst Caribou.* Cambridge Bay, NU: Tuktu and Nogak Project, 2001.

Timpson, Annis May, ed. *First Nations, First Thoughts: The Impact of Indigenous Thought in Canada.* Vancouver: UBC Press, 2009.

Titley, E. Brian. *A Narrow Vision: Duncan Campbell Scott and the Administration of Indian*

Affairs in Canada. Vancouver: UBC Press, 1986.
Tobias, Terry N. *Living Proof: The Essential Data-Collection Guide for Indigenous Use-and-Occupancy Map Surveys*. Vancouver: Ecotrust Canada and Union of British Columbia Indian Chiefs, 2009.
Toronto Public Library. *Frozen Ocean: Search for the Northwest Passage*. Virtual exhibition. http://ve.torontopubliclibrary.ca/frozen_ocean/index.htm.
Truth and Reconciliation Commission of Canada. *Canada, Aboriginal Peoples, and Residential Schools: They Came for the Children*. 2012. http://www.attendance marketing.com/~attmk/TRC_jd/ResSchoolHistory_2012_02_24_Webposting.pdf.
- Interim Report. 2012. http://www.attendancemarketing.com/~attmk/TRC_jd/Interim_report_English_electronic_copy.pdf.
- "Northern National Event." Inuvik, Northwest Territories, 28 June to 1 July 2011. http://www.trcnationalevents.ca/websites/Northern/index.php?p=213.
Tulugarjuk, Leo, and Jaypeetee Arnakak, eds. *Unikkaaqtuat Qikiqtaninngaaqtut: Traditional Stories from the Qikiqtani Region*. Vol. 1, Arctic Bay and Igloolik. Iqaluit, NU: Niutaq Cultural Institute and Qikiqtani Inuit Association, 2007.
United Nations. *United Nations Convention on International Trade in Endangered Species of Wild Fauna and Flora*. 3 March 1973. Amended 22 June 1979. http://www.cites.org/eng/disc/text.php#texttop.
- *United Nations Convention on the Law of the Sea*. 10 December 1982. http://www.un.org/Depts/los/convention_agreements/texts/unclos/closindx.htm.
- *United Nations Declaration on the Rights of Indigenous Peoples*. 13 September 2007. http://www.un.org/esa/socdev/unpfii/documents/DRIPS_en.pdf.
United Nations, Intergovernmental Panel on Climate Change. *Fifth Assessment Report: Climate Change 2013: The Physical Science Basis*. 27 September 2013. http://www.IPCC.ch/report/ar5/wg1/#.UkdaIb5rapo.
- *Fifth Assessment Report: Climate Change 2013: The Physical Science Basis: Summary for Policymakers*. 27 September 2013. http://www.climatechange2013.org/images/uploads/WGI_AR5_SPM_brochure.pdf.
United Nations, Permanent Forum on Indigenous Issues. "Climate Change." http://undesadspd.org/IndigenousPeoples/ThematicIssues/Environment/ClimateChange.aspx.
University of British Columbia. "un Declaration on the Rights of Indigenous Peoples." 2009. http://indigenousfoundations.arts.ubc.ca/home/global-indigenousissues/un-declaration-on-the-rights-of-indigenous-peoples.html.
Van Deusen, Kira. *Kiviuq: An Inuit Hero and His Siberian Cousins*. Montreal and Kingston: McGill-Queen's University Press, 2009.
Varga, Peter. "Oil and Gas Pose Big Questions for Baffin Region Inuit." *Nunatsiaq News*, 25 October 2013.
Venne, Sharon Helen. *Our Elders Understand Our Rights: Evolving International Law with Regards to Indigenous Peoples*. Penticton, BC: Theytus Books, 1998.

Von Finckenstein, Maria, ed. *Nuvisavik: The Place Where We Weave.* Montreal and Kingston: Canadian Museum of Civilization and McGill-Queen's University Press, 2002.

Wachowich, Nancy, in collaboration with Apphia Agalakti Awa, Rhoda Kaukjak Katsak, and Sandra Pikujak Katsak. *Saqiyuq: Stories from the Lives of Three Inuit Women.* Montreal and Kingston: McGill-Queen's University Press, 1999.

Wadden, Marie. *Where the Pavement Ends: Canada's Aboriginal Recovery Movement and the Urgent Need for Reconciliation.* Vancouver: Douglas and McIntyre, 2008.

Waiser, Bill, and Blair Stonechild. *Loyal to Death: Indians and the Northwest Rebellion.* Markham, ON: Fifth House, 2010.

Waldie, Paul. "Baffinland ceo Says No to Northwest Passage." *Globe and Mail,* 18 October 2013. http://www.globeadvisor.com/servlet/ArticleNews/story/gam/20131018/RBARCTICBAFFINLANDWALDIEATL.

- "Healthy Polar Bear Count Confounds Doomsayers." *Globe and Mail,* 4 April 2012. http://www.theglobeandmail.com/news/national/healthy-polar-bear-countconfounds-doomsayers/article4099460.

- "Signs of Warming Earth 'Unmistakable.'" *Globe and Mail,* 29 July 2010. http://embamex.sre.gob.mx/canada_eng/index.php?option=com_content&view=article&id=869:signs-of-warming-earth-unmistakable-the-globe-and-mail&catid=102:jueves-29-julio-2010.

Walk, Ansgar. *Kenojuak: The Life Story of an Inuit Artist.* Trans. Timothy B. Spence. Newcastle, ON: Penumbra, 1999.

Walker, John, dir. *Passage.* Documentary. ptv Productions, John Walker Productions, and National Film Board of Canada, 2008.

Watt-Cloutier, Siila (Sheila). "Presentation by Sheila Watt-Cloutier, Chair, Inuit Circumpolar Conference, Eleventh Conference of Parties to the un Framework Convention on Climate Change, Montreal, December 7, 2005." http://www.inuitcircumpolar.com/index.php?ID=318&Lang=En.

Watt-Cloutier, Siila (Sheila), and Mohamed H.A. Hassan. "Planet Earth: Living On It, Changing It, Sustaining It." Keynote address, Fifth Science Centre World Congress, Toronto, 18 June 2010.

Weaver, Andrew. *Keeping Our Cool: Canada in a Warming World.* Toronto: Penguin, 2008.

Wenzel, George W., and Martha Dowsley. "Economic and Cultural Aspects of Polar Bear Sport Hunting in Nunavut, Canada." In *Conservation Hunting: People and Wildlife in Canada's North,* ed. Milton M.R. Freeman, Robert J. Hudson, and Lee Foote, 37-48. Edmonton: Canadian Circumpolar Institute, 2005.

White, Rodney. *Climate Change in Canada.* Toronto: Oxford University Press, 2010.

Wiebe, Rudy. *Playing Dead: A Contemplation Concerning the Arctic.* Edmonton: NeWest, 2003.

Williamson, Karla Jensen. "'Arnaasiaq' and 'Angutaasiaq' People Deserve Love and Tolerance." *Nunatsiaq News,* 29 April 2005. http://www.nunatsiaqonline.ca/archives/50429/opinionEditorial/editorial.html.

Windeyer, Chris. "Influx of Bears a Nuisance across Nunavut." *Nunatsiaq News*, 18 January 2010. http://www.nunatsiaqonline.ca/stories/article/23567_influx_of_bears_a_nuisance_across_nunavut.

Wissink, Renee. "The Qitdlarssuaq Chronicles, Part 1." *The Fan Hitch: Official Newsletter of the Inuit Sled Dog International* 5, no. 1 (December 2002). http://thefanhitch.org/V5N1/V5N1Qitdlarssaug.html.

- "The Qitdlarssuaq Chronicles, Part 2." *The Fan Hitch: Official Newsletter of the Inuit Sled Dog International* 5, no. 2 (March 2003). http://thefanhitch.org/V5N2/V5N2Qitd larssuaq.html.

- "The Qitdlarssuaq Chronicles, Part 3." *The Fan Hitch: Official Newsletter of the Inuit Sled Dog International* 5, no. 3 (June 2003). http://thefanhitch.org/V5N3/V5N3Qitd larssuaq.html.

- "The Qitdlarssuaq Chronicles, Part 4." *The Fan Hitch: Official Newsletter of the Inuit Sled Dog International* 5, no. 4 (September 2003). http://thefanhitch.org/V5N4/V5N4 Qitdlarssauq.html.

World Wildlife Federation. *Polar Bear*. http://www.worldwildlife.org/species/finder/polarbear/polarbear.html.

World Wildlife Federation, Conservation Action Network. "Polar Bear Seas Protection Act Gains Cosponsors." N.d. http://wwf.worldwildlife.org/site/PageServer? pagename=can_results_polar_bear_seas&AddInterest=1081.

Wright, Shelley. *International Human Rights, Decolonisation and Globalisation: Becoming Human*. London: Routledge, 2001.

Xing, Chen. "Paleoclimate of China." In *Regional Climate Studies of China*, ed. Congbin Fu, Zhihong Jiang, Zhaoyong Guan, Jinhai He, and Zhongfeng Xu, 49-98. Berlin, Germany: Springer-Verlag, 2008.

Yaffe, Barbara. "Resource Sector about to Witness New Era of Native Empowerment." *Vancouver Sun*, 22 January 2014. http://www.vancouversun.com/business/resources/Resource+sector+about+witness+native+empowerment/9418598/story.html.

Zellen, Barry Scott, ed. *The Fast-Changing Arctic: Rethinking Arctic Security for a Warmer World*. Calgary: University of Calgary Press, 2013.

WEBSITES

Arctic Climate Impact Assessment. http://www.acia.uaf.edu. Arctic Institute of North America. http://www.arctic.ucalgary.ca.

Blueberries and Polar Bears. Cookbook series. http://www.blueberriesandpolar bears.com/index.htm.

Feeding My Family. http://www.feedingmyfamily.org.

Government of Nunavut. http://www.gov.nu.ca.

Government of Nunavut, Office of the Languages Commissioner. http://www.langcom.nu.ca.

Houston North Gallery. http://www.houston-north-gallery.ns.ca.
Inuit Gallery of Vancouver. http://inuit.com.
Inuit Tapiriit Kanatami. http://www.itk.ca.
Isuma Productions. http://www.isuma.tv/isuma-productions.
IsumaTV. http://www.isuma.tv/hi/en.
Kiviuq's Journey. http://www.unipka.ca.
Learning Inuktitut Online. http://www.tusaalanga.ca. nasa Earth Observatory. http://earthobservatory.nasa.gov.
North Pole Environmental Observatory. Webcam. http://psc.apl.washington.edu/northpole/NPEO2013/webcam2.html.
Nunavut Planning Commission. http://www.nunavut.ca.
Nunavut Tunngavik Incorporated. http://www.tunngavik.com.
Nunavut Wildlife Management Board. http://www.nwmb.com.
On Thin Ice: Polar Bears in a Climate of Change. http://onthinice.ca.webhosting.pathcom.com/index.htm.
Organization of American States, Inter-American Commission on Human Rights. http://www.cidh.oas.org/DefaultE.htm.
Statistics Canada. http://www.statcan.gc.ca/start-debut-eng.html.
Truth and Reconciliation Commission of Canada. http://www.trc.ca/websites/trcinstitution/index.php?p=3.
United Nations, Intergovernmental Panel on Climate Change. http://www.IPCC.ch.
United Nations, Permanent Forum on Indigenous Issues. http://undesadspd.org/IndigenousPeoples.aspx.